21世纪高等学校规划教材 | 计算机科学与技术

数据库技术及应用教程

姚春龙 主编

沈岚 范丰龙 李晓红 编著

清华大学出版社

北京

内容简介

本书系统地介绍了数据库的基本概念、原理及其应用技术。全书以SQL Server 2008为蓝本，介绍了数据系统的组成与结构、关系数据库、SQL Server 2008基础、SQL语言、T-SQL语言编程基础、存储过程、触发器及游标、数据库安全性、数据库保护、关系数据库规范化理论、数据库设计、数据库编程以及数据库开发实例等概念、技术和应用。

本书注重理论与实践相结合，在内容组织上，将原理与实际系统和应用紧密结合，力求做到概念清晰、举例合理、深入浅出、突出应用。除了每章配有一定量的习题和上机练习之外，在相关章节还设置了实验内容，这些实验给出了详细的实验任务和要求，既可以作为课程的教学实验，也可以作为学生课外练习之用。本书最后一章提供的数据库开发实例，是以已经商品化软件系统作为参照的，注重数据库开发中的实际问题，可以作为学生课外实践和自学的内容。

本书可作为计算机相关专业的数据库课程教材，也可供计算机相关专业的工程技术人员学习和参考。

图书在版编目(CIP)数据

数据库技术及应用教程/姚春龙主编；沈岚，范丰龙，李晓红编著．—北京：清华大学出版社，2011.9
(21世纪高等学校规划教材·计算机科学与技术)
ISBN 978-7-302-25570-3

Ⅰ．①数…　Ⅱ．①姚…　②沈…　③范…　④李…　Ⅲ．①数据库系统—高等学校—教材
Ⅳ．①TP311.13

中国版本图书馆CIP数据核字(2011)第091390号

责任编辑：梁　颖　徐跃进
责任校对：时翠兰
责任印制：何　芊
出版发行：清华大学出版社　　**地　址**：北京清华大学学研大厦A座
http://www.tup.com.cn　　**邮　编**：100084
社 总 机：010-62770175　　**邮　购**：010-62786544
投稿与读者服务：010-62795954，jsjjc@tup.tsinghua.edu.cn
质量反馈：010-62772015，zhiliang@tup.tsinghua.edu.cn
印 装 者：北京密云胶印厂
经　销：全国新华书店
开　本：185×260　**印　张**：22.75　**字　数**：553千字
版　次：2011年9月第1版　　**印　次**：2011年9月第1次印刷
印　数：1～3000
定　价：35.00元

产品编号：039332-01

编审委员会成员

（按地区排序）

出版说明

随着我国改革开放的进一步深化，高等教育也得到了快速发展，各地高校紧密结合地方经济建设发展需要，科学运用市场调节机制，加大了使用信息科学等现代科学技术提升、改造传统学科专业的投入力度，通过教育改革合理调整和配置了教育资源，优化了传统学科专业，积极为地方经济建设输送人才，为我国经济社会的快速、健康和可持续发展以及高等教育自身的改革发展做出了巨大贡献。但是，高等教育质量还需要进一步提高以适应经济社会发展的需要，不少高校的专业设置和结构不尽合理，教师队伍整体素质亟待提高，人才培养模式、教学内容和方法需要进一步转变，学生的实践能力和创新精神亟待加强。

教育部一直十分重视高等教育质量工作。2007 年 1 月，教育部下发了《关于实施高等学校本科教学质量与教学改革工程的意见》，计划实施"高等学校本科教学质量与教学改革工程"（简称"质量工程"），通过专业结构调整、课程教材建设、实践教学改革、教学团队建设等多项内容，进一步深化高等学校教学改革，提高人才培养的能力和水平，更好地满足经济社会发展对高素质人才的需要。在贯彻和落实教育部"质量工程"的过程中，各地高校发挥师资力量强、办学经验丰富、教学资源充裕等优势，对其特色专业及特色课程（群）加以规划、整理和总结，更新教学内容、改革课程体系，建设了一大批内容新、体系新、方法新、手段新的特色课程。在此基础上，经教育部相关教学指导委员会专家的指导和建议，清华大学出版社在多个领域精选各高校的特色课程，分别规划出版系列教材，以配合"质量工程"的实施，满足各高校教学质量和教学改革的需要。

为了深入贯彻落实教育部《关于加强高等学校本科教学工作，提高教学质量的若干意见》精神，紧密配合教育部已经启动的"高等学校教学质量与教学改革工程精品课程建设工作"，在有关专家、教授的倡议和有关部门的大力支持下，我们组织并成立了"清华大学出版社教材编审委员会"（以下简称"编委会"），旨在配合教育部制定精品课程教材的出版规划，讨论并实施精品课程教材的编写与出版工作。"编委会"成员皆来自全国各类高等学校教学与科研第一线的骨干教师，其中许多教师为各校相关院、系主管教学的院长或系主任。

按照教育部的要求，"编委会"一致认为，精品课程的建设工作从开始就要坚持高标准、严要求，处于一个比较高的起点上。精品课程教材应该能够反映各高校教学改革与课程建设的需要，要有特色风格、有创新性（新体系、新内容、新手段、新思路，教材的内容体系有较高的科学创新、技术创新和理念创新的含量）、先进性（对原有的学科体系有实质性的改革和发展，顺应并符合 21 世纪教学发展的规律，代表并引领课程发展的趋势和方向）、示范性（教材所体现的课程体系具有较广泛的辐射性和示范性）和一定的前瞻性。教材由个人申报或各校推荐（通过所在高校的"编委会"成员推荐），经"编委会"认真评审，最后由清华大学出版社审定出版。

目前，针对计算机类和电子信息类相关专业成立了两个“编委会”，即“清华大学出版社计算机教材编审委员会”和“清华大学出版社电子信息教材编审委员会”。推出的特色精品教材包括：

(1) 21世纪高等学校规划教材·计算机应用——高等学校各类专业，特别是非计算机专业的计算机应用类教材。

(2) 21世纪高等学校规划教材·计算机科学与技术——高等学校计算机相关专业的教材。

(3) 21世纪高等学校规划教材·电子信息——高等学校电子信息相关专业的教材。

(4) 21世纪高等学校规划教材·软件工程——高等学校软件工程相关专业的教材。

(5) 21世纪高等学校规划教材·信息管理与信息系统。

(6) 21世纪高等学校规划教材·财经管理与应用。

(7) 21世纪高等学校规划教材·电子商务。

(8) 21世纪高等学校规划教材·物联网。

清华大学出版社经过二十多年的努力，在教材尤其是计算机和电子信息类专业教材出版方面树立了权威品牌，为我国的高等教育事业做出了重要贡献。清华版教材形成了技术准确、内容严谨的独特风格，这种风格将延续并反映在特色精品教材的建设中。

清华大学出版社教材编审委员会

联系人：魏江江

E-mail:weijj@tup.tsinghua.edu.cn

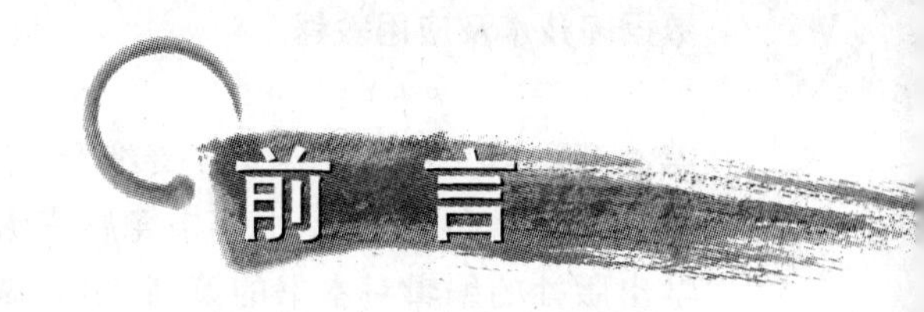

数据库技术始于20世纪60年代中期，经过40多年的发展，已经形成以数据建模及DBMS为核心技术，具有完整理论体系和实用技术的一门学科。数据库技术作为数据管理最有效的手段，是目前计算机领域中应用最广泛、发展最迅速的技术之一，成为计算机信息系统与应用系统的核心技术和重要基础。目前各行业的信息化管理、电子商务、电子政务、网站建设、决策支持系统、客户管理系统、数据仓库与数据挖掘、云计算、物联网等无不以数据库技术作为支撑，可以说，数据库技术是信息化的基石。

本书从教学活动实际出发，详细介绍了数据库系统的基本概念、原理、方法与应用技术，在编写中，力求将作者多年来从事数据库教学的体会与科研中获得的实践经验介绍给读者，使读者学以致用。全书共分为12章。

第1章介绍数据库的基本概念，主要包括数据管理技术的发展、数据库系统组成及结构和数据模型等。第2章介绍关系数据模型的定义、完整性约束及关系代数。第3章介绍SQL Server 2008的版本、数据库的建立与维护等基础知识。第4章介绍关系数据库标准语言SQL，包括SQL的数据定义、数据查询和数据更新等功能，另外还介绍了视图的概念和原理。第5章介绍SQL Server使用的T-SQL语言的编程基础，包括数据类型、常量、变量、函数和控制流程等。第6章以SQL Server 2008为基础，介绍了存储过程、触发器和游标等技术和方法。第7章介绍数据库的安全性保障任务和措施，并介绍了SQL Server 2008的安全性保障机制。第8章结合SQL Server 2008介绍事务、并发控制及数据库恢复等数据库保护措施。第9章介绍关系数据库规范化理论，主要包括函数依赖和各级范式的定义，以及规范化方法等。第10章介绍数据库设计的全过程，包括需求分析、概念结构设计、逻辑结构设计、物理结构设计、数据库的实施及数据库的运行和维护等。第11章介绍嵌入式SQL以及常用的数据库与应用程序接口等数据库编程知识，重点介绍了广泛采用的ADO.NET和JDBC接口技术及其使用。第12章以图书馆自动化管理系统为例介绍数据库应用系统的开发过程，并简单介绍了C#语言和ADO.NET的基本知识。

本书的特点以微软的最新数据库SQL Server 2008为蓝本，理论与实践相结合，从数据库应用系统开发的角度介绍数据库的基本原理，在应用的讲述中逐渐引出相关的数据库理论。在内容组织上，将原理知识与实际系统和应用紧密结合，力求做到概念清晰、举例合理、深入浅出、突出应用。书中给出了大量经过上机调试的示例代码，除了每章配有一定量的习题和上机练习之外，在相关章节还设置了实验内容，这些实验给出了详细的实验任务和要求，既可以作为课程的教学实验，也可以作为学生课外练习之用。本书最后一章提供的数据库开发实例，是以已经商品化软件系统作为参照的，虽然采用C#语言进行描述，但更注重数据库开发中的实际问题，特别是数据库设计中的调整和优化等内容，可以作为学生课外实践和自学的内容。

本书由姚春龙主编，负责全书内容的取舍、组织及审校和统稿。本书第1章、第2章、

第 4 章和第 9 章由姚春龙负责编写，第 3 章、第 5 章、第 7 章和第 8 章由沈岚负责编写，第 6 章、第 10 章和第 12 章由范丰龙负责编写，第 11 章和实验部分由李晓红负责编写。清华大学出版社的编辑对本书的策划、出版做了大量工作，在此表示衷心感谢。

本书可作计算机相关专业的数据库课程教材，也可供计算机相关专业的工程技术人员学习和参考。

由于作者水平有限，书中的疏漏及错误在所难免，恳请专家和读者批评指正。

编　者

目 录

第1章 认识数据库

数据库技术是计算机领域中最重要的技术之一。在现代社会里，数据库和数据库系统已经渗入到生产、生活的各个领域，成为社会生活中不可或缺的部分。例如，人们到银行办理存取款、订购机票、宾馆预订以及超市购物等活动都涉及对数据库的存取。数据库技术的应用越来越广泛，从小型单项事务处理到大型信息系统，从联机事务处理（On-Line Transaction Processing，OLTP）到联机分析处理（On-Line Analysis Processing，OLAP），从一般的企业管理信息系统（MIS）到计算机辅助设计与制造（CAD/CAM）、计算机集成制造系统（CIMS）、电子政务（e-Commerce）、电子商务（e-Business）、地理信息系统（GIS）等，越来越多的应用领域把数据库技术作为信息存储和处理的核心技术。

本章通过介绍数据管理技术的发展、数据库系统组成、数据库系统结构、数据模型等，让读者初步地认识数据库及其应用系统。

1.1 数据管理技术的发展

随着信息化社会的发展，各行各业都会产生各种形式的数据。这些数据必须经过一定的处理，才能提供对人们有价值、有意义的信息。数据处理是对各种数据进行收集、存储、加工和传播等一系列活动的总和，其基本目的是从大量的、杂乱无章的、难以理解的数据中获取人们关心的信息，作为决策的依据。例如，对学生各门课程考试成绩进行计算、排序等处理后，学生可以从中获得自己的平均成绩和排名等信息；教师可以从中获得其讲授课程的成绩分布等信息。这些信息对指导学生的学习和教师的教学活动是有实际价值的。

数据管理是指对数据进行分类、组织、编码、存储、检索和维护等操作，它是数据处理的中心问题。数据管理的基本目的是实现科学地组织和存储数据、高效地获取和处理数据以及广泛、安全地共享数据。随着计算机技术的进步和人们对数据管理需求的不断发展，计算机从科学计算进入到数据管理领域，使计算机从少数科学家手中的珍品变为广大科技、管理人员广泛使用的有力工具。几十年来，数据管理技术经历了三个阶段：人工管理阶段、文件系统阶段和数据库系统阶段。

1.1.1 人工管理阶段

20世纪50年代中期以前是人工管理阶段。这一阶段计算机主要用于科学计算，数据量较少，通常不需要保存；硬件方面，外存只有纸带、卡片、磁带，没有直接存取的存储设备；

软件方面,没有操作系统和管理软件;数据处理方式是批处理。在人工管理阶段,数据管理主要有以下几个特点。

1. 数据不保存

在此阶段,计算机主要用于科学计算,将数据批量输入后,得到计算结果后输出,一般不需要保存数据。

2. 应用程序管理数据

由于没有软件对数据进行管理,程序员不仅要规定数据的逻辑结构,而且还要在应用程序中设计物理结构,包括规定数据的存储结构、存取方法、输入输出方式等。程序员不得不将大量的精力用于物理细节的实现和数据访问算法的设计与调整,大大增加了程序员的负担。

3. 数据不共享

数据是面向应用的,数据与程序一一对应、相互依赖。程序与数据是一个整体,一个程序的数据无法被其他程序使用,即使不同程序涉及相同的数据也必须分别定义。因此,程序之间将产生大量的冗余数据。人工管理阶段程序与数据之间的关系如图 1-1 所示。在学校信息管理系统中,人事管理应用程序管理学校教师信息,针对的是教师信息数据组;学生管理应用程序管理学生信息,针对的是学生信息数据组;教务管理应用程序管理选课及成绩信息,针对的是选课信息数据组。很明显,选课信息数据组涉及教师信息、学生信息和课程信息等。因此,教务管理应用程序中的教师和学生信息数据与人事管理和学生管理应用程序之间将会产生大量的重复数据。

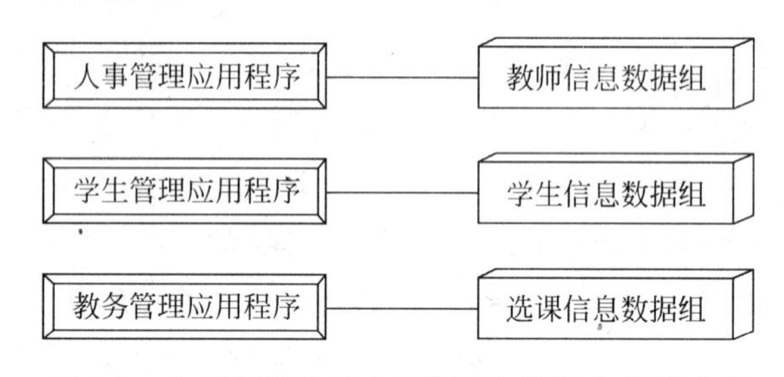

图 1-1 人工管理阶段应用程序与数据之间的关系

4. 数据不具有独立性

程序员在程序中定义数据的逻辑结构、存储结构和存取算法,数据访问子程序依赖于数据的逻辑结构和物理结构。当数据的逻辑或物理结构发生变化时,程序员必须修改相应的数据访问子程序,数据与程序间不具有独立性,给程序员设计和维护应用程序带来繁重的负担。

1.1.2 文件系统阶段

20 世纪 50 年代后期至 60 年代中期,数据管理处于文件系统阶段。这一时期计算机被大量地用于数据管理。出现了磁盘、磁鼓等直接存取存储设备；出现了操作系统，而且操作系统中有专门的数据管理软件，即文件系统；在处理方式上除了批处理之外，还出现了联机实时处理。在文件系统阶段，数据管理呈现以下几个特点。

1. 数据可以长期保存

由于计算机对数据需要进行反复的使用和处理，而且出现了直接存取存储设备，有必要把数据长期保存在外部存储器上，以便于实现数据的交流和共享。

2. 由文件系统管理数据

操作系统提供了专门的文件管理功能，文件系统为应用程序和数据之间提供了一个公共接口。应用程序按照一定的规则将相关数据构成独立的文件，利用文件系统提供的存取方法对数据进行存取和操作。由于程序和数据之间不再直接对应，因此具有了一定的数据独立性。

3. 数据共享性差、冗余度高

由于数据文件是根据应用程序的需要建立的，文件仍然是面向某一应用服务的。当不同的应用程序需要访问的数据有局部相同时，仍然要各自建立所需文件，不但带来数据冗余和不一致问题，而且难以实现数据的共享。图 1-2 描述了文件系统阶段程序与数据之间的关系。在基于文件系统的学校信息管理系统中，通过人事管理、学生管理和教务管理应用程序来分别管理教师信息、学生信息以及选课和成绩等信息。如此，这三个应用程序分别定义了教师数据、学生数据和选课数据三个文件。根据应用的需要，三个文件涉及以下内容。

- 教师数据文件：教师号、教师姓名、性别、年龄、职称、从事专业、所在院系。
- 学生数据文件：学号、学生姓名、性别、年龄、专业、班级、所在院系。
- 选课数据文件：学号、学生姓名、专业、所在院系、课程号、课程名称、课程性质、考试成绩、任课教师号和教师姓名。

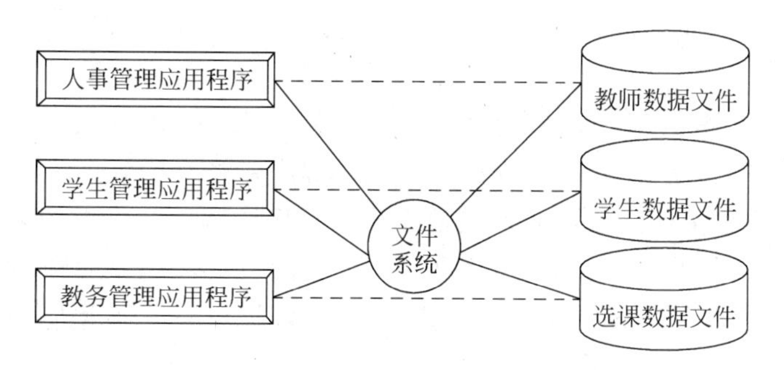

图 1-2 文件系统阶段应用程序与数据之间的关系

很明显，选课数据文件中的学号、学生姓名、专业、所在院系、任课教师号和教师姓名等字段内容也出现在了学生或教师数据文件中。这些数据的重复存储不仅产生数据冗余，浪费存储空间，而且容易引起数据的不一致问题。例如，当某位同学的专业发生了变化，由于缺乏共享，必须要同时修改学生和选课数据文件中的该学生的专业信息，否则如果出现了遗漏只修改了一个文件，将造成该学生专业信息在不同的应用中不一致。

4. 数据独立性差

虽然文件系统为数据访问提供了统一的方法，但使用文件系统提供的存取方法，必须要自行定义数据的存储结构和格式。应用程序的编写仍然依赖于文件的结构，正如人们只能使用 Microsoft Word 去打开.DOC 文件，而不能使用其打开.PDF 等其他格式的文件。当应用需求和环境发生变化时，常常需要修改文件的结构，例如，向文件记录中增加某个字段或重新定义某个字段的列宽等。文件结构的修改将导致应用程序的修改，将给应用程序员带来很大的麻烦。因此说，文件系统阶段，数据与程序的独立性较差。

5. 编写应用程序生产率不高

由于文件系统只提供了打开、关闭、读、写等几个低级的文件操作命令，因此对文件中的数据进行查询、修改和删除等操作必须在应用程序中编写相应的程序代码来实现。应用程序员必须对所使用的文件的逻辑结构和物理结构有清楚的了解，才能编写相应的管理程序。这样，应用程序员需要花费大量的精力用于设计文件的存储结构和访问算法，很大程度上影响了应用程序的编写效率。

6. 文件之间数据孤立

在文件系统中，不同的文件彼此独立，毫不相干，文件之间的联系必须依靠程序来实现。例如，对于图 1-2 所示的学校信息管理系统中，选课数据文件中的学号、学生姓名、专业、所在院系等信息必须是学生数据文件中已经存在的；而数据文件中的任课教师号和教师姓名等信息也必须是教师数据文件中已经存在的。这些文件的数据之间本来是有联系的，而在文件系统中，这些联系却难以建立和维护。

7. 不支持并发(concurrent)访问

在现代计算机系统中，为了有效利用资源，一般允许多个程序并发运行。虽然一个文件可以被多个应用程序使用，但对文件系统来说，不允许多个程序同时修改文件内容。例如，当某个用户打开一个 Word 文件后，而另一个用户在该用户没有关闭此文件前，只能以只读方式打开该文件。通常文件系统中，如果一个应用程序要修改某个文件内容，将以独占方式打开文件，此时在文件关闭之前不允许其他用户或程序访问此文件。如果禁止程序并发访问，将在很大程度上降低数据的访问效率和可用性，并且浪费大量的资源。在文件系统中的解决办法是为每一个应用程序建立一个文件副本，但这样做会带来极大的数据冗余，容易造成数据的不一致。

8. 数据的安全性(security)控制不够灵活

数据的安全性是非常重要且不可忽视的。在现代操作系统中，对文件的访问提供了一定程度的安全性限制。例如，可以通过设置文件的访问权限，限制某些用户的使用。但在文件系统中，很难控制某个用户对文件的操作，也不能对文件内容实现灵活的安全策略。例如，对于某个用户只允许其查询和修改数据，但不能删除数据；或者只允许该用户访问文件中特定的字段内容。这些安全策略，在文件系统中都难以实现。

1.1.3 数据库系统阶段

针对文件系统在数据管理方面存在的问题，人们开始研究新的数据管理技术，于是产生了以统一管理和共享数据为特征的数据库系统（Database System）。自从 20 世纪 60 年代后期，数据管理进入了数据库系统阶段。这一时期，计算机用于数据管理的规模更加庞大，应用范围越来越广泛，数据量急剧增加，对数据的共享要求也越来越强烈。

随着计算机技术的飞速发展，计算机具有了大容量的存储设备和高速的信息处理能力；与此同时，硬件价格不断下降，软件价格不断上升，编制和维护系统软件和应用程序的成本相对增加；在处理方式上，联机实时处理要求更多，并开始提出和考虑分布处理。在这种背景下，传统的文件系统已经不能满足应用需求，于是出现了一种新的数据管理技术——数据库技术。

数据库技术的核心是引入了一个应用软件——数据库管理系统（Database Management System，DBMS），来对数据进行统一管理。在文件系统中，应用程序直接访问存储数据的文件，而数据库系统中应用程序必须通过数据库管理系统来访问数据。实际上，数据库管理系统是在应用程序和数据文件之间增加的一个数据库管理系统软件层。正是这个系统软件层，使应用程序不必关心数据的存储方式和复杂的物理实现细节，也避免了应用程序员编写复杂数据操作功能的应用程序。

与人工管理和文件系统相比，数据库系统的特点主要体现在以下几方面。

1. 数据一体化、结构化

如图 1-2 所示，用文件系统实现学校信息管理系统时，本来学生数据、教师数据以及选课数据等是有关联的。但文件系统中，各个文件之间是毫无联系的，而这种文件间的数据联系的建立以及交叉访问的实现是非常困难的。在数据库系统中，数据是按照某种数据模型组织起来的，不仅文件内部数据彼此相关，文件之间在结构上也有机地联系在一起。描述数据时不仅描述数据本身，更重要的还要描述数据之间的联系。如图 1-3 所示，是以学校信息管理系统为例的数据库系统阶段数据与程序之间的关系。可以看到，在数据库系统中，不再为每一个应用程序分别定义各自的文件，而是面向整个学校的信息管理要求，建立教师记录、学生记录、课程记录和选课记录等四个相关联的文件，这四个文件包含以下内容。

- 教师记录：教师号、教师姓名、性别、年龄、职称、从事专业、所在院系。

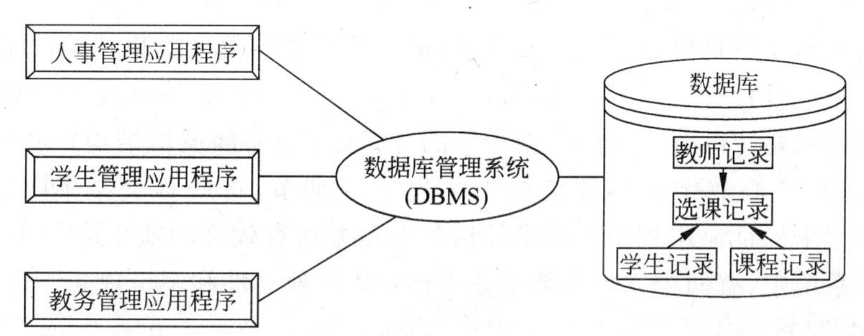

图 1-3 数据库系统阶段应用程序与数据之间的关系

- 学生记录：学号、学生姓名、性别、年龄、专业、班级、所在院系。
- 课程记录：课程号、课程名称、课程性质、学时、学分。
- 选课记录：学号、课程号、考试成绩、任课教师号。

通过选课记录把教师记录、学生记录和课程记录有机地联系在一起，形成一个统一的数据库。教务管理应用程序可以通过教师号、学号和课程号等访问到教师、学生和课程等有关信息，而且这种交叉访问操作是通过数据库管理系统(DBMS)进行的，不需要编写复杂的应用程序。通过对数据库这样的结构化，使整个数据库浑然一体，这是数据库系统与文件系统最根本的区别。

不同于文件系统，整个数据库是为多个应用目的服务的，数据库的结构不再面向特定的应用，而是面向全组织的复杂结构。也就是说，数据库是面向整个系统或组织的。多数情况下，一个系统或组织的某个应用只涉及整个数据库的一部分，所需数据只是整个数据库的一个子集。

2. 数据共享性高、冗余度低，易扩充

数据共享的意义是多种应用、多种语言相互覆盖地共享数据集合。在数据库中，数据不再独立地分属于不同的应用程序，而是集中存放在数据库中。对于某个组织而言，除了安全性、保密性限制之外，数据库中的数据被整个组织所共享。组织中的不同应用只需访问所需要的数据子集。例如，如图 1-3 所示，在学校信息管理系统中，整个数据库是被学校所有部门的应用程序共享的，无论是学生管理、人事管理还是选课管理应用都只需要访问数据库中与其相关的数据子集即可。

不同于文件系统，数据库中数据是一体化和结构化的，数据的组织考虑到整个系统的需求。即使多个应用共同需要的数据也不再重复存放于多个文件中，而是以共享的方式存储于数据库中。除了一些必要的副本，例如为保持联系信息而重复存储的一些数据项(如图 1-3 所示的学校信息管理系统中选课记录中的学号、教师号和课程号等)，数据库中尽可能减小数据的重复存储，大大降低数据的冗余度。这既节约了存储空间又可以在很大程度上避免数据的不一致。

一旦按照整个系统或组织的需求建立了数据库，系统中的任何应用都只需选取该数据库的一个子集。当修改或增加新的应用时，只需选取数据库的一个新的数据子集或增加一部分数据即可满足新的应用需求。

3. 数据独立性高

所谓的数据独立性是指，当数据的逻辑结构或物理结构发生变化时，通过映像部分的改变，保证应用程序不用修改。如图 1-3 所示，所有应用程序都必须通过 DBMS 来访问数据库。应用程序只需要知道所需要的数据子集的逻辑结构(局部逻辑结构)，就可以完成程序的编写，而不需要关心数据的存储结构和物理实现细节，这些都交给 DBMS 进行管理。DBMS 通过映像来保证应用程序对数据结构和存取方法有较高的独立性。

在数据库系统中，有两个方面的数据独立性：物理独立性和逻辑独立性。

1) 物理独立性

当数据的存储结构(或物理结构)改变时，如顺序表结构改变成链表结构，通过数据的存

储结构与逻辑结构之间的映像或转换功能，使得数据的逻辑结构保持不变，从而应用程序可以不用修改。这就是数据与程序的物理独立性。

2）逻辑独立性

当数据的逻辑结构改变时，例如增加一些字段、删除无用字段等，通过提供的映像与转换功能，保持应用程序所涉及的局部数据的逻辑结构不变，从而应用程序也可以不用修改。这就是数据与程序的逻辑独立性。

4. 数据由DBMS统一管理和控制，提供更好的安全和保护

DBMS提供统一的数据定义、插入、删除、检索及更新操作。同时，由于数据库是系统的共享资源，各种用户可以同时使用数据库，甚至同时存取同一数据。因此说数据库的共享是并发的共享。为了更安全、更广泛的共享数据，DBMS必须提供以下几方面的控制功能。

1）数据的安全性(security)保护

数据的安全性是指保护数据，以防止不合法的使用造成的数据泄密和破坏。数据库的安全性机制非常灵活，可以使每个用户只能按照规定，对某些数据以某些方式进行使用和处理。例如，在前面的学校信息管理系统中，可以实现只允许某个教务管理人员查询学生的成绩，但不允许其修改成绩。

2）数据的完整性(integrity)检查

数据的完整性是指数据的正确性、有效性和相容性。完整性检查将数据控制在有效的范围内，或使数据之间满足一定的约束关系。DBMS提供非常灵活的完整性检查机制，例如，既可以实现规定成绩的合法取值范围等静态约束，也可以实现规定学生的年龄只能增加不能减少等动态完整性约束。

3）并发(concurrency)控制

当多个用户同时存取、修改同一数据时，可能会发生相互干扰而得到错误的结果或造成数据的不一致。为提高数据资源的可用性和共享性，DBMS必须提供并发控制机制，对多用户的并发操作进行控制和协调。

4）数据库恢复(recovery)

无论是计算机系统的硬件故障、软件故障还是人员的失误或故意的破坏，都可能影响数据库中的数据的正确性，甚至造成数据的部分或全部丢失。DBMS通过备份和恢复机制，能够将数据库从错误状态恢复到某一个已知的正确状态，可有效地保护数据库中的数据。

上述的四个特点是数据库系统的主要特点。数据库系统的出现，使得人们对信息的处理方式发生了改变。信息处理从围绕加工数据的程序为中心转变为围绕共享数据库来进行。数据库技术已经深入到了政府、金融、航空、教育、科研、电信、销售及制造等各行各业，成为数据管理的核心技术和首选技术。

1.2 数据库系统组成及其结构

数据库系统(Database System，DBS)是指在计算机系统中引入数据库后构成的系统。一个数据库系统应当是可运行的，按照数据库方式存储、管理和向用户提供数据或信息支持的系统。本节将介绍数据库系统的组成和体系结构。

1.2.1 数据库系统的组成

数据库系统主要包括数据库、硬件系统、软件系统和人员四部分。一般在不引起混淆的情况下常常把数据库系统简称为数据库。

数据库系统可以用图 1-4 表示，而数据库系统的层次结构可以用图 1-5 描述。可以看到，数据库系统把有关计算机硬件、软件、数据库和人员组合起来为用户提供信息服务和支持。另外，数据库的建立、使用和维护等工作，不能仅仅依靠数据库管理系统，还需要有专门的人员——数据库管理员(Database Administrator，DBA)来完成。因此，数据库系统是由计算机系统、数据库及其描述机构、数据库管理系统和有关人员组成的具有高度组织性的总体。

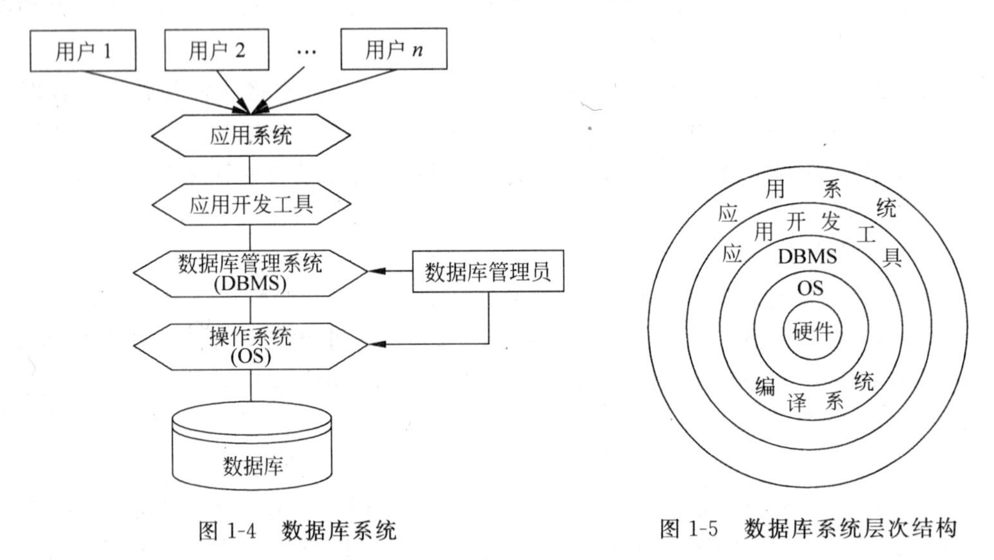

图 1-4 数据库系统

图 1-5 数据库系统层次结构

1. 数据库

数据库是长期存储在计算机内的、有组织的、可共享的综合性数据集合。数据库中的数据按照一定的模型组织、描述和存储，具有较小的数据冗余度、较高的数据独立性和易扩展性，并为各种用户所共享。

概括起来，长期存储、有组织和可共享是数据库的三个基本特征。无论是什么数据，如果需要反复使用，都要经过数字化以后长期存入计算机。数据库可以看做是多个不同文件的合并，但数据库中的数据并不是孤立的，必须按照一定的组织形式进行描述和存储。存储在计算机上的数据库中的每项数据都可以为不同的用户所共享，每个用户也可以以不同的目的来访问数据库中相同的数据。

2. 硬件系统

硬件系统是指存储和运行数据库系统的硬件设备，包括 CPU、内存、大容量的辅助存储器及备份设备等。计算机要有足够大的内存、外存和较高的通道能力，这些是数据库系统对硬件平台提出的基本要求。

3. 软件系统

数据库系统的软件主要包括数据库管理系统(DBMS)、操作系统(OS)、应用开发工具和应用系统等。

1) 数据库管理系统(DBMS)

数据库管理系统(DBMS)是数据库系统的核心,是介于操作系统和用户应用程序之间的一层数据管理软件,是一个帮助用户创建和管理数据库的程序集合。不同的DBMS要求的硬件资源、软件环境是不同的,其功能和性能存在着差异。一般来说,DBMS的功能主要包括以下几个方面。

(1) 数据定义。用户通过DBMS提供的数据定义语言(Data Definition Language, DDL)可以方便地对数据库中的数据对象进行定义。所谓数据定义,其目的就是建立和维护组成用户数据库的各类数据对象。

(2) 数据的组织、存储和管理。数据库中存放的数据是面向多种应用服务的,DBMS要分类组织、存储和管理这些数据,要确定以何种文件结构和存取方式组织这些数据,如何实现数据之间的联系等。数据组织和存储的基本目标是提高存储空间利用率和存取效率。

(3) 数据操纵。用户可以使用DBMS提供的数据操纵语言(Data Manipulation Language, DML)操纵数据库中的数据,主要包括数据检索、插入、删除、修改等。

(4) 数据库运行管理。数据库的运行管理是DBMS的核心部分。所有访问数据库的操作都由DBMS统一管理和控制,以保证数据的安全性、完整性、并发访问一致性和发生故障时的系统恢复。

(5) 数据库的建立和维护。主要包括数据库初始数据的输入、转换功能,数据库的转储、恢复功能,数据库的改进、重组重构以及性能监视、分析等功能。

(6) 数据通信与转换。DBMS需要提供实现与其他软件进行通信的数据通信接口;此外,DBMS还应该具有与其他DBMS或文件系统之间进行数据转换的功能。

DBMS作为数据库系统的核心,是数据库技术研究的关键领域。当前常见的DBMS主要有Oracle、Microsoft SQL Server、IBM DB2、Sybase、IBM Informix及MySQL等。

2) 操作系统(OS)

DBMS是建立在操作系统之上的,必须借助于操作系统才能实现数据库的访问。因此,任何DBMS必须在支持其运行的操作系统之上才能正常运转。当选择一个DBMS时,一定要看该DBMS及其版本是否与相应的操作系统匹配。例如,本文所讨论的SQL Server 2008数据库管理系统企业版需要Windows服务器版的操作系统支持。

3) 应用开发工具

应用开发工具是为高效地开发数据库应用程序提供的一个集成的开发平台和环境,主要包括具有数据库接口的高级语言及其编译系统以及以DBMS为核心的应用开发工具。应用开发工具通常能够利用与数据库的接口调用DBMS的相关功能来实现对数据库的访问。目前比较常见的应用开发语言和工具主要有Java、.NET平台(包括Visual C#.NET、Visual C++.NET、Visual Basic.NET等)、Delphi和PowerBuilder等。利用这些开发工具,应用程序开发人员才能开发出满足用户需求的数据库应用系统。

4）应用系统

应用系统是指为特定应用环境开发的数据库应用系统，其目的是为方便用户使用数据库提供接口和数据表示。通常用户访问数据库的过程可以用以下的一个简化过程来描述。

(1) 用户通过开发好的应用系统（如教务管理信息系统）提供的接口提出数据访问要求，例如查询某个学生的选课情况、修改某个学生的某门课程的成绩等；

(2) 应用系统将用户的请求经过分析、处理后，形成 DBMS 所支持的数据定义或操作请求，并将其传递给与应用系统建立连接的 DBMS；

(3) DBMS 执行相应的数据访问操作，并把结果返回给应用系统；

(4) 应用系统对 DBMS 返回的结果和信息（包括查询结果、操作完成情况等）进行数据表示，将其以直观的方式呈现给用户。

可以说，除了 DBMS 本身的性能之外，应用系统的好坏直接关系到用户是否能够方便、高效、安全地访问数据库。

4. 人员

开发、管理和使用数据库系统的人员主要包括：数据库管理员（Database Administrator，DBA）、数据库设计人员（Database Designer）、最终用户（End User）、系统分析员（System Analyst，SA）和应用程序员（Application Programmer）。这些人员在数据库系统中扮演着不同的角色。

1）数据库管理员

数据库的建立、维护和管理等必须由专门的人员来完成，这些人员称为数据库管理员（DBA）。DBA 负责全面地管理和控制数据库系统，其主要职责包括：

(1) 决定数据库中的信息内容和结构。DBA 要参与数据库设计的全过程，与系统分析员、应用程序员和用户等密切合作，确定数据库存储内容和逻辑结构。

(2) 决定数据库的存储结构和存取策略。DBA 要与数据库设计人员相互配合，综合考虑存储空间利用率和存取效率两个方面，共同决定数据库的存储结构和存取策略。

(3) 定义数据库的安全性要求和完整性约束条件。主要包括确定不同用户对数据库的访问权限、数据的保密级别和完整性约束条件等，以保证数据库系统的安全性和完整性。

(4) 监督和控制数据库的运行。主要负责监视数据库系统的运行状况，及时处理运行中的问题。尤其是当出现故障时，如何以最小的代价快速地使系统恢复到一个正确的状态。

(5) 数据库的改进和重组重构。当需求改变或需要提高系统性能时，对数据库进行重新组织或调整，以保证适应新的需求。

DBA 的职责重大、工作繁重，通常情况下，DBA 可能不止一个人，而是一组人员甚至是一个专门的部门。

2）数据库设计人员

数据库设计人员负责数据库中数据的确定，选择适当的结构来表示和存储数据。数据库设计人员有责任与所有以后可能使用数据库的用户沟通，理解他们的需求，并针对这些需求设计合理的数据库的逻辑结构和物理结构。通常数据库设计人员可由 DBA 担任。

3）最终用户

最终用户指的是通过应用系统提供的接口使用数据库的人员，他们通常为了查询、更新以及产生报表等需要访问数据库。最终用户通常可分为三类。

(1) 偶然用户。这类用户不经常访问数据库，但每次访问数据库时往往需要不同的数据库信息，通常使用较复杂的数据查询来获得需要的信息(例如查看企业产品的销售走势)。这类用户一般是企业或组织机构中的中高级管理人员。

(2) 简单用户。数据库的多数用户都属于简单用户。他们的主要工作是经常性地查询和更新数据库。通常简单用户使用应用程序员精心设计的友好的接口存取数据库，通常使用标准类型的查询和更新，数据访问相对比较固定。一般来说，银行柜台工作人员、学校图书馆还书台管理员、航空公司机票预订人员、酒店前台服务员等都属于简单用户。

(3) 复杂用户。这类用户包括工程师、科学家、经济分析师及科技人员等全面了解自己工作所涉及领域知识的人员。他们希望在DBMS的帮助下完成满足其复杂需求的应用。这类用户通常对DBMS的功能比较了解，能够直接利用其访问数据库。

4) 系统分析员和应用程序员

系统分析员和应用程序员都属于应用系统开发人员(软件工程师)，只不过他们的职责与分工不同。

(1) 系统分析员。系统分析员要确定最终用户的需求，负责应用系统的需求分析和规范说明，与DBA和用户相结合，确定系统的软硬件配置，并参与数据库系统的概要设计。

(2) 应用程序员。应用程序员负责利用应用开发工具编写数据库应用程序，为最终用户提供数据访问接口，以便实现最终用户对数据库进行存取操作。

1.2.2 数据库系统的三级模式结构

数据库系统的结构是数据库系统的一个总框架。这个框架结构用于描述一般的数据库概念，并可以解释特定的数据库结构。可以从不同的角度来考察数据库系统的结构，从应用程序(用户)的角度，数据库系统可以分为集中式、客户-服务器(C/S)等结构；而从数据库管理系统的角度，数据库领域公认的标准结构是三层模式结构。

美国国家标准协会(American National Standards Institute，ANSI)的数据库管理系统小组于1978年提出了标准化建议，将数据库结构分为三级：面向用户或应用程序员的用户级、面向建立和维护数据库人员的概念级和面向系统程序员的物理级。用户级对应外模式，概念级对应模式，物理级对应内模式，使不同级别的用户对数据库形成不同的视图。数据库的三级模式结构如图1-6所示，可以概括为：三级模式(即外模式、模式、内模式)、两级映像(外模式/模式间的映像、模式/内模式间的映像)。详细介绍三级模式结构之前，首先要弄清楚有关模式(Schema)和实例(Instance)的概念。

1. 模式和实例

模式(Schema)和实例(Instance)的关系其实就是“型”(Type)和“值”(Value)的关系。型是指对某一类数据的结构和属性的说明，而值是型的一个具体赋值。例如，考虑C语言中的两条语句：int i和i=25，第一条语句声明了一个整型变量i，实际上是定义了i的型；而第二条语句将25赋值给变量i，实际上25就是i对应的一个值。

模式是数据库中全体数据的逻辑结构和特征的描述，它仅仅涉及“型”的描述，不涉及具体的值。模式的一个具体的值称为模式的一个实例。同一个模式可以有多个实例。例如，

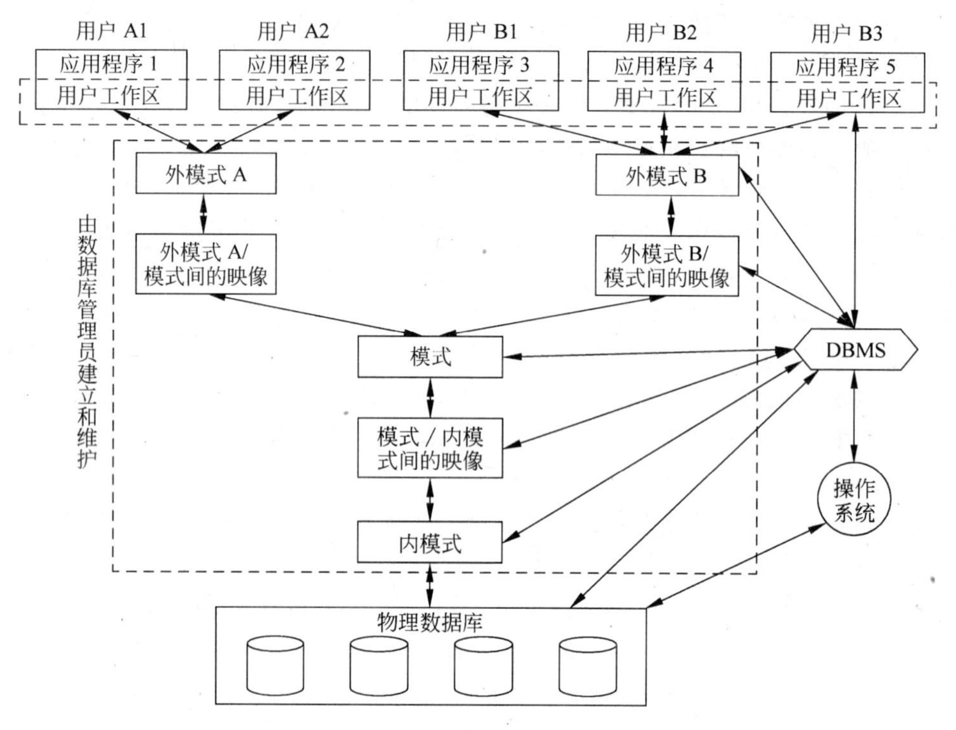

图 1-6　数据库系统三级模式结构

对于学校信息管理系统，学校数据库模式要定义该数据库中应包含学生、教师、课程和选课等记录，并且还要说明需要哪些属性来描述相应的记录及这些记录之间的联系等；而在某一时间，学校当前具体的在校学生、教师、开设的课程及学生选课数据就对应于该数据库模式的一个实例；显然，随着时间的变化，学校的学生（新入学、毕业等）、教师（调出、调入等）及开设的课程等都会发生变化，此时虽然数据库模式没有改变，但其对应的实例在不断发生变化。

一般来说，模式是相对稳定的（结构和特征相对不会经常变动），而实例是相对变化的（具体的数据值可能会经常变化）。对于数据库而言，模式反映的是数据的结构及其联系，而实例反映的是数据库某一时刻的状态。

2. 三级模式

如图 1-6 所示，数据库系统的三级模式包括外模式、模式和内模式。

1）模式（Schema）

模式也称逻辑模式或概念模式，是数据库中全体数据的逻辑结构和特征的描述，是所有用户的公共视图。模式处于三级模式的中间层，并不涉及数据的物理存储细节和硬件环境，也与具体的应用程序和开发工具无关。

模式实际上是数据库数据在逻辑级上的视图。一个数据库只有一个模式。数据库模式以某种数据模型为基础，统一综合考虑了所有用户的需求，并将这些需求有机地结合成一个逻辑整体。定义模式不仅要定义数据的逻辑结构，还要定义数据之间的联系以及与数据有关的安全性和完整性要求。

DBMS 提供模式描述语言(Data Description Language,DDL)来严格定义模式。

2) 外模式(External Schema)

外模式位于三级模式的最外层,又称子模式(Subschema)或用户模式,是数据库用户(包括应用程序员和最终用户)能够看见和使用的局部数据的逻辑结构和特征的描述,是单个用户的视图。

通常单个用户只对数据库的某些部分感兴趣,例如在学校信息管理系统中,人事部门只关心与教师有关的数据,因此外模式通常是模式的一个子集。不同用户对数据库的不同需求将导致不同的外模式定义,即使是对模式中的同一数据,在外模式中的结构、长度、保密级别等都可能不同,因此说一个数据库可以有多个外模式。与此同时,一个外模式可以为同一用户的多个应用系统所使用,但一个应用程序只能使用一个外模式。

DBMS 提供子模式描述语言(子模式 DDL)来严格定义子模式。

3) 内模式(Internal Schema)

内模式又称存储模式或物理模式,是三级模式结构的最内层,它描述数据的物理结构和存储方式,是数据在数据库内部的表示方式。一个数据库只有一个内模式,是对整个数据库的底层表示。例如,内模式可以规定记录的存储方式是堆存储还是按照某个(些)属性升序或降序存储,或是聚簇存储;索引按照什么方式组织,是 B+树索引还是 Hash 索引;数据是否压缩存储,是否加密等;数据的存储记录结构有何规定,如是定长结构还是变长结构等。

注意,内模式与物理层不一样,它不涉及物理记录的形式(即物理块或页),也不考虑具体设备的柱面或磁道大小。换句话说,内模式假定了一个无限大的线性地址空间;地址空间到物理存储的映射细节是与特定系统有关的,它未反映在体系结构中。注意:块或页是输入输出的单位,指的是在一次输入输出操作中,外部存储设备和主存之间传输的数据量。典型的页面大小是 1KB、2KB 或 4KB(K=1024)。

DBMS 提供内模式描述语言(内模式 DDL)来严格地定义内模式。

3. 二级映像

为提高数据独立性,DBMS 在三级模式之间提供了两级映像:外模式/模式间的映像和模式/内模式间的映像。

1) 外模式/模式间的映像

模式描述的是数据的全局逻辑结构,外模式描述的是用户使用的局部逻辑结构。对应于同一个模式可能有多个外模式。外模式/模式间的映像定义了一个外模式与模式之间的对应关系,这些对应关系通常包含在各自外模式的描述中。

当模式,也就是数据的整体逻辑结构改变时(如增加新的数据记录、数据项或改变数据项的数据类型和宽度等),通过修改和调整外模式/模式间的映像,使得用户对应的外模式,也就是局部数据的逻辑结构不变,这样依据外模式编写的应用程序也可以不用改变,从而保证了数据的逻辑独立性。

2) 模式/内模式间的映像

模式/内模式间的映像定义了数据库模式(全体数据的逻辑结构)与内模式(数据的存储结构)之间的对应关系,这些关系通常包含在模式的描述中。

当内模式,也就是数据的存储结构发生改变时,通过修改和调整模式/内模式间的映像,使得模式,也就是数据库的全局逻辑结构保持不变,这样应用程序也不用改变,从而保证了数据的物理独立性。

在数据库的三级模式结构中,数据库模式即全局逻辑结构是数据库的中心和关键,它独立于数据库的其他层次;数据库的内模式依赖于它的全局逻辑结构,但独立于外模式(即用户的局部逻辑结构)和具体的存储设备;外模式是面向特定用户的应用程序的,应用程序是在外模式描述的数据结构之上编制的,与数据库的模式和存储结构独立。

DBMS 通过提供两级映像来保证数据与程序的独立性,使得数据定义和描述从应用程序中分离出去,同时也把用户看到和使用的逻辑数据和实际存储的物理数据完全分开了,使应用程序开发时摆脱了物理存储细节。另外,由于数据存取由 DBMS 负责,用户(包括应用程序员)不用考虑数据的存取路径等细节,从而简化了应用程序的编制,大大减少了应用程序的维护和修改。

1.2.3 应用程序的体系结构

一般来说,用户是通过数据库应用程序提供的接口来使用数据库的,因此有必要了解一下应用程序的体系结构。随着计算机和数据库技术的发展,数据库应用程序的结构也在发展,出现了集中式结构、分布式结构、客户-服务器结构(Client/Server,C/S)和并行结构等。下面将介绍当前比较典型的客户-服务器(Client/Server,C/S)和浏览器-服务器(Browser/Server,B/S)结构。

1. 客户-服务器结构

从较高的层次来看,数据库系统通常包含两个非常简单的部分:服务器(也称后端)和一组客户机(也称前端)。客户机和服务器将应用的处理要求分开,同时又共同实现其处理要求。后端服务器通常运行某个 DBMS,通常称为数据库服务器,为客户机上的应用程序提供数据服务。客户端程序和服务器系统构成了客户-服务器(C/S)结构的基本框架。当前客户-服务器结构的应用程序主要包括两层体系结构和三层体系结构,如图 1-7 和图 1-8 所示。

1) 两层 C/S 结构

如图 1-7 所示,在两层 C/S 结构中,应用程序或应用逻辑根据需要划分在服务器和客户机;客户机主要负责界面的描述和显示、业务逻辑和计算、向服务器发送请求并分析从服务器接收的数据;而服务器主要负责数据管理和程序处理、响应客户请求并将处理结果返回给客户机。客户和服务器可以在一台计算机上也可以是不同的计算机,这种情况下客户机与服务器通常是通过网络连接的。还要注意的是,客户机与数据库服务器通常需要利用 ODBC、JDBC 或 ADO. NET 等应用程序接口进行交互。

2) 三层 C/S 结构

如图 1-8 所示,在客户和数据库服务器之间增加了应用服务器,这样在三层 C/S 结构中,应用程序就被划分为三部分。客户机主要负责界面描述和显示以及与应用服务器进行通信,不再包含直接的数据请求和业务逻辑;应用服务器负责应用程序的业务(商业)逻辑以及与数据库服务器和客户机进行通信,客户机与数据库服务器的交互都是通过应用服务器进行传递的；数据库服务器仍然提供数据服务，接收由应用服务器传递的请求，并将处理结果返回给应用服务器。由于将应用程序的业务逻辑嵌入到应用服务器中，代替了多个客户机的分布，因此三层C/S结构有更好的伸缩性，更适合大型应用和万维网的应用。

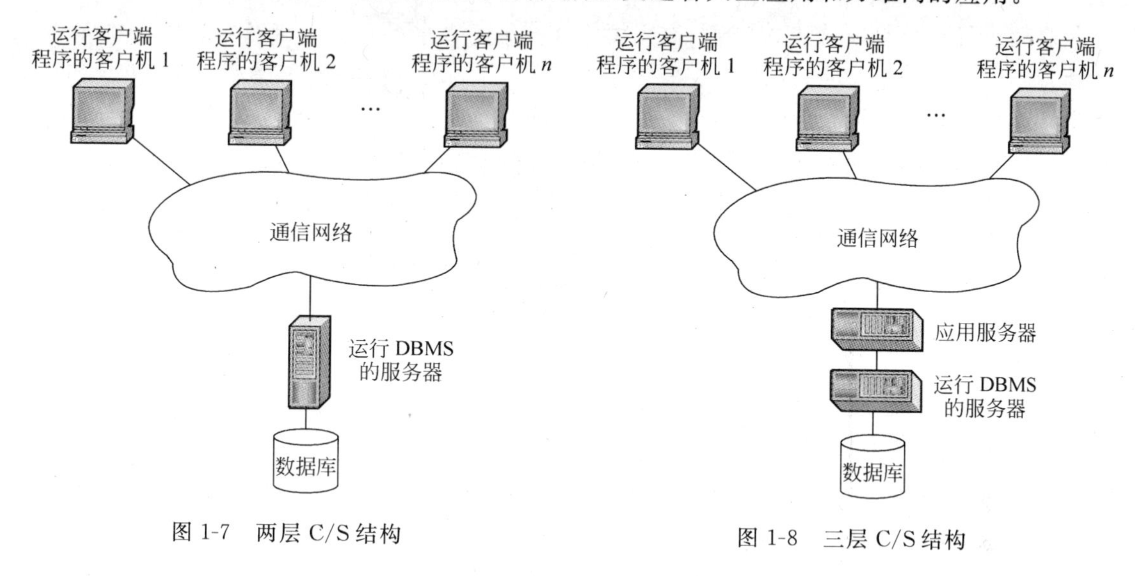

图1-7 两层C/S结构

图1-8 三层C/S结构

3) C/S结构的优点

(1) 交互性强。C/S结构中，客户端有一套完整应用程序，在出错提示、在线帮助等方面都有强大的功能，并且可以在子程序间自由切换；操作界面漂亮、形式多样，可以充分满足客户自身的个性化要求。

(2) 具有安全的存取模式。由于C/S结构采用配对的点对点的结构模式，并采用适用于局域网、安全性比较好的网络协议(例如Windows NT的NetBEUI协议)，安全性可得到较好的保证。另外，C/S结构一般面向相对固定的用户群，程序更加注重流程，它可以对权限进行多层次校验，提供了更安全的存取模式，对信息安全的控制能力很强。一般高度机密的信息系统采用C/S结构适宜。

(3) 网络通信量低。在C/S结构的应用中，数据库服务器只返回客户请求的那些数据，因此网络上的信息传输减到最少。

(4) 响应速度快。两层C/S结构中，由于客户端实现与服务器的直接相连，没有中间环节，因此响应速度快，利于处理大量数据。

2. 浏览器-服务器结构

采用C/S结构的应用程序具有许多优点，但也存在一些不足。例如，需要在客户机上安装客户端程序，分布功能弱，不能够实现快速部署安装和配置；缺少通用性，业务的变更，需要重新设计和开发，增加了维护和管理的难度，进一步的业务拓展困难较多。浏览器-服务器结构(如图1-9所示)是随着互联网技术的发展产生的一种应用程序结构，这种结构在很大程度上克服了C/S结构的一些不足。

如图1-9所示，B/S结构类似于三层C/S结构，应用程序主要包括三部分：浏览器(browser)、Web服务器和数据库服务器。在B/S体系结构系统中，应用程序只需要安装在

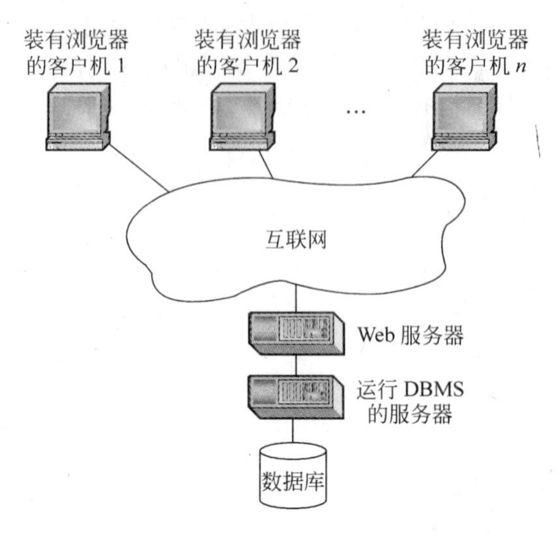

图 1-9 B/S 结构

一台服务器(Web 服务器)上,用户只需要通过连接到互联网并安装了浏览器软件的计算机就可以访问数据库。数据请求、加工、结果返回以及动态网页生成、对数据库的访问和应用程序的执行等工作全部由 Web Server 完成。其数据访问基本过程为:用户浏览器通过页面形式向 Web 服务器发送请求,Web 服务器接收到用户请求后,按照特定的方式将请求发送给数据库服务器,数据库服务器执行这些请求并把结果返回给 Web 服务器,Web 服务器再将这些结果以页面形式返回给用户的浏览器。

与 C/S 结构相比,B/S 结构主要具有以下两方面优点。

(1) 维护和升级方式简单。B/S 结构最终用户的应用软件安装和维护都非常简单,客户端不需要安装、配置应用软件工作,这些工作只需在 Web 服务器上完成,减少了客户端软件的配置,省去了对客户端程序的维护。当软件需要修改或升级时,只需要在 Web 服务器上进行相应的修改即可。

(2) 异地浏览和信息采集的灵活性好。任何时间、任何地点、任何系统,只要可以使用浏览器上网,就可以使用 B/S 系统的终端,因此具有更强的分布性,可以随时随地进行查询、浏览等业务处理。

虽然 B/S 结构应用程序克服了传统的 C/S 结构应用程序通用性差、维护困难等问题,但其仍然存在数据安全性问题、对服务器要求较高、数据传输速度慢、软件的个性化特点明显降低等缺点,难以实现传统模式下的特殊功能要求。

实际上 B/S 和 C/S 结构各有千秋,它们都是当前非常重要的应用程序结构。在适用于互联网、维护工作量等方面,B/S 结构比 C/S 结构要强得多;但在运行速度、数据安全、人机交互等方面,B/S 结构远不如 C/S 结构。综合起来可以发现,凡是 C/S 结构的强项,便是 B/S 结构的弱项,反之亦然。事实上,这两种结构无法相互取代。例如,对于以浏览为主,录入简单的应用程序,B/S 结构有很大的优势,现在全球铺天盖地的 Web 网站就是明证;而对于交互复杂的企业级应用,B/S 结构则很难胜任。比如说,从全球范围看,成熟的 ERP(企业资源计划)产品大多采用二层或三层 C/S 结构,B/S 结构的 ERP 产品并不多见。

1.3　数据模型

人们对模型并不陌生，现实生活中一些具体的模型，例如航空模型、航海模型、人体模型等，可以帮助人们学习和理解客观事物或系统。模型就是对事物、对象、过程等客观系统中感兴趣的内容的模拟和抽象，是理解系统的思维工具。作为一种模型，数据模型（Data Model）是对现实世界数据特征的抽象，它是描述数据、数据联系、数据语义以及一致性约束的概念工具的集合。

1.3.1　数据模型的分类

人们把客观存在的事物最终表达成数据的形式存储于数据库中，是一个把现实世界表达成机器世界的过程，这一过程经历了现实世界→信息世界→机器世界的逐级抽象和转换过程。如图 1-10 所示，在对客观对象的抽象过程中，不同的阶段需要使用不同的数据模型，主要包括概念模型（Conceptual Model）、逻辑模型（Logical Model）和物理模型（Physical Model）。

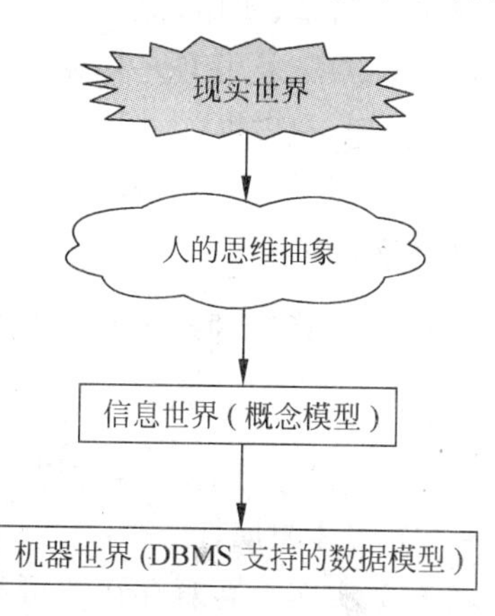

图 1-10　现实世界到机器世界的抽象过程

1. 概念模型

概念模型是描述信息世界的模型，也称信息模型，它是按用户的观点来对数据和信息建模。信息世界是现实世界在人脑中的反映，而概念模型是人们认识现实世界后，对客观事物及其联系的一种抽象描述。从层次上看，概念模型属于高层数据模型，它提供的概念更接近于用户实际感知数据的方式，是独立于具体的计算机系统和 DBMS 的，通常用于数据库设计。

2. 逻辑模型和物理模型

逻辑模型和物理模型属于机器世界的模型，与具体的计算机系统相关。逻辑模型按照计算机系统的观点对数据建模，主要用于 DBMS 的实现。数据的结构化、一体化是数据库与文件系统区别的重要特征。尽管数据的存储仍然以文件作为基础，但数据库的数据是按照某种逻辑模型进行组织的。

物理模型用以描述数据在系统内部的表示方式和存取方法，以及在物理存储介质上的组织结构和存取方法，与具体的 DBMS、操作系统及硬件有关。物理模型的具体实现是 DBMS 的任务，数据库设计人员只需要了解和选择合适的物理模型，而一般用户无须考虑物理模型。

从层次上看，物理模型属于低层数据模型，它提供的概念描述是数据在计算机中的实际存储方式；而逻辑模型是处于概念模型和物理模型之间的一层，它提供的概念描述能够为用户所理解，又可以在计算机系统中实现。

为了把现实世界中的具体事物抽象、组织为某一具体 DBMS 支持的数据模型，其过程通常为：首先将现实世界抽象为信息世界，建立与具体的计算机系统和 DBMS 无关的概念模型；然后再把概念模型转换为具体的 DBMS 所支持的数据模型(逻辑模型和物理模型)。一般来说，从现实世界到概念模型的抽象，以及概念模型到逻辑模型的转换(可以采用数据库设计工具进行辅助)，由数据库设计人员完成；而逻辑模型到物理模型的转换由 DBMS 完成。

1.3.2 实体-联系模型

概念模型是现实世界到信息世界的第一层抽象，是数据库设计人员进行数据库设计的有力工具，也是数据库设计人员和用户进行交流与沟通的语言。通常概念模型应具有丰富的语义表达能力，并且简单、清晰，容易为用户所理解。实体-联系(Entity-Relationship，E-R)方法是最广泛被采用的概念模型设计方法，它是由 P. P. S. Chen 于 1976 年提出的。这种方法简单、实用，得到了广泛的应用，是目前描述信息结构最常用的方法。

E-R 方法采用 E-R 图来描述现实世界的概念模型，通常 E-R 方法也称作 E-R 模型。E-R 模型一经提出，人们后续对其进行了扩充和修改，出现了多种 E-R 模型的变种和扩展版本，且表达方式没有统一的标准。这里采用的是一些典型和流行的表达，所介绍的方法也是比较实用的。

1. E-R 模型的基本概念及其表示

E-R 模型主要包括实体(entity)、属性(attribute)和联系(relationship)等三种对象类型，通过一组与实体和属性以及联系相关的概念，能够很好地描述信息世界。

1) 实体与属性

(1) 实体。客观存在并可相互区分的事物称为实体。实体通常与现实世界中的某个事物相对应，例如一个学生、一个教室、一门课程、一本书等。

(2) 属性。指实体所具有的某一特性称为属性。通常，一个实体需要用若干属性来进行描述和刻画。例如学生实体可以由学号、姓名、性别、出生年月、专业、入学年份等属性组成，而(200908102，赵强，男，1990-08，计算机科学与技术，2009)具体描述了一个名叫赵强的学生对应的实体。

(3) 域(domain)。属性的取值范围称作该属性的域。例如，属性学号的域为 9 位数字字符组成的集合；性别的域为(男，女)。

(4) 键(key)。唯一标识实体的属性集称为键(也叫码)。例如，由于学号唯一地标识一个学生，因此学号是学生实体的键。

(5) 实体型(entity type)。具有相同属性的实体必然具有共同的特征和性质。用实体名及其属性名的集合来描述和刻画同类实体，称为实体型。例如，学生(学号、姓名、性别、出生年月、专业、入学年份)就是描述所有学生的学生实体型。

(6) 实体集(entity set)。同型实体组成的集合称为实体集。例如，全体学生构成一个实体集。

为了方便描述，这里不去严格地区分实体、实体集和实体型，而是统一采用实体来表达这几个概念，其含义完全可以从上下文中获得。

在 E-R 图中，实体用矩形表示，矩形框内写明实体的名称；属性用椭圆来表示，椭圆内写明属性的名字，并将其与所属的实体用无向边相连，对于出现在键中的属性，属性名字带有下划线。图 1-11 是表示学生实体的 E-R 图。

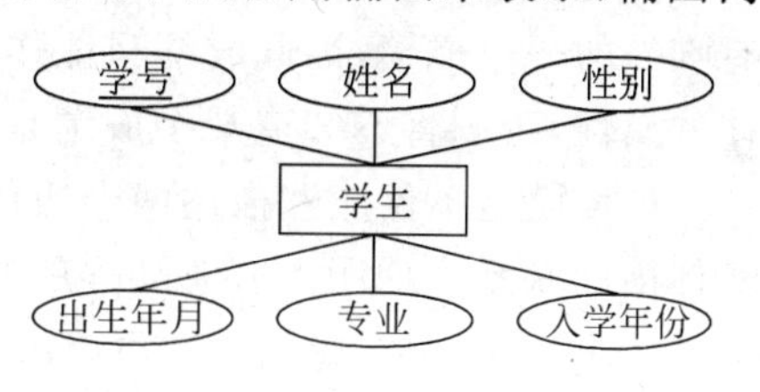

图 1-11 学生实体的 E-R 图

2）联系

在现实世界中，任何事物都不是孤立存在的，事物之间或事物内部是有联系的。这些联系在信息世界就反映为实体（型）之间的联系和实体（型）内部的联系。实体（型）内部的联系指的是组成实体的各属性之间存在的联系；而实体（型）之间的联系指的是不同实体集之间的联系。对于 E-R 模型，主要讨论实体之间的联系。

在 E-R 图中，联系用菱形来表示，菱形框内写明联系的名称，并用无向边与参加联系的实体相连，如果联系具有属性的话，还要用无向边与其所具有的属性相连。对于联系的表示还要注意，应该在无向边旁标上联系的类型。

E-R 模型中，实体间的联系类型主要有三种：一对一联系（1∶1）、一对多联系（1∶n）和多对多联系（m∶n）。由于两个实体间的联系最为常见，下面将以两个实体间的联系来说明这三种联系类型。

（1）一对一联系（1∶1）。如果对于实体集 A 中的每一个实体，实体集 B 中至多有一个（也可以没有）实体与之联系，反之亦然，则称实体集 A 与实体集 B 具有一对一联系，记作 1∶1。如图 1-12(a)所示，对于学校而言，每个班级只有一名班主任，而一名班主任只负责一个班级，则班级和班主任实体之间具有一对一联系。

（2）一对多联系（1∶n）。如果对于实体集 A 中的每一个实体，实体集 B 中有 n 个实体（$n \geqslant 0$）与之联系，反之，对于实体集 B 中的每一个实体，实体集 A 中至多只有一个实体与之联系，则称实体集 A 与实体集 B 具有一对多联系，记作 1∶n。如图 1-12(b)所示，在高等学校，每个专业有若干名学生学习，而每个学生只能选择一个专业学习，则专业和学生实体之间存在着一对多联系。

（3）多对多（m∶n）联系。如果对于实体集 A 中的每一个实体，实体集 B 中有 n 个实体（$n \geqslant 0$）与之联系，反之，对于实体集 B 中的每一个实体，实体集 A 中有 m 个实体（$m \geqslant 0$）与之联系，则称实体集 A 与实体集 B 具有多对多联系，记作 m∶n。如图 1-12(c)所示，在学校里，每个学生可以选修多门课程，而一门课程也可以由不同的学生选修，则学生和课程实体之间具有多对多联系。

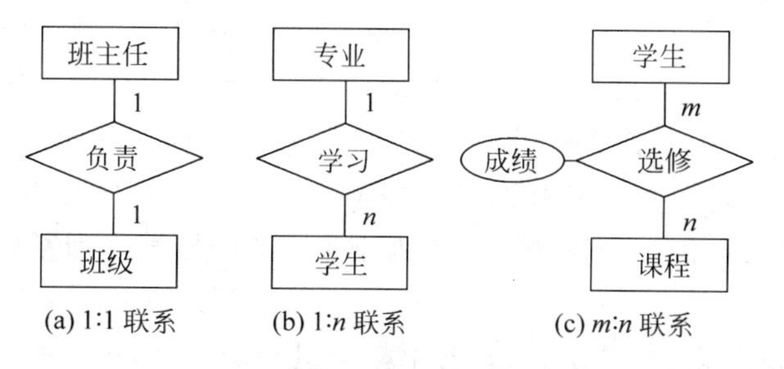

图 1-12 两个实体间的联系类型示例

值得注意的是，联系也可能具有属性，如图 1-12(c)所示，由于每个学生选修一门课程将有唯一的一个成绩，因此成绩只能作为选修联系的属性，而不能单独作为学生实体或课程实体的属性，否则将不知道某个成绩是哪个学生或哪门课程的。

E-R 模型不仅能够描述两个实体间的联系，也可以描述两个以上实体间的联系和单个实体内的联系。如图 1-13 所示，是三个实体之间的联系(三元联系)示例。对于课程、教师和参考书三个实体，每门课程可以由不同的教师选用多本参考书进行讲授；每名教师只能讲授一门课程，但可以为该课程选用多本参考书；每本参考书可以供多名教师讲课使用，但只能针对一门课程使用。因此，如图 1-13(a)所示，课程、教师和参考书之间的联系是一对多联系。

对于供应商、项目和零件实体，一个供应商可以供给多个项目多种零件，一个项目可以使用不同供应商供给的多种零件，一种零件可以由不同供应商供给多个项目。因此，如图 1-13(b)所示，供应商、项目和零件之间的联系是多对多联系。注意，三个实体间的多对多联系和三个实体两两之间的多对多联系的语义是不同的。例如对于供应商、项目和零件三个实体，可以有供应商-零件、供应商-项目和项目-零件三个多对多联系，但这三个多对多联系的语义和它们构成的三元多对多联系是不同的。比如，供应商-零件之间的联系，只能表达供应商可以供应多种零件，每种零件可以由不同的供应商供应，但是无法了解供应商将某种零件供应给哪个项目；其他两个联系存在同样的问题。

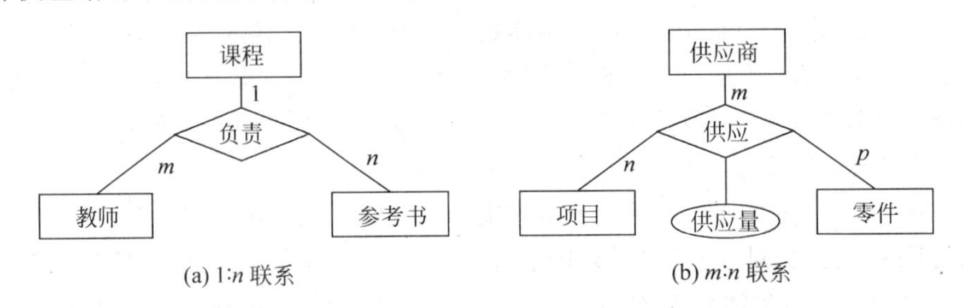

图 1-13　三个实体间的联系示例

如图 1-14 所示，是一个单个实体内的联系的示例。在高等学校，教师通常是按照学院或系进行管理的，每位教师由一个院长或系主任直接领导，而院长或系主任领导本院或本系的多名教师，由于院长或系主任都是教师中的一员，因此教师实体内部存在着领导与被领导的一对多联系。

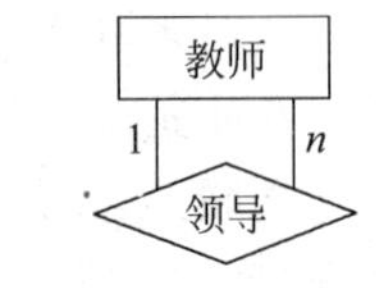

图 1-14　单个实体内的联系示例

2. 一个 E-R 模型的实例

E-R 模型在数据库设计中起着非常重要的作用，有关如何合理设计 E-R 模型以及其向逻辑模型的转换等将在第 9 章详细介绍。下面将通过一个简单的实例来介绍如何从现实的语义来构建 E-R 模型，以加深对 E-R 模型的理解。

设某学校按照院/系组织教学和管理，根据分析，该校教学管理系统有如下语义和信息要求。

(1) 学校有若干院/系，每个院/系有若干教研室和班级，而每个教研室和班级只能属于一个院/系。

(2) 每个教研室包括若干教师，而每位教师只属于一个教研室。

(3) 每个班级由若干学生组成,每名学生只在一个班级学习。

(4) 每个院/系由一名教师担任院长/主任,负责院/系的管理工作,每个院长/主任只负责管理一个院/系。

(5) 每个班级指定一名学生作为班长,负责班级的日常事务管理,而一名班长只能负责一个班级。

(6) 每个教师可以为多名学生讲授不同的课程,每门课程可以由多名学生选修且可以由不同的教师讲授,每个学生可以选修不同教师讲授的不同课程。

(7) 系统中需要保存的信息如下:

- 院/系信息　包括院/系名称、办公室地址、办公室电话、建立时间和教工数,院/系名称唯一标识一个院/系。
- 教研室信息　包括教研室名称、办公地点、电话和教师数,教研室名称唯一标识一个教研室。
- 班级信息　包括班级号、班级名称、专业、入学年份、学生数,班级号唯一标识一个班级。
- 教师信息　包括教师号、姓名、性别、职称、出生年月、学历/学位,教师号唯一标识一名教师。
- 课程信息　包括课程号、课程名、性质、学时、学分,课程号唯一标识一门课程。
- 学生信息　包括学号、姓名、性别、出生年月、家庭住址、政治面貌,学号唯一标识一名学生。
- 成绩信息　对于每个学生选修某位教师所讲授的每一门课程要记载相应的成绩。

根据上述语义和信息要求,可以得到该模型中应包括院/系、教研室、班级、教师、课程和学生等六个实体。按照(1)～(6)条语义分别可知,院/系与教研室、院/系与班级实体之间具有一对多联系;教研室和教师实体之间存在一对多联系;班级和学生实体之间存在一对多联系;院/系和教师实体之间存在着一对一联系;班级和学生实体之间还存在一个一对一联系;教师、课程和学生实体之间存在着多对多联系,而且这个联系具有成绩属性。根据上述分析,得到如图1-15所示的该校教学管理系统的E-R图。

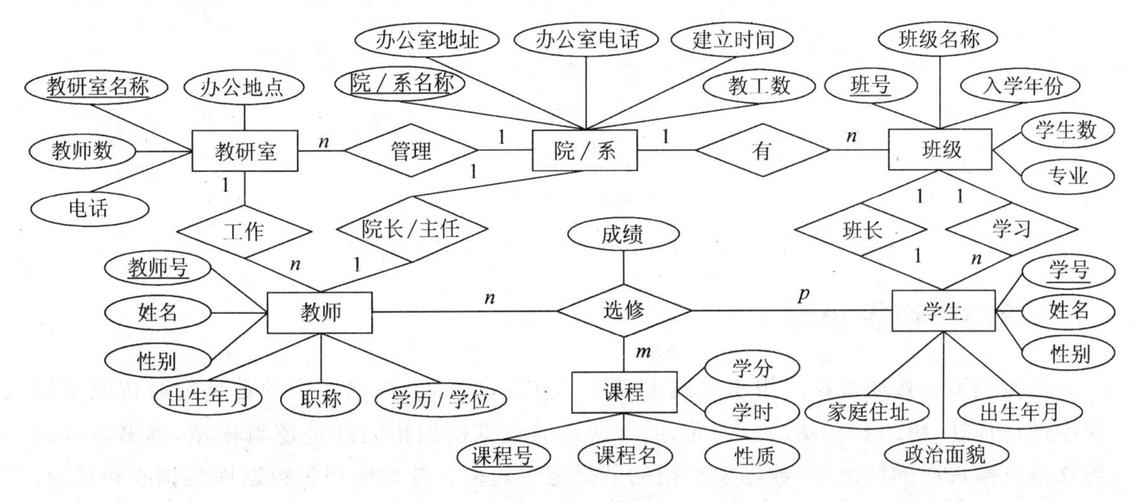

图1-15　学校教学管理系统E-R图

应当注意的是，由于语义不同，同一组实体之间可能存在不同的联系，如图-15 所示，班级和学生实体之间存在一个一对多的“学习”联系，也存在着一个一对一的“班长”联系；另外，教师、课程和学生之间的三元联系，不能用它们两两之间的多对多联系代替，否则将无法描述哪名教师给哪个学生上了哪门课程。

由于完整的 E-R 图比较复杂，而且在对系统刻画时，更重要的是描述实体及它们之间的联系，因此可以将 E-R 图分开来表达成两部分：一部分描述实体及其属性，而另一部分描述实体、实体间的联系以及联系的属性。这样更容易清晰地表达实体及其之间的联系。例如，对图 1-15 所示的 E-R 图，可以分成两部分表达成如图 1-16 所示的 E-R 图。其中图 1-16(a)描述的是实体及其属性，图 1-16(b)描述的是实体及其联系，这两部分共同形成一个完整的 E-R 图描述。可以看到，这样表达的 E-R 图，看上去更加简单明了，特别是对实体及其联系的表达显得清晰、简洁。

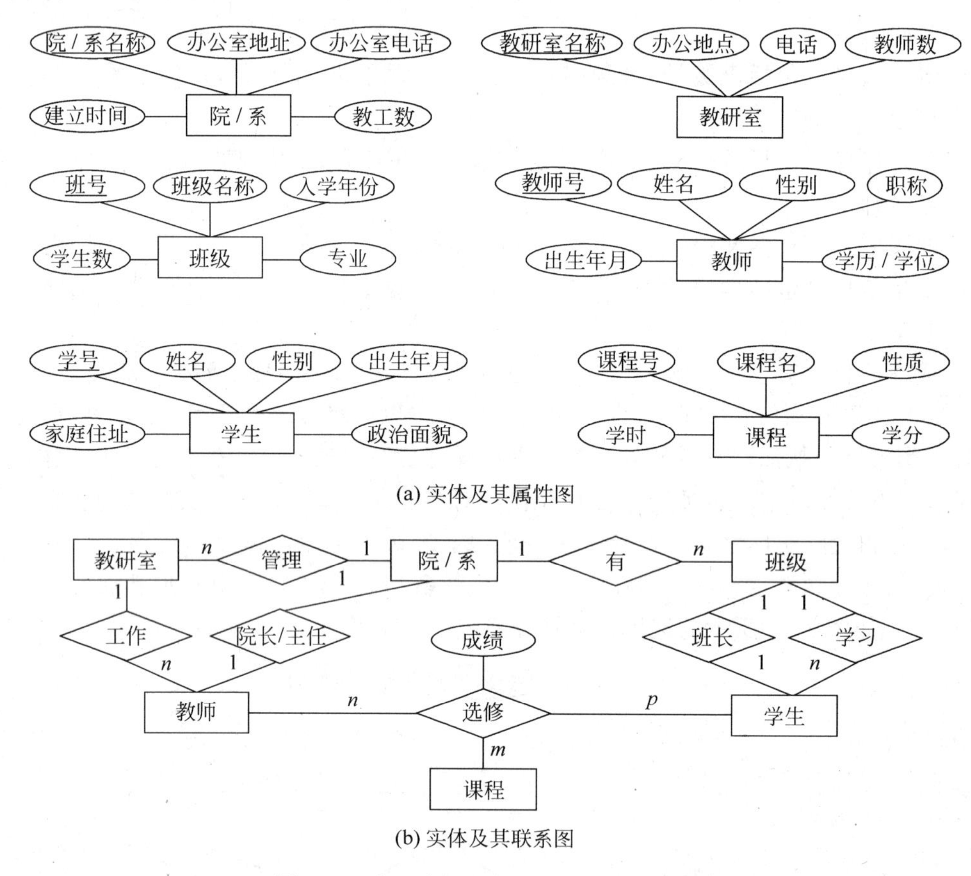

(a) 实体及其属性图

(b) 实体及其联系图

图 1-16 分开表达的教学管理系统 E-R 图

1.3.3 逻辑模型

逻辑模型是按照数据的组织方式来描述信息的，实际上数据库中的数据就是按照逻辑模型进行描述、组织和存储的。因此，通常所说的数据模型指的就是逻辑模型，本书后续内容在不特殊说明的情况下，数据模型指的就是逻辑模型。数据模型是数据库的核心和基础，现有的数据库系统都是基于某种数据模型的。

1. 数据模型的组成要素

数据模型是严格定义的概念集合，用以描述数据、数据联系、数据语义及一致性约束。这些概念精确地描述了系统的静态特性、动态特性和完整性约束条件。与之相对应，数据模型通常包括数据结构、数据操作和完整性约束三个要素。

1）数据结构

数据结构是数据模型的基本成分。它规定如何把基本数据项组织成大的数据单位，并描述数据之间的联系。数据结构实际上是组成数据库的对象类型的集合，是对系统静态特性的描述。这些对象类型一类是描述与数据的类型、内容和性质有关的对象；一类是描述与数据之间联系有关的对象。数据结构必须具有较强的表示能力，能够表达数据之间的各种复杂的语义相关性。

在数据库系统中，通常按照其数据结构的名字来命名数据模型。例如，层次、网状和关系等一些已知的数据模型，它们所支持的数据结构分别是层次结构、网状结构和关系，因此这些数据模型的名称就源于其所支持的数据结构的名称。

2）数据操作

数据操作是指对数据库中各种对象和实例允许执行的数据操作或推导规则，是系统动态特性的描述。数据库中主要有检索（查询）和更新（包括插入、删除和修改）两大类操作。任何数据模型都必须定义这些操作的确切含义、操作规则以及实现这些操作的数据操作语言（DML）等。

注意，对于同一数据结构，所允许的操作不同可以得到不同的数据模型。例如对同样的线性存储结构，如果采用先进先出的操作规则，则形成一个队列模型；如果采用先进后出的操作规则，则将形成一个栈模型。

3）完整性约束

数据的完整性约束是一组完整性规则的集合。完整性规则是给定的数据模型中的数据及其联系所满足的制约和依存规则，用以明确或隐含地定义正确的数据库状态或状态变化，以保证数据的正确、有效和相容。

任何数据模型本身蕴涵着该模型所必须满足的基本的、通用的完整性约束条件，保证数据库中的数据符合该数据模型的要求。例如在关系数据库中，必须满足实体完整性规则。此外，数据库系统必须提供完整性规则的定义机制，以满足某个应用所涉及的数据的特定语义和约束要求。例如，在学生管理系统中，要求学生的性别只取值“男”或“女”，年龄范围限定在 12 到 60 岁之间等。

总之，数据模型给出了在计算机上描述现实世界信息结构和信息变化的抽象方法。这些方法是通过 DBMS 来实现的。通常数据库系统是根据所支持的数据模型来命名的，例如支持关系模型的数据库系统称为关系数据库系统。

2. 关系数据模型概述

当前主要的数据模型有：层次模型（Hierarchical Model）、网状模型（Network Model）、关系模型（Relational Model）、面向对象模型（Object-Oriented Model）和对象关系模型（Object Relational Model）。在这些模型中，层次和网状模型（这两种模型通常称为非关系模型)出现较早,基于这两种模型的数据库系统易于实现,具有较高的运行效率,但它们都存在着难以为普通用户掌握、存储结构复杂、不易扩充等缺点。面向对象模型出现相对较晚,其主要借鉴面向对象技术在程序设计领域的成功经验,将面向对象程序设计方法与数据库技术相结合,并吸收了语义模型和知识表示模型的一些概念,具有丰富的语义和对信息世界的抽象能力,但该模型存在着不够简洁、难以掌握和缺乏理论基础等问题,只在一些专用领域得到应用。关系模型是目前最重要的一种数据模型,支持关系数据模型的关系数据库以其具有系统的数学理论基础和成熟的技术而取得巨大成功,目前大多数 DBMS 都是基于关系数据模型的。对象关系数据模型是在关系模型的基础上引入了面向对象特征,是对关系模型的扩充。

关系模型在数据库技术发展中起着举足轻重的作用,自 20 世纪 80 年代以来,计算机厂商推出的 DBMS 几乎都是基于关系模型的,当前仍是主流数据库系统的核心模型。因此,关系模型是需要重点了解的。本部分只对关系模型在概念上进行非形式化的描述,其正式的定义和细节将在本书的第 2 章加以阐述。

1) 关系数据模型的数据结构

关系模型与以往其他数据模型不同,它是建立在严格的数学概念基础之上的。在关系模型中,数据的组织在逻辑结构上是一张二维表,一张二维表就是一个关系。关系模型是由若干关系组成的。下面以表 1-1 所示的学生信息表为例来介绍关系模型中的几个重要的术语。

表 1-1 学生信息表

学号	姓名	性别	出生年月	所在院系	入学年份	籍贯
200908101	赵强	男	1990-04	计算机	2009	辽宁
200909106	钱芸	女	1989-06	信息	2009	北京
200910104	孙立	男	1989-10	数学	2009	黑龙江
⋮	⋮	⋮	⋮	⋮	⋮	⋮

(1) 关系(relation)。一个关系就是一张二维表(Table,通常简称为表),如表 1-1 所示的学生信息表就是一个描述学生信息的关系。

(2) 元组(tuple)。表中的一行即为一个元组。一个元组相当于传统文件中的一个记录。在表 1-1 中,(赵强,男,1990-04,计算机,2009,辽宁)是一个描述学生赵强信息的元组。

(3) 属性(attribute)。表中的一列即为属性。属性用于描述现实世界事物的某个特征。如表 1-1 中所示的关系具有学号、姓名、性别、出生年月、所在院系、入学年份和籍贯等七个属性。

(4) 域(domain)。属性的取值范围称为该属性的域。域是一个值的集合,属性所取的任何值都必须在它的域中。例如,对于表 1-1 所示的学生信息表,学号的域是由 9 位数字组成的字符串的集合;姓名的域是任何一个合法的姓名的集合;性别的域是由“男”和“女”组成的字符串集合。

(5) 分量。分量是元组中的一个属性的值。如对于表 1-1 中的元组(赵强,男,1990-04,计算机,2009,辽宁),赵强、男、1990-04、计算机、2009、辽宁分别是该元组在属性学号、姓名、性别、出生年月、所在院系、入学年份和籍贯上的分量。

(6) 键(key)。键也称作码,是表中的某个属性或属性组,它可以唯一地确定(标识)一个元组。如表 1-1 所示的学号可以唯一地确定一个学生,学号就是该关系的键。

(7) 关系模式(relational schema)。关系模式是对关系的描述,可以看做是二维表的表头结构。通常关系模式的描述形式为:关系名(属性 1,属性 2,…,属性 n)。关系模式与关系是彼此密切相关但又有所区别的概念,它们实际上是一种“型”与“值”的关系。关系模式描述关系的信息结构和语义限制,是“型”的概念;而关系是关系模式对应的一个实例,是“值”的概念。例如对于表 1-1 所示的学生信息表,可以用如下关系模式来描述:学生(学号,姓名,性别,出生年月,所在院系,入学年份,籍贯);对应于学生关系模式,表 1-1 所示的这张表的内容就是其对应的一个关系。

在关系模型中,实体以及实体间的联系都是用关系来表示的。例如,考虑学生、课程以及学生和课程实体之间的多对多联系,在关系模型中可以表示为:

学生(学号,姓名,性别,出生年月,所在院系,入学年份,籍贯)

课程(课程号,课程名,性质,学时,学分)

选修(学号,课程号,成绩)

可以看到,通过把学号和课程号(它们分别是学生和课程实体的键)加入到选修关系中,来描述学生和课程之间的选修联系。有关概念模型向关系模型的转换,将在第 10 章详细介绍。

关系模型要求关系必须是规范化的,要满足一定的规范条件。关系需要满足的最基本的规范条件是:关系中的每一个分量都是不可再分的数据项,也就是说表中不能再有表。如表 1-2 所示,表中的出生日期被分成年、月、日三部分,因此,出生日期是可分的数据项,该表是一个非规范化的关系。

表 1-2 非规范化的关系示例

学号	姓名	性别	出生日期			所在院系	入学年份	籍贯
			年	月	日			
200908101	赵强	男	1990	04	15	计算机	2009	辽宁
200909106	钱芸	女	1989	06	06	信息	2009	北京
200910104	孙立	男	1989	10	12	数学	2009	黑龙江
⋮	⋮	⋮	⋮	⋮	⋮	⋮	⋮	⋮

2) 关系数据模型的数据操作和完整性约束

关系数据模型的数据操作主要包括查询、插入、删除和修改。关系模型的操作对象是元组的集合,也就是说其操作对象和操作结果都是一张表(关系),而不像其他非关系模型的一次一记录的方式。另外关系模型在访问数据时,把存取路径向用户隐藏,用户只需要指出“干什么”或“找什么”,而不需要详细说明“如何干”或“如何找”,也就是说用户只需要通过某种方式表达其数据请求,而具体的数据访问过程和如何获得结果是由 DBMS 负责的,大大提高了数据的独立性和用户的生产率。

关系模型的任何数据操作都必须满足关系的完整性约束条件。关系模型的完整性约束条件包括实体完整性、参照完整性和用户定义的完整性三大类。关系数据库系统必须提供定义和实现这几种完整性的机制,有关关系的完整性将在第 2 章中进一步介绍。

3）关系模型的优缺点

与层次、网状等非关系模型相比，关系模型的优势是非常明显的，主要表现在以下几方面。

(1) 具有系统的数学理论依据，是建立在严格的数学概念基础之上的。

(2) 具有单一的数据结构。在关系模型中，无论实体（通常描述现实世界的事物）还是实体间的联系（描述现实世界事物之间的联系），都是用关系来描述的。对用户来说，无论是原始数据、操作数据，还是用户检索到的数据，数据的逻辑结构都只是表即关系。

(3) 具有更高的数据独立性和用户生产率。由于关系模型将存取路径对用户隐藏起来，即数据存取路径对用户是透明的。用户不需要关心数据是怎样存储的，也无须关心怎样才能访问到数据，只需要提出访问要求，其他事情交给系统来处理，大大提高了数据独立性，简化了应用程序的开发和数据库的建立工作，提高用户生产率的同时，也使数据具有更好的安全保密性。

关系数据模型最主要的缺点就是，由于存取路径对用户透明，查询效率难以保证，为了提高性能，系统必须对用户提出的查询进行优化，从而增加了研制和开发 DBMS 的难度。

1.4 本章小结

本章介绍了数据管理技术的进展、数据库系统组成及其结构以及数据模型等数据库相关概念，以便读者对数据库有初步的认识。

数据管理是指对数据进行分类、组织、编码、存储、检索和维护等操作，它是数据处理的中心问题。数据管理技术主要经历了人工管理、文件系统和数据库系统三个阶段。

由于数据库系统具有：数据一体化、结构化；数据共享性高、冗余度低，易扩充，数据独立性高，数据由 DBMS 统一管理和控制，提供更好的安全和保护等特点，使得数据库技术成为数据管理的首选技术。

数据库系统主要包括四个部分：数据库、硬件系统、软件系统和人员，其中软件系统中，数据库管理系统(DBMS)是数据库系统的核心。数据库系统把有关计算机硬件、软件、数据库和人员组合起来为用户提供信息服务和支持。

从数据库管理系统的角度，数据库系统结构包括三层模式和两级映像，即外模式、模式和内模式以及外模式/模式之间的映像和模式/内模式之间的映像，这两级映像分别保证的数据的逻辑独立性和物理独立性。

从应用程序的角度，当前最典型的应用结构是客户-服务器(Client/Server，C/S)和浏览器-服务器(Browser/Server，B/S)结构，这两种结构各有千秋，在适用于互联网、维护工作量等方面，B/S 结构比 C/S 结构要强得多，但在运行速度、数据安全、人机交互等方面，B/S 结构远不如 C/S 结构。

数据模型(Data Model)是对现实世界数据特征的抽象，它是描述数据、数据联系、数据语义以及一致性约束的概念工具的集合。数据模型是数据库系统的基础和核心。数据模型包括描述信息世界的概念模型(Conceptual Model)及描述机器世界的逻辑模型(Logical Model)和物理模型(Physical Model)。把现实世界中的具体事物抽象、组织为某一具体 DBMS 支持的数据模型，其过程通常为：首先将现实世界抽象为信息世界，建立与具体的计算机系统和 DBMS 无关的概念模型，然后再把概念模型转换为具体的 DBMS 所支持的数据模型(逻辑模型和物理模型)。

E-R方法是最广泛采用的概念模型设计方法。E-R模型主要包括实体(entity)、属性(attribute)和联系(relationship)三种对象,通过描述实体及其属性以及实体之间的联系可以很好地刻画信息世界。

通常所说的数据模型指的就是逻辑模型,它主要包括数据结构、数据操作和完整性约束三个组成要素。关系模型作为最重要的数据模型,具有理论严格、结构单一、数据独立性高等特点,是需要重点了解的。

习题1

1. 简述数据管理及其数据管理技术经历的主要阶段。
2. 简述文件系统的主要缺点。
3. 简述数据库系统的特点。
4. 解释数据库、数据库管理系统、数据库系统的基本概念。
5. 简述DBMS的主要功能。
6. 简述DBA的主要职责。
7. 简述数据库的三级模式结构包括哪几部分。
8. 试说明数据库三级模式结构中的映像功能及其与数据独立性的关系。
9. 分别说明C/S和B/S应用程序结构的优点。
10. 为体育部门建立的数据库中要存储运动队、运动员、运动项目以及运动员参加运动队和运动项目比赛情况,其中运动队、运动员、运动项目应包含如下信息。

(1) 运动队:队名、主教练,队名唯一标识运动队。

(2) 运动员:运动员编号、姓名、性别、年龄,运动员编号唯一标识一名运动员。

(3) 运动项目:项目编号、项目名、所属类别,项目编号唯一标识一个项目。

这里规定,每个运动队有多名运动员,每名运动员只属于一个运动队;每名运动员可以参加多个项目,每个项目可以有多个运动员参加。系统记录每名运动员参加每个项目所得名次和成绩以及比赛日期。根据以上叙述,为体育部门建立E-R模型,要求标注联系类型。

11. 设某图书管理系统需要存储有关出版社、作者、图书以及作者的著书情况。出版社、作者和图书应包含的如下信息。

(1) 出版社　出版社编号、出版社名称、地址、电话,出版社编号唯一标识出版社。

(2) 图书　图书编号、书名、定价、字数,图书编号唯一标识图书。

(3) 作者　作者编号、姓名、单位、职称、电话,作者编号唯一标识作者。

再给出如下语义和要求:每个出版社出版多种图书,每种图书只能由一个出版社出版,每个出版社出版一种图书应记录其出版时间;一种图书有多名作者,每一个作者可能编著多种图书,每个作者编著一种图书应记录作者排序(即该书中作者的次序,如第一作者、第二作者等)。试根据上述表述为该系统设计E-R模型,要求标注联系的类型。

12. 简述数据模型的三要素。
13. 请给出几种常见的数据(逻辑)模型。
14. 试说明关系模型的优缺点。

第2章 关系数据库

关系数据库系统是支持关系数据模型的数据库系统。1970年美国IBM公司的研究员E. F. Codd在美国计算机学会(ACM)会刊"Communications of the ACM"上发表的题为"A Relation Model of Data for Large Shared Data Banks"的论文,提出了关系模型和方法,开创了数据库系统的新纪元。

由于关系数据模型结构简单,具有系统的数学基础,引起人们的广泛关注。20世纪70年代末,关系方法的理论研究和软件系统的研制取得了很大成果,1977年IBM公司研制的关系数据库的代表System R开始运行,其后又进行了不断的改进和扩充,出现了基于System R的数据库系统SQL/DS;与System R同期,美国加州大学伯克利分校也研制了INGRES关系数据库实验系统,并发展成为INGRES数据库产品。关系数据库系统从实验室走向社会,成为最重要、最广泛的数据库系统。

鉴于关系数据库取得的巨大成功,E. F. Codd获得了1981年的图灵奖。几十年来关系数据库的研究取得了辉煌的成就,涌现出一批性能良好的关系数据库管理系统(RDBMS),如Oracle、DB2、SQL Server、Sybase、Informix及MySQL等。在商用数据处理应用中,关系模型已经成为主要的数据模型。因此,关系模型的基本原理、技术和应用十分重要,是本书的重点。自本章起,将围绕着关系模型和关系数据库讨论相关的数据库技术及其应用。

2.1 关系数据结构及形式化定义

在第1章中,对关系数据模型进行了概述,了解了关系模型的一些概念和术语,这一章将深入探讨关系模型,主要包括关系的数据结构、数据操作和完整性约束等。

2.1.1 关系形式化定义

在关系模型中,数据及其联系是以二维表的形式来表示的,这个二维表就是关系。实际上,关系理论是以集合代数理论为基础的,通过集合代数可以给出关系的形式化定义。

1. 域(domain)

定义 2-1 域是一组具有相同数据类型的值的集合,又称作值域。

例如,整数、实数和字符串集合都是域。域中所包含的值的个数称作域的基数。在关系中,域定义了属性的取值范围。下面是几个关于域的例子。

设有三个域 D_1、D_2 和 D_3，它们分别表示学生的姓名、性别和年龄的集合。这些域定义为：

D_1 = {赵强，钱芸，孙立}，基数 $m_1 = 3$

D_2 = {男，女}，基数 $m_2 = 2$

$D_3 = \{18, 19, 20\}$，基数 $m_3 = 3$

注意，由于域是值的集合，因此域中的元素无排列次序，例如，D_2 = {男，女} = {女，男}。

2. 笛卡儿积(Cartesian Product)

定义 2-2 给定一组域 $D_1, D_2, \cdots, D_n$，这些域可以包含相同的元素，既可以完全不同也可以部分或完全相同。$D_1, D_2, \cdots, D_n$ 的笛卡儿积 $D_1 \times D_2 \times \cdots \times D_n = \{(d_1, d_2, \cdots, d_n) \mid d_i \in D_i, i = 1, 2, \cdots, n\}$。其中：

(1) 笛卡儿积 $D_1 \times D_2 \times \cdots \times D_n$ 中的每一个元素 $(d_1, d_2, \cdots, d_n)$ 叫做一个 n 元组(n-tuple)，或简称为元组；

(2) 每个元素 $(d_1, d_2, \cdots, d_n)$ 中的每个值 d_i 叫做一个分量(component)；

(3) 如果每个 $D_i(i = 1, 2, \cdots, n)$ 都是有限集(即集合中元素的个数是有限的)，其基数分别为 $m_i(i = 1, 2, \cdots, n)$，那么笛卡儿积 $D_1 \times D_2 \times \cdots \times D_n$ 的基数 m 为：

$$m = \prod_{i=1}^{n} m_i$$

对于前面定义的三个域 D_1、D_2 和 D_3，可以得到如下的笛卡儿积。

$D_1 \times D_2 \times D_3$ = {

(赵强，男，18)，(赵强，男，19)，(赵强，男，20)，
(赵强，女，18)，(赵强，女，19)，(赵强，女，20)，
(钱芸，男，18)，(钱芸，男，19)，(钱芸，男，20)，
(钱芸，女，18)，(钱芸，女，19)，(钱芸，女，20)，
(孙立，男，18)，(孙立，男，19)，(孙立，男，20)，
(孙立，女，18)，(孙立，女，19)，(孙立，女，20)}。

这里，每一个元素都是元组，例如(赵强，男，18)是一个元组，而赵强、男、18 分别是该元组的分量。$D_1 \times D_2 \times D_3$ 的基数 $m = m_1 \times m_2 \times m_3 = 3 \times 2 \times 3 = 18$，也就是说 $D_1 \times D_2 \times D_3$ 中共有 18 个元组。这些元组可以用一张二维表来表示，设域 D_1，D_2 和 D_3 的名称分别为 NAME(姓名)、GENDER(性别)和 AGE(年龄)，则可以得到如表 2-1 所示的表。

表 2-1 D_1、D_2 和 D_3 的笛卡儿积

NAME	GENDER	AGE	NAME	GENDER	AGE
赵强	男	18	钱芸	女	18
赵强	男	19	钱芸	女	19
赵强	男	20	钱芸	女	20
赵强	女	18	孙立	男	18
赵强	女	19	孙立	男	19
赵强	女	20	孙立	男	20
钱芸	男	18	孙立	女	18
钱芸	男	19	孙立	女	19
钱芸	男	20	孙立	女	20

笛卡儿积实际上是按照次序从每个域中取出一个值进行组合形成元组，从中无法了解这些元组满足什么关系和表达什么含义。从表 2-1 可以看到，与赵强有关的元组一共有六个，如果说每个元组都是描述某个学生的信息的，那么显然赵强的性别和年龄有不同的取值，这与现实是不相符的。因此，要描述现实世界，必须选取笛卡儿积中有意义的部分。

3. 关系(relation)

定义 2-3 笛卡儿积 $D_1 \times D_2 \times \cdots \times D_n$ 的子集称作在域 $D_1, D_2, \cdots, D_n$ 上的关系，表示为 $R(D_1, D_2, \cdots, D_n)$。其中，R 表示关系的名字，n 是关系的目或度(degree)。

当 $n=1$ 时，称该关系为单元关系(Unary Relation)；当 $n=2$ 时，称该关系为二元关系(Binary relation)。

关系中的每个元素称为关系的元组，通常用 t 来表示。

从前面描述的笛卡儿积 $D_1 \times D_2 \times D_3$，很容易看出，笛卡儿积对描述现实世界的信息没有任何意义。通常关系是笛卡儿积的有意义的子集，例如，可以从笛卡儿积 $D_1 \times D_2 \times D_3$ 中抽取一个子集用于描述学生信息，于是可以得到如表 2-2 所示的学生关系。

表 2-2　学生关系

NAME	GENDER	AGE
赵强	男	18
钱芸	女	19
孙立	男	19

从表 2-2 可以了解到赵强、钱芸和孙立三名学生的信息，其中的每个元组都描述了一个学生的信息。例如，元组(赵强，男，18)表明，赵强是一名年龄 18 岁的男同学。

根据定义，关系就是一张二维表，有以下几点需要进一步说明。

(1) 表中的一行对应关系的一个元组。

(2) 表中的每一列的值是同一数据类型，来自同一个域。

(3) 不同的列可出自同一个域。为了加以区分，每列起一个名字，称作属性。不同的列有不同的属性名。

通常，关系的一个元组(表中的一行)表示一个现实世界具体的事物，例如，上面的学生关系中的每一行(元组)代表一名具体的学生；关系的一个属性(表中的一列)描述事物的某个具体特征。由于从不同的角度，对关系模型中涉及的一些术语有不同的表达，表 2-3 列出了与关系、表、实体集等有关术语的对照关系。

表 2-3　关系模型术语对照表

关系理论	概念模型	关系数据库	某些数据库软件
关系	实体集	表	数据文件
元组	实体	行	记录
属性	属性	列	字段

若关系中的某一属性组的值能唯一地标识一个元组，则称该属性组为候选键或候选码(Candidate Key)，简称键或码。若一个关系有多个候选键，则根据需要选定其中的一个为

主键(Primary Key)。

出现在候选键中的属性称为主属性(Prime Attribute),不出现在任何候选键中的属性称为非主属性(Non-primary Attribute)或非键属性(Non-key Attribute)。

在最简单的情况下,候选键只包含一个属性,例如表 2-2 所示的学生关系,如果不存在重名的情况下,每个学生有唯一的性别和年龄,姓名能够唯一地标识一名学生,因此属性 NAME 是该关系唯一的候选键,也是主键。关系的候选键可能包含若干个属性,在极端的情况下,关系的所有属性组成这个关系的候选键,称为全键(All-key)。

4. 关系的性质

在讨论关系的性质之前,先来了解一下关系的类型有哪些。关系可以有三种类型:基本关系(通常又称为基本表或基表)、查询表和视图表。

- 基本表:是实际存储的表,它是实际存储数据的逻辑表示。
- 查询表:是查询结果对应的表。
- 视图表:是由基本表或其他视图导出的表,不实际存储对应的数据,是虚表。

基本关系具有以下六条性质。

(1) 任意两个元组不能完全相同。

(2) 元组的顺序可以任意交换。

(3) 属性的顺序可以任意交换。由于属性的顺序无关紧要,许多实际的数据库管理系统增加新属性时,将新属性插至最后一列。

(4) 列是同质的(homogeneous),即每一个属性的值必须是同一数据类型,来自同一个域。

(5) 不同的列可以出自同一个域,但属性名必须唯一。

(6) 每一分量必须是不可分的数据项。

值得注意的是,在许多实际的关系数据库管理系统中,基本表并不完全符合上述的六条性质。例如,有的数据库管理系统(如 FoxPro 等)仍然区分了属性的顺序和元组的顺序;有的关系数据库产品(如 Oracle 等)允许表中存在两个完全相同的元组,除非用户特别定义了相应约束。

2.1.2 关系模式与关系数据库

1. 关系模式与关系

关系的描述称为关系模式。一个关系模式通常包含关系名、组成该关系的诸属性、属性来自的域、属性到域的映像以及属性间的数据依赖关系等。

关系模式通常记为 $R(A_1,A_2,\cdots,A_n)$。其中 R 为关系名,$A_1,A_2,\cdots,A_n$ 为组成关系 R 的诸属性。例如,表 2-2 所示的关系可以用关系模式 STUDENT(NAME,GENDER,AGE)来描述,其中 STUDENT 是关系名。属性到域的映像常常直接说明为属性的数据类型、宽度等。属性间的数据依赖关系将在第 9 章详细讨论。

关系是关系模式在某一时刻对应的实例,是一个元组的集合。通常不严格区分关系模式和关系,把它们统称为关系,读者应当通过上下文加以区分和理解。

2. 关系数据库

关系数据库的描述称为数据库模式，通常是由若干关系模式组成的。而关系数据库指的是数据库模式在某一时刻对应的实例，是由组成该数据库模式的所有关系模式在某一时刻对应的关系组成的。

2.2 关系操作

数据模型的动态特性是通过数据操作来描述的，关系模型给出关系操作集合及其操作规则，以说明关系操作的能力。但并不对具体的 DBMS 提出语法要求，不同的 DBMS 可以定义和开发不同的数据操作语言来实现关系操作。

2.2.1 基本关系操作

关系操作的特点是集合操作，即操作对象和结果都是元组的集合。关系模型中最常用的关系操作包括查询(Query)、插入(Insert)、删除(Delete)和修改(Update)操作，可以划分成查询和更新(包括插入、删除和修改)操作两大类。关系的查询表达能力很强，是关系操作中最主要的部分。

关系操作能力的表达通常有两种方式：代数方式和逻辑方式，这两种方式分别称为关系代数和关系演算。

1. 关系代数

关系代数是用对关系的运算来表达查询要求的。通过提供一系列的对关系的运算操作来表达查询要求，这些操作主要包括选择(Select)、投影(Project)、连接(Join)、除(Divide)、并(Union)、差(Except)、交(Intersection)和笛卡儿积等。

在众多的代数操作中，选择、投影、并、差和笛卡儿积是基本操作，其他任何操作都可以通过这 5 种操作来表达和实现。

2. 关系演算

关系演算是通过谓词来表达查询要求的。通过结合算术运算符、逻辑运算符和量词等来表达查询要求。关系演算根据谓词变元的不同，又分为元组关系演算和域关系演算。关系代数、元组关系演算和域关系演算在表达能力上是等价的。

2.2.2 关系数据语言的分类

关系代数、元组关系演算和域关系演算均是抽象的查询语言，这些抽象的语言和实际 DBMS 上实现的语言并不完全一样。它们主要是用来作为评估实际系统中查询语言能力的标准或基础。实际的查询语言自己定义语法来实现关系代数或关系演算的功能，而且还提供一些附加的功能，例如聚集函数(Aggregation Function)、分支结构、算术运算等。这些使目前实际的查询语言表达方式灵活、功能强大。

关系数据语言根据其表达查询方式的不同，主要分为三类：关系代数语言、关系演算语言和具有关系代数和关系演算双重特点的语言。这几种查询语言都有一些代表性的实现，下面列出了一些具有代表性的查询语言。

- 关系数据语言
  - 关系代数语言　　如 ISBL
  - 关系演算语言
    - 元组关系演算语言　　如 ALPHA，QUEL
    - 域关系演算语言　　如 QBE
  - 具有关系代数和关系演算双重特点的语言　　如 SQL

这些关系数据查询语言的共同特点是，语言表达能力完备、非过程化、集合操作，并且功能强大，能够嵌入到高级语言中使用。其中 SQL 语言表达方式灵活，充分体现了关系数据语言的特点和优点，是关系数据库的标准语言。有关 SQL 语言将在第 4 章详细讨论。

2.3 关系的完整性约束

数据库的完整性是为了防止数据库中存在不符合语义（不正确）的数据。关系模型的完整性约束条件是一组完整性规则的集合。关系模型的完整性规则包括三类完整性约束：实体完整性、参照完整性和用户定义的完整性。其中实体完整性和参照完整性是关系模型必须满足的完整性约束条件，被称作是关系的两个不变性，关系系统应自动支持。

2.3.1 实体完整性

实体完整性（Entity Integrity）规则：基本关系的主属性不能取空值。所谓空值就是“不知道”或“不存在”的值。

实体完整性规则是对关系中主属性取值的约束，规定基本关系的所有主属性均不能取空值，而不仅仅是主键整体不能取空值。对实体完整性规则有如下说明。

(1) 实体完整性规则是针对基本关系而言的。一个基本关系（表）通常对应现实世界的一个实体集。例如学生关系对应于学生的集合。

(2) 现实世界的实体是可以区分的，它们具有某种唯一性的标识。例如，学校中的每个学生都是一个独立的个体，不存在完全相同的两个学生。

(3) 相应地，基本关系中以主键作为唯一标识。例如，给定学生关系：学生（学号，姓名，性别，出生日期，班级，所在院系），学号唯一标识一名学生，是该关系的主键。

(4) 主键中的属性即主属性不能取空值。如果主属性取空值，就说明存在某个不可标识的实体，即存在无法区分的实体，这与现实世界实体是可区分的相矛盾。例如，在上面的学生关系中，学号是主属性，如果学号为空将无法确定一名学生。

2.3.2 参照完整性

现实世界中的实体之间往往存在某种联系，在关系模型中实体以及实体之间的联系都是用关系来表达的。这样就自然会存在关系间的引用，于是就产生了参照完整性（Referential Integrity）。所说的参照完整性，是一个关系某些属性的取值需要参照其他关系某些属性的值而产生的。先来看几个例子。

【例 2-1】 下面是描述高校专业和学生信息的两个关系，其中主键用下划线进行标识。

专业(<u>专业代码</u>,专业名称)

学生(<u>学号</u>,姓名,性别,出生日期,所学专业代码)

这两个关系存在着引用关系。在一个学校中，每个学生所学专业一定是这个学校开设的专业，而专业关系列出了学校的所有专业信息。因此学生关系中的“所学专业代码”属性必须参照专业关系的“专业代码”属性的取值，即一个学生一旦分配了专业，其所学专业代码的取值一定是专业关系中的属性专业代码的某个值。

【例 2-2】 下面是描述某学校图书馆管理系统中读者、图书和借阅情况的三个关系。

读者(<u>借书证号</u>,姓名,性别,出生年月,类别,所在部门)

图书(<u>书号</u>,书名,作者,出版社,出版时间,字数,单价,数量,金额)

借阅(<u>借书证号,书号,借阅时间</u>,归还时间)

借阅关系的主键是由借书证号、书号、借阅时间三个属性组合而成的，因为每个读者虽然可以借阅同一种图书多次，但每次(同一借阅时间)每种图书只能借阅一本。这三个关系中，借阅关系与其他两个关系存在参照关系。很显然，每次借阅中，学校图书馆一定是把在馆内存在的图书借给学校的在籍注册读者，而图书馆的所有图书都记录在图书关系中，所有读者信息都存储于读者关系中。因此，借阅关系中的属性“借书证号”和“书号”分别参照读者关系的属性“借书证号”和图书关系的属性“书号”的取值。

【例 2-3】 给定另一个描述学生信息的关系：学生(<u>学号</u>,姓名,性别,出生年月,所在专业代码,班长学号)。该关系中“学号”是主键，由于班长本身也是一名学生，因此“班长学号”应参照“学号”取值，即每个班长一定是由学校存在的一个学生担任。

从上述几个例子可以看到，关系之间可能存在着相互引用，相互约束的情况。而这些关系间的参照和引用应当满足关系的参照完整性规则。在介绍参照完整性规则之前，先要引入外键的概念。

定义 2-4 设 F 是基本关系 R 的一个或一组属性，但不是关系 R 的主键。如果 F 与基本关系 S 的主键 K_S 相对应(它们的名称可以不同，但必须出自相同的域)，则称 F 是基本关系 R 的外键(Foreign Key)，并称基本关系 R 为参照关系(Referencing Relation)，基本关系 S 为被参照关系(Referenced Relation)或目标关系(Target Relation)。

通常，被参照关系和参照关系也分别称为主表和从表(它们之间通常是一对多的联系)，在 SQL Server 中，它们分别称作主键表和外键表。另外，在实际的数据库系统中，参照关系 R 的外键所参照的目标关系的属性组 K_S，不一定必须是主键，只要满足唯一性约束即可。

在例 2-1 中，学生关系的“所学专业代码”与专业关系中的主键“专业代码”相对应，因此“所学专业代码”属性是外键，注意这两个属性的名称不同，但值域是相同的；在例 2-2 中，借阅关系中的属性“借书证号”和“书号”分别与读者关系和图书关系的主键“借书证号”和“书号”相对应，因此属性“借书证号”和“书号”都是外键；在例 2-3 中，学生关系的属性“班长学号”与该关系的主键“学号”相对应，因此“班长学号”是外键，可以看到，同一个关系自身也存在着参照关系。

参照完整性规则：若属性(或属性组)F 是基本关系 R 的外键，它与基本关系 S 的主键 K_S 相对应(基本关系 R 和 S 不一定是不同关系)，则对于 R 中的每个元组在 F 上的值必须为：

- 或者取空值；
- 或者等于 S 中某个元组的主码值。

对于例 2-1，学生关系中的“所学专业代码”是外键，该关系中的每个元组在“所学专业代码”上取值只能是下面两种情况。

(1) 取空值，表示该学生还没有分配专业；

(2) 取非空值，此时该值必须是专业关系中某个元组“专业代码”的值(即被参照关系“专业”中一定存在某个元组在主键“专业代码”上的取值与参照关系“学生”的外键“所学专业代码”的值相同)，表示该学生一定分配到一个存在的专业学习，而不能分配到不存在的专业。

对于例 2-2，借阅关系中的两个外键“借书证号”和“书号”，由于它们都是该关系中的主属性，不能取空值，因此，它们的取值必须是相应被参照关系中已存在的主键的值。

对于例 2-3，参照关系和被参照关系是同一个关系。按照参照完整性规则，外键“班长学号”的取值有两类。

(1) 空值，表示该学生所在班级未选出班长；

(2) 学生关系中某个元组的学号值，表明此学号对应的学生是该学生所在班级的班长。

关系数据库中，主键和外键是非常重要的概念，通过主键和外键可以建立关系之间的联系，把它们有机地组织在一起形成结构化、一体化的关系数据库。

2.3.3 用户定义的完整性

实体完整性和参照完整性是任何关系数据库系统都必须支持的。除此之外，由于应用环境和需求的不同，往往还需要满足特定应用所涉及的特殊的数据完整性要求。用户定义的完整性(User-defined Integrity)就是针对具体应用由用户定义的完整性约束。与实体完整和参照完整性相比，用户定义的完整性形式更加灵活，语义更加广泛。关系数据库系统应提供用户定义完整性的机制，以反映用户对数据的不同约束，包括静态约束和动态约束。

1. 静态约束

静态约束是指数据库每一个确定的状态，数据对象所应满足的约束条件，它是反映数据库状态合理性的约束，是最重要的一类完整性约束。前面提到的实体完整性和参照完整性都属于静态约束；另一类比较常见的静态约束是，限定属性的取值范围或属性的取值与其他属性取值的关系等。例如，对例 2-1 中的学生关系，除了规定性别的数据类型和宽度之外，还可以限定其取值只能是“男”或“女”；对于例 2-2 中的图书关系，可以限定金额与单价和数量之间满足如下关系：金额＝单价×数量。

2. 动态约束

动态约束是指数据库从一种状态转变为另一种状态，新、旧值之间所应满足的约束条件，它反映数据库状态变迁的约束。动态约束通常是用户定义的完整性约束，与静态约束相比，由于需要进行新、旧值的比较才能确定是否违反约束条件，实现起来相对困难。例如，某人事关系中存在一个年龄属性，要实现“一个人的年龄只能增加不能减小”这样的约束，在修改年龄属性值时，必须要对比修改前和修改后的值，以确定新的年龄值是否大于旧的年龄值。

当前的关系数据库产品提供了较为灵活的完整性约束定义机制，帮助用户实现包括静态约束和动态约束在内的各种自定义完整性。有关这些机制，将在后续的章节中进行阐述。

2.3.4 完整性规则的处理

为了维护数据库的完整性，DBMS 必须提供完整性控制机制，在用户对数据库进行更新操作时保证数据的正确性和一致性。

1. 完整性控制机制的功能

DBMS 的完整性控制机制主要有以下三方面的功能。

1) 完整性规则定义

DBMS 提供某种机制定义和保存完整性规则，在关系数据库中必须提供实体完整性、参照完整性和用户定义的完整性的定义机制。

2) 完整性检查

检查用户发出的操作请求是否违背了完整性约束条件。通常完整性检查发生在用户对数据进行更新(包括插入、删除和修改)操作时，主要检查这些操作执行结束后数据库中的数据是否违反完整性约束条件。

3) 违约处理

当 DBMS 进行完整性检查发现违背完整性约束条件时，将采取一定的动作，进行违约处理以保证数据的完整性。对于违约处理，最简单的操作是拒绝执行违反完整性约束的数据操作，也可以根据用户的约定采用其他方式进行处理，比如用默认值来替代更新数据等。

2. 两类完整性的违约处理方式

当用户发出更新数据请求时，DBMS 将进行完整性检查。对于插入和修改数据时，DBMS 将要对新产生的数据行(元组)进行实体完整性、参照完整性和用户定义的完整性检查；对于删除操作，DBMS 将进行参照完整性检查。在检查过程中，如果出现违背完整性规则的情况将进行违约。对数实体完整性和参照完整性，其违约处理方式不尽相同。

1) 实体完整性违约处理

对某个更新操作进行实体完整性检查时，如果发现新行的主键值与该关系已经存在的某个主键值重复，即发生了违背实体完整性规则的情况，需要进行违约处理，其处理方式非常简单，就是拒绝该更新操作。

2) 参照完整性的违约处理

对数据的任何更新操作都可能引发参照完整性检查。下面将分别就插入、删除和修改操作的参照完整性检查及违约处理进行介绍。

(1) 插入操作。向被参照关系(主键表)插入数据时，无须考虑参照完整性规则。当向参照关系(外键表)插入新行(元组)时，将对新行进行参照完整性检查，如果新行的外键值不为空，且在被参照关系(主键表)中不存在任何主键值与之相等，则此插入操作违反了参照完整性规则，其通常的处理方式是拒绝该插入操作。

(2) 删除操作。当删除参照关系(外键表)的元组时，不会引发参照完整性检查。当删除被参照关系(主键表)的某个元组时，如果该元组的主键值在参照关系(外键表)中存在一些元组的外键对其引用(即参照关系某些元组的外键值与该主键值相等),一旦删除了该元组将违反参照完整性规则。这种情况下,主要的处理方式有:限制删除、级联删除、置空值删除和置默认值删除四种。

① 限制删除(无操作):不允许执行该元组的删除操作,即拒绝删除该元组。

② 级联删除:删除该元组的同时,将参照关系中外键引用其主键值的元组一同删除。例如,表 2-4 和表 2-5 分别是例 2-1 中的专业和学生关系的实例,当删除专业关系中的元组(10,电子商务)时,如果采用级联删除,学生关系中所有外键"所学专业代码"的值是 10 的元组均被删除,删除后的结果分别见表 2-6 和表 2-7。

③ 置空值删除:删除该元组的同时,将参照关系中引用其主键值的元组相应的外键值置为空值(NULL)。例如,对于表 2-4 和表 2-5 所示的关系,当删除专业关系中的元组(10,电子商务)时,表 2-8 所示的是采用置空值删除方式处理后的学生关系。可以看到,学生关系中所有外键"所学专业代码"的值是 10 的元组,其外键的值都设置成了空值。

④ 置默认值删除:与置空值删除的处理方式类似,只是在删除该元组的同时,将参照关系中引用其主键值的元组相应的外键值置为设定好的默认值。

表 2-4　专业关系

专业代码	专业名称	专业代码	专业名称
07	计算数学	10	电子商务
08	计算机科学与技术	11	网络工程
09	信息与计算科学		

表 2-5　学生关系

学号	姓名	性别	出生年月	所学专业代码
200908101	赵强	男	1990-04	08
200909106	钱芸	女	1989-06	09
200910104	孙立	男	1989-10	10
200910202	李刚	男	1990-02	10
200911101	周萍	女	1989-09	11
200911102	吴帅	男	1990-11	11

表 2-6　删除元组后的专业关系

专业代码	专业名称	专业代码	专业名称
07	计算数学	09	信息与计算科学
08	计算机科学与技术	11	网络工程

表 2-7　采用级联删除处理后的学生关系

学号	姓名	性别	出生年月	所学专业代码
200908101	赵强	男	1990-04	08
200909106	钱芸	女	1989-06	09
200911101	周萍	女	1989-09	11
200911102	吴帅	男	1990-11	11

表 2-8 采用置空值删除处理后的学生关系

学号	姓名	性别	出生年月	所学专业代码
200908101	赵强	男	1990-04	08
200909106	钱芸	女	1989-06	09
200910104	孙立	男	1989-10	NULL
200910202	李刚	男	1990-02	NULL
200911101	周萍	女	1989-09	11
200911102	吴帅	男	1990-11	11

(3) 修改操作。当修改参照关系(外键表)的元组时，如果修改了某个元组的外键值，将检查其新值是否与相应被参照关系的某个主键值相等，如果不满足即表明违反了参照完整性，将拒绝修改操作；当修改被参照关系(主键表)的某个元组的主键值时，如果该主键值在参照关系中存在一些元组的外键对其引用，一旦修改主键值将很可能会违反参照完整性规则。这种情况下，主要处理方式有：限制更新、级联更新、置空值更新和置默认值更新四种。

① 限制更新：不允许执行该元组的主键值的修改操作，即拒绝修改该元组的主键值。

② 级联更新：修改该元组的主键值的同时，将参照关系中外键引用其主键值的元组相应的外键值一同修改成该主键的值。例如，对于表 2-4 和表 2-5 所示的专业和学生关系，将专业关系中的电子商务专业的专业代码由 10 修改成 12 时，如果采用级联更新，学生关系中所有外键"所学专业代码"的值是 10 的元组均被改成 12，修改后的结果分别见表 2-9 和表 2-10。

③ 置空值更新：其处理方式与级联删除类似，只是在修改该元组的主键值的同时，将参照关系中外键引用其主键值的元组相应的外键置成空值。

④ 置默认值更新：类似于置空值更新，只是在修改该元组的主键值的同时，将参照关系中外键引用其主键值的元组相应的外键置成设定好的默认值。

表 2-9 修改后的专业关系

专业代码	专业名称	专业代码	专业名称
07	计算数学	12	电子商务
08	计算机科学与技术	11	网络工程
09	信息与计算科学		

表 2-10 采用级联更新处理后学生关系

学号	姓名	性别	出生年月	所学专业代码
200908101	赵强	男	1990-04	08
200909106	钱芸	女	1989-06	09
200910104	孙立	男	1989-10	12
200910202	李刚	男	1990-02	12
200911101	周萍	女	1989-09	11
200911102	吴帅	男	1990-11	11

实体完整性和参照完整性规则是基于主键和外键来定义和实现的，有关如何实现主键和外键的定义以及相关违约方式的选择等将在第 4 章中详细介绍。

2.4 关系代数

任何运算都要包括运算对象、运算结果和运算符三大要素。关系代数的运算对象和运算结果都是关系。关系是以元组作为元素构成的集合,因此,关系代数包括传统的集合运算和专门的关系运算。传统的集合运算主要包括并(Union)、差(Difference)、交(Intersection)和笛卡儿积(Cartesian Product)等;专门的关系运算主要包括选择(Selection)、投影(Projection)、连接(Join)和除(Division)等。

对于专门的关系运算,还需要算数比较符和逻辑运算符等辅助才能进行操作。因此,关系代数的运算符可分为四类(详见表 2-11),即集合运算符、专门的关系运算符、算术比较符和逻辑运算符。

表 2-11 关系代数的运算符

运算符		含义
集合运算符	∪	并
	−	差
	∩	交
	×	笛卡儿积
专门的关系运算符	σ	选择
	π	投影
	⋈	连接
	÷	除

运算符		含义
比较运算符	>	大于
	⩾	大于等于
	<	小于
	⩽	小于等于
	=	等于
	≠	不等于
逻辑运算符	¬	非
	∧	与
	∨	或

2.4.1 传统的集合运算

传统的集合运算包括并、差、交和笛卡儿积等四种二目运算。

1. 并(Union)

关系 R 与关系 S 的并记作:

$$R \cup S = \{t \mid t \in R \vee t \in S\}$$

其结果是由属于 R 或者属于 S 的元组构成的关系。这里 $t \in R$,表示 t 是关系 R 的一个元组,t 是元组变量。

2. 差(Difference)

关系 R 与关系 S 的差记作:

$$R - S = \{t \mid t \in R \wedge t \notin S\}$$

其结果是由属于 R 但不属于 S 的元组构成的关系。

3. 交(Intersection)

关系 R 与关系 S 的交记作:

$$R \cap S = \{t \mid t \in R \wedge t \in S\}$$

其结果是由属于 R 且属于 S 的元组构成的关系。

注意，并、差和交运算要求两个关系的属性个数相同，且相应的属性取自同一个域。

4. 笛卡儿积(Cartesian Product)

对于关系而言，由于笛卡儿积运算的元素是元组，因此严格来讲这里所说的笛卡儿积应该是广义笛卡儿积(Extended Cartesian Product)。

两个分别为 n 目和 m 目的关系 R 和 S 的广义笛卡儿积是一个 $(n+m)$ 列的元组的集合。元组的前 n 列是关系 R 的一个元组，后 m 列是关系 S 的一个元组。若 R 有 K_1 个元组，若 S 有 K_2 个元组，则 R 和 S 的广义笛卡儿积有 $K_1 \times K_2$ 个元组。记作：

$$R \times S = \{t_r \frown t_s \mid t_r \in R \wedge t_s \in S\}$$

其结果是 R 中的每一个元组依次与 S 的每一个元组进行元组连接得到的元组集合。这里 $t_r \frown t_s$ 是元组的连接(concatenation)，若 t_r 和 t_s 分别是 n 元组和 m 元组，则 $t_r \frown t_s$ 是一个 $n+m$ 列的元组，它的前 n 个分量来自于 t_r，后 m 个分量来自于 t_s。

对于图 2-1(a)和图 2-1(b)所示的关系 R 和 S，图 2-1(c)、图 2-1(d)、图 2-1(e)和图 2-1(f)分别是 R 与 S 的并、差、交和笛卡儿积的运算结果。注意，在图 2-1(f)中，由于 R 和 S 的属性相同，所以属性名的前面加上相应的关系名加以区分。

R

A	B	C
a_1	b_1	c_1
a_1	b_2	c_2
a_2	b_2	c_1

(a) 关系 R

S

A	B	C
a_1	b_2	c_2
a_1	b_3	c_2
a_2	b_2	c_1

(b) 关系 S

$R \cup S$

A	B	C
a_1	b_1	c_1
a_1	b_2	c_2
a_2	b_2	c_1
a_1	b_3	c_2

(c) R 与 S 的并

$R-S$

A	B	C
a_1	b_1	c_1

(d) R 与 S 的差

$R \cap S$

A	B	C
a_1	b_2	c_2
a_2	b_2	c_1

(e) R 与 S 的交

$R \times S$

$R.A$	$R.B$	$R.C$	$S.A$	$S.B$	$S.C$
a_1	b_1	c_1	a_1	b_2	c_2
a_1	b_1	c_1	a_1	b_3	c_2
a_1	b_1	c_1	a_2	b_2	c_1
a_1	b_2	c_2	a_1	b_2	c_2
a_1	b_2	c_2	a_1	b_3	c_2
a_1	b_2	c_2	a_2	b_2	c_1
a_2	b_2	c_1	a_1	b_2	c_2
a_2	b_2	c_1	a_1	b_3	c_2
a_2	b_2	c_1	a_2	b_2	c_1

(f) R 与 S 的笛卡儿积

图 2-1 传统集合运算举例

2.4.2 专门的关系运算

专门的关系运算主要包括选择、投影、连接和除运算等。为了叙述方便，首先介绍几个记号。

(1) 设关系模式为 $R(A_1,A_2,\cdots,A_n)$，它的一个关系设为 R。$t\in R$ 表示 t 是 R 的一个元组。$t[A_i]$ 则表示元组 t 中相应于属性 A_i 的一个分量。

(2) 若 $A=\{A_{i1},A_{i2},\cdots,A_{ik}\}$，其中 $A_{i1},A_{i2},\cdots,A_{ik}$ 是 $A_1,A_2,\cdots,A_n$ 中的一部分，则 A 称属性列或域列。$t[A]=(t[A_{i1}],t[A_{i2}],\cdots,t[A_{ik}])$ 表示元组 t 在属性列 A 上诸分量的集合。$\bar{A}$ 则表示 $\{A_1,A_2,\cdots,A_n\}$ 中去掉 $\{A_{i1},A_{i2},\cdots,A_{ik}\}$ 后剩余的属性组。

(3) 给定一个关系 $R(X,Z)$，X 和 Z 为属性组。定义，当 $t[X]=x$ 时，x 在 R 中的象集(Images Set)为：

$$Zx=\{t[Z]\mid t\in R,t[X]=x\}$$

它表示 R 中属性组 X 上值为 x 的诸元组在 Z 上分量的集合。实际上象集是在属性组 X 上取值为 x 的诸元组在属性组 Z 上的取值的集合。

例如，对于图 2-2 所示的关系 R，在属性组 X 上有三个可能的取值 x_1、x_2 和 x_3。所有在 X 上取值为 x_1 的元组对应的一组 Z 值为 $\{z_1,z_2,z_3\}$，因此 x_1 在 R 中的象集 $Zx_1=\{z_1,z_2,z_3\}$，同理可得：

x_2 在 R 中的象集 $Zx_2=\{z_2,z_4\}$，

x_3 在 R 中的象集 $Zx_3=\{z_1,z_3\}$。

R

X	Z
x_1	z_1
x_1	z_2
x_1	z_3
x_2	z_2
x_2	z_4
x_3	z_1
x_3	z_3

图 2-2 象集的例子

为了便于理解关系代数的查询表达能力，先引入几个例子关系(表)，这些关系是通过对实际的文献管理系统进行抽取和简化而来的。设有一个图书借阅数据库，包括图书 Book、读者 Patron 和借阅 Lend 三个关系：

Book(CallNo, Title, Author, Publisher, ISBN, PubDate, Pages, Price, Number, AvailableNumber)；

Patron(PatronID,Name,Gender,BirthDate,Type,Department)；

Lend(CallNo,PatronID,LendTime,RuturnTime)。

有关这些关系(表)涉及属性的详细解释见表 2-12。其中 ISBN 是国际标准书号(International Standard Book Number)的简称，是国际通用的图书或独立的出版物(除定期出版的期刊)代码。出版社可以通过国际标准书号清晰地辨认所有非期刊书籍。一个国际标准书号只有一个或一份相应的出版物与之对应。

表 2-12 图书借阅数据库说明

关系名	属性	含义	关系名	属性	含义
Book	CallNo	索书号	Patron	PatronID	读者证号
	Title	书名		Name	姓名
	Author	作者		Gender	性别
	Publisher	出版社		BirthDate	出生日期
	ISBN	ISBN 号		Type	读者类别
	PubDate	出版时间		Department	读者部门
	Pages	页数	Lend	CallNo	索书号
	Price	单价		PatronID	读者证号
	Number	库存数		LendTime	借出时间
	AvailableNumber	可借数		RuturnTime	归还时间

下面给出专门的关系运算的定义。

1. 选择(Selection)

选择又称为限制(Restriction)。它是在关系 R 中选择满足给定条件的诸元组,记作:

$$\sigma_F(R) = \{t \mid t \in R \wedge F(t) = '真'\}$$

其中,σ 是选择运算符,R 是一个关系,F 为一个表示选择条件的逻辑表达式,取逻辑值"真"或"假"。F 由逻辑运算符连接各种算术表达式组成,其基本形式为:$A\theta B$。其中,θ 是比较运算符;A,B 等是属性名(可以用属性的序号代替)、常量或简单函数等。可以用逻辑运算符(¬、∧、∨),将简单的条件连接成复合逻辑表达式。

【例 2-4】 查询电信学院的全体读者信息。

$$\sigma_{\text{Department}='电信学院'}(\text{Patron}) \text{ 或 } \sigma_{6='电信学院'}(\text{Patron})$$

【例 2-5】 查询中华书局出版的单价超过 30 元的图书信息。

$$\sigma_{\text{Publisher}='中华书局' \wedge \text{Price}>30}(\text{Book}) \text{ 或 } \sigma_{4='中华书局' \wedge 8>30}(\text{Book})$$

2. 投影(Projection)

关系 R 上的投影是从 R 中选择出若干属性列组成新的关系。记作:

$$\pi_A(R) = \{t[A] \mid t \in R\}$$

其中,A 为 R 中的属性列。

投影是从列的角度进行运算,相当于对关系进行垂直分解。由于结果关系中可能只包含原关系的部分列,这就有可能产生重复行(元组)。从集合的角度,投影运算要去除这些重复行。

【例 2-6】 查询全体读者的姓名、读者类别和所在部门。

$$\pi_{\text{Name},\text{Type},\text{Department}}(\text{Patron}) \text{ 或 } \pi_{2,5,6}(\text{Patron})$$

【例 2-7】 查询图书关系 Book 中有哪些出版社。

$$\pi_{\text{Publisher}}(\text{Book}) \text{ 或 } \pi_4(\text{Book})$$

3. 连接(Join)

连接也称 θ 连接。它是从两个关系的笛卡儿积中选取属性间满足一定条件的元组。记作:

$$R \underset{A\theta B}{\bowtie} S = \{t_r \frown t_s \mid t_r \in R \wedge t_s \in S \wedge t_r[A]\theta t_s[B]\}$$

其中,A 和 B 分别为关系 R 和 S 上属性个数相同且可比的属性组,θ 是比较运算符,$A\theta B$ 是连接条件。实际上,两个关系 R 和 S 的连接结果是由 R 中在属性组 A 上的取值与 S 中在属性组 B 上的取值满足 θ 条件的元组进行元组连接组成的关系。

连接运算中,两种最为重要也最为常用的连接,一种是等值连接(Equivalent Join),另一种是自然连接(Natural Join)。

1) 等值连接(Equivalent Join)

对于两个关系的 θ 连接,θ 为'='的连接运算称为等值连接。它是从两个关系的笛卡儿积中选取在属性组 A 和 B 上取值相等的元组。R 和 S 的等值连接记作:

$$R \underset{A=B}{\bowtie} S = \{t_r \frown t_s \mid t_r \in R \wedge t_s \in S \wedge t_r[A] = t_s[B]\}$$

2）自然连接(Natural Join)

自然连接是一种特殊的等值连接。它要求两个关系中进行比较的分量必须是相同的属性组，并且结果中把重复的属性列去掉。若 R 和 S 具有相同的属性组 B，则自然连接可记作：

$$R \bowtie S = \{t_r \frown t_s[\overline{B}] \mid t_r \in R \land t_s \in S \land t_r[B] = t_s[B]\}$$

其他连接运算只是把满足连接条件的元组进行元组连接即可，不去除任何属性列，只有自然连接才去除重复的属性组。

【例 2-8】 对于图 2-3(a)和 2-3(b)所示的关系 R 和 S，图 2-3(c)是 θ 连接 $R \underset{C<D}{\bowtie} S$ 的结果，图 2-3(d)是等值连接 $R \underset{R.B=S.B}{\bowtie} S$ 的结果，图 2-3(e)是自然连接 $R \bowtie S$ 的结果。

R

A	B	C
a_1	b_1	3
a_1	b_2	5
a_2	b_3	7
a_2	b_4	9

(a) 关系 R

S

B	D
b_1	2
b_2	4
b_2	6
b_5	8

(b) 关系 S

$R \underset{C<D}{\bowtie} S$

A	R.B	C	S.B	D
a_1	b_1	3	b_2	4
a_1	b_1	3	b_2	6
a_1	b_1	3	b_5	8
a_1	b_2	5	b_2	6
a_1	b_2	5	b_5	8
a_2	b_3	7	b_5	8

(c) 一般连接

$R \underset{R.B=S.B}{\bowtie} S$

A	R.B	C	S.B	D
a_1	b_1	3	b_1	2
a_1	b_2	5	b_2	4
a_1	b_2	5	b_2	6

(d) 等值连接

$R \bowtie S$

A	B	C	D
a_1	b_1	3	2
a_1	b_2	5	4
a_1	b_2	5	6

(e) 自然连接

图 2-3 连接运算举例

3）外连接(Outer Join)

两个关系在做连接运算时，由于一些元组可能不满足连接条件而被舍弃，不能出现在连接结果中，这种连接称作内连接(Inner Join)。例如，在例 2-8 中，关系 R 与 S 进行自然连接时，关系 R 中的元组(a_2,b_3,7)和(a_2,b_4,9)在 S 中找不到在属性 B 上取值相等的元组，不满足连接条件被舍弃，在连接结果中看不到这两个元组；同样在关系 S 中(b_5,8)也不满足连接条件被舍弃，无法出现在连接结果中。

如果把舍弃的元组也保留在连接结果中，而在其他属性上填入空值(Null)，那么这种连接就称作外连接(Outer Join)。根据要保留参加连接运算的两个关系中哪个关系的元组，外连接又分为左外连接(Left Outer Join)、右外连接(Right Outer Join)和全连接(Full Join)。在连接运算中，如果只保留左边关系 R 中不满足连接条件的元组就是左外连接；如果只保留右边关系 S 中不满足连接条件的元组就是右外连接；如果保留两边关系所有不满足连接条件的元组就是全连接。图 2-4(a)、图 2-4(b)和图 2-4(c)分别是图 2-3(a)和图 2-3(b)所示关系 R 和 S 的左外连接、右外连接和全连接的结果。

A	B	C	D
a_1	b_1	3	2
a_1	b_2	5	4
a_1	b_2	5	6
a_2	b_3	7	NULL
a_2	b_4	9	NULL

(a) 左外连接

A	B	C	D
a_1	b_1	3	2
a_1	b_2	5	4
a_1	b_2	5	6
NULL	b_5	NULL	8

(b) 右外连接

A	B	C	D
a_1	b_1	3	2
a_1	b_2	5	4
a_1	b_2	5	6
a_2	b_3	7	NULL
a_2	b_4	9	NULL
NULL	b_5	NULL	8

(c) 全连接

图 2-4 外连接运算举例

4. 除(Division)

给定关系 $R(X,Y)$ 和 $S(Y,Z)$，其中 X,Y,Z 为属性组。R 中的 Y 与 S 中的 Y 可以有不同的属性名，但必须出自相同的域集。R 与 S 的除运算得到一个新的关系 $P(X)$，P 是 R 中满足下列条件的元组在 X 属性列上的投影的集合。记作：

$$R \div S = \{t_r[X] \mid t_r \in R \wedge \pi_Y(S) \subseteq Y_x\}$$

其中 Y_x 为 x 在 R 中的象集，$x=t_r[X]$。

实际上两个关系 R 与 S 的除运算是在关系 R 中找这样的属性组 X 的取值 x，满足 x 对应的一组 Y 值(即 R 中所有在属性组 X 上的取值是 x 的诸元组在属性组 Y 上的取值的集合)包含关系 S 在属性组 Y 上的投影。

【例 2-9】 考虑图 2-5(a)和图 2-5(b)所示的关系 R 和 S。这两个关系具有共同的属性组(B,C)。在 R 中，属性 A 有四个取值$\{a_1,a_2,a_3,a_4\}$。其中：

a_1 的象集(即 a_1 对应的属性组(B,C)的取值)为$\{(b_1,c_1),(b_2,c_2),(b_4,c_4)\}$；

a_2 的象集为$\{(b_2,c_2),(b_3,c_2)\}$；

a_3 的象集为$\{(b_1,c_1),(b_2,c_2)\}$；

a_4 的象集为$\{(b_3,c_3)\}$。

关系 S 在(B,C)上的投影为$\{(b_1,c_1),(b_2,c_2)\}$。显然只有 a_1 和 a_3 的象集包含 S 在(B,C)上的投影，因此如图 2-5(c)所示，$R\div S=\{a_1,a_3\}$。

R

A	B	C
a_1	b_1	c_1
a_2	b_2	c_2
a_3	b_1	c_1
a_4	b_3	c_3
a_1	b_2	c_2
a_2	b_3	c_2
a_3	b_2	c_2
a_1	b_4	c_4

(a) 关系 R

S

B	C	D
b_1	c_1	d_1
b_1	c_1	d_2
b_2	c_2	d_3

(b) 关系 S

$R\div S$

A
a_1
a_3

(c) $R\div S$

图 2-5 除运算举例

在关系代数的运算中，并、差、选择、投影和笛卡儿积这五种运算是基本运算。其他关系代数运算可以用这五种运算进行表达，例如，$R\cap S=R-(R-S)$。引入交、连接和除等运算并不能增加关系代数的表达能力，但可以简化其表达。

2.4.3　关系代数查询实例

为了进一步理解关系代数的查询表达能力，下面介绍几个用关系代数表达查询要求的实例。这些例子仍然以图书借阅数据库中的图书关系 Book、读者关系 Patron 和借阅关系 Lend 为对象。

【例 2-10】　查询电信学院的所有读者的读者证号和姓名。

很明显，该查询先要在 Patron 关系中选择出所有在属性 Department 取值为‘电信学院’的元组，然后在对这些元组在属性组{PatronID，Name}上进行投影。其查询表达式为：

$$\pi_{\text{PatronId},\text{Name}}(\sigma_{\text{Department}=\text{'电信学院'}}(\text{Patron}))$$

【例 2-11】　查询借阅过《谋生记》这本书的读者姓名。

该查询要查询借阅某种图书的读者姓名，显然要涉及 Book、Patron 和 Lend 三个关系，因此要考虑用连接。首先应该在 Book 关系中选择出《谋生记》这本书的索书号，然后通过索书号与 Lend 关系进行连接，可找出借阅此书的读者证号，然后再与 Patron 关系进行连接即可找到相应的读者姓名。其查询表达式为：

$$\pi_{\text{Name}}(\sigma_{\text{Title}=\text{'谋生记'}}(\text{Book})\bowtie \text{Lend}\bowtie \text{Patron})$$

【例 2-12】　查询借阅过赵真所著全部图书的读者证号和姓名。

该查询关键在于先要找出借阅赵真所著全部图书的读者证号，然后与 Patron 连接即可找到相应读者姓名。对于 Lend 关系，需要找这样的读者证号，它对应的索书号包含了赵真所著全部图书的索书号，这正符合除的定义，可以考虑用除运算。其查询表达式为：

$$\pi_{\text{PatronID},\text{CallNo}}(\text{Lend})\div\pi_{\text{CallNo}}(\sigma_{\text{Author}=\text{'赵真'}}(\text{Book}))\bowtie\pi_{\text{PatronID},\text{Name}}(\text{Patron})$$

2.5　本章小结

关系模型是最重要的数据模型之一，关系数据库系统也是最广泛的数据库系统。本章主要介绍了关系数据结构的形式化定义、关系的性质、关系数据操作及完整性约束。

关系是在一组域上的笛卡儿积的子集，其逻辑结果是一张二维表，是元组的集合。关系数据操作是集合操作，其操作对象和操作结果都是元组的集合。对关系模型的任何操作都要遵从实体完整性、参照完整性和用户定义的完整性约束。

作为衡量关系数据查询表达能力的关系代数是以代数方式表达查询的。关系代数主要包括并、差、交、笛卡儿积、选择、投影、连接和除等运算，其中并、差、笛卡儿积、选择和投影是关系代数的五种基本运算。

习题 2

1. 解释如下术语：域、候选键、主键、外键、实体完整性规则和参照完整性规则。
2. 简述关系的性质。

3. 关系操作能力的表达通常有哪两种方式?

4. 关系模型的三类完整性是什么?

5. 简述 DBMS 的完整性控制机制的主要功能。

6. 在参照完整性检查中,当删除被参照关系的元组时,对参照关系的处理方式主要包括哪几种?

7. 关系代数的基本操作有哪些?

8. 设有如下关系(带下划线的为主键):

商品(商品编号,商品名称,单价,规格,生产商,产地);

商店(商店编号,商店名称,电话,所在城市);

销售(商店编号,商品编号,销售量)。

销售关系记录了每个商店销售某种商品的销售量,并且每个商店销售某种商品有唯一的销售量。请说明上述销售关系的主键和外键,对于每个外键,指出相应的参照关系和被参照关系。

9. 给定如图 2-6 所示的关系 R_1、R_2 和 R_3,完成以下问题。

(1) 分别给出 $R_1 \cup R_2$、$R_1 \cap R_2$ 和 $R_1 - R_2$ 的运算结果。

(2) 分别给出 $\pi_{A,B}(R_1) \times \pi_{C,E}(R_3)$、$R_1 \underset{A<E}{\bowtie} R_3$ 的运算结果。

(3) 给出 $\pi_{A,E}(\sigma_{B>6}(R_1 \bowtie R_3))$的结果。

A	B	C
3	4	3
5	2	5
9	8	6
9	8	12

(a) 关系 R_1

A	B	C
5	2	5
8	4	6
9	8	6

(b) 关系 R_2

B	C	D	E
2	5	8	2
3	5	5	2
8	6	9	6
8	6	6	8

(c) 关系 R_3

图 2-6 第 9 题图

10. 某数据库包括职工关系 EMP、工程关系 PRJ 和报酬关系 SAL,这三个关系模式为:

```
EMP(ENO,ENAME,SEX,BIRTH);    --记录职工信息
PRJ(PNO,PNAME,BUDGET);       --记录工程信息
SAL(ENO,PNO,SALARY)。        --/记录职工参加工程和参加每个工程的工资情况
```

各属性含义为:ENO(职工号)、ENAME(姓名)、SEX(性别)、BIRTH(出生年月)、PNO(工程编号)、PNAME(工程名称)、BUDGET(预算)、SALARY(工资)。用关系代数完成以下查询。

(1) 查询所有女职工的职工号和姓名。

(2) 查询参加工程编号为 P1 的工程的职工姓名。

(3) 查询没有参加过预算超过 500 000 的工程的职工号。

(4) 查询参加过所有预算超过 500 000 的工程的职工姓名。

第3章 SQL Server 2008概述

本章主要介绍 SQL Server 2008 的体系结构，SQL Server 2008 的安装，SQL Server Management Studio 开发环境，并通过创建数据库和表的例子使读者初步掌握如何使用 SQL Server Management Studio。

3.1 SQL Server 简介

SQL Server 2008 是微软推出的一款关系数据库管理系统，2008 代表其版本。从 SQL Server 的早期版本发展至 2008，其已经能够提供一个丰富的服务集合来搜索、查询数据；进行数据分析、报表、数据整合等功能。用户可以访问从创建到存档于任何设备的信息。下面首先介绍一下 SQL Server 的发展历程。

3.1.1 SQL Server 的发展历程

SQL Server 是一个关系数据库管理系统(RDBMS)，是微软发布的一个重要的数据库产品，表 3-1 阐述了其发展的各个阶段的不同版本。

表 3-1 SQL Server 的发展历程

产品年份	SQL Server 版本	备 注
1988	SQL Server	与 Sybase 共同开发
1993	SQL Server 4.2	功能较少的桌面数据库，与 Windows 集成，能够满足小部门数据存储和处理的需求，界面易于使用
1995	SQL Server 6.05	一种小型的商业数据库，微软 1994 年在 Windows NT 推出后与 Sybase 终止合作，将 SQL Server 移植到 Windows NT 系统上，对核心数据库引擎做了重大的改写，使其性能得到提升，重要的特性得到增强，具备了处理小型电子商务和内联网应用程序的能力，花费少于其他同类产品
1996	SQL Server 6.5	
1998	SQL Server 7.0	再一次对核心数据库引擎进行了重大改写，是一款强大，具有丰富特性的数据库产品，它介于基本的桌面数据库(Microsoft Access)和高端企业级数据库(Oracle、DB2)之间，为中小企业提供了质优价廉的可选方案
2000	SQL Server 2000	成为企业级数据库市场中的重要一员，价格大幅上涨
2005	SQL Server 2005	对 SQL Server 进一步修改完善，引入了.NET Framework
2008	SQL Server 2008	是 SQL Server 家族中最新版本

3.1.2 SQL Server 2008 体系结构

微软在 2008 年 8 月正式发布了新一代数据库产品 SQL Server 2008。它在 SQL Server 2005 的基础上做了关键的改进，提供新的数据类型，使用语言集成查询（LINQ），推出了许多新的特性，比如，它拥有管理、审核、大规模数据仓库、空间数据、高级报告与分析服务等特性。帮助用户随时随地管理任何数据。它可以将结构化、半结构化和非结构化文档的数据（例如图像和音乐）直接存储到数据库中。SQL Server 2008 提供一系列丰富的集成服务，可以对数据进行查询、搜索、同步、报告和分析之类的操作。数据可以存储在各种设备上，从数据中心最大的服务器一直到桌面计算机和移动设备，用户可以控制数据而不用管数据存储在哪里，是一个可信任的、高效的、智能的数据平台。

SQL Server 2008 的体系结构是指对 SQL Server 2008 组成部分和这些组成部分之间关系的描述。SQL Server 2008 系统由四部分组成，即数据库引擎、Analysis Services、Reporting Services 和 Integration Services。图 3-1 为 SQL Server 2008 的体系结构。

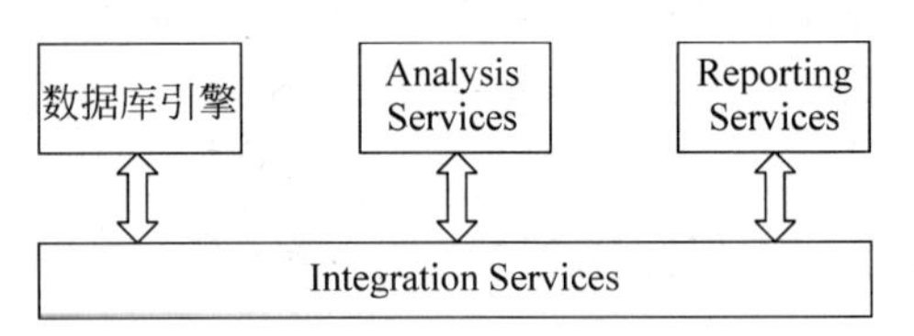

图 3-1 SQL Server 2008 的体系结构

1. 数据库引擎

数据库引擎是 SQL Server 2008 系统的核心服务，负责完成数据的存储，处理和安全管理。例如创建数据库、创建表、创建视图、数据查询和访问数据库等操作，都是由数据库引擎完成。

通常情况下，使用数据库系统实际上就是在使用数据库引擎。因为数据库引擎也是一个复杂的系统，它本身包含了许多功能组件，例如，使用 SQL Server 2008 系统的数据库引擎可以对图书数据库完成图书数据的添加、删除、更新、查询和安全控制等操作。

2. Analysis Services（分析服务）

Analysis Services（分析服务）主要作用是通过服务器和客户端技术的组合提供联机分析处理（Online Analytical Processing，OLAP）和数据挖掘功能。

使用 Analysis Services，用户可以设计、创建和管理包含来自于其他数据源的多维结构，通过对多维数据进行多角度的分析，可以使管理人员对业务数据有更全面的理解。另外，通过使用 Analysis Services，用户可以完成数据挖掘模型的构造和应用，实现知识的发现、表示和管理。例如使用 SQL Server 2008 提供的 Analysis Services 在 TSG 中完成对图书需求的挖掘分析，从而发现更多有价值的信息和知识，为更有效的管理图书，更好地为读者服务提供有力的支持。

3. Reporting Services（报表服务）

Reporting Services（报表服务）包含用于创建和发布报表及报表模型的图形工具和向导，用于管理 Reporting Services 的报表服务器管理工具和用于对 Reporting Services 对象模型进行编程和扩展的应用程序接口（API）。

Reporting Services 是一种基于服务器的解决方案,用于生成从多种关系数据源和多维数据源提取内容的企业报表,发布能以各种格式查看的报表,以及集中管理安全性和订阅。创建的报表可以通过基于 Web 的连接进行查看,也可以作为 Microsoft Windows 应用程序的一部分进行查看。

4. Integration Services(集成服务)

Integration Services(集成服务)是一个数据集成平台,负责完成有关数据的提取、转换和加载等操作。对于 Analysis Services 来说,数据库引擎是一个重要的数据源,而如何将数据源中的数据经过适当的处理并加载到 Analysis Services 中以便进行各种分析处理,这正是 Integration Services 所要解决的问题。Integration Services 可以高效地处理各种各样的数据源,例如,SQL Server、Oracle、Excel、XML 文档、文本文件等。

Integration Services 包括生成并调试包的图形工具向导;执行如 FTP 操作、SQL 语句执行和电子邮件消息传递等工作流功能的任务;用于提取和加载数据的数据源和目标;用于清理、聚合、合并和复制数据的转换、管理服务等。

3.1.3 SQL Server 2008 版本简介

SQL Server 2008 与之前版本一样,分为 32 位和 64 位两种,包括企业版(Enterprise)、标准版(Standard)、工作组版(Workgroup)、网络版(Web)、开发版(Developer)以及速成版(Express)和精简版(Compact 3.5)两个免费的版本。

1. 企业版(Enterprise)

企业版适合超大型企业联机事务处理(OLTP)、高度复杂的数据分析、数据仓库系统和大型网站构建等应用场合。它全面的商业智能分析能力和高可用性功能,可以完成企业大多数关键业务应用需求。企业版是最全面的 SQL Server 版本,能满足超大型企业最复杂的应用要求。

2. 标准版(Standard)

标准版适合于中小型企业的数据管理和分析平台。它能帮助中小型企业实现电子商务、数据仓库等业务。它的功能略少于企业版,略多于工作组版。它的特性包括高可用性、64 位支持、数据库镜像、增强的集成服务、分析服务和报表服务、数据挖掘、完全的数据复制功能和发布功能。

3. 工作组版(Workgroup)

工作组版包括 SQL Server 产品系列的核心数据库功能,并且可以轻松地升级至标准版或企业版。工作组版是理想的入门级数据库,具有可靠、功能强大和易于管理的特点。

4. 网络版(Web)

网络版是为运行于 Windows 服务器上的高可用性、面向互联网的网络环境而设计的。SQL Server 2008 网络版为客户提供了必要的工具,以支持低成本,大规模,高可用性的网络应用程序或主机托管解决方案。

5. 开发版(Developer)

开发版可以满足数据管理与应用软件开发的需要，帮助开发人员在SQL Server上生成任何类型的应用程序。它包括企业版的所有功能，但有许可限制，只能用于开发和测试系统，而不能用作企业数据服务器。开发版可以升级至企业版。

6. 速成版(Express)

速成版是一个免费、易用且便于管理的数据库。它与Microsoft Visual Studio 2008集成在一起，可以轻松地开发功能丰富、存储安全、可快速部署的数据驱动应用程序。它可免费从Web下载，可以再分发，还可以起到客户端数据库以及基本数据库服务器的作用。速成版是低端数据应用用户、创建Web应用程序的非专业开发人员以及创建客户端应用程序的编程爱好者的理想选择。

7. 精简版(Compact 3.5)

精简版(SQL Server Compact 3.5)的意图是构建独立、仅有少量连接需求的移动设备、桌面和Web客户端应用。SQL Server Compact可以运行于所有的微软Windows平台之上，包括Windows XP和Windows Vista操作系统，以及Pocket PC和SmartPhone设备。

微软针对不同用户的需求、应用场合以及应用成本水平发布了以上不同版本，对于初学者来说，究竟选择哪种版本进行学习呢？下面简单对比一下企业版、开发版和速成版。

企业版适用于超大型企业，它具有所有的功能。开发版包括企业版的所有功能，但有许可限制，只能用于开发和测试系统，而不能用作实际应用服务器。以功能而言，企业版和开发版的功能一模一样，两者的差别，除了授权不同外，最主要的差别是：企业版的数据库引擎只能安装在Windows 2003 Server(或其他Server上)。如果想安装在Windows XP Professional系统上，就应该安装SQL Server 2008开发版。速成版是免费的，可以直接从微软的官方网站上下载。

SQL Server 2008支持Windows XP SP3、Windows Vista SP1、Windows Server 2003 SP2、Windows Server 2008等操作系统，需要预安装.NET Framework3.5和Windows Installer 4.5等组件。

3.2 SQL Server服务的启动、暂停和停止

在SQL Server中，一个SQL服务器又称为一个数据库实例。在同一台机器上可以运行多个SQL Server 2008服务器，也可以有多个数据库实例。通常用“计算机名/实例名”来区分不同的数据库实例。一台计算机上只允许有一个默认实例(以计算机名来表示)。对于每个实例来说，都提供了SQL Server(数据库引擎)、Analysis Services、Integration Services和Reporting Services等服务。其中SQL Server服务是核心服务，要完成SQL Server的基本操作(如创建和维护数据库)必须要启动该服务。

默认情况下，安装好SQL Server 2008后其服务将自动启动，用户可直接登录SQL

Server Management Studio(管理工作室)来使用数据库。但在有些操作中需要停止服务,之后还要重新启动服务。例如,要拷贝数据库文件,可以先停止服务,然后拷贝文件,最后再重新启动服务。通常可以三种方式启动、暂停和停止 SQL Server 服务。

1. 利用 SQL Server Configuration Manager(配置管理器)

选择【开始】|【所有程序】|Microsoft SQL Server 2008|【配置工具】|【SQL Server 配置管理器】,打开如图 3-2 所示窗口。找到 SQL Server 服务,双击后将出现图 3-3 所示的 SQL Server 服务【属性】窗口。在【属性】窗口中,可以启动或停止服务,也可以修改启动类型(自动或手动)。

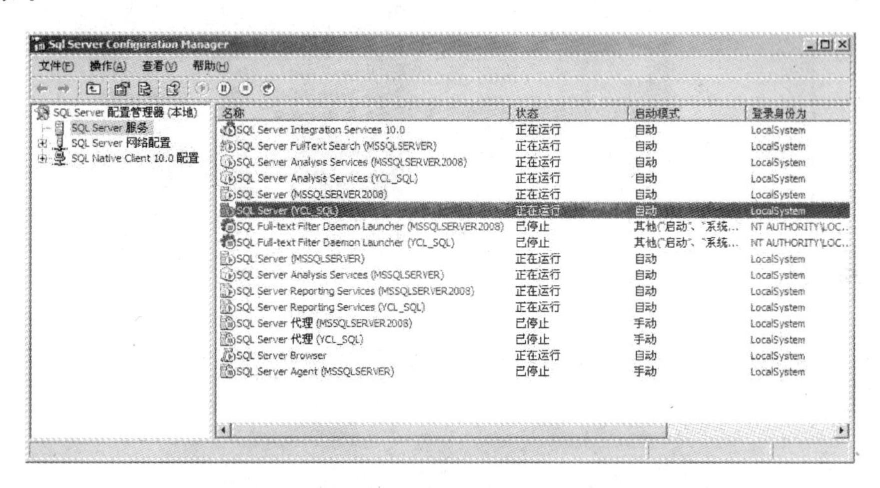

图 3-2 SQL Server Configuration Manager

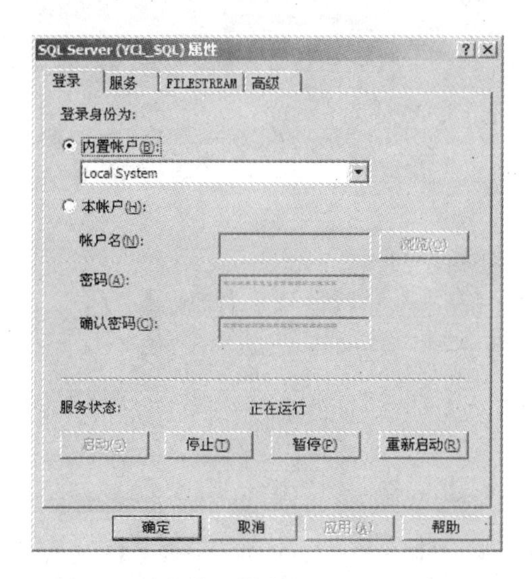

图 3-3 SQL Server 配置管理器中【SQL Server 服务】的属性窗口

2. 利用操作系统的服务管理工具

还可以利用操作系统提供的服务管理工具启动暂停和停止 SQL Server 服务。管理工具的位置可能随着操作系统的类型或版本而不同。通常在控制面板可以找到管理工具。打开【控制面板】下的【管理工具】，双击【服务】，打开如图 3-4 所示的窗口。找到 SQL Server 服务，双击后将出现图 3-5 所示的服务属性窗口。在“属性”窗口中，可以启动或停止服务，也可以修改启动类型（自动或手动）。

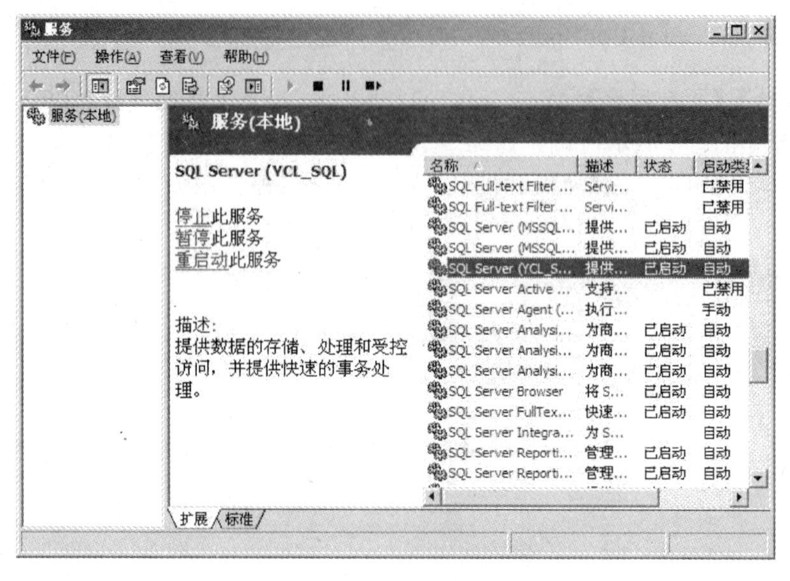

图 3-4 【服务】管理窗口

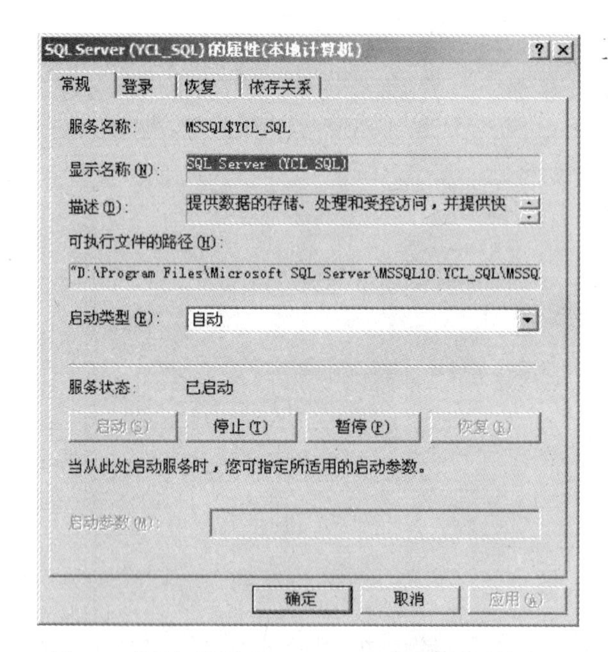

图 3-5 控制面板中【SQL Server 服务】的属性窗口

3. 利用 SQL Server Management Studio（管理工作室）

系统安装好后，登录 SQL Server Management Studio 即可以启动 SQL Server 服务。如果需要暂停或停止 SQL Server 服务，登录 SQL Server Management Studio 后，在【已注册服务器】窗口中，选择某个服务器并单击鼠标右键，在出现的菜单中即可以实现 SQL

Server 服务的暂停和停止。下面将对 SQL Server Management Studio 进行详细介绍。

3.3 SQL Server Management Studio 简介

SQL Server Management Studio(SQL Server 管理工作室)是一个集成可视化环境,从 SQL Server 2005 开始,集成了 SQL Server 2000 企业管理器和查询分析器。能够访问、配置、管理和维护 SQL Server 的所有工具,完成各种管理任务。

3.3.1 登录 SQL Server Management Studio

用户可以单击【开始】|【程序】| Microsoft SQL Server 2008 | SQL Server Management Studio 打开 SQL Server Management Studio 登录 SQL Server,出现如图 3-6 所示的【连接到服务器】对话框。连接前需要用户输入服务器类型、服务器名称和身份验证等信息(注:由于 SQL Server 版本不同,界面可能会有差异)。

- 服务器类型:除了默认的【数据库引擎】,下拉列表框中还包括 Analysis Services、Integration Services、SQL Server Mobile 和 Reporting Services 等另外的一些可连接的其他服务器选项,这里选择默认的【数据库引擎】。
- 服务器名称:下拉列表框中包含了能够搜索到的 SQL Server 服务器列表供用户选择;此外可以单击下拉列表框中的【＜浏览更多...＞】来选择其他本地服务器或从网络选择服务器。
- 身份验证:可以选择连接的身份验证模式,SQL Server 包含两种身份认证模式:【Windows 身份认证模式】和【混合模式】。如果安装时选择的是【混合模式】,此时可以选择【SQL Server 身份验证】,并输入用户的登录名和密码进行登录;这里默认的选择【Windows 身份验证】进行登录。SQL Server 登录的相关介绍将在第 7 章中给出。

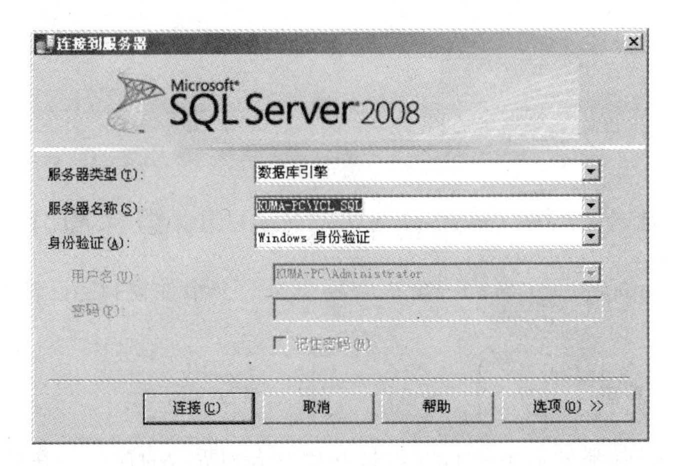

图 3-6 登录身份验证

在图 3-6 中,单击【连接】按钮,连接成功后将进入图 3-7 或图 3-8 所示的 SQL Server Management Studio。

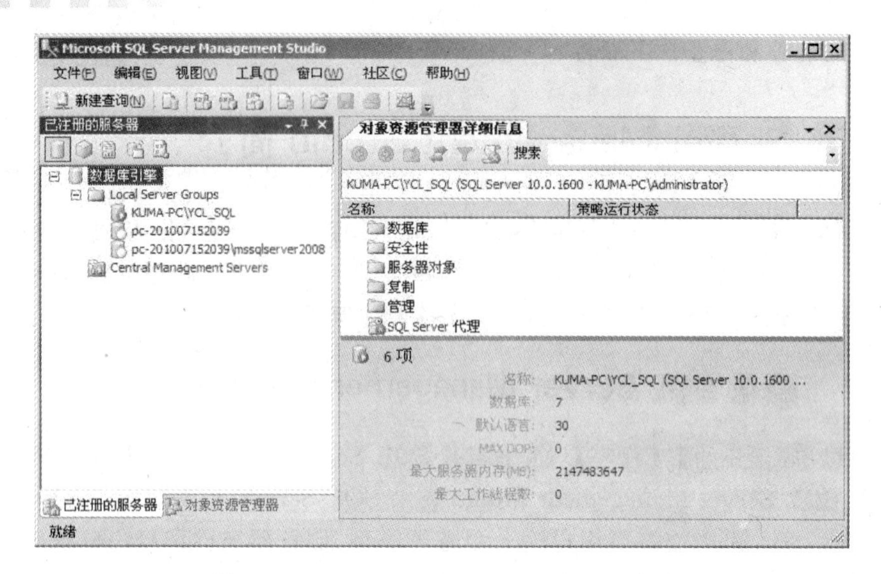

图 3-7 SQL Server Management Studio 界面

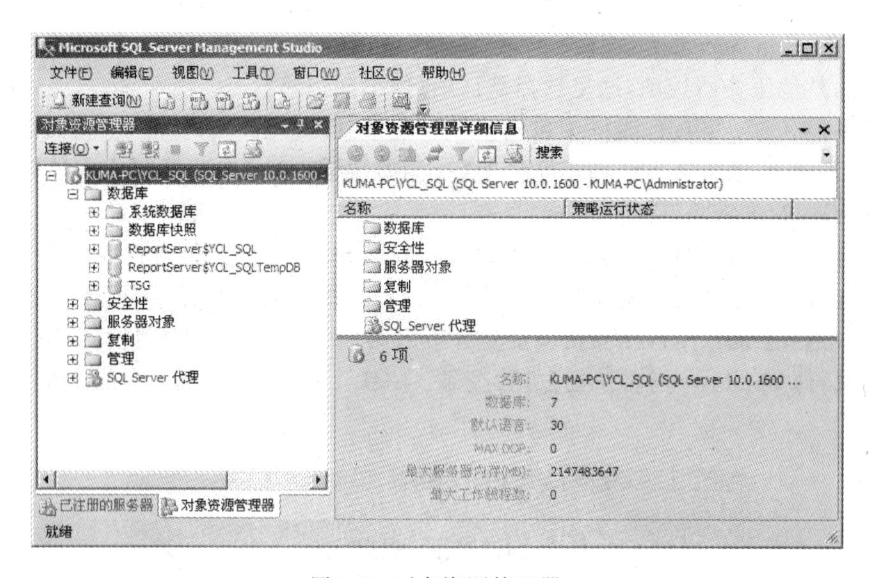

图 3-8 对象资源管理器

3.3.2 SQL Server Management Studio 组件简介

SQL Server Management Studio 窗口主要分为三个组件窗口：已注册的服务器、对象资源管理器和文档窗口。

1. 已注册的服务器

单击【视图】|【已注册的服务器】，即可打开如图 3-7 所示的窗口。在此可以新注册服务器，也可以删除已注册的服务器。注册服务器就是在 SQL Server Management Studio 中登记服务器，然后把它加入到一个指定的服务器组中，并且在 SQL Server Management Studio 中显示服务器的运行状态。SQL Server Management Studio 在连接时自动启动服务器。

2. 对象资源管理器

第一次运行时应该出现在 SQL Server Management Studio 中，如图 3-8 所示。如果没有看到或者关闭了该组件，可以单击【视图】|【对象资源管理器】显示。该组件中以树状结构列出了所有数据库、安全性等需要进行操作管理的对象，使用频率非常高。

(1) 数据库：列出了用户可以连接的系统数据库和用户数据库。

(2) 安全性：列出了合法的 SQL Server 登录名列表，SQL Server 安全性内容详见第 7 章。

(3) 服务器对象：列出了"备份设备"等对象。

(4) 复制：显示细节包括数据从本数据库中复制到另一个数据库(本服务器或其他服务器)。

(5) 管理：维护计划的细节，管理策略，数据采集和数据库邮件安装。

(6) SQL Server 代理：在某一时间里在 SQL Server 中创建和运行任务，这个服务在默认安装情况下是停止状态，需要手动启动。要启动"代理"，右键单击【SQL Server 代理】，在弹出的菜单中选择【启动】即可。

3. 文档窗口

文档窗口是位于 SQL Server Management Studio 界面右侧的大部分区域，作为"查询编辑器"和"浏览器"的公用窗口。例如，打开【视图】|【对象资源管理器详细信息】(如图 3-7 所示)；单击工具栏最左端的【新建查询】按钮打开【查询编辑器】(如图 3-9 所示)。

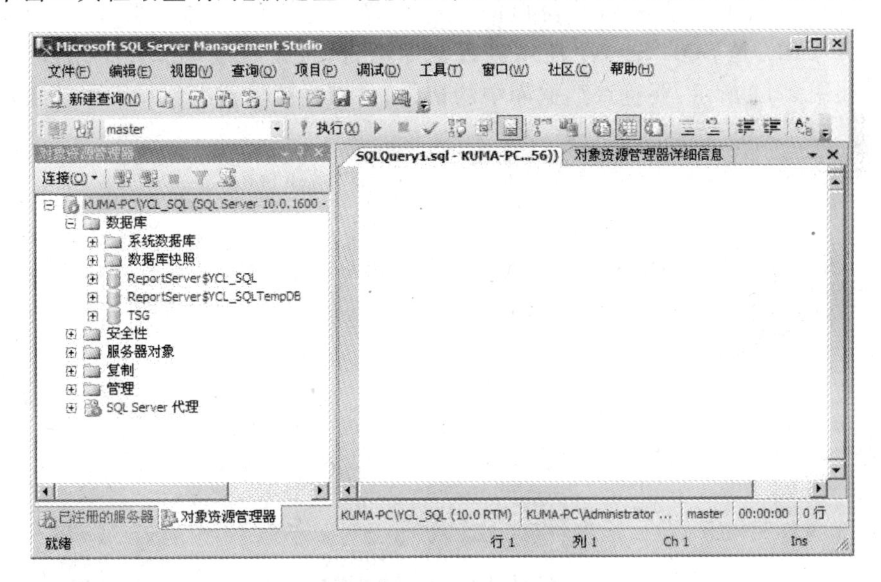

图 3-9 "文档"区域

文档窗口可以配置为显示选项卡式文档或多文档界面(MDI)，这两种模式只是显示方式上的区别。在选项卡式文档模式中，默认的多个文档将沿着文档窗口的顶部显示为选项卡(如图 3-9 所示)。选项卡式放置文档是默认方式，如果要修改为多文档界面(MDI)模式，在菜单中选择【工具】|【选项】，单击【环境】|【常规】，在【设置】中选择【MDI 环境】，单击【确

定】按钮即可。该模式下文件的放置如图 3-10 所示。

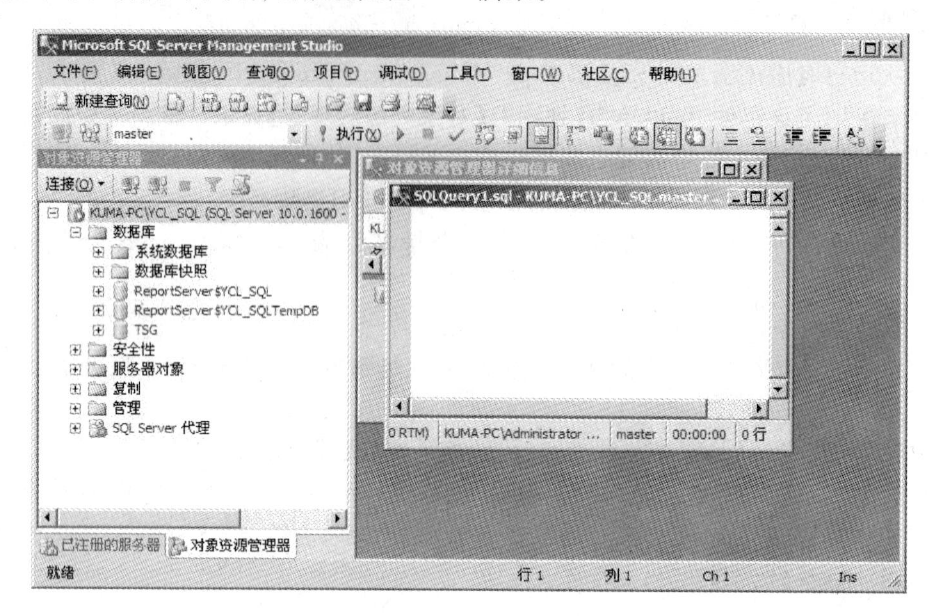

图 3-10 【文档】区域的 MDI 模式

3.3.3 SQL 查询编辑器

单击工具栏按钮【新建查询】,即可打开 SQL 查询编辑器,查询编辑器窗口可以同时打开多个,通过单击选项卡在不同的窗口间进行切换。查询编辑器主要用于编写 T-SQL (Transaction SQL,是 SQL Server 使用的数据库语言,将在后续章节介绍)程序并分析执行。例如,如图 3-11 所示,要查询数据库中的记录,可以在编辑器中编写程序并执行。

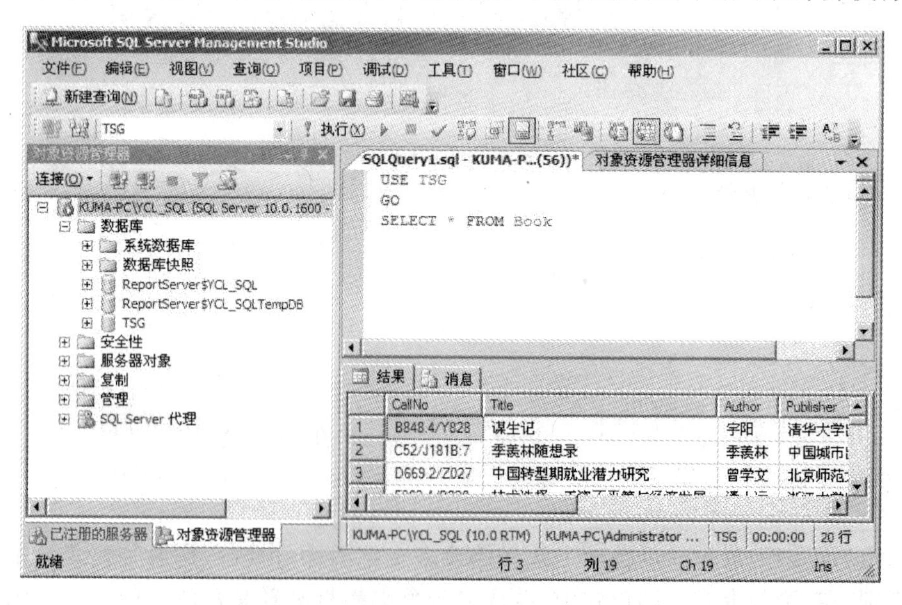

图 3-11 SQL 查询编辑器

在输入程序后，单击【执行】按钮，便可执行该SQL语句，查询【结果】和【消息】窗口将自动被打开显示SQL语句的执行结果。当关闭某个查询编辑器页面时，弹出是否需要保存的对话框，此时可以保存并指定所保存的文件名字。

3.3.4 系统数据库

SQL Server 2008安装时自动创建了master、model、tempdb和msdb四个系统数据库，(如图3-12所示)。这些数据库是存放系统状态信息、配置信息的系统数据字典，是运行SQL Server的基础。

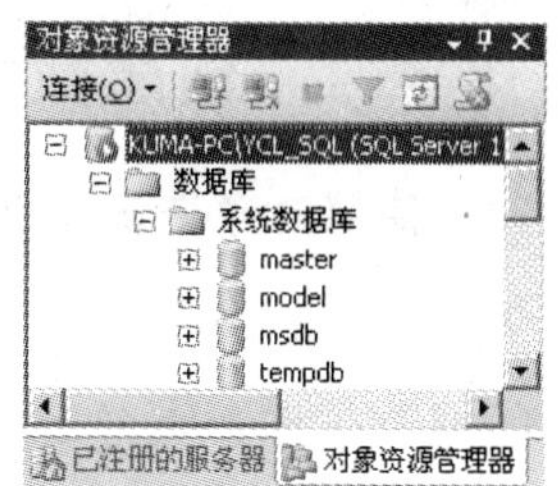

图3-12 SQL Server 2008的系统数据库

1. master数据库

记录SQL Server系统的所有系统级信息。包括元数据(例如登录账户)、系统配置设置等信息。此外，master数据库还记录了所有其他数据库的存在、数据库文件的位置以及SQL Server的初始化信息。如果master数据库出现问题，SQL Server是无法启动的。

2. model数据库

其作用是作为在SQL Server实例上创建的所有数据库的模板。如果修改model数据库，之后创建的所有数据库都将继承这些修改。例如，可以设置权限或数据库选项或者添加对象，例如，表、函数或存储过程。

当发出“创建数据库”语句时，将通过复制model数据库中的内容来创建数据库的第一部分，然后用空页填充新数据库的剩余部分。

3. msdb数据库

由SQL Server代理使用，完成计划报警和作业调度功能，也可以由Service Broker和数据库邮件等其他功能使用。

4. tempdb数据库

是一个全局资源，连接到SQL Server实例的所有用户都可以使用它，并可以保存下列各项内容。

(1) 显式创建的临时用户对象，例如，临时表、临时存储过程、游标等。

(2) SQL Server数据库引擎创建的内部对象，例如，用于存储排序的中间结果的工作表。

(3) 由使用已提交读的、修改了数据库中数据的事务生成的行版本。

(4) 由要修改数据的事务为实现联机索引操作、AFTER触发器等功能而生成的行版本。

每次启动SQL Server时都会重新创建tempdb数据库，从而在系统启动时总是保持一个干净的数据库副本。在断开连接时会自动删除临时表和存储过程，并且在系统关闭后没有活动连接。因此tempdb中不会有什么内容从一个SQL Server会话保存到另一个会话。另外，不能对tempdb进行备份和还原操作。

3.4 创建和维护数据库

虽然在系统数据库中可以存储用户自己的数据，但通常不建议这样使用。用户应该创建和维护自己的数据库，以实现用户数据的管理。用户可以使用对象资源管理器和 T-SQL 语句两种方式创建、修改和删除数据库。

3.4.1 创建数据库

1. 使用对象资源管理器创建数据库

(1) 打开 SQL Server Management Studio，在窗口左端的【对象资源管理器】中，鼠标右键单击【数据库】，在弹出的菜单中选择【新建数据库】，打开如图 3-13 所示的对话框，以数据库 TSG 为例，在【数据库名称】文本框中输入 TSG。

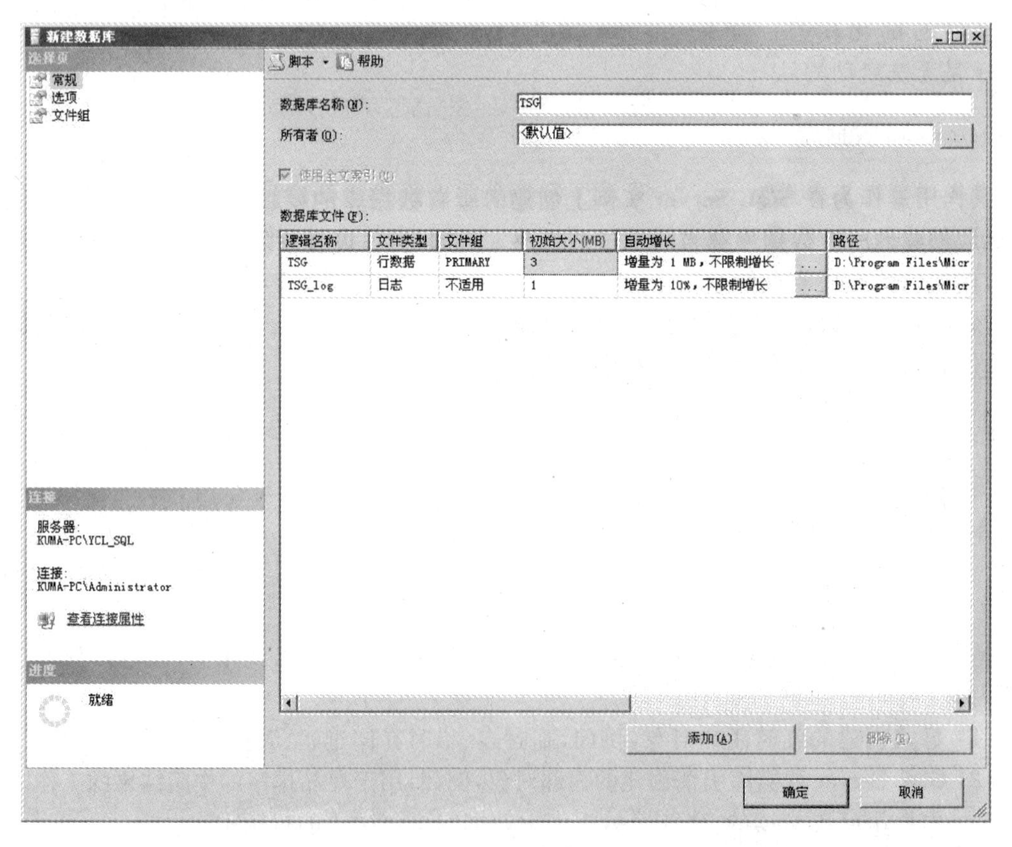

图 3-13 SQL Server Management Studio 中新建数据库

(2) 在【常规】页中，还可以进行所创建数据库的其他设置，比如数据库的所有者、是否使用全文索引、数据文件和日志文件的逻辑名称和路径(物理名称)、文件组、初始大小和增长方式等。

【所有者】是需要选择对数据库进行操作的用户，这里选择【默认值】表示数据库所有者为登录 Windows 的管理员账户；在【逻辑名称】文本框里可以修改数据文件和日志文件的逻辑名称。系统默认的数据文件初始大小为 3MB、增量为 1MB，不限制增长；日志文件为 1MB，增量为 1MB，不限制增长。用户可以按实际需要修改这些参数。单击“常规”标签页下面的“添加”按钮，可以为创建的数据库添加新的数据文件。

在图 3-13 所示的【新建数据库】窗口中，打开【选项】将弹出图 3-14 所示的【选项】标签页。可以定义排序规则、恢复模式、兼容级别、其他选项(恢复选项、游标选项)等，这里选择默认设置。

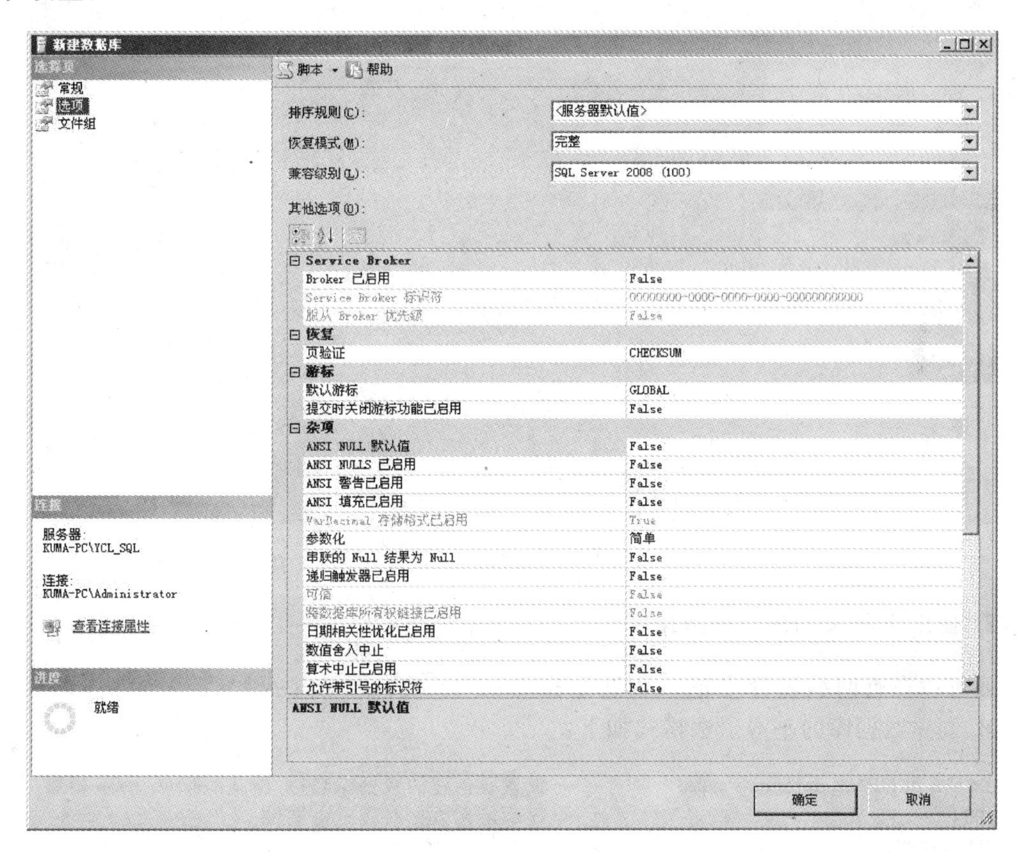

图 3-14　“选项”标签页

打开【新建数据库】窗口中的【文件组】，将出现如图 3-15 所示的标签页。可以设置用户数据库文件组，【添加】按钮可以添加其他文件组。在 SQL Server 中，每个数据库至少包含两个操作系统文件：一个数据文件和一个日志文件。数据文件包含具体的数据和数据库对象(如表、索引、存储过程和视图等)；日志文件包含数据库中的所有事务操作的信息。为了便于分配和管理，可以将数据文件放到文件组中，以便于管理、数据分配和存储。

每个数据库有一个主要文件组(默认情况下是 PRIMARY(见图 3-15)，使用 ALTER DATABASE 语句可以更改默认文件组。但系统对象和表仍然分配给 PRIMARY 文件组)。此文件组包含主要数据文件和未放入其他文件组的所有次要文件。

(3) 完成各个选项设置后，单击【确定】按钮，SQL Server 数据库引擎会根据用户设置完成数据库的创建。创建好的数据库将出现在对象资源管理器中。

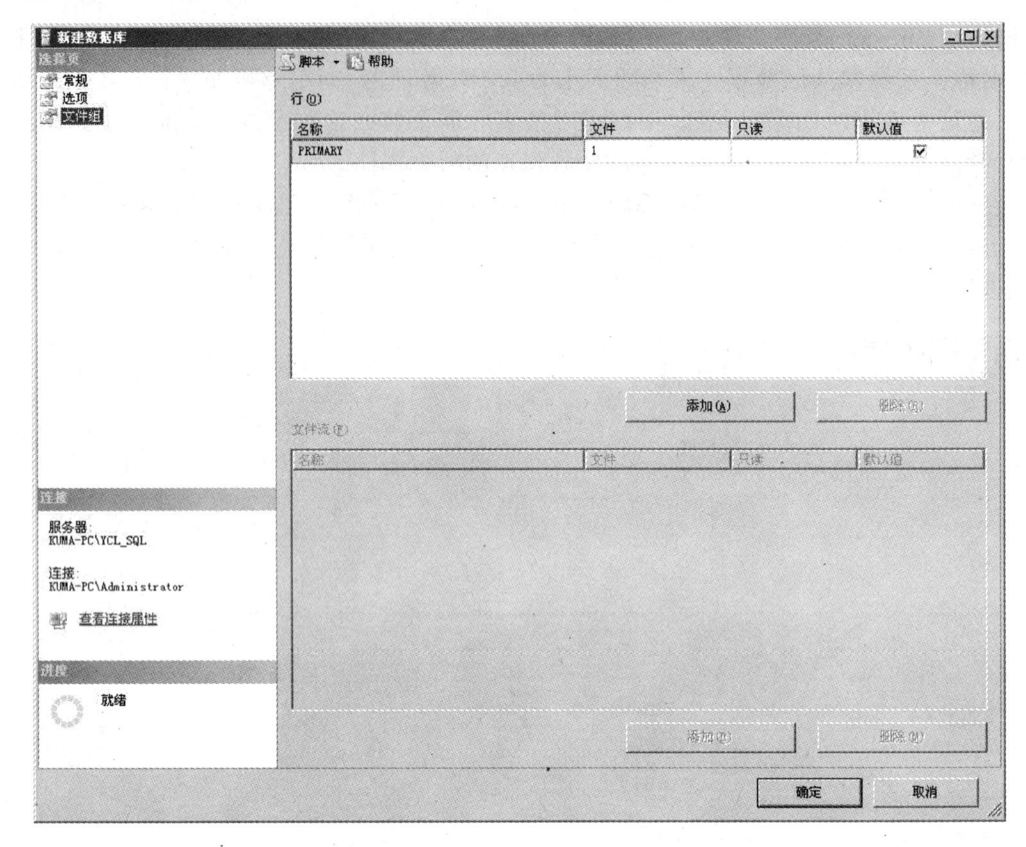

图 3-15 “文件组”标签页

2. 使用 T-SQL 语句创建数据库

还可以在查询编辑器中输入创建数据库的 T-SQL 语句并执行完成数据库的创建。T-SQL 创建数据库的基本语法格式如下：

```
CREATE DATABASE database_name              -- 设置要创建的数据库名称,由 database_name 指定
[ON                                        -- 显示定义数据对应磁盘文件
{[PRIMARY]
(NAME = logical_file_name,                 -- 为数据文件指定逻辑名,由 logical_file_name 指定
FILENAME = 'os_file_name',                 -- 定义日志对应操作系统文件名,由 os_file_name 指定
[,SIZE = size]                             -- 定义数据文件大小,由 size 指定
[,MAXSIZE = {max_size|UNLIMTED}]           -- 规定数据文件最大容量,UNLIMTED 为无限制
[,FILEGROWTH = grow_increment])            -- 设置数据文件增长幅度,由 grow_increment 指定
}[,…n]]
[LOG ON                                    -- 显示定义日志对应磁盘文件
{(NAME = logical_file_name,                -- 为日志文件指定逻辑名称,由 logical_file_name 指定
FILENAME = 'os_file_name'                  -- 定义日志对应操作系统文件名,由 os_file_name 指定
[,SIZE = size]                             -- 定义日志文件大小,由 size 指定
[,MAXSIZE = {max_size|UNLIMTED}]           -- 规定日志文件最大容量,UNLIMTED 为无限制
[,FILEGROWTH = grow_increment])            -- 设置日志文件增长幅度,由 grow_increment 指定
}[,…n]]
```

详细的 CREATE DATABASE 语句及其解释请参考《SQL Server 联机丛书》。下面通过一个例子来了解一下 CREATE DATABASE 语句的使用。

【例 3-1】 创建一个名为 TSG 的用户数据库，其数据文件初始大小为 3MB，最大大小为 50MB，文件大小增长增量为 1MB，日志文件初始大小为 1MB，最大大小为 12MB，文件增长量为 10%。

```
CREATE DATABASE TSG
ON PRIMARY
(NAME = TSG_data,
FILENAME = 'C:\Program Files\Microsoft SQL Server\MSSQL10.MSSQLSERVER\MSSQL\TSG.mdf',
SIZE = 3,
MAXSIZE = 50,
FILEGROWTH = 1)
LOG ON
(NAME = TSG_log,
FILENAME = 'C:\Program Files\Microsoft SQL Server\MSSQL10.MSSQLSERVER\MSSQL\TSG_log.ldf',
SIZE = 1,
MAXSIZE = 12,
FILEGROWTH = 10 % )
```

3.4.2 修改数据库

1. 使用对象资源管理器修改数据库

打开 SQL Server Management Studio，在窗口左端的【对象资源管理器】中，鼠标右键单击要修改的数据库(如 TSG)，在弹出的菜单中选择【属性】，在如图 3-16 所示的属性对话框中可以修改数据库的相关属性。

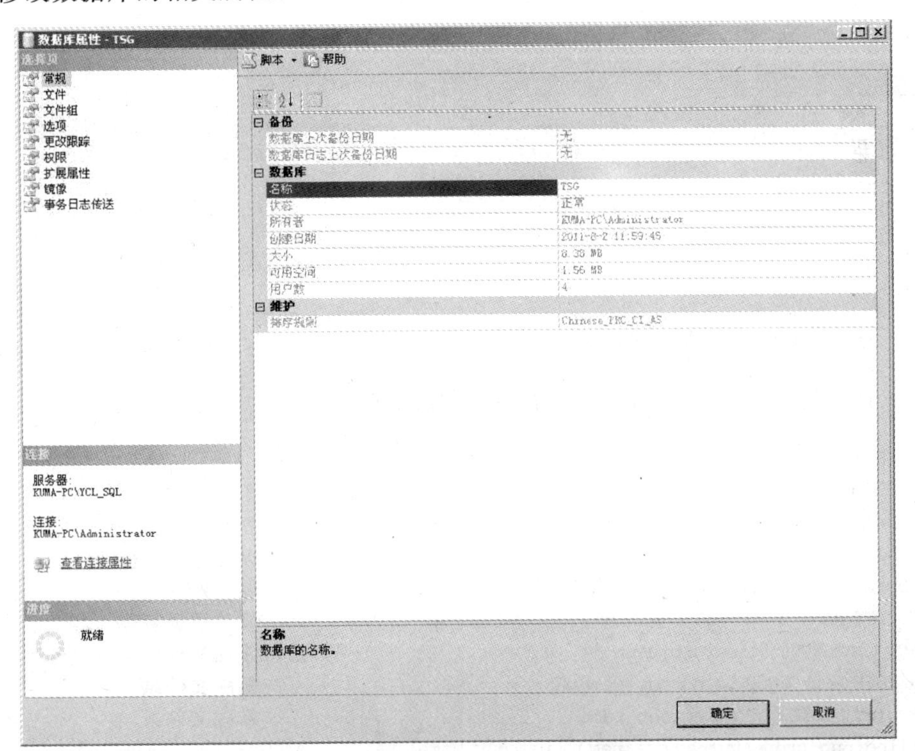

图 3-16 数据库属性对话框

【例 3-2】 给 TSG 数据库添加两个数据文件和一个日志文件。

(1) 在图 3-16 所示属性对话框的【选择页】中，选择【文件】，对应的右侧窗口中给出了数据库的现有文件，在默认情况下将自动生成一个数据文件和一个日志文件，如图 3-17 所示。

(2) 单击【添加】按钮，进入图 3-18 所示窗口，指定文件名、文件类型等信息，单击【确定】按钮即可。

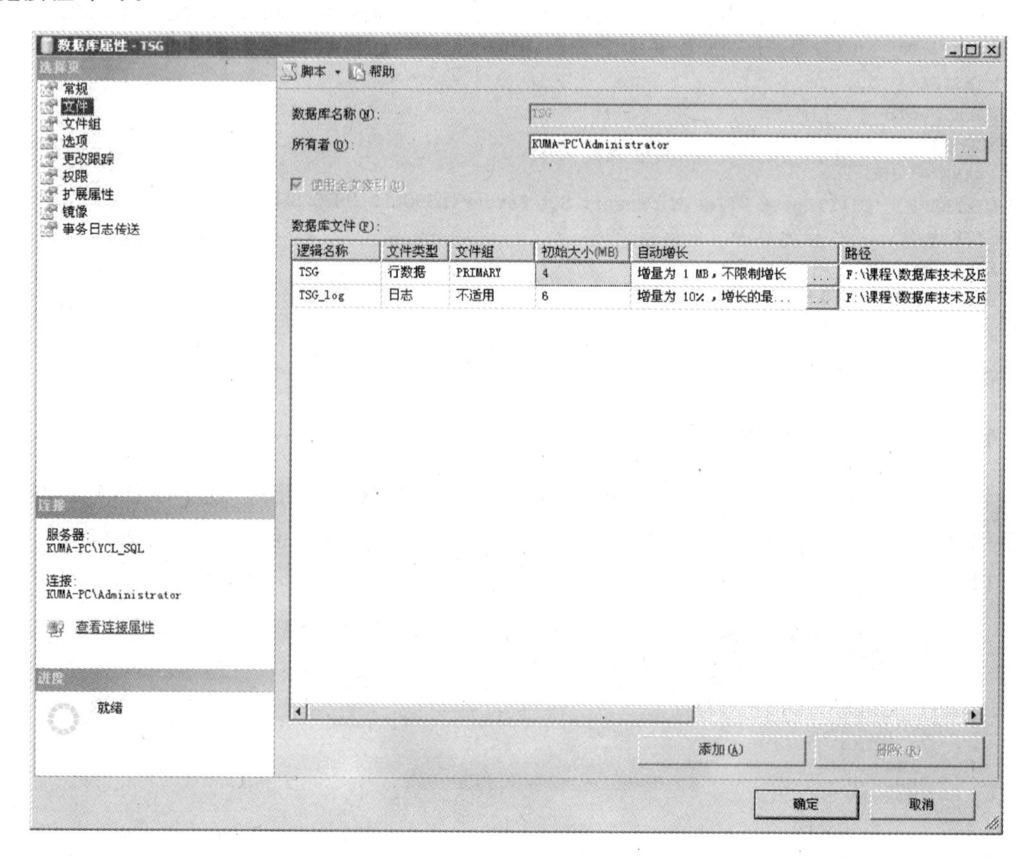

图 3-17 数据库文件

2. 使用 T-SQL 语句修改数据库

可以使用 ALTER DATABASE 语句修改数据库。其基本语法格式如下：

```
ALTER DATABASE databasename
{ADD FILE <filespec>[, … n][TO filegroup filegroupname]   -- 添加数据文件
|ADD LOG FILE <filespec>[, … n]                            -- 添加日志文件
|REMOVE FILE logical_file_name [with delete]               -- 删除数据文件
|MODIFY FILE <filespec>                                    -- 修改数据文件
|MODIFY NAME = new_databasename                            -- 修改数据名称
|ADD FILEGROUP filegroup_name                              -- 添加文件组
|REMOVE FILEGROUP filegroup_name                           -- 删除文件组
|MODIFY FILEGROUP filegroup_name                           -- 修改文件组
{filegroup_property|name = new_filegroup_name}}
```

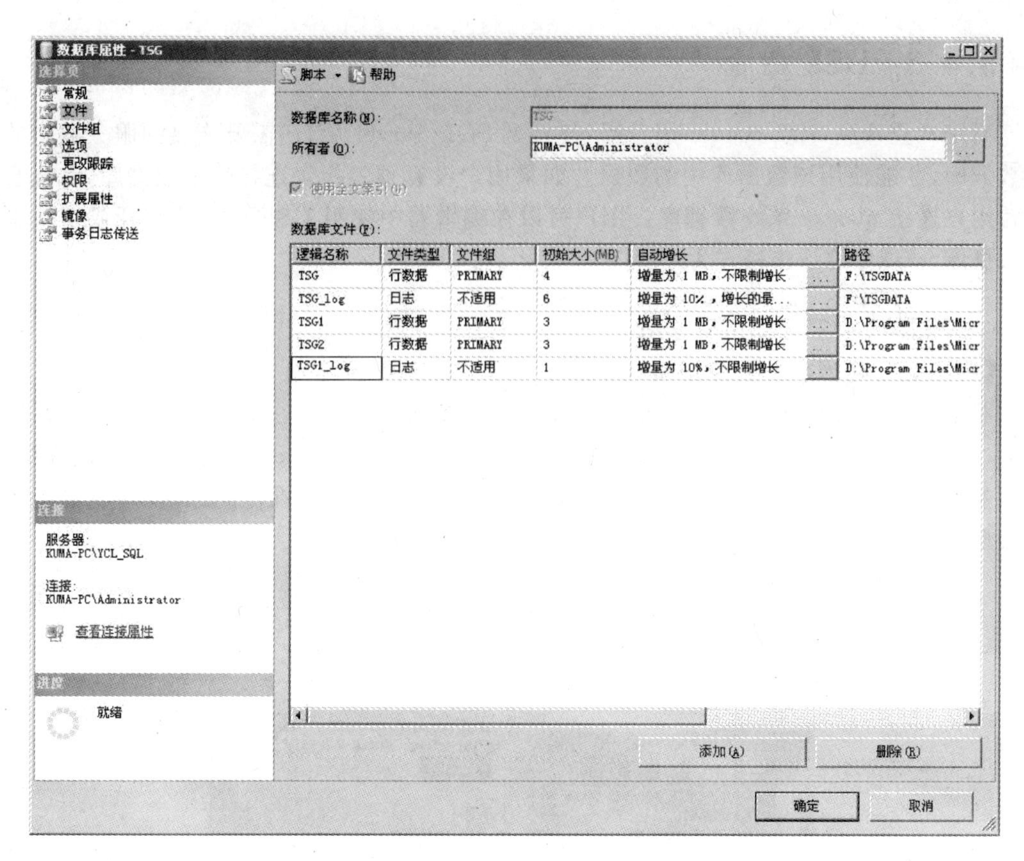

图 3-18 添加数据库文件

有关参数的含义与创建数据库语句相同，更详细解释请参考《SQL Server 联机丛书》。下面通过一个例子来了解 ALTER DATABASE 语句的使用。

【例 3-3】 用 T-SQL 语句完成例 3-2。

```
ALTER DATABASE TSG
ADD FILE
(NAME = TSG1,
FILENAME = 'C:\Program Files\Microsoft SQL
           Server\MSSQL10.MSSQLSERVER\MSSQL\TSG1.ndf',
SIZE = 5MB, MAXSIZE = 100MB),
(NAME = TSG2,
FILENAME = 'C:\Program Files\Microsoft SQL
           Server\MSSQL10.MSSQLSERVER\MSSQL\TSG2.ndf',
SIZE = 3MB, MAXSIZE = 10MB)
GO
ALTER DATABASE TSG
ADD LOG FILE
(NAME = TSGlog1,
FILENAME = 'C:\Program Files\Microsoft SQL
           Server\MSSQL10.MSSQLSERVER\MSSQL\TSGlog1.Ldf',
SIZE = 5MB, MAXSIZE = 100MB)
```

3.4.3 USE 命令

当用户登录到 SQL Server 服务器，连接到 SQL Server 后，还需要连接到服务器中的一个数据库，才能使用该数据库中的数据。如果用户没有预先指定连接哪个数据库，系统会自动替用户连接 master 系统数据库。用户可以在编辑器中使用 USE 命令来打开或切换不同的数据库。USE 的语法格式为：

```
USE database_name
```

【例 3-4】 将当前数据库切换到 TSG。

单击工具栏最左端的【新建查询】按钮，打开查询编辑器，在编辑器中输入命令 USE TSG，单击工具栏中的【执行】按钮，执行成功的界面如图 3-19 所示。切换成功后，在【执行】按钮左侧的下拉列表框中显示 TSG。这也是另一种切换当前数据库的方法，即直接从下拉列表框中选择要切换的数据库即可。

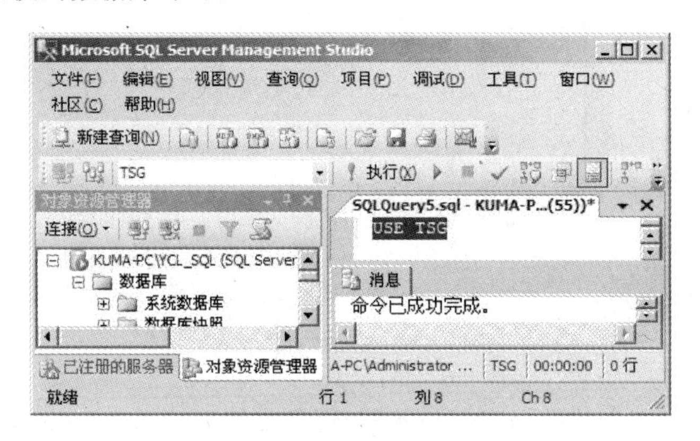

图 3-19　使用 USE 命令切换当前数据库

3.4.4 数据库更名

除了可以利用修改数据库命令之外，还可以利用对象资源管理器或系统提供的存储过程进行数据库的重命名。

1. 使用对象资源管理器更名数据库

在对象资源管理器中右键单击欲改名的数据库，如 TSG，在出现的快捷菜单中单击【重命名】即可，如图 3-20 所示，输入新的数据库名称即可（注意，重命名的数据库不能是当前数据库）。

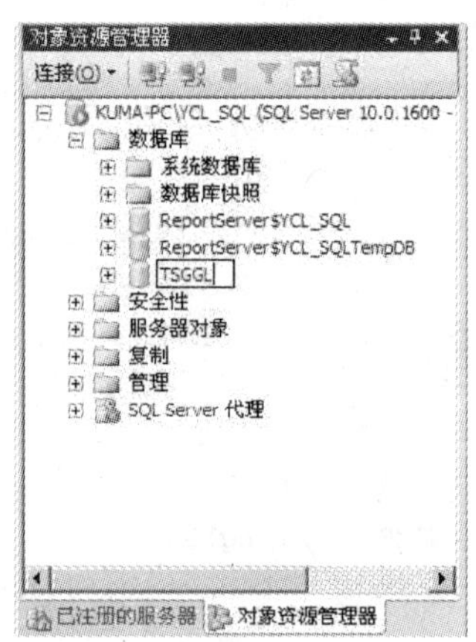

图 3-20　重命名 TSG 数据库

2. 使用系统存储过程更名数据库

SQL Server 2008 提供了一个用来更改数据库名称系统存储过程 sp_renamedb。在查询编辑器中输入该存储过程并运行，同样可以重新命名数据库。其语法格式为：

```
sp_renamedb [@dbname = ] 'old_name', [@newname = ] 'newname'
```

上述存储过程将名称为'old_name'的数据库更名为'newname'。

【例 3-5】 将数据库 TSG 的名字改成 TSGGL。

```
USE master
GO
EXEC sp_renamedb 'TSG', 'TSGGL'
```

3.4.5 删除数据库

当某个数据库不再需要时，可以从服务器中将其删除。删除数据库同样可以在对象资源管理器中进行，也可以利用 T-SQL 语句进行删除。

1. 使用对象资源管理器删除数据库

在对象资源管理器上右键单击需要删除的用户数据库 TSGGL，在弹出的菜单中选择【删除】，在出现的对话框中单击【确认】按钮即可删除指定的数据库。注意，当数据库有多个连接存在时，删除会出现【数据库正在使用】的错误。

2. 使用 T-SQL 语句删除数据库

也可以使用 DROP DATABASE 命令删除，其语法格式为：

```
DROP DATABASE database_name          -- database_name 为要删除的数据库名称
```

【例 3-6】 删除 TSGGL 数据库。

```
DROP DATABASE TSGGL
```

3.4.6 数据库的收缩

在磁盘空间的使用上，创建的数据库和数据库的实际使用会有一定的差异，在数据库使用一段时间后，通常需要释放占用的多余的磁盘空间，称为数据库的收缩。

1. 使用对象资源管理器收缩数据库

利用对象资源管理器可以手动或自动收缩数据库。

1）自动收缩数据库

在对象资源管理器中选择要进行收缩的数据库，单击鼠标右键，在弹出菜单中打开该数据库的【属性】窗口，在【选择页】中选择【选项】，如图 3-21 所示，单击【自动收缩】旁的下拉列表框选择 true 选项，就可以设定数据库为自动收缩。

2）手动收缩数据库

打开 SQL Server Management Studio，在对象资源管理器中右键单击 TSG 数据库，选择【任务】|【收缩】|【数据库】，会弹出如图 3-22 的窗口，可以在该窗口中手动收缩数据库。

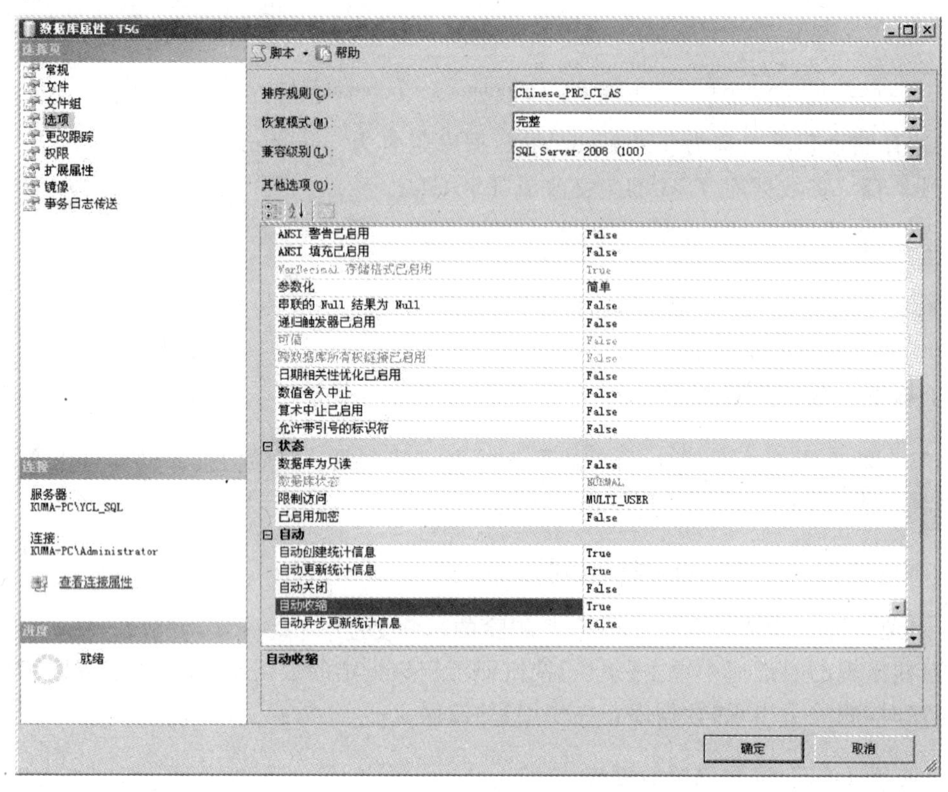

图 3-21 设定数据库自动收缩

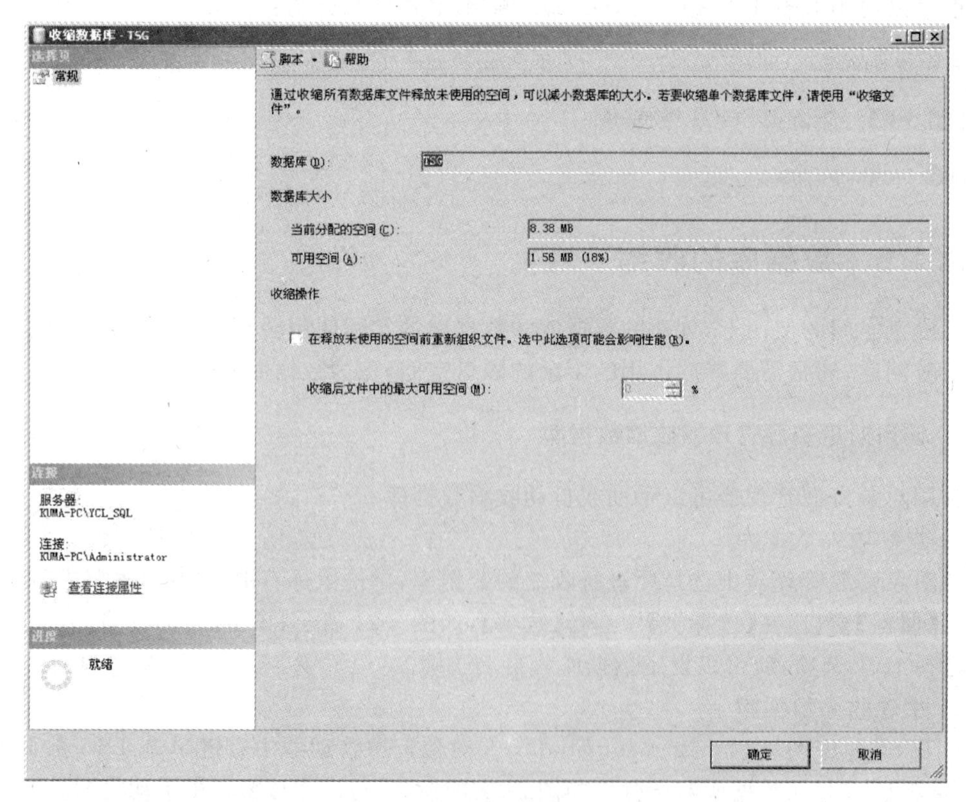

图 3-22 手动收缩数据库窗口

2. 使用 T-SQL 语句收缩数据库

SQL Server 2008 中可以使用 DBCC SHRINKDATABASE 命令收缩指定的数据库,其语法格式如下:

```
DBCC SHRINKDATABASE('database_name'|database_id|0[,target_percent])
[WITH NO_INFOMSGS]
```

其中,database_name 是要收缩的数据库的名称,database_id 是要收缩的数据库的 ID,如果指定 0,则使用当前数据库(上述三个参数指定一个即可);target_percent 是数据库收缩后的数据文件中所需的剩余可用空间百分比;使用 WITH NO_INFOMSGS 选项将取消严重级别从 0 到 10 的所有信息性消息。

DBCC SHRINKDATABASE 命令收缩数据库是将对每个数据和日志文件进行收缩,为每个文件计算一个目标大小,其计算公式为:

```
收缩后目标文件大小 = 原文件包含数据大小/(1 - target_percent % )
```

例如,某个数据文件空间大小为 10MB,包含数据大小为 6MB,如果将 target_percent 设成 25,则收缩目标数据文件大小为 6/(1－25%)＝8MB。注意,如果计算出的收缩目标文件大小超出了源文件空间大小,将不会进行收缩。例如,如果将 target_percent 设成 40,则收缩目标数据文件大小为 6/(1－50%)＝12MB,则该文件不会被收缩。

另外,收缩后的数据库不能小于数据库的最小大小。最小大小是在数据库最初创建时指定的大小(或修改数据库重新设置的初始大小)。当省略参数 target_percent 时,数据库将收缩至最小大小。

【例 3-7】 将 TSG 空间缩减至最小容量。

```
DBCC SHRINKDATABASE('TSG')
```

3.4.7 数据库的分离与附加

可以分离数据库的数据和事务日志文件,然后将它们重新附加到同一或其他 SQL Server 实例。如果要将数据库更改到同一计算机的不同 SQL Server 实例或要移动数据库,分离和附加数据库会很有用。

1. 分离数据库

分离数据库是指将数据库从 SQL Server 实例中删除,但使数据库在其数据文件和事务日志文件中保持不变。之后,就可以使用这些文件将数据库附加到任何 SQL Server 实例,包括分离该数据库的服务器。分离数据库的方法如下。

(1) 在 SQL Server Management Studio 的对象资源管理器中,展开【数据库】,右键单击要分离的数据库(本例中选择 TSG),在弹出菜单中选择【任务】,再单击【分离】。将出现图 3-23 所示的【分离数据库】对话框。

在【要分离的数据库】的【数据库名称】列中显示所选数据库的名称。可以验证是否为要分离的数据库。默认情况下,分离操作将在分离数据库时保留过期的优化统计信息;若要

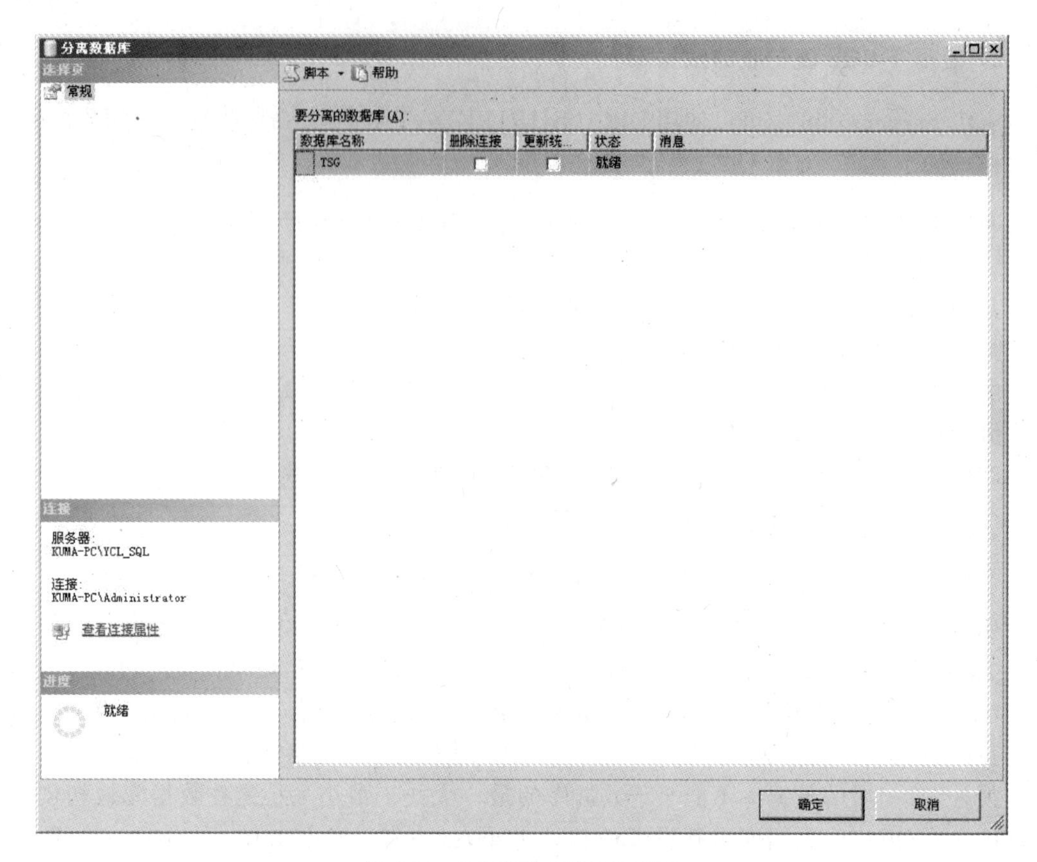

图 3-23 【分离数据库】对话框

更新现有的优化统计信息，请选中【更新统计信息】复选框。【状态】栏显示当前数据库状态(【就绪】或者【未就绪】)。

(2) 分离数据库准备就绪后，请单击【确定】按钮即可完成分离操作。

2. 附加数据库

数据库分离后，可以把数据文件和相应的日志文件复制或转移到其他存储位置。需要的时候可以利用附加数据库的功能，利用这些数据和日志文件把数据库附加到任何 SQL Server 实例当中，而且附加后可以使数据库的状态与分离时的状态完全相同。附加数据库的方法如下。

(1) 在 SQL Server Management Studio 对象资源管理器中，右键单击【数据库】，然后单击【附加】，出现如图 3-24 所示的窗口。

(2) 在【附加数据库】对话框中，单击【添加】按钮指定要附加的数据库。在弹出的【定位数据库文件】对话框中选择数据库所在的磁盘驱动器并展开目录树，查找并选择数据库(本例中是 TSG.mdf)文件，单击【确定】按钮。

若要为附加的数据库指定不同的名称，请在【要附加的数据库】中的【附加为】栏中输入名称；或通过在【所有者】栏中选择其他项来更改数据库的所有者。

(3) 准备好附加数据库后，在图 3-24 所示的窗口中单击【确定】按钮即可完成。

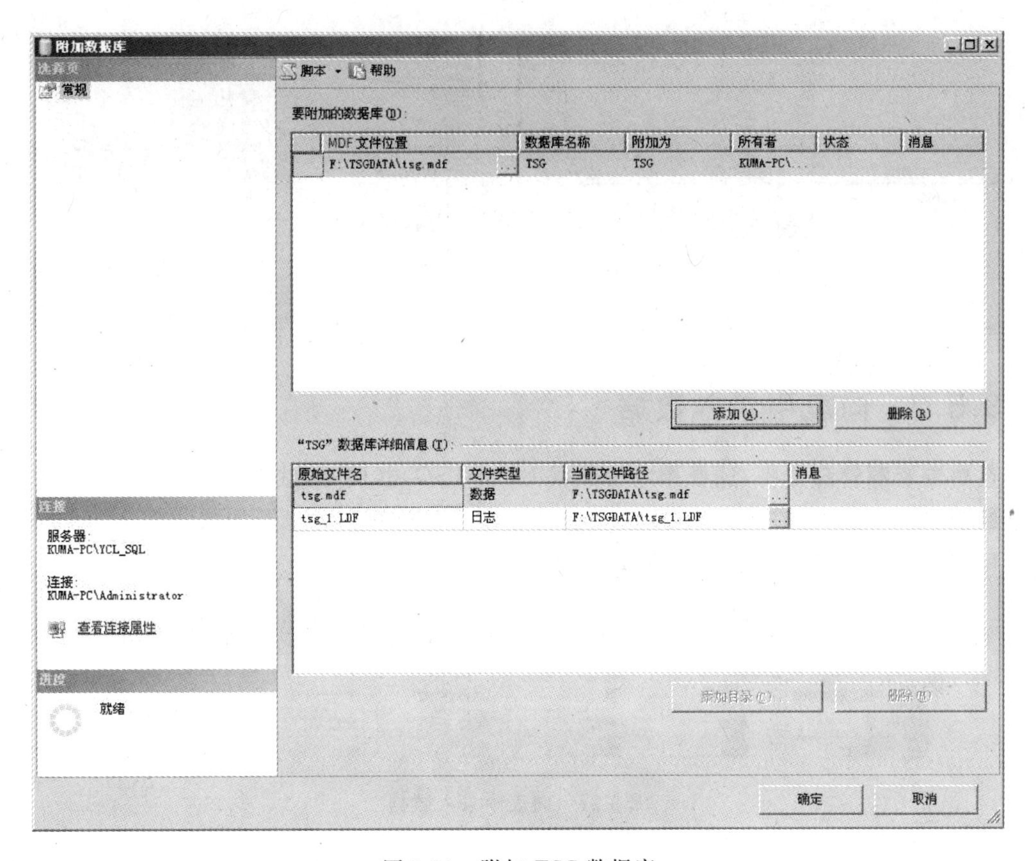

图 3-24 附加 TSG 数据库

3.5 表的创建及数据录入

当数据库创建好后，就可以在数据库中创建和维护表(关系)，通常一个数据库中会包含多张表，以存储用户需要的各类数据。对于表的创建，既可使用 SQL Server Management Studio 的对象资源管理器，也可以使用 SQL 语句。关于创建表的 SQL 语句将在第 4 章详细介绍，本节只介绍如何使用对象资源管理器创建表和输入数据。

3.5.1 创建表

(1) 在对象资源管理器中，选择希望在其中创建表的数据库(如 TSG)并展开，右击【表】，然后选择【新建数据表】，将弹出如图 3-25 所示的对话框。

(2) 填写【列名】、选择对应的【数据类型】以及设置是否【允许 Null 值】，并单击工具栏内的【保存】按钮，在弹出的对话框中输入表名(如 Patron)，单击【确定】按钮保存表。

(3) 为表设置主键。如图 3-26 所示，单击要设置为主键的列(如 PatronID)，右击最左端的黑色三角，在弹出的菜单中选择【设置主键】即可。

在保存以后如果新建的数据库表没有立即出现在对象资源管理器中，请右击【表】，选择【刷新】即可看到。

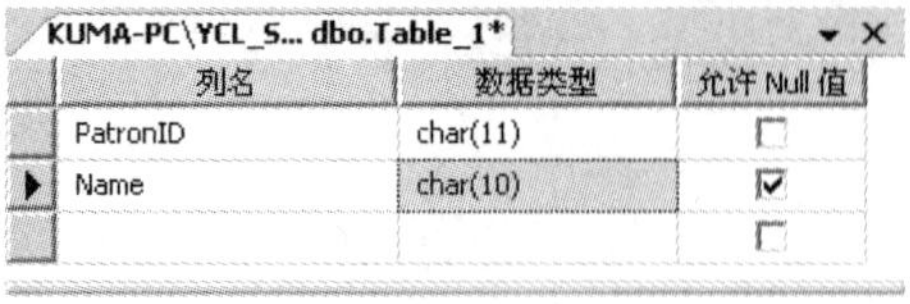

KUMA-PC\YCL_S... dbo.Table_1*

列名	数据类型	允许 Null 值
PatronID	char(11)	☐
Name	char(10)	☑
		☐

图 3-25 新建表

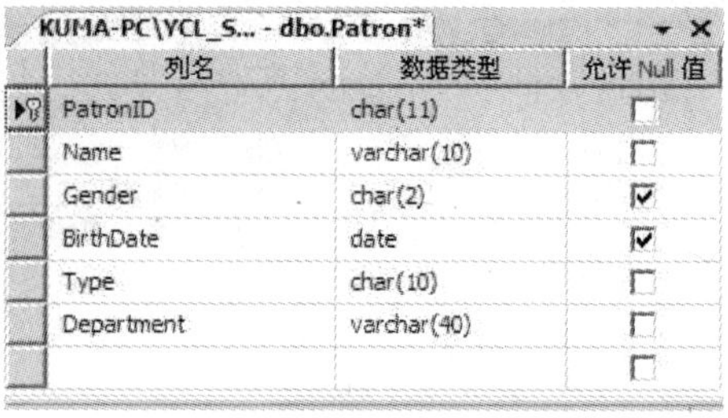

KUMA-PC\YCL_S... - dbo.Patron*

列名	数据类型	允许 Null 值
PatronID	char(11)	☐
Name	varchar(10)	☐
Gender	char(2)	☑
BirthDate	date	☑
Type	char(10)	☐
Department	varchar(40)	☐
		☐

图 3-26 保存后的表

3.5.2 向表中录入数据

在对象资源管理器中，选择相应的数据库(如 TSG)并展开，然后展开【表】，右击要输入数据的表(如 Patron)，在弹出的菜单中选择【编辑前 200 行】，将打开如图 3-27 所示的窗口。在窗口中按照所提供的表格录入数据即可。

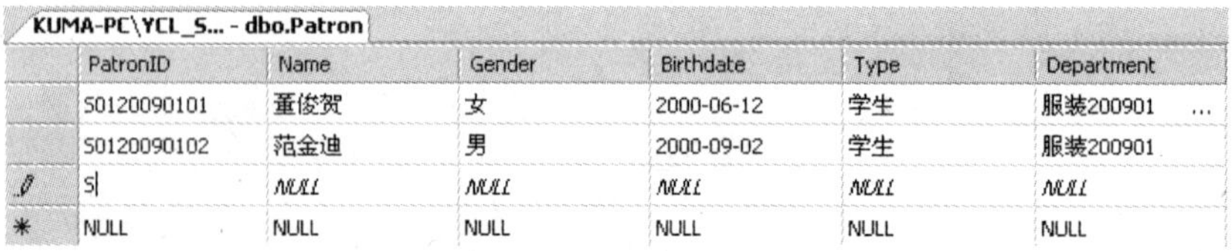

KUMA-PC\YCL_S... - dbo.Patron

	PatronID	Name	Gender	Birthdate	Type	Department
	S0120090101	董俊贺	女	2000-06-12	学生	服装200901 ...
	S0120090102	范金迪	男	2000-09-02	学生	服装200901
✎	S	NULL	NULL	NULL	NULL	NULL
*	NULL	NULL	NULL	NULL	NULL	NULL

图 3-27 向表中录入数据

注意，在输入数据时要一行一行输入，不要一列一列进行输入，否则可能会由于违反主键约束而出现错误。

3.6 本章小结

本章介绍了 SQL Server 2008 的体系结构、SQL Server Management Studio 的基本使用、数据库的创建和维护以及表的创建和数据输入等内容。

SQL Server 2008 系统主要由四部分组成，即数据库引擎、Analysis Services、Reporting Services 和 Integration Services。可以利用 SQL Server Configuration Manager、操作系统的服务管理工具以及 SQL Server Management Studio 启动、暂停和停止 SQL Server 服务。

SQL Server Management Studio 是一个集成可视化环境，能够访问、配置、管理和维护 SQL Server 的所有工具，完成各种管理任务。【已注册的服务器】在 SQL Server Management Studio 中显示服务器的运行状态；【对象资源管理器】以树状结构列出了所有数据库、安全性等需要进行操作管理的对象；【查询分析器】用于编写 T-SQL 程序并分析执行，用户可以使用这些组件完成数据库的各种操作。

SQL Server 中包含四个系统数据库，分别是 master、model、msdb 和 tempdb，它们能够配合管理程序完成系统的一些管理工作。用户可以在 SQL Server Management Studio 中用两种方式创建和管理自己的数据库，一种是利用对象资源管理器方式，另一种是使用

T-SQL 语句。管理数据库的工作主要包括创建数据库、修改数据库、删除数据库、重命名数据库、收缩数据库、分离与附加数据库等。创建好数据库后，可在数据库中创建表并向表中录入数据。

读者在阅读本章后将能够使用 SQL Server Management Studio 进行基本数据库的管理，为后续内容的学习打下良好的基础。

习题 3

1. SQL Server 2008 的体系结构包含哪些组成部分？各部分的作用是什么？
2. SQL Server 2008 有哪几种版本？
3. 启动/停止 SQL Server 服务的方法是什么？请上机完成。
4. SQL Server 的身份验证模式有几种？分别是什么？
5. SQL Server 中的系统数据库有哪些？分别有什么作用？
6. 上机创建一个名为 STUDENT 的用户数据库，其数据文件初始大小为 1MB，最大为 100MB，日志文件初始为 5MB，最大为 50MB。
7. 请上机完成以下任务：将第 6 题中生成的数据库文件拷贝到 D:\下，并给该数据库增加一个数据文件 STUD1.ndf(初始为 1MB，最大为 20MB)。
8. 上机在第 6 题中创建的数据库 STUDENT 中创建下表(关系)并输入数据。

Stud(Stu_no, Stu_name, Stu_gender, Stu_age, Stu_dept)

各属性的数据类型分别为 Stu_no: char(10)，Stu_name: char(6)，Stu_gender: char(2)，Stu_age: int，Stu_dept: varchar(50)(注：只需要按照上述要求创建表，关于各数据类型的含义暂时不用考虑，这些将在后续章节详细介绍)。

实验 1　SQL Server 2008 安装与配置

【实验目的】

(1) 了解 SQL Server 2008 的安装过程中的关键问题。

(2) 掌握 SQL Server 2008 图形化工具的使用方法，包括 SQL Server Management Studio、"查询编辑器"等。

【实验准备】

(1) 装有 Windows 系统操作系统(Windows XP 或 Windows Server 2003)的 PC 一台。

(2) SQL Server 2008 Express(速成版)安装包或安装光盘一份。

【实验要求】

(1) 掌握 SQL Server 2008 的安装过程。

(2) 熟悉 SQL Server 2008 的环境。

【实验内容】

(1) 安装 SQL Server 2008 Express。

(2) 练习 SQL Server 服务的启动、暂停和停止。

(3) 熟悉 SQL Server 2008 环境,练习使用 SQL Server Management Studio 的图形化界面查看各类数据库对象和属性。

实验 2 数据库的创建与管理

【实验目的】

(1) 掌握使用 SQL Server Management Studio 创建和管理数据库。

(2) 掌握 T-SQL 语句创建和管理数据库。

【实验准备】

(1) 装有 SQL Server 2008 的 PC。

(2) 明确能够创建数据库的用户必须是系统管理员,或是被授权使用 CREATE DATABASE 语句的用户。

【实验要求】

(1) 熟练使用 SQL Server Management Studio 进行数据库的创建、修改和删除操作。

(2) 熟练使用 T-SQL 语句创建和管理数据库。

(3) 完成创建和删除数据库的实验报告。

【实验内容】

1. 创建数据库

(1) 参照本章 3.4.1 节的内容,利用 SQL Server Management Studio 的对象资源管理器创建数据库 TSG。

(2) 使用 T-SQL 语句创建学生选课管理数据库,名为 Student,有关参数自行定义。

2. 查看和修改数据库的属性

(1) 参照本章 3.4.2 节的内容,利用 SQL Server Management Studio 的对象资源管理器查看已经创建的数据库 TSG 的属性,并为其增加文件。

(2) 使用 T-SQL 语句查看和修改数据库 student 的属性。主要包括以下内容。

① 在 student 中增加数据文件 as_data。

② 在 student 中增加日志文件 as_log。

③ 修改 student 中日志文件 as_log 的初始大小和最大值。

④ 删除 student 中日志文件 as_log。

3. 修改数据库的名称

(1) 参照本章 3.4.4 节的内容,利用对象资源管理器将数据库 TSG 更名为 TSGGL。

(2) 使用 T-SQL 语句修改数据库 student 名称为 studb。

4. 删除数据库

(1) 参照本章 3.4.5 节的内容,利用对象资源管理器将数据库 TSGGL 删除。

(2) 使用 T-SQL 语句删除数据库 studb。

第4章 关系数据库标准语言SQL

用户需要进行查询、插入、删除和修改等各种各样的操作，以实现对数据库的使用。DBMS必须提供实现各种操作的命令或数据库语言，为用户使用数据库提供接口。用户通过这个接口实现对数据库的访问。对于关系数据库来说，SQL（Structured Query Language），即结构化查询语言，是最成功、应用最广的数据库语言。它已经成为关系数据库语言的国际标准。本章将详细介绍SQL的特点及各种功能。

4.1 SQL语言概况

SQL是由Boyce和Chamberlin在1974年提出的。早在20世纪70年代，IBM公司San Jose研究中心在研究关系DBMS原型系统System R时开发了一种当时称作SEQUEL(Structured English Query Language)的非过程的数据库语言。在1981年，IBM公司推出商品化的关系DBMS SQL/DS，并将SEQUEL更名为SQL。由于SQL语言结构简洁，功能强大，简单易学，得到了广泛的应用。目前，绝大多数商品化关系型数据库系统，如Oracle、Sybase、DB2、Informix、SQL Server等都采用SQL作为查询语言。

自20世纪80年代以来，SQL就一直是关系数据库管理系统(RDBMS)的标准语言。最早的SQL标准，即SQL-86，是由美国国家标准协会（American National Standards Institute，ANSI）于1986年10月作为美国国家标准颁布的。随后，国际标准化组织(International Standards Organization，ISO)于1987年6月正式将其采纳为国际标准，并在此基础上进行了补充。1989年4月，ISO提出了具有完整性特征的SQL，称之为SQL-89。此后，ISO对SQL标准进行了多次扩充和修改，标准内容越来越多，继SQL-89之后，分别于1992、1999和2003年颁布了SQL-92、SQL-99(SQL3)和SQL2003三个标准。

值得注意的是，实际的数据库管理系统所提供的SQL语言与标准的SQL是有差异的。大部分厂商的数据库管理系统并没有完全支持标准的SQL，但却在某些方面进行了扩充，比标准SQL支持更多的功能。本书旨在介绍标准SQL的基本内容，涉及差异化部分，将以Microsoft SQL Server使用的SQL(Transaction SQL，T-SQL)为参照进行阐述。

4.1.1 SQL语言的特点

SQL之所以能够被广大用户和业界所接受并成为国际标准，主要是因为它是一个综合的、功能强大、使用灵活、简洁易学的语言。其主要特点如下。

1. 综合统一

SQL语言集数据定义语言(Data Definition Language,DDL)、数据操纵语言(Data Manipulation Language,DML)和数据控制语言(Data Control Language,DCL)于一体。集合了数据查询(Data Query)、数据定义(Data Definition)、数据操作(Data Manipulation)和数据控制(Data Control)功能。语言风格统一,可以独立完成数据库生命周期中的全部活动,这为数据库应用系统的开发提供了良好的环境。数据库应用系统投入运行后,还可以根据需要随时逐步地修改模式,且不影响数据库的运行,使系统具有良好的可扩展性。

2. 高度非过程化

用SQL语言进行数据访问,只需要提出"做什么",而无须指明"怎么做"。用户只需利用SQL表达其数据访问要求,数据的存取路径的选择和SQL的执行过程由系统自动完成。这不但大大降低了用户(包括应用程序员)的负担,而且有利于提高数据的独立性。

3. 面向集合的操作方式

SQL采用的是集合操作方式,无论是执行一次查询还是执行一次插入、修改和删除,其操作对象和操作结果都是元组的集合(即关系)。

4. 灵活的使用方式

SQL语言可以直接以命令交互方式使用,也可以嵌入到其他程序设计语言(嵌入式SQL)当中使用。不论哪种方式,SQL语言的语法结构基本一样。

当前主要的应用系统开发工具,如Java、.NET平台(包括Visual C#、Visual Basic及Visual C++等)、Delphi和PowerBuilder等,都提供了利用SQL访问数据库的机制。这种机制通常有两种方式:一种是将表达用户数据访问要求的SQL语句(通常是以字符串的形式)直接传递给数据库管理系统,然后由数据库管理系统执行相应的SQL语句并把结果返回给应用程序;另一种方式是使用嵌入式的SQL,将SQL语句直接嵌入到主语言(如C语言)程序当中。

5. 语言简洁,易学易用

SQL语言虽然功能强大,但却十分简洁。如表4-1所示,完成核心功能只用了9个动词。另外,SQL的语法简单,非常接近英语的口语,容易学习和使用。

表4-1 SQL的动词

SQL功能	动 词	SQL功能	动 词
数据查询	SELECT	数据操作	INSERT、UPDATE、DELETE
数据定义	CREATE、DROP、ALTER	数据控制	GEANT、REVOKE

4.1.2 SQL的操作对象

如图4-1所示,SQL语言支持数据库的三级模式结构,其中外模式对应于视图(View)

和部分基本表(Table),模式对应于基本表,内模式对应于存储文件。SQL 语言的操作对象既可以是基本表,也可以是视图。

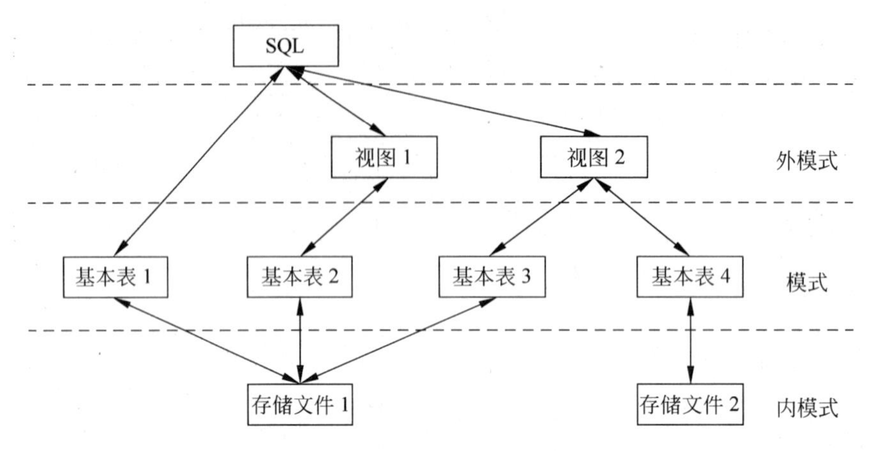

图 4-1　SQL 支持的三级模式结构

1. 基本表(Table)

基本表是本身独立存在的表,一个(或几个)基本表对应一个存储文件,还可以带若干索引文件。所有存储文件和索引文件就构成了关系数据库的内模式。

2. 视图(View)

视图是从一个或几个基本表(或视图)导出的表,是一个虚表。视图所对应的数据并不独立存储在数据库中,而是分别存储在导出该视图的基本表所对应的存储文件中。数据库只存储视图的定义,使用时根据用户的数据访问要求,结合视图的定义对相应的基本表进行存取。

本章的后续部分将逐一介绍 SQL 语言的各种功能和语句格式。由于实际的数据库管理系统实现标准 SQL 时有差异,与 SQL 标准的符合程度也不尽相同,为了突出基本概念和功能,略去了许多语法细节,对于具体的 RDBMS 产品,还应查阅系统提供的参考手册。

4.2 数据定义

通过 SQL 语言的数据定义功能,可以完成基本表、视图、索引等的创建、删除和修改。由于视图的定义与查询操作有关,将在介绍完 SQL 的查询功能之后专门讨论。

4.2.1 基本表的创建

基本表是数据库中最重要的对象,它用于存储用户的数据。对于一个表,要确定表的名称、表中包含的属性(列)及其数据类型以及完整性约束条件。SQL 语言使用 CREATE TABLE 语句创建基本表,其一般格式如下:

```
CREATE TABLE <表名> (
        <列名> <数据类型> [列级完整性约束条件]
```

[，<列名> <数据类型> [列级完整性约束条件]]……
[，<表级完整性约束条件>]）；

其中，<>中的内容是必选项，[]中的内容是可选项。本书以下各章节也遵守这个约定；默认情况 SQL 语句不区分大小写，为了突出说明，本书将以大写字符来表示 SQL 的短语和保留字。另外，SQL 语言中每个完整的语句都是以"；"结尾的。根据上述语句格式，要完成表的创建，必须要了解 SQL 支持的数据类型和完整性约束。

1. 数据类型

不同的数据库产品所支持的数据类型并不完全一致，甚至是同一厂商的不同版本的产品在数据类型上也存在着差异。本书旨在介绍 SQL 的基本语法，将采用表 4-2 所示的 SQL Server 2008 所支持的部分数据类型（有关 SQL Server 支持的数据类型的详细情况，参见本书的第 3 章）对于不同的数据库产品要参阅相应产品的手册。实际上表 4-2 所示的数据类型，大多数实际的数据库产品都是支持的。

表 4-2　常用的数据类型

数据类型	含　义	说　明
INT	整型	字长为 4 字节（32 位）
SMALLINT	短整型	字长为 2 字节（16 位）
DECIMAL (p，s)或 NUMERIC(p，s)	数值类型	固定精度和小数位数。p(精度)：最多可以存储的十进制数字的总位数，包括小数点左边和右边的位数。该精度必须是从 1 到最大精度 38 之间的值。默认精度为 18；s(小数位数)：小数点右边可以存储的十进制数字的最大位数，小数位数必须是从 0 到 p 之间的值，仅在指定精度后才可以指定小数位数，默认的小数位数为 0
FLOAT	浮点类型	用于表示浮点数值数据的大致数值数据类型。浮点数据为近似值，通常指双精度浮点数，默认字长为 8 字节（64 位）
CHAR(n)	定长字符串	固定长度为 n(n 的取值范围为 1～8000)的字符串，如果长度小于 n，后面填空格
VARCHAR(n)	变长字符串	按实际字符串长度存储，但字符串最大长度不超过 n(n 的取值范围为 1～8000)
DATE	日期型	默认格式为 YYYY-MM-DD，YYYY 表示年份，范围为 0001～9999；MM 表示月份，范围为 1～12；DD 表示日期，范围为 1～31
DATETIME	日期时间型	默认格式为 YYYY-MM-DD hh:mm:ss.n*，其中，YYYY-MM-DD 是日期部分，hh:mm:ss.n* 是时间部分，hh、mm 和 ss 分别表示小时、分钟和秒；n* 表示秒的小数部分，范围为 0～999
SMALLDATETIME	短日期时间型	默认格式为 YYYY-MM-DD hh:mm:ss，含义同 DATETIME

2. 完整性约束

在定义基本表时，对于某些列和表要进行完整性约束条件定义，以实现实体完整性、参照完整性和用户定义的完整性。通常完整性约束根据其作用的范围分为列级约束和表级约束。列级约束通常包含在列的定义中，对该列进行约束；表级约束通常被放在该表最后一列定义之后，对整个表进行约束。另外，有些约束既是列级约束，又可以是表级约束。

1）默认值(DEFAULT)约束

作为列级约束，使用 DEFAULT 可以为某一列指定默认值，当用户插入或修改元组时，在没有为该列赋值的情况下，可以用指定的默认值填入该列。其定义格式为：

```
[CONSTRAINT <约束名>] DEFAULT <默认值>
```

注意，使用 CONSTRAINT 可以为约束指定一个唯一的名字，如果不需要指定可以省略 CONSTRAINT 短语(此时系统会自动为其命名)。

2）非空值(NOT NULL)约束

空值(NULL)是当前不知道、不确定或无法填入的值。空值不能理解为 0 或空白符。例如，某个学生选修某门课程的成绩是 0 和 NULL 具有不同的含义，如果是 0，表示该学生该课程已经有了成绩(成绩为 0)；而如果是 NULL，则表明该学生此门课程的成绩还没有填入(比如，该学生还没有参加考试)。两者显然是不同的两个概念。当某列的取值不能为空值时(即要求新建或修改元组时，该列必须填入值)，则可以在列级完整性约束定义中设置为非空值(NOT NULL)约束。其定义格式为：

```
[CONSTRAINT <约束名>] NOT NULL
```

3）唯一性(UNIQUE)约束

唯一性(UNIQUE)约束用于限定基本表上的某个列或某些列的组合(称为唯一性键)，在不同元组(行)中的取值不能相同(空值除外)。UNIQUE 约束既可以作为列级约束，也可以作为表级约束。作为表级约束时可以约束多个列的组合。UNIQUE 约束定义格式为：

```
[CONSTRAINT <约束名>] UNIQUE [(<列名表>)]
```

列名表要列出需要进行唯一性约束的列组合中的每一个列名。注意，当作为列级约束时，UNIQUE 只作用于其所在的列，无须指定列名表。

4）主键(PRIMARY KEY)约束

主键(PRIMARY KEY)约束用于定义基本表的主键(码)，以实现实体完整性规则。如果某个列或列组合被定义为主键，那么该列或列组合唯一地标识表中的一个元组。注意，主键约束和唯一性约束是不同的，在一个表中只能定义一个主键约束，但可以定义多个唯一性约束。另外，主键中的任何列都不允许出现空值，而唯一性约束中没有此限制。主键约束既可以作为列级约束，也可以作为表级约束，其定义格式为：

```
[CONSTRAINT <约束名>] PRIMARY KEY [(<列名表>)]
```

同唯一性约束一样，作为列级约束时可以省略列名表。

5）外键(FOREIGN KEY)约束

有关外键(FOREIGN KEY)的概念，在本书的第 2 章中已有介绍。实际上外键是一个表(称外键表、从表或参照关系)中的一个或多个列的组合，它的取值引用另一个表(称主键表、主表或被参照关系)的主键或唯一性键的值。外键的取值，要么为空值，要么是引用表的某个主键或唯一性键的值。外键约束既可以作为列级约束，也可以作为表级约束，其定义格式为：

```
[CONSTRAINT <约束名>] [FOREIGN KEY(<外键列名表>)]
        REFERENCES <引用表名> [(<主键列名表>)]
        [ON DELETE < NO ACTION|CASCADE|SET NULL >]
        [ON UPDATE < NO ACTION|CASCADE|SET NULL >]
```

上述定义中，"外键列名表"列出的是组成外键的所有列名，在作为列级约束时可以省略。"引用表名"和"主键列名表"指定外键取值要参照的表(被参照关系)和主键(或者是唯一性键)。"主键列名表"与"外键列名表"中的列的名称可以不同，但必需取自相同的域。另外，ON DELETE 子句和 ON UPDATE 子句分别设置当删除被参照关系(主键表)的元组或修改其某个主键值，违反参照完整性时的处理策略(详见本书 2.3 节部分的内容)，通常包括三个选项。

(1) NO ACTION：这是默认选项，表示采用限制删除或更新(即拒绝该操作)处理方式。

(2) CASCADE：表示采用级联删除或更新处理方式。

(3) SET NULL：表示采用置空值删除或更新处理方式。

6) 检查(CHECK)约束

检查(CHECK)约束可以定义插入或修改某个元组时，元组应满足的约束条件，通常用于限定某个列的取值范围或与其他列的关系，其定义格式为：

```
[CONSTRAINT <约束名>] CHECK (<条件表达式>)
```

条件表达式是由列名、SQL 所支持的运算符(将在后续部分介绍)和函数等构成的逻辑表达式。CHECK 约束既可以作为"列级"约束，也可以作为"表级"约束。作为"列级"约束，每一列只能有一个 CHECK 约束，但可以用逻辑运算符 AND(与)、OR(或)等构成符合条件。

在上述约束定义中，除 NOT NULL 和 DEFAULT 外，其他四种约束都既可以作为"列级"约束，也可以作为"表级"约束。但需要注意：对于 PRIMARY KEY、FOREIGN KEY 和 UNIQUE 约束，如果约束作用在多列的组合上，必须作为"表级"约束定义；如果 CHECK 约束定义的是多列之间的取值约束(即这些列的取值满足一定的关系)，则必须作为"表级"约束定义。下面介绍一些创建表的实例。

用 SQL 语句创建图书借阅数据库的三张表：Book(图书)表、Patron(读者)表和 Lend(借阅)表。表 4-3 是这些表结构的详细说明。

表 4-3　图书借阅数据库的表结构说明

表	列	含义	数据类型	列级约束	表级约束
Book	CallNo	索书号	CHAR(20)	主键	AvailableNumber <=Number
	Title	书名	VARCHAR(50)	非空	
	Author	作者	CHAR(10)		
	Publisher	出版社	CHAR(20)		
	ISBN	ISBN 号	CHAR(17)	唯一	
	PubDate	出版时间	SMALLINT		
	Pages	页数	INT		
	Price	单价	NUMERIC(10, 2)		
	Number	库存数	INT		
	AvailableNumber	可借数	INT		

续表

表	列	含义	数据类型	列级约束	表级约束
Patron	PatronID	读者证号	CHAR(11)	主键	
	Name	姓名	CHAR(10)	非空	
	Gender	性别	CHAR(2)	取值'男'或'女'	
	BirthDate	出生日期	DATE		
	Type	读者类别	CHAR(10)	非空	
	Department	读者部门	VARCHAR(40)	非空	
Lend	CallNo	索书号	CHAR(20)	外键,引用 Book	
	PatronID	读者证号	CHAR(11)	外键,引用 Patron	
	LendTime	借出时间	SMALLDATETIME	默认当前时间	(CallNo, PatronID, LendTime)
	RuturnTime	归还时间	SMALLDATETIME		

创建满足表 4-3 所示的结构和约束的表的 SQL 语句如下所示。

创建 Book 表:

```
CREATE TABLE Book (
  CallNo CHAR(20) CONSTRAINT PK_CallNo PRIMARY KEY,
  Title VARCHAR(50) CONSTRAINT NL_Title NOT NULL,
  Author CHAR(10),
  Publisher CHAR(20),
  ISBN CHAR(17) CONSTRAINT UE_ISBN UNIQUE,
  PubDate SMALLINT,
  Pages INT,
  Price NUMERIC(10, 2),
  Number INT,
  AvailableNumber INT,
  CONSTRAINT CK_Number CHECK(AvailableNumber <= Number));
```

创建 Patron 表:

```
CREATE TABLE Patron (
    PatronID CHAR(11) CONSTRAINT PK_PatronID PRIMARY KEY,
    Name CHAR(10) CONSTRAINT NL_Name NOT NULL,
    Gender CHAR(2) CONSTRAINT CK_Gender CHECK(Gender = '男' OR Gender = '女'),
    BirthDate DATE,
    Type CHAR(10) CONSTRAINT NL_Type NOT NULL,
    Department VARCHAR(40) CONSTRAINT NL_Department NOT NULL);
```

创建 Lend 表:

```
CREATE TABLE Lend (
    CallNo CHAR(20) REFERENCES Book(CallNo),
    PatronID CHAR(11) REFERENCES Patron(PatronID),
    LendTime SMALLDATETIME DEFAULT getdate(),
    RuturnTime SMALLDATETIME,
    PRIMARY KEY(CallNo, PatronID, LendTime));
```

在上述基本表定义中,有几点需要说明。

(1) 定义 Book 表和 Patron 表时，为每一个完整性约束都起了一个唯一的约束名，这样做的好处是便于今后对约束进行维护。如果不需要为约束命名（实际上系统会为约束自动命名），则可以省略 CONSTRAINT 短语（定义 Lend 表时就省略了 CONSTRAINT 短语）。

(2) Lend 表定义中为 LendTime 列设置默认值时使用了 SQL Server 的内置函数 getdate()。该函数将返回系统的当前日期和时间，即以当前的日期和时间作为 LendTime 列的默认值。

(3) Book 表定义中的 CHECK 约束，定义的是多个列之间的取值所满足的关系（AvailableNumber<=Number），Lend 表定义中的主键是由多个列组成的，因此它们必须作为表级约束来定义。

(4) 对于表 Book 中为 ISBN 列定义的 UNIQUE 约束也可以作为表级约束定义，其定义为 UNIQUE(ISBN)。

(5) 通常外键作为表级约束来定义更为常见，这样表 Lend 的定义可以写成如下形式：

```
CREATE TABLE Lend (
    CallNo CHAR(20),
    PatronID CHAR(20),
    LendTime DATETIME DEFAULT getdate(),
    RuturnTime DATETIME,
    PRIMARY KEY(CallNo, PatronID, LendTime),
    FOREIGN KEY(CallNo) REFERENCES Book(CallNo),
    FOREIGN KEY(PatronID) REFERENCES Patron(PatronID));
```

4.2.2 基本表的修改和删除

当应用环境和需求发生变化时，经常要调整基本表的结构和完整性约束。数据库管理系统应提供必要的机制，让用户修改或删除基本表。SQL 中提供了相关语句。

1. 修改基本表

SQL 通过 ALTER TABLE 语句对基本表进行修改，可以完成增加列和完整性约束、修改列的定义以及删除列和完整性约束等功能。不同的产品 ALTER TABLE 语句格式略有不同，这里给出 SQL Server 支持的 ALTER TABLE 语句的部分格式，对于其他数据库管理系统，请参阅相关的手册。为了清楚的说明，在语句格式中加入了注释(--后为注释)。

```
ALTER TABLE <表名>
  [ADD <列名> <数据类型> <完整性约束>]                 -- 增加新列
  | [ADD [CONSTRAINT <约束名>]<完整性约束定义>]        -- 增加完整性约束
  | [ALTER COLUMN <列名> <新数据类型>]                 -- 修改列定义
  | [DROP COLUMN <列名>]                               -- 删除列
  | [DROP [CONSTRAINT] <约束名>];                      -- 删除完整性约束
```

1) 增加列或完整性约束

【例 4-1】 向读者表 Patron 中增加一个新列 E_Mail（电子邮件），该列的数据类型为 VARCHAR(40)。

```
ALTER TABLE Patron ADD E_Mail VARCHAR(40);
```

【例 4-2】 向借阅表 Lend 增加一个 CHECK 约束，要求归还时间(RuturnTime)必须晚于借阅时间(LendTime)。

```
ALTER TABLE Lend ADD CHECK(LendTime < RuturnTime);
```

【例 4-3】 为读者表 Patron 中新增加的列 E_Mail 添加一个 UNIQUE 约束。

```
ALTER TABLE Patron ADD UNIQUE(E_Mail);
```

【例 4-4】 为读者表 Patron 中的 Gender(性别)列增加一个默认值约束，定义其默认值为"男"。

```
ALTER TABLE Patron ADD DEFAULT '男' FOR Gender;
```

2) 修改列

【例 4-5】 将读者表 Patron 中的列 Name(姓名)的列宽增加到 20 个字符。

```
ALTER TABLE Patron ALTER COLUMN Name CHAR(20);
```

3) 删除列或完整性约束

【例 4-6】 删除读者表 Patron 中的 E_Mail 列。

```
ALTER TABLE Patron DROP COLUMN E_Mail;
```

【例 4-7】 删除图书表 Book 中对列 ISBN 的 UNIQUE 约束(约束名为 UE_ISBN)。

```
ALTER TABLE Book DROP UE_ISBN;
```

2. 删除基本表

当数据库中的某个基本表不再需要时，可以将其删除。通常，当一个基本表被删除后，在该表上定义的索引(4.2.3 节将会介绍)也会被删除。由该表导出的视图定义并不会被删除，但却无法使用。删除表的语句格式为：

```
DROP TABLE <表名>;
```

【例 4-8】 删除图书表 Book。

```
DROP TABLE Book;
```

4.2.3 索引的创建和删除

为了改善查询性能，对于一个基本表，可以建立若干索引。索引起的作用就像一本书的目录。通常一本书的主要章节在目录中都存在一个目录项，该目录项指出该章节所在的页码。根据这个页码，读者很容易地找到自己感兴趣的内容。索引是数据库联机检索的常用手段，它实际上是记录(元组)的索引关键字(要建立索引的一个或多个列的组合)的值与该记录的存储地址的对应表。由于索引文件与数据文件相比要小得多，而且是按关键字有序排列，可以使用更高效的查找算法，因此当按照索引关键字进行查询时，能够快速地查找到相应的记录。

通常可以在单个列或者多个列上建立索引，建在多个列上的索引被称作复合索引。有两类重要的索引：一种是聚簇（CLUSTERED）索引，另一种是唯一（UNIQUE）索引。

（1）聚簇索引。索引项的顺序与表中记录的物理顺序一致，并且表中的数据与索引一同存储。由于聚簇索引与表中的物理存储次序一致，一个表只能建立一个聚簇索引。按照聚簇索引关键字查找，会显著提高查询效率。可以在最常查询的列上建立聚簇索引，以提高查询效率，但对于经常更新的列不适于建聚簇索引，因为这将会造成表中行的移动。

（2）唯一索引。每个索引项只对应唯一的数据记录，即索引关键字的值不出现重复值。当在多个列上建立唯一索引时，不需要保证每个列的值都不重复，只需确保这些列的组合取值不重复即可。

1. 创建索引

在SQL语言中，使用CREATE INDEX语句创建索引，语句格式为：

```
CREATE [UNIQUE] [CLUSTERED] INDEX <索引名>
                                ON <表名>(<列名> [<次序>][,<列名> [<次序>]]…);
```

索引可以建立在一个表的一个或多个列上，各列之间用逗号分隔。每个列名后面还可以用次序选项指定索引项的排列顺序。次序选项包括两个：ASC（升序）和DESC（降序），默认值为ASC。CLUSTERED和UNIQUE选项分别表示要建立聚簇和唯一索引。

【例4-9】 为Patron表的Name列建立一个索引。

```
CREATE INDEX IDX_Name ON Patron(Name);
```

【例4-10】 为Book表的CallNo列建立一个唯一聚簇索引。

```
CREATE UNIQUE CLUSTERED INDEX IDX_CallNo ON Book(CallNo);
```

【例4-11】 为Patron表在部门列Department和出生日期列BirthDate上建立一个复合索引，要求按照Department升序排列，BirthDate降序排列。

```
CREATE INDEX IDX_Dep_Birth ON Patron(Department ASC, BirthDate DESC);
```

当建立复合索引时，系统按照索引列的出现次序对索引项进行排序。首先按照第一个索引列排序，如果第一个索引列取值相同，则按照第二个索引列排序，以此类推。例如，对于例4-11中建立的索引，首先按照Department（部门）升序排列索引项，当Department取值相同时，再按照BirthDate（出生日期）的值降序排列。

2. 删除索引

索引一经建立，就由数据库管理系统自动使用和维护。随着数据的更新（包括插入、删除和修改），系统不断对索引文件进行维护，这将会使系统花费时间对索引文件进行插入、删除等，甚至要移动索引项，从而可能影响数据更新的性能。因此当不再需要索引时，应将其删除。在SQL中删除索引的语句格式为：

```
DROP INDEX <索引名>;
```

【例 4-12】 删除 Book 表上的 IDX_CallNo 索引。

```
DROP INDEX IDX_CallNo;
```

注：SQL Server 中删除索引时要说明索引所依据的基本表。例如，例 4-12 在 SQL Server 中应改写为：

```
DROP INDEX IDX_CallNo ON Book; 或 DROP INDEX Book.IDX_CallNo;
```

4.3 数据查询

数据查询是数据库的核心操作。所说的查询实际上就是根据用户的要求，从数据库中检索所需要的数据的过程。SQL 语言中使用 SELECT 语句进行数据查询，该语句使用灵活、功能丰富，能够实现十分复杂的查询要求。SELECT 语句的基本格式为：

```
SELECT [ALL|DISTINCT] [TOP n [PERCENT]] <目标列表达式> [,<目标列表达式>]…
FROM <表名或视图名> [,<表名或视图名>]…
[WHERE <条件表达式>]
[GROUP BY <分组依据列或表达式> [HAVING <组选择条件表达式>]]
[ORDER BY <列名> [ASC|DESC] [,<列名> [ASC|DESC] ]… ];
```

SELECT 语句的主体是 SELECT-FROM-WHERE，其执行过程为：根据 WHERE 子句指定的条件，从 FROM 子句指定的表或视图中找出满足指定条件的元组，然后根据 SELECT 子句指定的目标列表达式，对得到的元组集合进行投影和计算，从而得到结果表。实际上，SELECT 子句对应于关系代数的投影操作；WHERE 对应于关系代数的选择操作。

如果语句中含有 GROUP BY 子句，则将查询结果按照指定的分组依据列或表达式（可以是多个）值相同的为一组进行分组；分组的附加条件（即限定组应该满足的条件）由 HAVING 短语指定，只有满足 HAVING 短语所指定条件的组才被输出。

如果语句中含有 ORDER BY 子句，那么查询结果依次按照该子句所指定的列进行升序（ASC）或降序（DESC）排列。如果指定了多个列，将首先按照第一列进行排序，第一列的值相同时再按照第二列进行排序，以此类推。

SELECT 语句之所以操作灵活、功能强大，主要是因为语句成分多样、语义丰富，可供表达查询的方式灵活。对初学者来说，要熟练地掌握和运用 SELECT 语句必须要下一番工夫理解各种语言成分及其表达方式。下面将通过大量的实例介绍 SELECT 语句的功能。为了便于理解，实例仍然来自于图书借阅数据库的三张表 Book、Patron 和 Lend（详细说明见表 4-3），这些表对应的示例数据如图 4-2 所示。

4.3.1 单表查询

单表查询是相对比较简单的查询，这类查询是指查询结果和查询过程只涉及一个表的查询。

	CallNo	Title	Author	Publisher	ISBN	PubDate	Pages	Price	Number	AvailableNumber
1	B848.4/Y828	谋生记	宇阳	清华大学出版社	978-7-302-19913-7	2009	250	29.80	3	2
2	C52/J181B:7	季羡林随想录	季羡林	中国城市出版社	978-7-5074-2192-7	2010	234	29.00	4	4
3	D669.2/Z027	中国转型期就业潜力研究	曾学文	北京师范大学出版社	978-7-303-10626-4	2010	284	20.00	2	1
4	F062.4/P220	技术选择、工资不平等与经济发展	潘士远	浙江大学出版社	978-7-308-07040-9	2009	147	25.00	5	5
5	F113.4/X291	金融危机下的经济变局	周志强	中国纺织出版社	978-7-5064-5428-5	2009	209	38.00	5	3
6	F121/L612	经济学新论	周志强	社会科学文献出版社	978-7-5097-1057-9	2009	315	59.00	2	2
7	G0/Z810	大众文化理论与批评	周志强	高等教育出版社	978-7-04-024397-0	2009	238	39.00	2	2
8	H152.2/Y750	议论文写作新战略	余党绪	上海锦绣文章出版社	978-7-5452-0446-9	2009	226	26.00	2	2
9	I222/C380	苍虬阁诗集	陈曾寿	上海古籍出版社	978-7-5325-5262-7	2009	35	58.00	3	3
10	J212.05/W384	齐白石书画鉴赏	王晓梅	山东美术出版社	978-7-5330-6754-4	2009	196	58.00	3	2
11	J305.1/Z150A	西方现代雕塑	张荣生	山东美术出版社	978-7-5330-2929-6	2009	140	38.00	3	3
12	K092/Z120	中国马克思主义史学研究	张剑平	人民出版社	978-7-01-007977-6	2009	448	60.00	3	3
13	K249.07/W470	清史十六讲	王锺翰	中华书局	978-7-101-06365-3	2009	231	29.00	5	5
14	K257.03/L970-2	裂变中的传承	罗志田	中华书局	978-7-101-06633-3	2009	26	32.00	5	5
15	K712/L950	美国历史通论	罗荣渠	商务印书馆	978-7-100-05979-4	2009	355	23.00	4	4
16	K917/M074	消失的文化遗产	马季	中国城市出版社	978-7-5074-2044-9	2009	211	27.00	5	5
17	N092/P140A	天工开物导读	潘吉星	中国国际广	978-7-5078-3008-8	2009	207	24.00	4	4
18	TB476/Z345	工业设计模型制作	赵真	北京理工大学出版社	978-7-5640-1833-7	2009	129	20.00	3	2
19	TB482/W090	产品包装设计	赵真	东南大学出版社	978-7-5641-1486-2	2009	316	99.00	5	4
20	TP311.138SQ/J276	MySQL性能调优与架构设计	简朝阳	电子工业出版社	978-7-121-08740-0	2009	392	59.80	5	5

(a) Book表

	PatronID	Name	Gender	BirthDate	Type	Department
1	S0120090101	董俊贺	女	1989-06-12	学生	电信学院
2	S0120090102	范金迪	男	1990-09-02	学生	电信学院
3	S0120090103	王雨文	女	1990-04-29	学生	电信学院
4	S0120090201	赵璐	女	1990-03-24	学生	电信学院
5	S0120090202	阎红静	女	1989-11-07	学生	电信学院
6	S0120090203	张永明	男	1991-05-01	学生	电信学院
7	S0120090204	赵文杰	女	1991-11-04	学生	电信学院
8	S0120090205	李晓辉	男	1991-01-16	学生	电信学院
9	S0420090101	吴殿龙	男	1989-07-26	学生	工商学院
10	S0420090102	韩冬	男	1990-02-14	学生	工商学院
11	S0420090103	郑伟伟	男	1991-06-09	学生	工商学院
12	S0420090104	纪斌	男	1990-09-29	学生	工商学院
13	T0101	王兆华	男	1966-03-05	教师	工商学院
14	T0103	沈健菲	女	1965-05-03	教师	工商学院
15	T0201	管宁宁	女	1980-06-06	教师	电信学院
16	T0202	傅琳	女	1972-10-26	教师	电信学院

(b) Patron表

	CallNo	PatronID	LendTime	ReturnTime
1	B848.4/Y828	S0120090101	2010-09-15 09:41:00	2010-11-07 14:36:00
2	B848.4/Y828	S0120090103	2010-10-12 12:07:00	NULL
3	C52/J181B:7	S0420090103	2010-08-17 16:10:00	2010-09-19 10:05:00
4	D669.2/Z027	S0420090103	2010-02-09 14:12:00	NULL
5	F113.4/X291	T0201	2010-06-10 14:09:00	NULL
6	F121/L612	S0120090103	2009-11-14 16:24:00	2009-11-15 13:18:00
7	F121/L612	T0103	2009-10-19 10:48:00	2009-11-04 12:27:00
8	G0/Z810	S0120090204	2009-05-18 10:40:00	2009-06-29 13:19:00
9	G0/Z810	S0420090101	2009-09-22 10:37:00	2009-10-17 16:44:00
10	J212.05/W384	T0202	2010-09-19 10:57:00	NULL
11	J305.1/Z150A	S0120090204	2010-06-08 14:00:00	2010-06-19 15:30:00
12	J305.1/Z150A	T0103	2009-06-11 16:24:00	2009-06-17 16:23:00
13	K249.07/W470	S0420090103	2009-09-12 10:46:00	2009-09-27 16:40:00
14	K249.07/W470	T0101	2010-10-26 11:26:00	2010-10-30 13:42:00
15	K712/L950	T0201	2010-06-11 11:28:00	2010-06-21 10:36:00
16	K917/M074	S0120090101	2009-09-04 11:50:00	2009-09-28 10:18:00
17	N092/P140A	S0120090202	2010-04-06 15:52:00	2010-04-19 08:32:00
18	N092/P140A	T0101	2010-01-13 08:57:00	2010-01-27 08:38:00
19	TB476/Z345	S0120090102	2009-06-09 14:18:00	2009-06-30 10:04:00
20	TB476/Z345	S0420090104	2010-06-10 10:49:00	2010-06-17 10:49:00
21	TB476/Z345	S0420090104	2010-09-19 10:48:00	NULL
22	TB482/W090	S0420090101	2009-06-14 10:36:00	2009-06-19 11:37:00
23	TB482/W090	S0420090104	2010-09-19 10:48:00	NULL

(c) Lend表

图 4-2 图书借阅数据库示例

1. 选择表中若干列

在很多情况下，用户只是在表中选择所关心的列（一部分或全部），这时可以在 SELECT 子句指定需要查询的列或表达式。

1）查询指定列

只需在 SELECT 子句指定需要查询的列表，就可让用户选择自己感兴趣的列进行输出。

【例 4-13】 查询所有读者的读者证号、姓名和所在部门。

```
SELECT PatronID,Name,Department
FROM Patron;
```

该语句的执行过程大致为：从 Patron 表中取出一个元组，然后获取该元组在属性

PatronID、Name 和 Department 上的值，形成一个新的元组进行输出。依次对 Patron 表中的所有元组都做同样的处理，最后得到这些新元组构成的一个结果关系进行输出。

【例 4-14】 查询所有读者的姓名、所在部门和读者证号。

这个查询与例 4-13 的不同之处在于该查询输出列的顺序不一样(从左到右依次为姓名、部门和读者证号)。SELECT 语句中，列的输出顺序是由 SELECT 子句指定的目标列的顺序决定的，不依赖于列在表中定义的次序。因此该查询表达式为：

```
SELECT Name,Department,PatronID
FROM Patron;
```

图 4-3 和图 4-4 分别是例 4-13 和例 4-14 的查询结果。可以看到，查询结果是以列名作为列标题输出的。

	PatronID	Name	Department
1	S0120090101	董俊贺	电信学院
2	S0120090102	范金迪	电信学院
3	S0120090103	王雨文	电信学院
4	S0120090201	赵璐	电信学院
5	S0120090202	阎红静	电信学院
6	S0120090203	张永明	电信学院
7	S0120090204	赵文杰	电信学院
8	S0120090205	李晓辉	电信学院
9	S0420090101	吴殿龙	工商学院
10	S0420090102	韩冬	工商学院
11	S0420090103	郑伟伟	工商学院
12	S0420090104	纪斌	工商学院
13	T0101	王兆华	工商学院
14	T0103	沈健菲	工商学院
15	T0201	管宁宁	电信学院
16	T0202	傅琳	电信学院

图 4-3 例 4-13 的查询结果

	Name	Department	PatronID
1	董俊贺	电信学院	S0120090101
2	范金迪	电信学院	S0120090102
3	王雨文	电信学院	S0120090103
4	赵璐	电信学院	S0120090201
5	阎红静	电信学院	S0120090202
6	张永明	电信学院	S0120090203
7	赵文杰	电信学院	S0120090204
8	李晓辉	电信学院	S0120090205
9	吴殿龙	工商学院	S0420090101
10	韩冬	工商学院	S0420090102
11	郑伟伟	工商学院	S0420090103
12	纪斌	工商学院	S0420090104
13	王兆华	工商学院	T0101
14	沈健菲	工商学院	T0103
15	管宁宁	电信学院	T0201
16	傅琳	电信学院	T0202

图 4-4 例 4-14 的查询结果

2) 查询全部列

将表中的全部列(属性)都选出来输出有两种方法。一种方法是在 SELECT 子句后面列出所有列名；另一种方法是在 SELECT 子句中，简单地将＜目标列表达式＞设置为“*”即可，这种情况下列的显示次序与其在表中定义的次序是一致的。

【例 4-15】 查询所有读者的全部信息。

```
SELECT * FROM Patron;
```

该语句相当于如下语句：

```
SELECT PatronID,Name,Gender,BirthDate,Type,Department
FROM Patron;
```

3) 查询经过计算的值

SELECT 子句中的＜目标列表达式＞既可以是属性列，也可以是表达式。

【例 4-16】 查询所有读者的姓名和年龄。

由于在 Patron 表中没有对应于年龄的列，无法直接通过存在的列得到读者的年龄。可以看到，Patron 表中有一个出生日期列 BirthDate，如果用当前的年份减去出生日期所在的年份就可以计算出读者的年龄。因此，该查询表达式为：

```
SELECT Name,YEAR(GETDATE()) - YEAR(BirthDate)
FROM Patron;
```

GETDATE()(获取当前的日期和时间)和 YEAR(d)(获取指定日期和时间 d 的年份)是 SQL Server 所提供的内置函数。注意,由于 YEAR(GETDATE())-YEAR(BirthDate)是一个表达式,而且没有指定列名,在输出结果中表达式的列标题没有对应的列名显示。一些系统直接把组成表达式的字符作为列标题显示,如对于上述查询,直接将表达式字符串 YEAR(GETDATE())-YEAR(BirthDate)作为第二列的列标题进行显示;而在 SQL Server 中,将以"无列名"的方式显示表达式对应的列标题。图 4-5 是例 4-16 的查询结果。

	Name	(无列名)
1	董俊贺	21
2	范金迪	20
3	王雨文	20
4	赵璐	20
5	阎红静	21
6	张永明	19
7	赵文杰	19
8	李晓辉	19
9	吴殿龙	21
10	韩冬	20
11	郑伟伟	19
12	纪斌	20
13	王兆华	44
14	沈健菲	45
15	管宁宁	30
16	傅琳	38

图 4-5　例 4-16 的查询结果

	姓名	年龄	备注
1	董俊贺	21	周岁
2	范金迪	20	周岁
3	王雨文	20	周岁
4	赵璐	20	周岁
5	阎红静	21	周岁
6	张永明	19	周岁
7	赵文杰	19	周岁
8	李晓辉	19	周岁
9	吴殿龙	21	周岁
10	韩冬	20	周岁
11	郑伟伟	19	周岁
12	纪斌	20	周岁
13	王兆华	44	周岁
14	沈健菲	45	周岁
15	管宁宁	30	周岁
16	傅琳	38	周岁

图 4-6　例 4-16 取别名后的查询结果

无论哪种方式显示表达式的列标题都显得不够直观,难以为用户所接受和理解。在 SQL 中可以为目标列表达式起一个别名,这样就可以以别名作为列标题。这尤其对含有常量、函数名和算术表达式的目标列表达式非常有用。为目标列表达式起别名的语句格式为:

```
[<列名>|<表达式>] [AS] <列标题>
```

列标题通常是一个字符串表达式,如果该字符串中没有空格等一些特殊字符和符号,可以不用单引号括起来,否则必须用单引号(或系统规定的其他合法定界符)括起来。

例如,对于例 4-16 的查询可以重写为:

```
SELECT Name 姓名,YEAR(GETDATE()) - YEAR(BirthDate) 年龄,'周岁' 备注
FROM Patron;
```

查询结果如图 4-6 所示。注意,在上述改写的查询中,出现了一个常量表达式"周岁"。该常量表达式将直接出现在查询结果的每一行中。

2. 选择表中若干元组

前面所介绍的查询都是选择表中的全部元组。实际上,很多查询需要选择满足某些条件的元组,以检索满足用户要求的数据。

1) 消除重复行

在基本表中并不存在两个完全相同的元组,但是选择指定列后,就可能出现相同的行。

SQL 语言对查询结果并不自动去除重复行，如果需要消除重复行在 SELECT 子句中必须使用 DISTINCT 选项(默认选项是 ALL，即不消除重复行)。

【例 4-17】 查询所有借阅过图书的读者证号。

如果某个读者证号出现在 Lend 表中即表明该读者借阅过图书，因此该查询可以写成：

```
SELECT PatronID
FROM Lend;
```

上述查询语句的查询结果如图 4-7 所示。可以看到，由于一些读者多次借阅过图书，其读者证号多次出现在查询结果中，这不是希望的结果。由于只是查询借阅过图书的读者证号，无论其借阅过多少次图书，只需要其一个读者证号，因此应消除结果中的重复行。

可以将例 4-17 的查询语句改写为：

```
SELECT DISTINCT PatronID
FROM Lend;
```

该语句的查询结果如图 4-8 所示。就可以看到，使用 DISTINCT 选项可以消除结果中的重复行，而如果没有指定，默认选项为 ALL，将不消除结果中的重复行。

	PatronID
1	S0120090101
2	S0120090103
3	S0420090103
4	S0420090103
5	T0201
6	S0120090103
7	T0103
8	S0120090204
9	S0420090101
10	T0202
11	S0120090204
12	T0103
13	S0420090103
14	T0101
15	T0201
16	S0120090101
17	S0120090202
18	T0101
19	S0120090102
20	S0420090104
21	S0420090104
22	S0420090101
23	S0420090104

图 4-7 例 4-17 的查询结果

	PatronID
1	S0120090101
2	S0120090102
3	S0120090103
4	S0120090202
5	S0120090204
6	S0420090101
7	S0420090103
8	S0420090104
9	T0101
10	T0103
11	T0201
12	T0202

图 4-8 例 4-17 消除重复行后的查询结果

2) 查询满足条件的元组

SELECT 语句中，可以通过 WHERE 子句来设置查询条件，以选择满足指定条件的元组。WHERE 子句中常用的查询条件如表 4-4 所示。

表 4-4 常用的查询条件

查询条件	运算符
比较大小	=、>、>=、<=、<、<>、!=、!>、!<；NOT+上述比较运算符
确定范围	BETWEEN…AND…、NOT BETWEEN…AND…
确定集合	IN、NOT IN
字符匹配	LIKE、NOT LIKE
空值	IS NULL、IS NOT NULL
多重条件(逻辑运算符)	AND、OR

（1）比较大小。用于比较大小的运算符一般包括＝（等于）、＞（大于）、＞＝（大于等于）、＜＝（小于等于）、＜（小于）、＜＞（不等于）、！＝（不等于）、！＞（不大于）和！＜（不小于）等。

【例 4-18】 查询所有电信学院的读者姓名。

```
SELECT Name
FROM Patron
WHERE Department = '电信学院';
```

为了有助于查询的理解，上述查询过程可以这样描述：对 Patron 表进行全表扫描，每扫描一个元组时，判定该元组在属性 Department 上的取值是否等于'电信学院'，如果相等，则获取该元组对应 Name 列的取值形成一个新元组输出，否则跳过该元组，扫描下一元组。

【例 4-19】 查询所有单价超过 50 元的图书索书号、书名、出版社及其单价。

```
SELECT CallNo, Title, Publisher, Price
FROM Book
WHERE Price > 50;                -- 也可以写成 WHERE NOT (Price <= 50)
```

【例 4-20】 查询 1990 年出生的读者姓名及所在部门。

```
SELECT Name, Department
FROM Patron
WHERE YEAR(BirthDate) = 1990;
```

注意，WHERE 子句中也可以使用函数来表达查询条件，这些函数是作用在每一个元组上的。

（2）确定范围。SELECT 语句中，可以使用 BETWEEN…AND 和 NOT BETWEEN…AND 查询某个属性值在（或不在）指定范围内的元组。其格式为：

```
[<列名>|<表达式>] [NOT] BETWEEN <下限值> AND <上限值>
```

对于上述格式，如果列或表达式的值在下限值和上限值范围内（包括边界值），则 BETWEEN…AND 的运算结果为真。注意，列名或表达式的数据类型与上限值和下限值要一致。

【例 4-21】 查询页数在 300～400 页之间的图书的索书号、书名、出版社及页数。

```
SELECT CallNo, Title, Publisher, Pages
FROM Book
WHERE Pages BETWEEN 300 AND 400;
```

【例 4-22】 查询页数不在 300～400 页之间的图书的索书号、书名、出版社及页数。

```
SELECT CallNo, Title, Publisher, Pages
FROM Book
WHERE Pages NOT BETWEEN 300 AND 400;
```

（3）确定集合。IN（NOT IN）运算符用于判断某个值是否在（或不在）某个集合中，可以用于查找某个属性值属于（不属于）某个集合的元组。

【例 4-23】 查询电信学院和工商学院的读者姓名和性别。

```
SELECT Name, Gender
FROM Patron
WHERE Department IN ('电信学院', '工商学院');
```

【例 4-24】 查询既不是电信学院也不是工商学院的读者姓名和性别。

```
SELECT Name,Gender
FROM Patron
WHERE Department NOT IN ('电信学院', '工商学院');
```

(4) 字符匹配。许多应用中不能够确定精确的查询条件,只知道查询内容的一部分。这时希望能够利用已知的部分信息去得到需要的查询结果。例如,用户想要查找数据库方面的书籍,但不能确定准确的书名,这时可以查询包含字符串"数据库"的所有图书。这样的查询就属于字符匹配查询。SELECT 语句中可以通过 LIKE 和 NOT LIKE 实现字符匹配查询。其格式如下:

```
[<列名>|<表达式>] [NOT] LIKE <匹配串> ESCAPE <转义字符>
```

匹配串是一种特殊的字符串,不仅包含普通的字符,而且包含通配符。通配符用于进行字符匹配,通常有以下四种。

- _(下划线):匹配任意单个字符。
- %(百分号):匹配任意长度(包括 0)的字符串。
- [ ]:匹配[ ]中的任意一个字符。如[acfh]表示匹配 a、c、f、h 中的任何一个字符。如果要匹配的字符是连续的,则可以用连字符"-"表达。例如,若要匹配 a、b、c、d 中的任何一个字符,则可以表达为[a-d]。
- [^]:不匹配[ ]中的任意一个字符。如[^acfh]表示不匹配 a、c、f、h 中的任何一个字符。同样,如果不匹配的字符是连续的,则可以用连字符"-"表达。例如,若要不匹配 a、b、c、d 中的任何一个字符,则可以表达为[^a-d]。

【例 4-25】 查询 Patron 表中所有姓赵的读者的详细信息。

```
SELECT * FROM Patron
WHERE Name LIKE '赵%';
```

【例 4-26】 查询 Patron 表中所有姓赵、姓王和姓张的读者的详细信息。

```
SELECT * FROM Patron
WHERE Name LIKE '[赵王张]%';
```

【例 4-27】 查询 Book 表中所有第二个字是"志"或"智"的作者所著图书的书名和出版社。

```
SELECT Title,Publisher
FROM Book
WHERE Author LIKE '_[志智]%';
```

也可以使用 NOT LIKE 来表示不匹配查询。

【例 4-28】 查询 Patron 表中所有不姓赵、王和张的读者的详细信息。

```
SELECT * FROM Patron
WHERE Name NOT LIKE '[赵王张]%';
```

对于字符匹配查询，当通配符作为查询内容的一部分时，即要查找的内容包含下划线或百分号等通配符时，就需要使用一个特殊的字符(称作转义字符)，告诉系统这里的通配符是一个普通字符。SQL 中使用 ESCAPE 定义转义字符，一旦定义了转义字符，在转义字符之后紧跟着的通配符将作为普通字符处理。另外，定义的转义字符应不出现在查询串当中。

【例 4-29】 查询 Book 表中所有以 SQL_开头的图书的详细信息。

```
SELECT * FROM Book
WHERE Title LIKE 'SQL\_%' ESCAPE '\';
```

在上述表达式中，定义"\"为转义字符，在匹配串中出现的"_"，由于其紧跟着转义字符"\"，因此被当做普通字符处理；而"%"仍然作为通配符。

(5) 涉及空值的查询。空值(NULL)在数据库中是一种特殊的处理方式，有特殊的含义。由于空值是不知道或不确定的值，它不能直接用比较运算符与其他值进行比较。要判断某个值是否为空值，只能使用专门的空值判断运算符来完成。SQL 中使用 IS NULL 或 IS NOT NULL 判断某个列的值是空值或不是空值。

【例 4-30】 查询有未还图书的读者证号。

如果某个读者有未还图书，则在 Lend 表中一定存在着该读者的一个借阅记录，该记录的归还时间(RuturnTime)列为空值。因此，该查询语句为：

```
SELECT DISTINCT PatronID
FROM Lend
WHERE RuturnTime IS NULL;
```

注意，由于一些读者可能有多本未还图书，因此为了避免重复，应使用 DISTINCT 短语消除重复的读者证号。

【例 4-31】 查询 Lend 表中每个读者的读者证号及其已还图书的索书号和借阅时间。

由于只查询每个读者已归还图书的情况，因此要找出 Lend 表中在归还时间(RuturnTime)列的取值不是空值的记录。因此，该查询语句可写成如下形式：

```
SELECT PatronID, CallNo, LendTime
FROM Lend
WHERE RuturnTime IS NOT NULL;
```

(6) 多重条件查询。所谓的多重条件查询是指在 WHERE 子句中用 AND 或 OR 等逻辑运算符将一些简单的条件表达式组合成符合条件表达式，从而满足用户更为复杂的查询要求。

【例 4-32】 查询所有 1990 年以前出生的学生读者的姓名、出生日期和所在部门。

该查询要求找出同时满足以下两个条件的读者：出生日期(BirthDate)小于 1990 年 1 月 1 日；读者类别(Type)是"学生"。可以用 AND(与)把这两个条件组合成一个复合条件表达式。该查询表达式为：

```
SELECT Name,BirthDate,Department
FROM Patron
WHERE BirthDate <'1990 - 1 - 1' AND Type = '学生';
```

可以用 OR 运算符来实现 IN 运算，例如，对于例 4-23(查询电信学院和工商学院的读者姓名和性别)的查询，可以改写为：

```
SELECT Name,Gender
FROM Patron
WHERE Department = '电信学院' OR Department = '工商学院';
```

AND 和 OR 可以结合使用表达较为复杂的查询条件。此时要注意，由于 OR 的优先级要低于 AND，因此要注意括号的使用。

【例 4-33】 查询电信学院和工商学院所有 1991 年出生的读者姓名和性别。

```
SELECT Name,Gender
FROM Patron
WHERE (Department = '电信学院' OR Department = '工商学院')
      AND YEAR(BirthDate) = 1991;
```

3. 对查询结果进行排序

很多应用需要按照一定的次序输出查询结果，例如，按照成绩的高低列出学生的成绩单，按照出版时间的远近列出图书信息等。SQL 语言提供了让用户设置排序依据和排序规则的功能。用户可以通过 ORDER BY 子句指定排序所依据的列和次序，既可以实现升序(从小到大)，也可以实现降序(从大到小)排序。ORDER BY 子句的格式如下：

```
ORDER BY <列名> [ASC|DESC] [, <列名> [ASC|DESC]] …
```

其中，<列名>指定排序所依据的列，ASC 和 DESC 分别表示升序和降序排列查询结果，默认时按照默认的升序(ASC)方式进行排序。另外，ORDER BY 子句可以指定多个列作为排序依据，此时排序与列名出现的次序有关。首先按照第一列进行排序，当第一列的值相同时再按照第二列进行排序，以此类推。

【例 4-34】 按照单价降序列出所有图书的索书号、书名、作者、出版社、出版时间、单价和库存量。

```
SELECT CallNo,Title,Author,Publisher,PubDate,Price,Number
FROM Book
ORDER BY Price DESC;
```

图 4-9 是例 4-34 的查询结果，可以看到各元组是按照单价由高到低的次序进行排列的。

【例 4-35】 列出所有读者的全部信息，要求结果按照读者类别升序排列，类别相同的读者按照出生日期降序排列(即年龄小的在前)。

```
SELECT * FROM Patron
ORDER BY Type,BirthDate DESC;
```

	CallNo	Title	Author	Publisher	PubDate	Price	Number
1	TB482/W090	产品包装设计	赵真	东南大学出版社	2009	99.00	5
2	K092/Z120	中国马克思主义史学研究	张剑平	人民出版社	2009	60.00	3
3	TP311.138SQ/J276	MySQL性能调优与架构设计	简朝阳	电子工业出版社	2009	59.80	5
4	F121/L612	经济学新论	周志强	社会科学文献出版社	2009	59.00	2
5	I222/C380	苍虬阁诗集	陈曾寿	上海古籍出版社	2009	58.00	3
6	J212.05/W384	齐白石书画鉴赏	王晓梅	山东美术出版社	2009	58.00	3
7	G0/Z810	大众文化理论与批评	周志强	高等教育出版社	2009	39.00	2
8	J305.1/Z150A	西方现代雕塑	张荣生	山东美术出版社	2009	38.00	3
9	F113.4/X291	金融危机下的经济变局	周志强	中国纺织出版社	2009	38.00	5
10	K257.03/L970-2	裂变中的传承	罗志田	中华书局	2009	32.00	5
11	B848.4/Y828	谋生记	宇阳	清华大学出版社	2009	29.80	3
12	C52/J181B:7	季羡林随想录	季羡林	中国城市出版社	2010	29.00	4
13	K249.07/W470	清史十六讲	王锺翰	中华书局	2009	29.00	5
14	K917/M074	消失的文化遗产	马季	中国城市出版社	2009	27.00	5
15	H152.2/Y750	议论文写作新战略	余党绪	上海锦绣文章出版社	2009	26.00	2
16	F062.4/P220	技术选择、工资不平等与经济发展	潘士远	浙江大学出版社	2009	25.00	5
17	N092/P140A	天工开物导读	潘吉星	中国国际广	2009	24.00	4
18	K712/L950	美国历史通论	罗荣渠	商务印书馆	2009	23.00	4
19	TB476/Z345	工业设计模型制作	赵真	北京理工大学出版社	2009	20.00	3
20	D669.2/Z027	中国转型期就业潜力研究	曾学文	北京师范大学出版社	2010	20.00	2

图 4-9　例 4-34 的查询结果

例 4-35 的查询结果如图 4-10 所示。在上述查询表达式中,ORDER BY 子句指定的第一个排序列 Type,由于是默认的升序方式排序,因此可以不用显示使用 ASC 选项。

	PatronID	Name	Gender	BirthDate	Type	Department
1	T0201	管宁宁	女	1980-06-06	教师	电信学院
2	T0202	傅琳	女	1972-10-26	教师	电信学院
3	T0101	王兆华	男	1966-03-05	教师	工商学院
4	T0103	沈健菲	女	1965-05-03	教师	工商学院
5	S0120090204	赵文杰	女	1991-11-04	学生	电信学院
6	S0420090103	郑伟伟	男	1991-06-09	学生	工商学院
7	S0120090203	张永明	男	1991-05-01	学生	电信学院
8	S0120090205	李晓辉	男	1991-01-16	学生	电信学院
9	S0420090104	纪斌	男	1990-09-29	学生	工商学院
10	S0120090102	范金迪	男	1990-09-02	学生	电信学院
11	S0120090103	王雨文	女	1990-04-29	学生	电信学院
12	S0120090201	赵璐	女	1990-03-24	学生	电信学院
13	S0420090102	韩冬	男	1990-02-14	学生	工商学院
14	S0120090202	阎红静	女	1989-11-07	学生	电信学院
15	S0420090101	吴殿龙	男	1989-07-26	学生	工商学院
16	S0120090101	董俊贺	女	1989-06-12	学生	电信学院

图 4-10　例 4-35 的查询结果

对查询结果排序还可以实现一些更灵活的查询。在一些商务网站上经常有这样一些推荐商品的方式,如右击率最高的 10 件商品、销量最大的 10 件商品等。SELECT 子句中可以使用定额查询的方式从排序结果中选出最前面的一些记录,这样就可以实现类似于上面要求的查询。要实现这样的查询,只需在 SELECT 子句中的目标列表达式的前面使用 TOP 短语,其格式为:

```
TOP n [PERCENT]
```

其中,TOP n 指明要返回查询结果的前 n 行数据,如果使用了 PERCENT 选项,则表示要返回查询结果的前 n%行的数据。

【例 4-36】 查询所有可借数量超过 2 册的图书中单价最高的 10 本图书的书名、作者、出版社和单价。

```
SELECT TOP 10 Title,Author,Publisher,Price
FROM Book
WHERE AvailableNumber > 2
ORDER BY Price DESC;
```

上述查询表达式中，按照单价降序排列后，选取了前 10 行数据。图 4-11 为例 4-36 的查询结果。可以看到，该查询列出了可借数量超过 2 册的图书(共 13 种)中单价最高的前 10 种图书的信息。

	Title	Author	Publisher	Price
1	产品包装设计	赵真	东南大学出版社	99.00
2	中国马克思主义史学研究	张剑平	人民出版社	60.00
3	MySQL性能调优与架构设计	简朝阳	电子工业出版社	59.80
4	苍虬阁诗集	陈曾寿	上海古籍出版社	58.00
5	西方现代雕塑	张荣生	山东美术出版社	38.00
6	金融危机下的经济变局	周志强	中国纺织出版社	38.00
7	裂变中的传承	罗志田	中华书局	32.00
8	季羡林随想录	季羡林	中国城市出版社	29.00
9	清史十六讲	王锺翰	中华书局	29.00
10	消失的文化遗产	马季	中国城市出版社	27.00

图 4-11 例 4-36 的查询结果

4. 使用聚集函数(Aggregate Functions)统计数据

聚集函数也称统计函数或集合函数，其作用是对数据进行汇总和统计。统计功能在实际应用当中经常使用。例如，超市可能需要统计各种商品的销售额、学校需要统计每个学生的总成绩和平均成绩等。SQL 提供了许多聚集函数，表 4-5 列出了一些主要的聚集函数。

表 4-5 主要的聚集函数

聚集函数及格式	功能
COUNT([DISTINCT|ALL] *)	统计元组个数
COUNT([DISTINCT|ALL] <列名>)	统计一列中值的个数
SUM([DISTINCT|ALL] <列名>)	计算一列值的总和(该列必须是数值型)
AVG([DISTINCT|ALL] <列名>)	计算一列值的平均值(该列必须是数值型)
MAX([DISTINCT|ALL] <列名>)	求一列值中的最大值
MIN([DISTINCT|ALL] <列名>)	求一列值中的最小值

如果在聚集函数中指定了 DISTINCT 短语，则表示在计算时要取消指定列的重复值或重复行。如果不指定 DISTINCT 短语或指定了 ALL 短语(ALL 为默认值)，则表示不去除任何重复值或行。另外，在如表 4-5 所示的聚集函数中，除了 COUNT([DISTINCT|ALL] *)之外，其他函数在计算时都忽略空值。

【例 4-37】 查询读者的人数。

在 Patron 表中，每一个元组代表一个读者，表中的元组(行)数就是读者人数，因此该查询表达式可写为：

```
SELECT COUNT( * ) 读者人数              -- COUNT( * )也可以换成 COUNT(PatronID)
FROM Patron;
```

注意，由于聚集函数表达式没有直观的列标题与之对应，因此通常要为含有聚集函数的目标列表达式起一个容易理解的别名。

【例 4-38】 查询曾经借阅过图书的读者人数。

凡是借阅过图书的读者，在 Lend 表中一定存在该读者的借阅记录，因此只需要统计 Lend 表中的读者证号(PatronID)的个数即可。该查询可写成：

```
SELECT COUNT(DISTINCT PatronID) 借书人数
FROM Lend;
```

注意，由于一个读者可能借阅过多本图书，在 Lend 表中一个读者证号可能出现多次，因此，为了避免重复计数，应使用 DISTINCT 短语消除重复的读者证号。

【例 4-39】 查询教师读者的平均年龄。

对于该查询，要在读者(Patron)表中找出类别(Type)是“教师”的读者，然后计算他们的平均年龄。由于在 Patron 表中只有一个出生日期(BirthDate)列，因此年龄可以用当前的年份减去出生年份来计算(参见例 4-16)。其查询表达式可写成：

```
SELECT AVG(YEAR(GETDATE()) - YEAR(BirthDate)) 平均年龄
FROM Patron
WHERE Type = '教师';
```

图 4-12 是例 4-39 的查询结果。

	平均年龄
1	39

图 4-12　例 4-39 的查询结果

【例 4-40】 查询 2009 年出版的图书的最高单价。

```
SELECT MAX(Price) 最高单价
FROM Book
WHERE PubDate = 2009;
```

注意，Book 表中只存储了图书的出版年份，采用的是短整型数据类型。在实际当中，图书的出版时间应该存储到月份，出版时间可以采用日期(Date)数据类型。

【例 4-41】 查询所有库存图书的总金额。

在 Book 表中，每种图书的库存金额是该种图书的单价与库存量的乘积(即 Price * Number)，库存图书的总金额就是所有图书库存金额之和。于是，该查询可以用聚集函数 SUM 进行求和，其表达式为：

```
SELECT SUM(Price * Number) 总金额
FROM Book;
```

5. 对查询结果进行分组

聚集函数很多情况下需要配合 GROUP BY(分组)子句使用，以便完成分组统计和限定一些分组应满足的条件等。所谓分组就是按照一个(一组)指定的列或表达式，值相同的分为一组。SQL 中由 GROUP BY 子句指定分组所依据的列或表达式，其格式为：

```
GROUP BY <分组依据列或表达式> [HAVING <组选择条件表达式>]
```

【例 4-42】 查询每个部门及该部门的读者人数。

对于 Patron 表，按照部门(Department)进行分组，然后分组进行统计。该查询表达式可写成：

```
SELECT Department 部门,COUNT( * ) 人数
FROM Patron
GROUP BY Department;
```

	部门	人数
1	电信学院	10
2	工商学院	6

图 4-13 例 4-42 的查询结果

图 4-13 是例 4-42 的查询结果。对于分组查询要注意，分组依据的列或表达式必须包含在 SELECT 子句的查询目标表达式中(如例 4-42 中，列 Department 必须包含在 SELECT 子句中)；而且，如果使用了 GROUP BY 子句，除聚集函数外，所有目标列表达式都应在 GROUP BY 子句指定的分组依据中。另外，使用 GROUP BY 子句时，出现的聚集函数将是分组计算，即对每一个组进行计算。

使用 GROUP BY 子句对查询结果进行分组计算时，还可以使用 WHERE 子句，当使用 WHERE 子句时，将只对满足 WHERE 子句所指定条件的元组进行分组计算。

【例 4-43】 查询每个未还图书读者的读者证号及未还图书数量。

该查询对于每一个未还图书记录(即归还时间为 NULL 的借阅记录)，按照读者证号进行分组，然后分组统计元组个数(对于每个读者证号，读者证号相同的元组数即为该读者的借书数量)。其查询表达式如下：

```
SELECT PatronID 读者证号,COUNT( * ) 未还图书数量
FROM Lend
WHERE ReturnTime IS NULL
GROUP BY PatronID;
```

如图 4-14 所示，是例 4-43 的查询结果。该查询首先要找出满足 ReturnTime 列取值为 NULL 的元组，然后再进行分组计算。

GROUP BY 子句指定的分组依据还可以是表达式，此时表达式取值相同的为一组。

【例 4-44】 按照年龄统计学生读者的人数。

该查询首先要找出所有的学生读者，然后按照年龄进行分组计算读者人数。此时，应该利用出生日期(BirthDate)列来计算学生的年龄(参见例 4-16)。下面是本例的查询表达式，其查询结果如图 4-15 所示。

	读者证号	未还图书数量
1	S0120090103	1
2	S0420090103	1
3	S0420090104	2
4	T0201	1
5	T0202	1

图 4-14 例 4-43 的查询结果

	年龄	人数
1	19	4
2	20	5
3	21	3

图 4-15 例 4-44 的查询结果

```
SELECT YEAR(GETDATE()) - YEAR(BirthDate) 年龄,COUNT( * ) 人数
FROM Patron
WHERE Type = '学生'
GROUP BY YEAR(GETDATE()) - YEAR(BirthDate);
```

SELECT 语句中，使用 GROUP BY 子句进行分组计算时，如果希望选择满足某些条件的分组时将不能使用 WHERE 子句进行选择，因为 WHERE 只能用来选择满足条件的元组(与 GROUP BY 同时使用时，只有满足 WHERE 指定条件的元组才进行分组计算)。如果要选择满足条件的组，应该使用 HAVING 短语，该短语中可以使用聚集函数来表达分组应满足的条件。

【例 4-45】 查询借阅超过 2 次的图书的索书号及被借阅的次数。

```
SELECT CallNo 索书号, COUNT( * ) 借阅次数
FROM Lend
GROUP BY CallNo
HAVING COUNT( * )> 2;
```

图 4-16 是上述查询的结果。注意，HAVING 短语只能配合 GROUP BY 子句出现，用以选择满足条件的分组。另外，如果出现了 GROUP BY 子句，在 WHERE 子句中出现聚集函数是不允许的。因为 WHERE 子句只是选择满足条件的元组，只有这些元组才能参加分组计算，显然 WHERE 子句中是无法用聚集函数来表达选择元组的条件的。

	索书号	借阅次数
1	TB476/Z345	3

图 4-16 例 4-45 的查询结果

【例 4-46】 查询平均借书时间(即读者从借书到归还所经历的时间)超过 20 天的读者的读者证号及平均借书的天数(不考虑未还图书)。

```
SELECT PatronID 读者证号,AVG(DATEDIFF(DAY,LendTime,ReturnTime)) 天数
FROM Lend
GROUP BY PatronID
HAVING
    AVG(DATEDIFF(DAY,LendTime,ReturnTime))> 20;
```

上述表达式中，使用了 SQL Server 2008 中提供的内置函数 DATEDIFF( )，DATEDIFF(DAY, LendTime, ReturnTime)的作用是计算 LendTime 和 ReturnTime 之间的天数(关于此函数的细节请参阅相关资料)。另外，由于 NULL 参与计算得到的仍是 NULL，而且 AVG 函数是忽略 NULL 的，因此上述查询将不会统计未还图书的情况。例 4-46 的查询结果如图 4-17 所示。

	读者证号	天数
1	S0120090101	38
2	S0120090102	21
3	S0120090204	26
4	S0420090103	24

图 4-17 例 4-46 的查询结果

4.3.2 连接查询

前面所介绍的查询都只是涉及一个表，而实际查询中，往往需要从多个表中获取需要的数据。当查询涉及多个表时，可以利用连接查询来实现。连接主要分为内连接(INNER JOIN)、外连接(OUTER JOIN)和交叉连接(CROSS JOIN)。由于交叉连接(相当于关系代数中的笛卡儿积)在实际当中很少用，而且其结果没有太多的语义，因此本书只介绍内连接和外连接。

1. 内连接(INNER JOIN)

对于连接，在 ANSI 标准和非 ANSI 标准的实现格式是不同的。对于非 ANSI 标准，参与连接的所有表要在 FROM 子句中给出，连接条件在 WHERE 子句中指定。这样，连接条

件与其他条件都在 WHERE 子句中给出，不够清晰。在 ANSI 标准中，连接条件是单独表达的，在 Transaction-SQL 中推荐这种用法(SQL Server 中这两种用法都支持)。本书将介绍 ANSI 标准的连接方式。

内连接是最为常见的连接。两个表的内连接是把两个表在相关列满足连接条件的元组进行拼接后形成新的元组而组成的新的关系；对于表中不满足连接条件的元组将被舍弃。内连接语句格式为：

```
FROM <表 1> [INNER] JOIN <表 2> ON <连接条件>
```

在连接条件中指出两个表按照什么条件进行连接，通常是由来自两个表的列、比较运算符组成的，基本格式如下：

```
[<表 1>.][<列名 1>]<比较运算符>[<表 2>.][<列名 2>]
```

根据上述格式，内连接实际上就是把表 1 在列名 1 指定的列上的取值与表 2 在列名 2 指定的列上的取值满足由“比较运算符”指定的关系的元组进行拼接，而不满足此关系的元组将被舍弃。连接运算过程可以这样理解：取出表 1 的第一个元组，然后依次扫描表 2 的每一个元组，在表 2 中每找到一个与表 1 中的第一个元组满足连接条件的元组，就用该元组与表 1 的第一个元组进行拼接形成新的元组；然后再取出表 1 的第二个元组重复上述过程，直到扫描表 1 的所有元组一遍。

1) 等值与非等值连接

在连接条件中，如果比较运算符是“=”，则称该连接为等值连接，否则称为非等值连接。

【例 4-47】 查询每个读者及其借阅图书的情况。

由于读者信息存储于 Patron 表中，而借阅信息存储于 Lend 表中，因此要想知道某个读者信息和他借阅图书的情况，必须用该读者的读者证号在 Lend 表中查找其借阅信息，因此这两个表的连接条件应该是在读者证号上的取值相等。该查询可表达为：

```
SELECT *
FROM Patron JOIN Lend ON Patron.PatronID = Lend.PatronID;
```

注意，在涉及多个表的查询中，相同的列名可能出现在多个表中，因此为了加以区分一个列所属的表，用“.”运算符来限定列所属的表。例如，在上述查询表达式中，Patron.PatronID 表示 PatronID 来自表 Patron。当列名在所有的表中唯一时，可以直接使用列名，不必使用“.”运算符限定其所属的表。

例 4-47 的查询结果如图 4-18 所示。可以看到该查询结果中包含了两个表的所有列，特别是包含了两个取值完全相同的列 PatronID。这是因为，在 SELECT 子句中，使用的是“*”，这样将不去除重复的列，如果要去除重复列，在 SELECT 子句中要给出具体的目标列表达式。如例 4-47 可以改写成如下表达式，其查询结果如图 4-19 所示。

```
SELECT Patron.PatronID, Name, Gender, BirthDate, Type, Department,
         CallNo, LendTime, ReturnTime
FROM Patron JOIN Lend ON Patron.PatronID = Lend.PatronID;
```

在大多数的数据库管理系统中，非 ANSI 标准的连接查询也是支持的，对于例 4-47 用非 ANSI 方式的连接查询，其表达式可写为：

```
SELECT Patron. * , Lend. *
FROM Patron, Lend
WHERE Patron.PatronID = Lend.PatronID;
```

	PatronID	Name	Gender	BirthDate	Type	Department	CallNo	PatronID	LendTime	ReturnTime
1	S0120090101	董俊贺	女	1989-06-12	学生	电信学院	B848.4/Y828	S0120090101	2010-09-15 09:41:00	2010-11-07 14:36:00
2	S0120090103	王雨文	女	1990-04-29	学生	电信学院	B848.4/Y828	S0120090103	2010-10-12 12:07:00	NULL
3	S0420090103	郑伟伟	男	1991-06-09	学生	工商学院	C52/J181B:7	S0420090103	2010-08-17 16:10:00	2010-09-19 10:05:00
4	S0420090103	郑伟伟	男	1991-06-09	学生	工商学院	D669.2/Z027	S0420090103	2010-02-09 14:12:00	NULL
5	T0201	管宁宁	女	1980-06-06	教师	电信学院	F113.4/X291	T0201	2010-06-10 14:09:00	NULL
6	S0120090103	王雨文	女	1990-04-29	学生	电信学院	F121/L612	S0120090103	2009-11-14 16:24:00	2009-11-15 13:18:00
7	T0103	沈健菲	女	1965-05-03	教师	工商学院	F121/L612	T0103	2009-10-19 10:48:00	2009-11-04 12:27:00
8	S0120090204	赵文杰	女	1991-11-04	学生	电信学院	G0/Z810	S0120090204	2009-05-18 10:40:00	2009-06-29 13:19:00
9	S0420090101	吴殿龙	男	1989-07-26	学生	工商学院	G0/Z810	S0420090101	2009-09-22 10:37:00	2009-10-17 16:44:00
10	T0202	傅琳	女	1972-10-26	教师	电信学院	J212.05/W384	T0202	2010-09-19 10:57:00	NULL
11	S0120090204	赵文杰	女	1991-11-04	学生	电信学院	J305.1/Z150A	S0120090204	2010-06-08 14:00:00	2010-06-19 15:30:00
12	T0103	沈健菲	女	1965-05-03	教师	工商学院	J305.1/Z150A	T0103	2009-06-11 16:24:00	2009-06-17 16:23:00
13	S0420090103	郑伟伟	男	1991-06-09	学生	工商学院	K249.07/W4...	S0420090103	2009-09-12 10:46:00	2009-09-27 16:40:00
14	T0101	王兆华	男	1966-03-05	教师	工商学院	K249.07/W4...	T0101	2010-10-26 11:26:00	2010-10-30 13:42:00
15	T0201	管宁宁	女	1980-06-06	教师	电信学院	K712/L950	T0201	2010-06-11 11:28:00	2010-06-21 10:36:00
16	S0120090101	董俊贺	女	1989-06-12	学生	电信学院	K917/M074	S0120090101	2009-09-04 11:50:00	2009-09-28 10:18:00
17	S0120090202	阎红静	女	1989-11-07	学生	电信学院	N092/P140A	S0120090202	2010-04-06 15:52:00	2010-04-19 08:32:00
18	T0101	王兆华	男	1966-03-05	教师	工商学院	N092/P140A	T0101	2010-01-13 08:57:00	2010-01-27 08:38:00
19	S0120090102	范金迪	男	1990-09-02	学生	电信学院	TB476/Z345	S0120090102	2009-06-09 14:18:00	2009-06-30 10:04:00
20	S0420090104	纪斌	男	1990-09-29	学生	工商学院	TB476/Z345	S0420090104	2010-06-10 10:49:00	2010-06-17 10:49:00
21	S0420090104	纪斌	男	1990-09-29	学生	工商学院	TB476/Z345	S0420090104	2010-09-19 10:48:00	NULL
22	S0420090101	吴殿龙	男	1989-07-26	学生	工商学院	TB482/W090	S0420090101	2009-06-14 10:36:00	2009-06-19 11:37:00
23	S0420090104	纪斌	男	1990-09-29	学生	工商学院	TB482/W090	S0420090104	2010-09-19 10:48:00	NULL

图 4-18　例 4-47 的查询结果

	PatronID	Name	Gender	BirthDate	Type	Department	CallNo	LendTime	ReturnTime
1	S0120090101	董俊贺	女	1989-06-12	学生	电信学院	B848.4/Y828	2010-09-15 09:41:00	2010-11-07 14:36:00
2	S0120090103	王雨文	女	1990-04-29	学生	电信学院	B848.4/Y828	2010-10-12 12:07:00	NULL
3	S0420090103	郑伟伟	男	1991-06-09	学生	工商学院	C52/J181B:7	2010-08-17 16:10:00	2010-09-19 10:05:00
4	S0420090103	郑伟伟	男	1991-06-09	学生	工商学院	D669.2/Z027	2010-02-09 14:12:00	NULL
5	T0201	管宁宁	女	1980-06-06	教师	电信学院	F113.4/X291	2010-06-10 14:09:00	NULL
6	S0120090103	王雨文	女	1990-04-29	学生	电信学院	F121/L612	2009-11-14 16:24:00	2009-11-15 13:18:00
7	T0103	沈健菲	女	1965-05-03	教师	工商学院	F121/L612	2009-10-19 10:48:00	2009-11-04 12:27:00
8	S0120090204	赵文杰	女	1991-11-04	学生	电信学院	G0/Z810	2009-05-18 10:40:00	2009-06-29 13:19:00
9	S0420090101	吴殿龙	男	1989-07-26	学生	工商学院	G0/Z810	2009-09-22 10:37:00	2009-10-17 16:44:00
10	T0202	傅琳	女	1972-10-26	教师	电信学院	J212.05/W384	2010-09-19 10:57:00	NULL
11	S0120090204	赵文杰	女	1991-11-04	学生	电信学院	J305.1/Z150A	2010-06-08 14:00:00	2010-06-19 15:30:00
12	T0103	沈健菲	女	1965-05-03	教师	工商学院	J305.1/Z150A	2009-06-11 16:24:00	2009-06-17 16:23:00
13	S0420090103	郑伟伟	男	1991-06-09	学生	工商学院	K249.07/W470	2009-09-12 10:46:00	2009-09-27 16:40:00
14	T0101	王兆华	男	1966-03-05	教师	工商学院	K249.07/W470	2010-10-26 11:26:00	2010-10-30 13:42:00
15	T0201	管宁宁	女	1980-06-06	教师	电信学院	K712/L950	2010-06-11 11:28:00	2010-06-21 10:36:00
16	S0120090101	董俊贺	女	1989-06-12	学生	电信学院	K917/M074	2009-09-04 11:50:00	2009-09-28 10:18:00
17	S0120090202	阎红静	女	1989-11-07	学生	电信学院	N092/P140A	2010-04-06 15:52:00	2010-04-19 08:32:00
18	T0101	王兆华	男	1966-03-05	教师	工商学院	N092/P140A	2010-01-13 08:57:00	2010-01-27 08:38:00
19	S0120090102	范金迪	男	1990-09-02	学生	电信学院	TB476/Z345	2009-06-09 14:18:00	2009-06-30 10:04:00
20	S0420090104	纪斌	男	1990-09-29	学生	工商学院	TB476/Z345	2010-06-10 10:49:00	2010-06-17 10:49:00
21	S0420090104	纪斌	男	1990-09-29	学生	工商学院	TB476/Z345	2010-09-19 10:48:00	NULL
22	S0420090101	吴殿龙	男	1989-07-26	学生	工商学院	TB482/W090	2009-06-14 10:36:00	2009-06-19 11:37:00
23	S0420090104	纪斌	男	1990-09-29	学生	工商学院	TB482/W090	2010-09-19 10:48:00	NULL

图 4-19　例 4-47 去掉重复列后的查询结果

2）复合条件连接

所谓的复合条件连接是指除了连接条件外，还要满足附加的其他限制条件。这些附加的条件应该在 WHERE 子句中进行指定。

【例 4-48】 查询借阅过《谋生记》的所有读者的读者证号、姓名及其借阅该书的时间。

由于“谋生记”是书名，存储于 Book 表中，而查询需要的读者姓名和借阅时间分别来自于 Patron 表和 Lend 表，也就是说，该查询要涉及三个表。因此，考虑用三表连接进行查询，其表达式如下：

```
SELECT Patron.PatronID,Name,LendTime
FROM Patron
        JOIN Lend ON Patron.PatronID = Lend.PatronID
        JOIN Book ON Lend.CallNo = Book.CallNo
WHERE Title = '谋生记';
```

由于是三个表进行连接，即 Patron 与 Lend 表连接后（可以获得每个读者的详细信息和其所借图书的索书号等信息），再与 Book 表进行连接（进一步获得每个读者借阅的图书书名等信息），因此 JOIN 及相应的连接条件要出现两次。另外，连接结果中只输出满足 WHERE 子句中指定的附加条件（书名是“谋生记”）的元组。例 4-48 的查询结果如图 4-20 所示。

	PatronID	Name	LendTime
1	S0120090101	董俊贺	2010-09-15 09:41:00
2	S0120090103	王雨文	2010-10-12 12:07:00

图 4-20 例 4-48 的查询结果

如果一个查询中有多个表参加连接，那么这个查询通常称为多表连接查询。例如，例 4-48 就是一个三表连接查询。一个多表连接查询相当于执行多次二表连接查询，如在例 4-48 中，先进行一次 Patron 表与 Lend 表的二表连接，然后连接结果再与 Book 表进行一次二表连接。一般来说，多表连接 JOIN 出现的次数是参加连接的表的数量减一（如例 4-48 的三表连接中 JOIN 出现 2 次）。

表之间的连接结果实际上产生一个新的表，WHERE 子句实际上可以认为是对该表的进一步选择，而且对其还可以进一步进行分组计算和排序等处理。

【例 4-49】 查询累计借书超过 2 本的读者的读者证号、姓名和借书的数量。

本例与例 4-45 的不同在于，查询结果中除了需要读者证号和借阅数量之外，还需要读者的姓名。很明显，查询需要涉及 Patron 表和 Lend 表。考虑用连接查询，其表达式如下：

```
SELECT Patron.PatronID 读者证号,Name 姓名,COUNT( * ) 借书数量
FROM Patron JOIN Lend
          ON Patron.PatronID = Lend.PatronID
GROUP BY Patron.PatronID,Name
HAVING COUNT( * )> 2;
```

注意，上述表达式中，Patron.PatronID 和 Name 列的组合必须作为分组依据，否则是不允许的（GROUP BY 子句和 SELECT 子句中指定的表达式除了聚集函数之外，应该相同）。

	读者证号	姓名	借书数量
1	S0420090103	郑伟伟	3
2	S0420090104	纪斌	3

图 4-21 例 4-49 的查询结果

该查询的执行可以理解为，先进行 Patron 表和 Lend 表的连接，然后对连接结果按照 Patron.PatronID 和 Name 列进行分组计算，并根据 HAVING 短语进行组的选择。其查询结果如图 4-21 所示。

3）自身连接

一个表不仅可以和其他表进行连接，也可以和自身进行连接，这种连接称作自身连接。一个表和自己进行连接相当于这个表的两个副本进行连接。在这种情况下通常要为表起别名，一旦为表起了别名，在查询中任何地方都使用该别名而不能使用原来的表名。为表起别名是在 FROM 子句或 JOIN 短语中完成的，其格式为：

```
FROM <表名> [[AS] <别名>][,<表名> [[AS] <别名>]]…
```

为表起别名有两个作用：一是简化表的名称，当表名比较长或者复杂时，可以通过别名来简化表的使用；另一个作用是，当一个查询中需要多次使用同一个表时，必须使用别名来将同一个表变成多个副本，并通过别名加以区分不同的副本。为了说明自身连接，来看一个例子。

【例 4-50】 查询在同一个部门的教师读者姓名、学生读者姓名以及所在部门。

该查询结果是由教师读者姓名、学生读者姓名和部门三个列组成的关系。要求该关系中的每个元组对应的教师读者、学生读者都属于该元组对应的部门。此查询可以这样来实现：由 Patron 表得到两个副本 PT 和 PS，在 PT 上选择读者类别为“教师”的元组形成的关系（实际上得到的是教师读者表）与 PS 上选择读者类别为“学生”的元组形成的关系（实际上得到的是学生读者表），以在部门（Department）列上取值相等为连接条件进行连接，然后分别输出 PT 表和 PS 表的姓名列（Name）和其中任意一个表的部门列。该查询可写为（查询结果见图 4-22）：

```
SELECT PT.Name 教师,PS.Name 学生,PT.Department 部门
FROM Patron PT JOIN Patron PS ON PT.Department = PS.Department
WHERE PT.Type = '教师' AND PS.Type = '学生';
```

	教师	学生	部门
1	王兆华	吴殿龙	工商学院
2	王兆华	韩冬	工商学院
3	王兆华	郑伟伟	工商学院
4	王兆华	纪斌	工商学院
5	沈健菲	吴殿龙	工商学院
6	沈健菲	韩冬	工商学院
7	沈健菲	郑伟伟	工商学院
8	沈健菲	纪斌	工商学院
9	管宁宁	董俊贺	电信学院
10	管宁宁	范金迪	电信学院
11	管宁宁	王雨文	电信学院
12	管宁宁	赵璐	电信学院
13	管宁宁	阎红静	电信学院
14	管宁宁	张永明	电信学院
15	管宁宁	赵文杰	电信学院
16	管宁宁	李晓辉	电信学院
17	傅琳	董俊贺	电信学院
18	傅琳	范金迪	电信学院
19	傅琳	王雨文	电信学院
20	傅琳	赵璐	电信学院
21	傅琳	阎红静	电信学院
22	傅琳	张永明	电信学院
23	傅琳	赵文杰	电信学院
24	傅琳	李晓辉	电信学院

图 4-22　例 4-50 的查询结果

2. 外连接(OUTER JOIN)

在前面所介绍的内连接中，只有满足连接条件的元组才能保留在连接结果中，而不满足连接条件的元组将被舍弃。例如，在例 4-47 的连接查询中，由于赵璐等四位读者从未借阅过图书，因此在查询结果中无法看到这四位读者的信息。如果需要在连接中保留某个表的不满足连接条件的元组，可以使用外连接（OUTER JOIN）。外连接分为左外连接（LEFT OUTER JOIN）、右外连接（RIGHT OUTER JOIN）和全连接（FULL JOIN）（有关外连接的概念请参见本书的 2.4.2 节），其基本格式为：

```
FROM <表 1> [LEFT|RIGHT|FULL] [OUTER] JOIN <表 2> ON <连接条件>
```

左外连接保留了 JOIN 短语左边的表不满足连接条件的元组（其余列用 NULL 填充）；右外连接保留了 JOIN 短语右边的表不满足连接条件的元组；全连接保留了 JOIN 短语两边每个表不满足连接条件的元组。

【例 4-51】 查询每个读者及其借阅图书的情况，要求即使从未借阅过图书，也要看到读者的信息。

```
SELECT Patron.PatronID,Name,Gender,BirthDate,Type,
        Department,CallNo,LendTime,ReturnTime
FROM Patron LEFT OUTER JOIN Lend ON Patron.PatronID = Lend.PatronID;
```

可以看到，上述查询将 Patron 表与 Lend 表进行了左外连接，因此如图 4-23 所示，在

例 4-47 中被舍弃的赵璐等四个读者信息被保留了下来。

	PatronID	Name	Gender	BirthDate	Type	Department	CallNo	LendTime	ReturnTime
1	S0120090101	董俊贺	女	1989-06-12	学生	电信学院	B848.4/Y828	2010-09-15 09:41:00	2010-11-07 14:36:00
2	S0120090101	董俊贺	女	1989-06-12	学生	电信学院	K917/M074	2009-09-04 11:50:00	2009-09-28 10:18:00
3	S0120090102	范金迪	男	1990-09-02	学生	电信学院	TB476/Z345	2009-06-09 14:18:00	2009-06-30 10:04:00
4	S0120090103	王雨文	女	1990-04-29	学生	电信学院	B848.4/Y828	2010-10-12 12:07:00	NULL
5	S0120090103	王雨文	女	1990-04-29	学生	电信学院	F121/L612	2009-11-14 16:24:00	2009-11-15 13:18:00
6	S0120090201	赵璐	女	1990-03-24	学生	电信学院	NULL	NULL	NULL
7	S0120090202	阎红静	女	1989-11-07	学生	电信学院	N092/P140A	2010-04-06 15:52:00	2010-04-19 08:32:00
8	S0120090203	张永明	男	1991-05-01	学生	电信学院	NULL	NULL	NULL
9	S0120090204	赵文杰	女	1991-11-04	学生	电信学院	G0/Z810	2009-05-18 10:40:00	2009-06-29 13:19:00
10	S0120090204	赵文杰	女	1991-11-04	学生	电信学院	J305.1/Z150A	2010-06-08 14:00:00	2010-06-19 15:30:00
11	S0120090205	李晓辉	男	1991-01-16	学生	电信学院	NULL	NULL	NULL
12	S0420090101	吴殿龙	男	1989-07-26	学生	工商学院	G0/Z810	2009-09-22 10:37:00	2009-10-17 16:44:00
13	S0420090101	吴殿龙	男	1989-07-26	学生	工商学院	TB482/W090	2009-06-14 10:36:00	2009-06-19 11:37:00
14	S0420090102	韩冬	男	1990-02-14	学生	工商学院	NULL	NULL	NULL
15	S0420090103	郑伟伟	男	1991-06-09	学生	工商学院	C52/J181B:7	2010-08-17 16:10:00	2010-09-19 10:05:00
16	S0420090103	郑伟伟	男	1991-06-09	学生	工商学院	D669.2/Z027	2010-02-09 14:12:00	NULL
17	S0420090103	郑伟伟	男	1991-06-09	学生	工商学院	K249.07/W...	2009-09-12 10:46:00	2009-09-27 16:40:00
18	S0420090104	纪斌	男	1990-09-29	学生	工商学院	TB476/Z345	2010-06-10 10:49:00	2010-06-17 10:49:00
19	S0420090104	纪斌	男	1990-09-29	学生	工商学院	TB476/Z345	2010-09-19 10:48:00	NULL
20	S0420090104	纪斌	男	1990-09-29	学生	工商学院	TB482/W090	2010-09-19 10:48:00	NULL
21	T0101	王兆华	男	1966-03-05	教师	工商学院	K249.07/W...	2010-10-26 11:26:00	2010-10-30 13:42:00
22	T0101	王兆华	男	1966-03-05	教师	工商学院	N092/P140A	2010-01-13 08:57:00	2010-01-27 08:38:00
23	T0103	沈健菲	女	1965-05-03	教师	工商学院	F121/L612	2009-10-19 10:48:00	2009-11-04 12:27:00
24	T0103	沈健菲	女	1965-05-03	教师	工商学院	J305.1/Z150A	2009-06-11 16:24:00	2009-06-17 16:23:00
25	T0201	管宁宁	女	1980-06-06	教师	电信学院	F113.4/X291	2010-06-10 14:09:00	NULL
26	T0201	管宁宁	女	1980-06-06	教师	电信学院	K712/L950	2010-06-11 11:28:00	2010-06-21 10:36:00
27	T0202	傅琳	女	1972-10-26	教师	电信学院	J212.05/W3...	2010-09-19 10:57:00	NULL

图 4-23 例 4-51 的查询结果

对于例 4-51 的查询，也可以用右外连接来实现，只需把 Patron 表和 Lend 表的位置调换一下。其表达式为(结果与例 4-51 相同)：

```
SELECT Patron.PatronID,Name,Gender,BirthDate,Type,
        Department,CallNo,LendTime,ReturnTime
FROM Lend RIGHT OUTER JOIN Patron ON Patron.PatronID = Lend.PatronID;
```

4.3.3 嵌套查询

在 SQL 中，一个 SELECT-FROM-WHERE 语句构成一个查询块。一个 SELECT 语句可以在 WHERE 或 HAVING 短语中利用另一个查询来表达查询条件。将一个查询块嵌套在另一个查询块或更新语句的 WHERE 或 HAVING 短语的条件中称为嵌套查询。此时嵌入到 WHERE 或 HAVING 短语的条件中的查询称作子查询或内层查询，而包含子查询的语句称为父查询或外层查询。SQL 中支持多层嵌套查询，其执行过程是由内向外的，子查询的每一次执行结果可以作为上一级父查询判定元组或计算是否满足条件的依据。另外，由于子查询的结果是用来表达父查询条件的中间结果，并非最终结果，因此子查询中不能使用 ORDER BY 子句。

1. 带有 IN 谓词的嵌套查询

父查询在 WHERE 字句中使用 IN 或 NOT IN，主要是用来通过判断元组的列值是否在子查询的结果中进行元组的选择。其一般格式为：

```
WHERE <表达式> [NOT] IN <子查询>
```

带有 IN 谓词的嵌套查询是分步实现的，通常是先执行子查询，然后利用子查询的结果再执行父查询。注意，<表达式>中的列的个数、数据类型和语义等必须与子查询的结果相同。

【例 4-52】 查询与韩冬在同一个部门的学生读者的读者证号、姓名、性别和出生日期。

该查询可以先找出韩冬所在的部门，然后根据查到的部门找出所有在该部门的学生读者。用子查询实现此查询的表达式可写成：

```
SELECT PatronID, Name, Gender, BirthDate            -- 父查询或外层查询
FROM Patron
WHERE Type = '学生' AND Department IN
                        (SELECT Department          -- 子查询或内层查询
                        FROM Patron
                        WHERE Name = '韩冬');
```

该查询的实际执行过程可描述为：

(1) 执行如下子查询，找到韩冬所在的部门“工商学院”。

```
SELECT Department FROM Patron WHERE Name = '韩冬'
```

(2) 在子查询的结果之上，找出所有属于该部门的学生读者。执行的查询实际上是：

```
SELECT PatronID,Name,Gender,BirthDate
FROM Patron
WHERE Type = '学生' AND
            Department IN ('工商学院')
```

虽然外层和内层查询都涉及同一个表 Patron，但由于子查询的执行不依赖于父查询，子查询执行结束后才执行父查询，它们之间不产生干扰，因此无须为表起别名。最终的查询结果如图 4-24 所示。从中可以看到，其中包含了韩冬的信息。如果不希望在结果中看到韩冬的信息，可以在父查询的 WHERE 子句中再加一个复合条件：“AND Name<>'韩冬'”即可。

	PatronID	Name	Gender	BirthDate
1	S04200090101	吴殿龙	男	1989-07-26
2	S04200090102	韩冬	男	1990-02-14
3	S04200090103	郑伟伟	男	1991-06-09
4	S04200090104	纪斌	男	1990-09-29

图 4-24 例 4-52 的查询结果

对于带有 IN 或 NOT IN 谓词的嵌套查询，一些可以用连接实现，有一些不能用连接实现。例如，对于例 4-52 的查询，可以运用读者关系在部门上的取值相等作为连接条件的自身连接来实现。查询表达式如下：

```
SELECT P1.PatronID,P1.Name,P1.Gender,P1.BirthDate
FROM Patron P1 JOIN Patron P2 ON P1.Department = P2.Department
WHERE P2.Name = '韩冬';
```

可见，对于同一个查询要求，SQL 中可以有不同的表达方式，这体现了 SQL 语言的灵活性。用户可以根据自己的习惯采用熟悉的方式表达查询要求。但是要注意，不同的表达方式可能有不同的效率。

【例 4-53】 查询借阅“工业设计模型制作”图书至今超过 30 天仍未归还的读者证号和姓名。

```
SELECT PatronID, Name
FROM Patron
WHERE PatronID IN (
       SELECT PatronID FROM Lend
       WHERE ReturnTime IS NULL AND DATEDIFF(DAY, LendTime, GETDATE())> 30
              AND CallNo IN(
                  SELECT CallNo
                  FROM Book
                  WHERE Title = '工业设计模型制作'));
```

SQL Server 2008 内置函数 DATEDIFF(DAY, LendTime, GETDATE())的功能是计算借阅时间(LendTime)到当前时间所经历的天数。该查询首先找到“工业设计模型制作”图书的索书号,然后再根据找到的索书号找出借阅该书并且至今已超过 30 天未还的读者证号,最后根据该读者证号找到读者姓名。其查询结果如图 4-25 所示。该查询也可以用三表连接来实现:

	PatronID	Name
1	S0420090104	纪斌

图 4-25 例 4-53 的查询结果

```
SELECT Patron.PatronID, Name
FROM Patron JOIN Lend ON Patron.PatronID = Lend.PatronID
           JOIN Book ON Lend.CallNo = Book.CallNo
WHERE Title = '工业设计模型制作' AND ReturnTime IS NULL
AND DATEDIFF(DAY, LendTime, GETDATE())> 30;
```

【例 4-54】 查询从未借阅过图书的读者的读者证号、姓名和所在部门。

所有借阅过图书的读者的读者证号都会出现在 Lend 表中,因此只要找到在 Lend 表中没有出现过的读者证号即可(即 Patron 表中的读者证号不在 Lend 表中出现)。因此该查询可以写为:

```
SELECT PatronID,Name,Department FROM Patron
WHERE PatronID NOT IN (SELECT PatronID FROM Lend);
```

2. 带有比较运算符的嵌套查询

带有比较运算符的嵌套查询,是指在父查询条件中用比较运算符连接子查询。其目的是与子查询的结果进行比较。这时要能够确保子查询返回的结果是单值。例如,对于例 4-52,如果能够确定韩冬只属于一个部门,那么该查询可以改写为:

```
SELECT PatronID, Name, Gender, BirthDate
FROM Patron
WHERE Type = '学生' AND Department  = (SELECT Department
                                  FROM Patron
                                  WHERE Name = '韩冬');
```

对于使用带有比较运算符的嵌套查询要注意,子查询一定要在比较运算符之后。

前面介绍的这些嵌套查询都有一个共同的特点,即子查询和父查询可以分步执行,子查询结束后,父查询可以利用子查询的结果。实际上,嵌套查询可以分为两类:不相关嵌套查询和相关嵌套查询。而前面介绍的这类嵌套查询属于不相关嵌套查询。

(1) 不相关嵌套查询。对于一个嵌套查询,如果子查询的查询条件不依赖于父查询,则称这类子查询为不相关子查询;而整个嵌套查询语句称为不相关嵌套查询。

(2) 相关嵌套查询。对于一个嵌套查询,如果子查询的查询条件依赖于父查询,则称这类子查询为相关子查询;而整个嵌套查询语句称为相关嵌套查询。

对于不相关子查询前面已经通过一些例子进行介绍,与之相比,相关子查询的运行过程和表达方式有所不同。

【例 4-55】 查询每个出版社及其出版的超过其出版图书平均单价的图书书名。

```
SELECT Publisher,Title FROM Book BookX
WHERE Price >(SELECT AVG(Price) FROM Book BookY
            WHERE BookY.Publisher = BookX.Publisher);
```

该查询可以这样描述:要找到这样的图书元组 BookX,BookX 对应的定价(Price),超过了其对应出版社(BookX.Publisher)所出版图书的平均定价。子查询的功能就是计算出版社 BookX.Publisher 所出版图书的平均定价(在 BookY 表中以 BookX.Publisher 作为条件查询)。这里,BookX 和 BookY 是 Book 的别名,也可以称作元组变量,它们可以代表一个 Book 元组。在相关嵌套查询中,当父查询和子查询涉及相同的表时,必须通过不同的别名加以区分。

上述的查询过程可以大致这样理解:首先外层查询取出一个 Book 元组 BookX,然后根据 BookX 对应的出版社,即 BookX.Publisher,去在 Book 表的另一个副本 BookY 中计算出版社 BookX.Publisher 出版图书的平均单价,如果元组 BookX 对应的单价超过了计算出的平均单价,则输出元组 BookX 对应的出版社和书名,否则继续提取下一个 Book 元组。重复上述过程,直到外层查询扫描 Book 表一遍。

3. 带有 ANY 或 ALL 谓词的嵌套查询

在直接使用比较运算符的嵌套查询中,要求子查询返回的结果必须是单值。如果子查询返回多值时可以在比较运算符后使用 ANY(或 SOME)或 ALL 谓词进行修饰。ANY 和 ALL 分别是任何一个和全部的含义,因此带有 ANY 的比较运算符的语义是与子查询结果的某一个值满足比较条件;带有 ALL 的比较运算符的语义是与子查询结果的所有值都满足比较条件。例如,“>ANY”表示只需要大于子查询结果中的某个值;“>ALL”表示需要大于子查询结果中的所有值。

【例 4-56】 查询单价超过中华书局出版的所有图书的单价的图书名称及出版社。

```
SELECT Title,Publisher FROM Book
WHERE Price > ALL (SELECT Price FROM Book
                   WHERE Publisher = '中华书局');
```

上述查询中,子查询找出了中华书局出版的所有图书的单价,父查询中通过“>ALL”选择出单价超过子查询中的所有单价的元组。其查询结果如图 4-26 所示。实际上,ANY 或 ALL 谓词可以用聚集函数或 IN 谓词来代替。例如,“>ALL”相当于大于最大值,

“>ANY”相当于大于最小值。对于例 4-56,可以改写查询为:

```
SELECT Title,Publisher FROM Book
WHERE Price >(SELECT MAX(Price) FROM Book
                WHERE Publisher = '中华书局');
```

【例 4-57】 查询单价超过中华书局出版的某种图书的单价的图书名称及出版社。

```
SELECT Title,Publisher FROM Book
WHERE Price > ANY (SELECT Price FROM Book
            WHERE Publisher = '中华书局');
```

例 4-57 的查询结果如图 4-27 所示,该查询也可以改写为:

```
SELECT Title,Publisher FROM Book
WHERE Price > (SELECT MIN(Price) FROM Book
            WHERE Publisher = '中华书局');
```

	Title	Publisher
1	金融危机下的经济变局	中国纺织出版社
2	经济学新论	社会科学文献出版社
3	大众文化理论与批评	高等教育出版社
4	苕虬阁诗集	上海古籍出版社
5	齐白石书画鉴赏	山东美术出版社
6	西方现代雕塑	山东美术出版社
7	中国马克思主义史学研究	人民出版社
8	产品包装设计	东南大学出版社
9	MySQL性能调优与架构设计	电子工业出版社

图 4-26 例 4-56 的查询结果

	Title	Publisher
1	谋生记	清华大学出版社
2	金融危机下的经济变局	中国纺织出版社
3	经济学新论	社会科学文献出版社
4	大众文化理论与批评	高等教育出版社
5	苕虬阁诗集	上海古籍出版社
6	齐白石书画鉴赏	山东美术出版社
7	西方现代雕塑	山东美术出版社
8	中国马克思主义史学研究	人民出版社
9	裂变中的传承	中华书局
10	产品包装设计	东南大学出版社
11	MySQL性能调优与架构设计	电子工业出版社

图 4-27 例 4-57 的查询结果

事实上,用聚集函数实现的子查询通常比直接用 ANY 或 ALL 查询效率要高。ANY 和 ALL 与聚集函数和 IN 谓词的对应关系详见表 4-6。对于例 4-54(查询从未借阅过图书的读者的读者证号、姓名和所在部门),该查询可以使用 ALL 谓词改写为:

```
SELECT PatronID, Name, Department FROM Patron
WHERE PatronID <> ALL (SELECT PatronID FROM Lend);
```

表 4-6 ANY(或 SOME)、ALL 谓词与聚集函数和 IN 谓词的对应关系

	=	<>或!=	<	<=	>	>=
ANY	IN	--	<MAX	<=MAX	>MIN	>=MIN
ALL	--	NOT IN	<MIN	<=MIN	>MAX	>=MAX

4. 带有 EXISTS 谓词的嵌套查询

EXISTS 代表存在量词,带有 EXISTS 谓词的子查询不返回任何数据,只得到“真”或“假”两个逻辑值。当子查询的结果为非空集合时,得到的值为“真”,否则得到的值为“假”。

【例 4-58】 查询有未还图书的读者姓名和所在部门。

该查询可以这样理解:查询这样的 Patron(读者)元组对应的 Name 和 Department 列的取值,存在着某个 Lend(借阅)元组,其 PatronID 的取值与 Patron.PatronID 相等,并且

ReturnTime(归还时间)的值为 NULL。将此思想写成 SQL 语句为：

```
SELECT DISTINCT Name,Department FROM Patron
WHERE EXISTS (SELECT * FROM Lend
                 WHERE Lend.PatronID = Patron.PatronID AND ReturnTime IS NULL);
```

由 EXISTS 引出的子查询的目标列表达式通常使用 *，因为带有 EXISTS 的子查询不返回数据，只返回逻辑值“真”或“假”，给出列名没有实际意义。

对于上述表达式，由于子查询的条件依赖于父查询，因此该查询属于相关子查询。通常，使用 EXISTS 谓词的嵌套查询大多是相关子查询。该查询的执行过程，有些类似于高级语言的双重循环语句。大致可以这样描述：外层查询取出 Patron 的一个元组，然后根据该元组的 PatronID 值，执行内层查询，若内层查询结果不为空，则 WHERE 子句返回“真”，取外层查询中该元组的姓名(Name)和部门(Department)列的值放入结果表中；然后继续取下一个元组，重复上述过程，直到外层查询扫描 Patron 表每个元组一遍。

例 4-58 中的查询，也可以利用 IN 谓词来实现，有关语句请读者参照有关的例子，自行给出。

与 EXISTS 相对应的是 NOT EXISTS，其含义是不存在。当子查询结果为空时 NOT EXISTS 返回“真”，否则返回“假”。

【例 4-59】 查询没有未还图书的读者姓名和所在部门。

```
SELECT DISTINCT Name, Department FROM Patron
WHERE NOT EXISTS (SELECT * FROM Lend
                 WHERE Lend.PatronID = Patron.PatronID AND ReturnTime IS NULL);
```

EXISTS 或 NOT EXISTS 谓词表达能力非常强大，所有带 IN 谓词、比较运算符、ANY 和 ALL 谓词的子查询都可以用带 EXISTS 或 NOT EXISTS 谓词的子查询等价替换；但反过来一些带有 EXISTS 或 NOT EXISTS 谓词的子查询不能用其他形式的子查询等价替换。例如，对于例 4-52，带有 IN 谓词的查询可以用如下查询等价替换。

```
SELECT PatronID,Name,Gender,BirthDate FROM Patron P1
WHERE Type = '学生' AND EXISTS (SELECT *
      FROM Patron P2 WHERE Name = '韩冬' AND P2.Department = P1.Department);
```

【例 4-60】 查询借阅过赵真所著全部图书的读者姓名。

该查询实际上是查询这样的读者，不存在任何赵真所著的图书，也没有借阅过该书的读者。可以理解为：查找这样的 Patron(读者)元组对应的姓名(Name)，不存在作者为“赵真”的 Book(图书)元组，Patron 对应的读者没有借阅过 Book 对应的图书，即不存在一个关于 Patron.PatronID 和 Book.CallNo 的 Lend(借阅)元组。根据这样的思路，可以写出如下查询表达式(查询结果如图 4-28 所示)：

	Name
1	纪斌

图 4-28　例 4-60 的查询结果

```
SELECT Name FROM Patron
WHERE NOT EXISTS(
     SELECT * FROM Book
     WHERE Author = '赵真' AND NOT EXISTS(
                   SELECT * FROM Lend
```

```
                    WHERE Lend.PatronID = Patron.PatronID
                      AND Lend.CallNo = Book.CallNo));
```

【例 4-61】 查询只借阅过一种图书的读者的读者证号。

该查询可以这样理解：在 Lend(借阅)表中查找这样的元组 LendX 对应的读者证号(PatronID)，在 Lend 表中不存在另一个关于 LendX. PatronID 的元组 LendY(即 LendY. PatronID＝LendX. PatronID，表示 LendY 是 LendX 元组对应读者的一条借阅记录)，使 LendY 对应的图书的索书号(LendY. CallNo)与 LendX 对应的索书号(LendX. CallNo)不同。按照这样的思路，可写出如下的 SQL 查询语句：

```
SELECT DISTINCT PatronID FROM Lend LendX
WHERE NOT EXISTS(SELECT * FROM Lend LendY
                 WHERE LendY.PatronID = LendX.PatronID
                   AND LendY.CallNo <> LendX.CallNo);
```

注意，上述查询不能理解为查找只借阅过一次书的读者的读者证号，因为一个读者可能多次借阅同一种图书。

4.3.4 集合查询

SELECT 语句的查询结果是元组的集合，如果多个 SELECT 语句得到的结果具有相同的列数，并且对应列的数据类型相同，就可以用并(UNION)、交(INTERSECT)和差(EXCEPT)等集合操作对这些结果进行处理。

1. 并

并操作是将两个 SELECT 语句的查询结果进行合并，其格式为：

```
<SELECT 查询语句 1> UNION [ALL] <SELECT 查询语句 2>
```

使用 UNION 操作符将两个查询结果合并时，如果不使用 ALL 选择项将去除结果中的重复元组，否则将直接合并两个查询结果，不去除重复元组。

【例 4-62】 查询电信学院及 1990 年以前出生的读者。

```
SELECT * FROM Patron WHERE Department = '电信学院'
UNION
SELECT * FROM Patron WHERE BirthDate <'1990-1-1';
```

上述查询实际上是求电信学院的读者和 1990 年以前出生的读者的并集，结果中将去除重复的元组。如果希望保留重复元组，则使用 UNION ALL 操作符。该查询也可以用复合条件查询实现，相应查询语句为：

```
SELECT * FROM Patron
WHERE Department = '电信学院' OR BirthDate <'1990-1-1';
```

2. 交

交操作是对两个查询结果求交集，其格式为：

```
<SELECT 查询语句 1> INTERSECT <SELECT 查询语句 2>
```

【例 4-63】 查询电信学院所有 1990 年以前出生的读者。

```
SELECT * FROM Patron WHERE Department = '电信学院'
INTERSECT
SELECT * FROM Patron WHERE BirthDate<'1990-1-1';
```

该查询实际上是求电信学院的读者和 1990 年以前出生的读者的交集,也可以用符合条件查询将其改写为:

```
SELECT * FROM Patron
WHERE Department = '电信学院' AND BirthDate<'1990-1-1';
```

【例 4-64】 查询既借阅过索书号为 TB476/Z345 的图书,又借阅过索书号为 TB482/W090 的图书的读者的读者证号。

```
SELECT PatronID FROM Lend WHERE CallNo = 'TB476/Z345'
INTERSECT
SELECT PatronID FROM Lend WHERE CallNo = 'TB482/W090';
```

该查询实际上是求借阅过索书号为 TB476/Z345 的图书读者的读者证号和求借阅过索书号为 TB482/W090 的图书读者的读者证号的交集。此查询不能简单地用 AND 实现,因为在一条借阅记录中只有一个索书号。可以用嵌套查询将该查询改写为:

```
SELECT PatronID FROM Lend
WHERE CallNo = 'TB476/Z345' AND PatronID IN (
                                SELECT PatronID FROM Lend
                                WHERE CallNo = 'TB482/W090');
```

3. 差

差操作是计算两个查询结果的集合差,其格式为:

```
<SELECT 查询语句 1> EXCEPT <SELECT 查询语句 2>
```

【例 4-65】 查询电信学院没有借阅过图书的读者的读者证号。

该查询实际上可以理解为,求解电信学院的读者的读者证号集合与借阅过图书的读者证号集合的差。用差操作符实现此查询的语句为:

```
SELECT PatronID FROM Patron WHERE Department = '电信学院'
EXCEPT
SELECT PatronID FROM Lend;
```

该查询也可以用 NOT IN 谓词改写为:

```
SELECT PatronID FROM Patron
WHERE Department = '电信学院' AND PatronID NOT IN(SELECT PatronID FROM Lend);
```

集合查询操作符中,除了 UNION 之外,都会自动去除重复元组。使用上述集合操作符时一定确保相应的两个查询结果具有相同的列数和数据类型。另外,在早期的 SQL 标准中只支持 UNION 操作，这时通常使用其他形式的查询来实现集合查询。

4.4 数据更新

当基本表创建好之后，可以通过数据更新功能对基本表进行数据的插入、修改和删除等操作。SQL 提供了 INSERT(数据插入)、UPDATE(修改)和 DELETE(删除)语句实现对表中数据的更新。

4.4.1 插入数据

SQL 的数据插入语句通常有两种形式：一种是插入单个元组，另一种是通过子查询一次插入多个元组。

1. 插入单个元组

向表中插入一个元组的语句格式为：

```
INSERT INTO <表名> [(<属性列表>)]
VALUES (<常量列表>);
```

INSERT 语句的功能是将新元组插入到指定的基本表中。其中，属性列表中的列名必须是表定义中的列名，并且常量列表给出的值(包括 NULL)必须与属性列表中的列名按照顺序一一对应，数据类型也必须一致。如果没有指定属性列表，那么常量列表的顺序必须与表中列定义的顺序一致，且每个列都应有值(可以为 NULL)。

【例 4-66】 向 Patron 表中插入一个新的读者元组(读者证号为 S0120080201，姓名为王东，性别为男，部门为电信学院，出生日期为 1990-9-5，读者类别为学生)。

```
INSERT INTO Patron (PatronID,Name,Gender,Department,BirthDate,Type)
VALUES('S0120080201','王东','男','电信学院','1990 - 9 - 5','学生');
```

在 INTO 子句中指出了要插入元组的表名和新插入元组要赋值的属性列。INTO 子句中的属性列表的顺序可以与表定义中的列的顺序不同，只要确保 VALUES 子句中给出的值的顺序与属性列表一致即可。对于上述语句也可以省略属性列表，此时 VALUES 子句中值的顺序(可以有 NULL)必须与表定义中的列的顺序一致，而且必须每一列都要有值与之对应。下面的语句同样可以完成例 4-66 的数据插入功能。

```
INSERT INTO Patron
VALUES('S0120080201','王东','男','1990 - 9 - 5','学生','电信学院');
```

注意，VALUES 子句中的各常量值与 Patron 表定义中列的顺序是一致的。如果 VALUES 子句仍然使用常量列表('S0120080201', '王东', '男', '电信学院', '1990-9-5', '学生')，则字符串“电信学院”将与 BirthDate(出生日期)列相对应，此时由于数据类型不一致将产生错误。

在进行元组插入时，还可以指定表中的部分属性列进行赋值。此时，INTO 子句中必须给出要赋值的列名，而且 VALUES 中的常量列表要与之一一对应。对于 INTO 子句中没有指定的列，将以 NULL 填入；不过，如果在该列上不允许空值（即定义表时使用了 NOT NULL 约束），将会出错。

【例 4-67】 向 Lend 表中插入一个新的借阅元组（索书号为 F113.4/X291，读者证号为 S0120090201，借阅时间为当前时间）。

```
INSERT INTO Lend (CallNo,PatronID,LendTime)
VALUES('F113.4/X291','S0120090201',GETDATE());
```

该语句相当于：

```
INSERT INTO Lend
VALUES('F113.4/X291','S0120090201',GETDATE(),NULL);
```

注意，由于在 INTO 子句中没有指定 Lend 表的列名，在 ReturnTime 列上要明确给出空值（NULL）。

2. 插入子查询的结果

可以通过把子查询嵌入到 INSERT 语句实现批量元组的插入。此时，INSERT 语句将子查询的结果插入到表中。其语句格式为：

```
INSERT INTO <表名> [(<属性列表>)]
子查询;
```

【例 4-68】 查询每个读者的读者证号及未还图书的数量，并存储于建立的表 NR_Num 中。

首先创建表 NR_Num：

```
CREATE TABLE NR_Num (
      PatronID CHAR(20) PRIMARY KEY,
      NReturnNum SMALLINT);
```

执行如下插入语句：

```
INSERT INTO NR_Num (PatronID,NReturnNum)
SELECT PatronID,COUNT( * )
FROM Lend
WHERE ReturnTime IS NULL
GROUP BY PatronID;
```

该插入语句中，子查询得到读者证号及对应读者的未还图书（归还时间为 NULL）数量，然后将查询结果批量插入到表 NR_Num 中。注意，子查询的目标列表达式的值与 INTO 子句中指定的要插入数据的表的列要一一对应。

4.4.2 修改数据

修改操作又称为更新操作，用以对数据库中已存在的数据进行更改。其语句一般格式为：

```
UPDATE <表名>
```

```
SET <列名>=<表达式>[, <列名>=<表达式>]…
[WHERE <条件>];
```

UPDATE语句的功能是修改指定表中满足WHERE子句指定条件的元组。这里，SET子句指出了要修改的列和取代原列值的表达式。如果省略了WHERE子句，将修改表中的所有元组。注意，UPDATE语句只修改表中数据，并不修改表的结构。

1. 无条件修改

所谓无条件修改是指省略WHERE子句，对表中的所有元组进行修改。

【例4-69】 将所有图书的单价下调5%。

```
UPDATE Book
SET Price = Price * 0.95;
```

上述语句对Book表中的每一个元组，用该元组对应的单价(Price)乘以0.95后重新赋值给Price列。

2. 有条件修改

可以通过在WHERE子句中指定需要满足的条件，对表中的元组进行有选择地修改。此时修改过程可以大致这样描述：取出表中的第一个元组，判断其是否满足WHERE子句指定的条件，如果满足则对该元组进行修改，否则跳过，继续提取下一个元组；重复上述过程直到扫描整个表一遍。

【例4-70】 将所有工商学院读者的部门改为管理学院。

```
UPDATE Patron
SET Department = '管理学院'
WHERE Department = '工商学院';
```

对于有条件修改，WHERE子句中指定的条件可能会涉及被修改的表以外的其他表，这时WHERE子句中可以使用子查询来构成选择条件。

【例4-71】 将所有从未被借阅过的图书的可借数和库存数置为0。

```
UPDATE Book
SET AvailableNumber = 0, Number = 0
WHERE CallNo NOT IN (SELECT CallNo FROM Lend);
```

该查询对于每一个Book元组，判断其对应的索书号(CallNo)是否在Lend表中出现过，如果没有出现，则该元组对应的图书从未被借阅过，将其对应的可借数(AvailableNumber)和库存数(Number)分别赋值为0。这个语句也可以用NOT EXISTS表达为如下的相关子查询的形式：

```
UPDATE Book
SET AvailableNumber = 0, Number = 0
WHERE NOT EXISTS (SELECT * FROM Lend WHERE Lend.CallNo = Book.CallNo);
```

4.4.3 删除数据

当确定不再需要表中的某些或全部数据时，可以用删除操作将不需要的元组删除。删除语句的格式为：

```
DELETE
FROM <表名>
[WHERE <条件>];
```

DELETE 语句的功能是删除指定表中满足 WHERE 子句条件的元组。如果省略了 WHERE 子句，则表示删除表中的全部元组。注意，DELETE 只删除表中的数据，并不删除基本表。

1. 无条件删除

所谓无条件删除就是省略 WHERE 子句，删除表中的全部数据。

【例 4-72】 删除所有图书的借阅记录。

```
DELETE FROM Lend;
```

2. 有条件删除

通过 WHERE 语句指定要删除的元组满足的条件，就可以实现有选择地删除元组。删除语句的执行过程与修改语句类似，这里不再赘述。

【例 4-73】 删除所有在 2009 年 5 月以前的图书借阅记录。

```
DELETE FROM Lend
WHERE LendTime <'2009 - 5 - 1';
```

同 UPDATE 语句一样，在 WHERE 子句中也可以使用子查询。

【例 4-74】 删除读者名为“王雨文”的全部图书借阅记录。

```
DELETE FROM Lend
WHERE PatronID IN (
            SELECT PatronID FROM Patron
            WHERE Name = '王雨文');
```

该语句也可以写成如下的相关子查询形式：

```
DELETE FROM Lend
WHERE '王雨文' = (SELECT Name FROM Patron
          WHERE Patron.PatronID = Lend.PatornID);
```

无论是 UPDATE 语句还是 DELETE 语句，在 WHERE 子句中都可以灵活地使用子查询来表达较为复杂的条件，其使用方式和 SELECT 语句中的 WHERE 子句相同。

4.5 视图

视图(View)是从基本表或视图导出的表，其数据的最终来源是基本表。当基本表的数据发生变化，在表上定义的视图对应的数据也会发生变化。反过来，对视图的任何操作最终都必须转换成对基本表的操作。实际上，视图对应于三级模式结构中的外模式，它为用户访问数据库中感兴趣的数据提供了一个窗口。

从用户的观点来看，视图和基本表一样，都可以进行查询、插入、修改和删除等操作。只不过，数据库中并没有独立存储视图对应的数据，只是存储了视图的定义。当用户访问视图中的数据时，系统将结合视图的定义，将用户的访问转化为对基本表的访问。由于一些对视图的更新无法或难以正确地转化成对基本表的操作，所以对视图的更新有一定的限制。

4.5.1 创建视图

SQL 语言使用 CREATE VIEW 语句创建视图，该语句的基本格式为：

```
CREATE VIEW <视图名> [(<视图列名表>)]
AS <子查询>
[WITH CHECK OPTION];
```

其中，子查询可以是任意复杂的 SELECT 语句，但不允许含有 ORDER BY 字句和 DISTINCT 短语。子查询中的 FROM 子句可以是基本表，也可以是视图。视图对应的数据来源于子查询的结果，当使用视图时，将利用该子查询去访问最终涉及的基本表。

视图列名表指定组成要创建视图的所有列名，是可选项。需要注意的是，视图列名表要么全部指定要么全部忽略。当省略视图列名表时，组成视图的列名来自于子查询中的 SELECT 子句中的目标列；当指定视图列名表时，子查询的目标表达式要与视图列名表按照顺序一一对应。注意，在以下情况，视图列名表不能省略，必须全部指定。

(1) 视图是由多个表连接得到的，在不同的表中有列名相同的列，并且在视图中要包含这样的同名列。

(2) 生成视图的子查询的目标列不是单纯的列名，而是聚集函数或其他计算表达式。

(3) 需要为视图中的某些列使用新的更合适的列名。

WITH CHECK OPTION 选项表示对视图进行插入或修改时，保证新行满足视图定义时的谓词条件(即子查询中的查询条件)。

1. 创建行列子集视图

行列子集视图是指这样的视图，该视图是由一个表导出的，只是从表中去除了某些行和某些列，并且保留了表的主键。

【例 4-75】 创建一个电信学院读者的视图 EC_Patron。

```
CREATE VIEW EC_Patron
AS
SELECT PatronID, Name, Gender, BirthDate, Type
FROM Patron WHERE Department = '电信学院';
```

本例中省略了视图 EC_Patron 的列名表，隐含该视图的列来自于子查询中 SELECT 子句指定的目标列，即组成视图 EC_Patron 的列包括 PatronID、Name、Gender、BirthDate 和 Type 等五个列。

在创建视图时，可以使用 WITH CHECK OPTION 选项，以保证对视图进行插入和修改时仍能满足视图的谓词条件。例如,对于例4-75,如果使用了WITH CHECK OPTION选项,则表明,对视图EC_Patron进行插入和修改时,仍能保证视图中只含有电信学院的读者。以下是使用WITH CHECK OPTION选项改写例4-75后的语句:

```
CREATE VIEW EC_Patron
AS
SELECT PatronID, Name, Gender, BirthDate, Type
FROM Patron
WHERE Department = '电信学院'
WITH CHECK OPTION;
```

2. 创建多表视图

视图不仅可以建立在单个表上,也可以建立在多个表上。如果创建视图的子查询中涉及多个表,则创建的视图就是多表视图。

【例4-76】 创建一个电信学院读者借阅图书情况的视图EC_Lend,要求视图中包括读者证号、姓名、读者部门、书名、借阅时间和归还时间等属性。

很明显,该视图需要涉及读者(Patron)、图书(Book)和借阅(Lend)三个表,可以用三表连接查询得到。

```
CREATE VIEW EC_Lend
AS
SELECT Patron.PatronID, Name, Department, Title, LendTime, ReturnTime
FROM Patron JOIN Lend ON Lend.PatronID = Patron.PatronID
            JOIN Book ON Lend.CallNo = Book.CallNo
WHERE Department = '电信学院';
```

注意,上述语句中虽然Patron表和Lend表都具有PatronID列,但视图中只需要一个PatronID,不存在多个同名列的冲突,因此仍然可以省略视图列名表。

3. 创建带表达式的视图

所谓带表达式的视图是指这样的视图,组成该视图的属性列不是导出该视图的表中的列,而是通过表达式派生出来的列。

【例4-77】 创建一个能够反映读者年龄的视图Age_Patron,要求视图中包括读者证号、姓名、性别、年龄和部门等属性。

```
CREATE VIEW Age_Patron(PatronID, Name, Gender, Age, Department)
AS
SELECT PatronID, Name, Gender, YEAR(GETDATE()) - YEAR(BirthDate), Department
FROM Patron;
```

视图Age_Patron是一个带表达式的视图,该视图中的属性列Age(年龄)是使用表达式计算得到的。注意,这样的视图,必需指定视图的全部列名,不能省略。

4. 创建分组视图

分组视图是指通过使用聚集函数和GROUP BY子句的查询生成的视图。

【例 4-78】 创建一个包含每个读者的读者证号及其未还图书数量的视图 P_N。

```
CREATE VIEW P_N(PatronID, NR_Number)
AS
SELECT PatronID,COUNT( * )
FROM Lend
WHERE ReturnTime IS NULL
GROUP BY PatronID;
```

本例中,子查询的 SELECT 子句使用了聚集函数 COUNT(*)来计算未还图书数量的,因此,该视图也不能省略视图列名表。

5. 在视图之上创建视图

视图不仅可以建立在基本表之上,还可以建立在已经存在的视图之上。这时子查询中的 FROM 子句中可以使用视图,也可以同时使用视图和基本表。

【例 4-79】 利用例 4-75 建立的视图,创建一个电信学院学生读者的视图 EC_S_Patron。

```
CREATE VIEW E_S_Patron
AS
SELECT PatronID,Name,Gender,BirthDate
FROM EC_Patron
WHERE Type = '学生';
```

4.5.2 删除视图

视图创建好后如果不再需要,可以随时将其删除。删除视图实际上只是删除了视图的定义,并不会影响其对应的数据和导出它的基本表。删除视图的 SQL 语句格式为:

```
DROP VIEW <视图名>;
```

【例 4-80】 删除例 4-75 建立的视图 EC_Patron。

```
DROP VIEW EC_Patron;
```

删除视图时要注意,如果要删除的是导出其他视图的视图(即在要删除的视图之上建有其他视图),则删除该视图后,将导致导出的视图无法再使用。同样,如果导出视图的基本表被删除或结构发生了变化,也可能导致视图不能正常工作。因此在修改或删除基本表时,一定要注意对建立在其上的视图的影响,对于受到影响的视图应该删除,然后重新创建它们。

4.5.3 利用视图进行数据查询

视图一旦创建,可以像使用基本表一样对其进行数据查询。系统将用户的 SQL 语句和视图的定义语句结合起来,把查询转换为对基本表的查询。

【例 4-81】 使用视图 EC_Lend(电信学院的读者借阅图书情况),查询电信学院借阅过《谋生记》的读者姓名和借阅该书的时间。

```
SELECT Name,LendTime FROM EC_Lend WHERE Title = '谋生记';
```

对于上述查询，系统结合视图 EC_Lend 的定义语句（见例 4-76），最终执行如下查询：

```
SELECT Name,LendTime
FROM Patron JOIN Lend ON Lend.PatronID = Patron.PatronID
            JOIN Book ON Lend.CallNo = Book.CallNo
WHERE Department = '电信学院' AND Title = '谋生记';
```

可见，对于本例的查询，直接对基本表进行查询，语句相对比较复杂，而利用视图进行查询，其语句就简单许多。因此，对用户而言，可以由管理员将较为复杂的查询定义成视图，用户只需对视图进行查询，这样可以简化用户的查询语句。

4.5.4 利用视图进行数据更新

同基本表一样，可以使用插入（INSERT）、修改（UPDATE）和删除（DELETE）语句对视图中的数据进行更新。针对视图的更新语句都要转化为对基本表的更新语句，最终实现的仍然是对基本表中的数据的更新操作。

1. 插入数据

【例 4-82】 向电信学院读者视图 EC_Patron 中插入一条新的记录（读者证号为 S0120090208，姓名为孙丽丽，性别为女，出生日期为 1990-4-15，类别为学生）。

```
INSERT INTO EC_Patron
VALUES ('S0120090208','孙丽丽','女','1990-4-15','学生');
```

转换为对基本表的插入语句为：

```
INSERT INTO Patron (PatronID, Name, Gender, BirthDate, Type, Department)
VALUES ('S0120090208','孙丽丽','女','1990-4-15','学生','电信学院');
```

这里，系统自动将创建视图时子查询中 WHERE 子句指定的条件“Department＝'电信学院'”融合到 INSERT 语句中。

2. 修改数据

【例 4-83】 将电信学院读者视图 EC_Patron 中姓名为孙丽丽的读者的出生日期改为 1990-6-15。

```
UPDATE EC_Patron
SET BirthDate = '1990-6-15'
WHERE Name = '孙丽丽';
```

转换为对基本表的修改语句为：

```
UPDATE Patron
SET BirthDate = '1990-6-15'
WHERE Name = '孙丽丽' AND Department = '电信学院';
```

3. 删除数据

【例 4-84】 删除电信学院读者视图 EC_Patron 中姓名为孙丽丽的读者记录。

```
DELETE FROM EC_Patron
WHERE Name = '孙丽丽';
```

转换为对基本表的修改语句为：

```
DELETE FROM Patron
WHERE Name = '孙丽丽' AND Department = '电信学院';
```

关系数据库中虽然可以利用视图对数据进行更新，但不是所有的视图都可以用来进行数据更新。这是因为，一些对视图的更新语句无法转换为对基本表的正确更新。通常行列子集视图是允许更新的，比如前面所有对视图更新的例子都是针对行列子集视图进行的。而对其他类视图的更新操作有许多限制，主要包括：

(1) 一般对于多表连接得到的视图不允许更新。

(2) 若视图的列是通过聚集函数或其他表达式计算得到的，不允许更新。

(3) 若视图定义中含有 DISTINCT、GROUP BY 等短语或子句，不允许更新。

4.5.5 视图的优点

对视图的任何操作都必须转化为对基本表的操作，看起来有些多此一举。但实际上，如果能够合理地使用视图，会带来许多好处。

1. 简化用户的操作

用户对数据库的访问往往需要涉及多个表，甚至所需要的一些数据并不是直接来自基本表，这可能需要经过较为复杂的计算或查询。采用视图机制，可以通过定义视图，把用户关心的数据展示给用户，使用户看到的数据结构简单而清晰。另外，通过视图可以把较为复杂的查询语句隐藏起来，用户只需要针对视图编写相对简单的查询就可以实现较为复杂的数据访问。从而可以在很大程度上简化用户的操作。

2. 使用户能够从不同角度看待同一数据

不同类别的用户共享相同的数据时，它们看待这些数据可能有不同的视角。通过为不同类别的用户定义不同的视图，可以让用户以所希望的视角来看待同一数据。例如，在学校中，教师和学生都会共享成绩数据，但教师所关心的是自己所讲授课程的学生成绩情况，而学生所关心的是其选修所有课程的成绩情况。这样可以分别按照课程成绩单和学生成绩单为教师和学生定义两个不同的视图，可以使教师和学生以各自的角度来看待成绩数据。

3. 提供一定程度的逻辑独立性

从数据库的三级模式来看，视图对应于外模式。随着应用环境或用户需求的变化，数据库的重构(例如增加新的关系或增加新列等)是难以避免的。当对数据库进行重构时,通过在重构后的数据库的逻辑结构上重新定义或新建视图,可以保持用户应用程序所涉及的外模式(局部数据的逻辑结构)不变,这样用户的应用程序就可以不用改变。

注意,利用视图只能在一定程度上提供逻辑独立性,比如由于对视图的更新有较多的限制,当数据库重构后,用户通过重新定义的视图进行数据更新等操作时可能会受到影响。例如,如果某个应用需要操作的表在重构时被分裂为两个表,为了保证逻辑独立性,可以通过定义一个能够还原该表的多表连接视图提供给该应用使用。这时,虽然此应用程序对原来表的查询操作可以正常进行,但更新操作将不被允许(多表连接视图通常不允许更新)。

4. 有助于对数据提供安全保护

在一些应用中希望不同用户拥有不同数据的访问权限。对不同用户定义不同的视图,在每个用户的视图中排除对其保密的数据,这样可以实现较为灵活的安全性。例如,对于存储全校读者信息的 Patron 表,希望全校各学院的院长只能查看自己学院读者的信息,不能查看其他学院读者的信息。此时,可以按照不同学院建立若干个视图,每个视图只包含一个学院读者的数据,并只允许各学院的院长查看自己学院读者的视图,就可以实现上述的安全要求。

4.6 本章小结

SQL 语言作为国际标准数据语言,具有功能强大、语言简洁、使用灵活等特点,得到广泛的应用。本章详细讲解了 SQL 的数据定义、数据查询、数据更新等功能,并介绍了视图的概念及使用。

SQL 语言通过 CREATE TABLE 语句创建基本表,并提供了默认值(DEFAULT)、非空值(NOT NULL)、唯一性(UNIQUE)、主键(PRIMARY KEY)和检查(CHECK)等完整约束机制,有助于实现关系数据库的实体完整性、参照完整性和用户定义的完整性。对于已经存在的基本表,可以分别使用 ALTER TABLE 和 DROP TABLE 语句对其进行修改和删除。还可以在基本表之上利用 CREATE INDEX 语句创建索引,以帮助改善查询性能。对于不再需要的索引可以利用 DROP INDEX 语句将其删除。

SQL 语言使用 SELECT 语句来表达数据查询要求,不仅可以完成单表查询、多表连接查询和嵌套查询等功能,还可以对查询结果进行排序和分组计算,表达方式灵活、功能强大。

SQL 语言提供了插入(INSERT)、修改(UPDATE)和删除(DELETE)语句,通过这些语句可以方便地实现数据添加、修改和删除等更新操作。

SQL 语言中分别通过 CREATE VIEW 和 DROP VIEW 语句创建和删除视图。视图的数据最终来源于基本表,它本身并不存储数据,是一个虚表。视图一经建立,可以向基本表一样对视图进行查询、插入、修改和删除等操作。对视图的任何操作,最终都必须转化为对基本表的操作。

习题 4

1. 试述 SQL 的特点。

2. 设有三个关系模式：STUDENT（SNO，SNAME，SAGE，SSEX，SCLASS）、COURSE（CNO，CNAME，CHOUR，CTEACHER）和 SC（SNO，CNO，GRADE），分别表示学生、课程和选课情况，这里带下划线的属性（属性组）表示主键。各属性的含义为 SNO（学号）、SNAME（学生姓名）、SAGE（年龄）、SSEX（性别）、SCLASS（班级）、CNO（课程号）、CNAME（课程名称）、CHOUR（学时）、CTEACHER（任课教师）、GRADE（成绩）。

规定：属性 SNO、SNAME、SSEX、SCLASS、CNO、CNAME 和 CTEACHER 的数据类型为字符（CHAR）型，自定义列的宽度；SAGE、CHOUR 和 GRADE 的数据类型为整（INT）型；学生年龄限定在 18～28 岁之间，姓名不允许空，课程名称唯一。用 SQL 语句定义上述表的结构（包括必要的完整性约束）。

3. 针对第 2 题图 4-29 中的三个表，编写完成如下操作的 SQL 语句。

（1）查询任课教师“刘晓莉”所授课程的课程号、课程名称和学时。

（2）查询有不及格（成绩小于 60）课程的学生姓名。

（3）查询年龄在 18～20 岁之间的男学生的学号、姓名、年龄和班级。

（4）查询“数据库原理”课程的最高分数。

（5）查询平均成绩 80 分以上的学生姓名。

（6）查询名称中包含“数据”的课程的详细信息。

（7）查询选修“数据库原理”课程成绩 85 分以上的学生的姓名和所在班级。

（8）查询没有选修“数据库原理”课程的学生姓名和所在班级。

（9）查询被所有“计算机 091”班学生选修的课程的课程名称和学时。

（10）查询“计算机 091”班“数据库原理”成绩最高的学生姓名。

（11）查询年龄超过其所在班级平均年龄的学生的姓名、性别、年龄和所在班级。

（12）向 STUDENT 表中插入一条新的学生记录（0905050105，周晓斌，19，男，计算机 091）。

（13）所有“计算机 091”班学生的“数据库原理”课程的成绩提高 5%。

（14）删除“编译原理”课程的所有选课信息。

（15）向 COURSE 表中插入一条新的课程记录（050804，数字图像处理，48），暂不指定任课教师。

4. 试说明视图的优点。

5. 根据第 2 题中的三个表，创建一个“计算机 091”班学生的选课视图 V_Computer091，要求视图中包括学号、姓名、课程名称和成绩等属性。

6. 利用第 5 题创建的视图，使用 SQL 完成如下查询。

（1）查询“计算机 091”班选修“数据库原理”课程的学生姓名及该课程的成绩。

（2）查询“计算机 091”班每个学生的学号、姓名和平均成绩。

（3）查询“计算机 091”班选课超过 3 门的学生姓名。

7. 上机实践：在 SQL Server 2008 数据库引擎中创建一个包含第 2 题中三个表的数据

库(要满足该题的所有要求),输入如图 4-29 所示的数据,在查询编辑器中,编写 SQL 语句完成第 3 题的所有操作,并查看运行结果。

SNO 学号	SNAME 姓名	SAGE 年龄	SSEX 性别	CCLASS 班级
0905010101	王辰	20	男	计算机 091
0905010102	赵萌萌	19	女	计算机 091
0905010103	孙晓飞	21	男	计算机 091
0905010201	张晓雯	18	女	计算机 092
0905010202	李伟	19	男	计算机 092
0905050101	张鹏	21	男	网络 091
0905050102	周扬	20	女	网络 091

(a) STUDENT 表

CNO 课程号	CNAME 课程名称	CHOUR 学时	CTEACHER 任课教师
050601	数据结构	64	刘楠
050602	数据库原理	48	姜宏波
050603	程序设计基础	64	徐军
050801	计算机网络	64	刘晓莉
050802	编译原理	48	刘晓莉

(b) COURSE 表

SNO 学号	CNO 课程号	GRADE 成绩
0905010101	050601	75
0905010101	050602	82
0905010101	050603	65
0905010102	050601	90
0905010102	050602	88
0905010103	050603	94
0905010201	050601	78
0905010201	050802	82
0905010201	050602	84
0905010202	050801	64
0905010202	050603	76
0905050101	050801	82
0905050101	050603	66
0905050102	050802	76
0905050102	050601	82

(c) SC 表

图 4-29 第 7 题示例数据

实验 3 数据表的创建与管理

【实验目的】

(1) 了解 SQL Server 的基本数据类型。

(2) 熟练掌握使用 SQL Server Management Studio 创建并删除数据表、修改表结构,更新数据。

(3) 熟练掌握使用 SQL 语句创建并删除数据表、修改表结构,更新数据。

【实验要求】

(1) 熟练使用 SQL Server Management Studio 的对象资源管理器创建和删除基本表。

(2) 使用数据库引擎查询,完成用 SQL 语句创建和删除基本表。

(3) 完成用 SQL Server Management Studio 和 SQL 创建和删除基本表的实验报告。

【实验准备】

(1) 确定数据库包含的各表的结构,还要了解 SQL Server 的常用数据类型,以创建数据库的表。

(2) 已完成实验 2,成功创建了数据库 studb。

(3) 了解常用的创建表的方法。

【实验内容】

(1) 参照本章 4.2.1 节的内容,利用 SQL Server Management Studio 的对象资源管理器,创建 Book、Patron 和 Lend 表,并输入数据。

(2) 在实验 2 建立的学生选课管理数据库 studb 中,分析下列需要建立的表,并根据这些表结构在查询编辑器中用 SQL 语句创建它们(见表 4-7~表 4-9)。

表 4-7 student 表(学生信息表)

字段名称	类　型	宽度	允许空值	是否主键	说　明
sno	char	10	NOT NULL	是	学生学号
sname	char	8	NOT NULL		学生姓名
sex	char	2	NULL		学生性别
birthday	date	—	NULL		学生出生日期
dept	varchar	50	NULL		学生所在院系
spno	char	8	NULL		专业代码
classno	char	4	NULL		班级号

表 4-8 course 表(课程信息表)

字段名称	类　型	宽度	允许空值	是否主键	说　明
cno	char	10	NOT NULL	是	课程编号
spno	char	8	NULL		专业代码
cname	char	20	NOT NULL		课程名称
lecture	tinyint	—	NULL		授课学时
semester	tinyint	—	NULL		开课学期
credit	tinyint	—	NULL		课程学分

表 4-9 student_course 表(学生选课成绩表)

字段名称	类　型	宽度	允许空值	主　键	说　明
sno	char	10	NOT NULL	是	学生学号
cno	char	10	NOT NULL	是	课程编号
score	tinyint	—	NULL		学生成绩

(3) 数据的输入和更新。根据表 4-10~表 4-12 输入数据,分别用以下方法对其进行数据输入。用 T-SQL 语句对 Student 表进行数据输入和更新。

① 向数据表 Student 中插入记录('0705010119','任镇权','男','1988-04-12','计算机系','99','073')。

② 学生刘招香选修计算机网络课,考试成绩为 80 分。

③ 在 student_course 表中删除学号为 0705010131 和课程号为 0301 的记录。

表 4-10 student 表数据

sno	sname	sex	birthday	dept	spno	classno
0705010131	刘招香	女	1988-11-03	计算机系	09	071
0705010127	胡玉萍	女	1989-01-12	计算机系	09	071
0705010226	高云鹏	男	1988-10-23	计算机系	09	072
0705010303	刘国龙	男	1988-06-11	计算机系	09	072
0705010125	朱臻	男	1989-08-08	计算机系	09	073
0705010215	唐铎	男	1988-11-16	网络系	08	071
0705010105	徐家兴	男	1988-05-21	网络系	08	071
0705010103	程明龙	男	1988-03-12	网络系	08	072
0705010102	金泽	男	1989-07-09	信计系	06	071
0705010106	郝旭东	男	1988-11-13	信计系	06	071

表 4-11 course 表数据

cno	spno	cname	lecture	semester	credit
0101	09	计算机基础	32	1	2
0102	09	C++程序设计	48	3	3
0206	09	离散数学	48	2	3
0208	09	数据结构	52	3	4
0209	09	操作系统	52	6	4
0210	09	微机原理	52	6	4
0211	09	图形学	32	7	2
0212	09	数据库原理	48	5	3
0301	09	计算机网络	64	6	5
0302	09	软件工程	52	5	4

表 4-12 student_course 表数据

sno	cno	score	sno	cno	score
0705010131	0101	78	0705010215	0212	90
0705010127	0206	76	0705010105	0301	85
0705010226	0101	62	0705010103	0101	88
0705010303	0209	75	0705010102	0212	66
0705010125	0210	77	0705010106	0302	95

(4) 数据表结构的修改。用 SQL Server Management Studio 的对象资源管理器将 Student 表的 sname 列宽度改成 10。并用 SQL 语句完成如下要求：

① 在 Student 表中修改 classno 列的长度为 10。

② 在 Student 表中增加 tel 列(电话)，类型为字符型，长度为 20。

③ 在 Student 表中删除 tel 列。

实验4 数据库的简单查询和连接查询

【实验目的】

(1) 掌握 SQL Server 2008 数据库引擎查询的使用方法。

(2) 加深对 T-SQL 语言的查询语句的理解。

(3) 熟练掌握简单表的数据查询、数据排序和数据连接查询的操作方法。

【实验要求】

(1) 熟练使用 T-SQL 语句进行数据查询。

(2) 完成用 T-SQL 语句进行数据查询、数据排序和数据连接查询的实验报告。

【实验准备】

(1) 已完成实验 2,成功创建了数据库 studb。

(2) 已完成实验 3,成功建 student、course 和 student_course 表,且表中已输入数据。

【实验内容】

(1) 简单查询。练习编写简单查询的 T-SQL 语句,并查看运行结果。可参照如下问题进行练习。

① 查询计算机系学生的学号和姓名。

② 查询选修了课程的学生学号。

③ 查询选修课程号为 0101 的学生姓名和成绩,查询结果按成绩降序排列。

④ 查询选修课程号为 0101 的成绩在 80～90 分之间的学生学号和成绩,并将成绩乘以系数 0.9 输出。

⑤ 查询网络系姓徐的学生的信息。

⑥ 查询成绩为空的学生的学号和课程号。

(2) 连接查询。练习编写实现连接查询的 T-SQL 语句,并查看运行结果。可参照如下问题进行练习。

① 查询每个学生的情况及他(她)所选的课程。

② 查询学生的学号、姓名选修的课程名及成绩。

③ 查询选修计算机网络课程且成绩为 80 分以上的学生学号、姓名及成绩。

实验5 数据库复杂查询

【实验目的】

(1) 进一步掌握 SQL Server 2008 数据库引擎查询的使用方法。

(2) 加深对 T-SQL 语句的嵌套查询语句的理解。

(3) 熟练掌握数据查询中分组、统计、计算和组合的操作方法。

【实验要求】

(1) 熟练使用 T-SQL 语句进行数据查询。
(2) 完成用 T-SQL 进行数据库复杂查询的实验报告。

【实验准备】

(1) 已完成实验 2,成功创建了数据库 studb。
(2) 已完成实验 3,成功建 student、course 和 student_course 表,且表中已输入数据。

【实验内容】

(1) 在查询编辑器中编写完成实现查询功能 T-SQL 语句,并查看运行结果。可参照如下问题进行练习。

① 查询选修了计算机网络的学生学号和姓名。
② 查询 0101 课程的成绩高于刘招香的学生学号和成绩。
③ 查询同刘招香数据库原理课程分数相同的学生学号。
④ 查询选修 0206 课程的学生姓名。
⑤ 查询没有选修 0206 课程的学生姓名。
⑥ 查询选修了全部课程的学生姓名。
⑦ 查询与学号 0705010119 的学生所选修的全部课程相同的学生学号和姓名。

(2) 在查询编辑器中编写完成实现统计查询功能 T-SQL 语句,并查看运行结果。可参照如下问题进行练习。

① 查询选修"计算机基础"课程的学生的平均成绩。
② 查询选修"计算机基础"课程成绩比此课程平均成绩高的学生学号和成绩。
③ 查询选修计算机基础和计算机网络的学生学号和成绩。
④ 统计各系各门课的平均成绩。
⑤ 列出各系学生的总人数,并按人数进行降序排列。

实验 6 数据库索引与视图

【实验目的】

(1) 理解索引和视图的概念。
(2) 掌握索引的使用方法。
(3) 掌握视图的使用方法。

【实验要求】

(1) 熟练使用 SQL Server Management Studio 和 T-SQL 语句进行视图与索引的操作。

(2) 完成用视图与索引的实验报告。

【实验准备】

(1) 已完成实验 2,成功创建了数据库 studb。
(2) 已完成实验 3,成功建 student、course 和 student_course 表,且表中已输入数据。

【实验内容】

(1) 创建、删除索引文件。参照以下内容进行练习。

① 使用 SQL Server Management Studio 的对象资源管理器为 studb 数据库的 student_course 表建立索引,要求按照 cno 升序、score 降序建立一个名为 IX_SC 的索引。

② 使用 SQL Server Management Studio 的对象资源管理器删除上面创建的索引 IX_SC。

③ 编写 T-SQL 语句为 studb 数据库的 student_course 表建立索引,要求按照 cno 升序、score 降序建立一个名为 IX_SC 的索引。

④ 编写 T-SQL 语句删除表 student_course 的 IX_SC 索引。

(2) 创建、查看、修改和删除视图。参照以下内容进行练习。

① 使用 SQL Server Management Studio 的对象资源管理器创建学生选修课程情况的视图 view_stu_score。要求视图中包括学生学号、学生姓名、课程名称和学生成绩等属性。

② 使用 SQL Server Management Studio 的对象资源管理器修改视图,将刚创建的视图 view_stu_score 改为只包含 70 分以上的课程的选修信息。

③ 使用 SQL Server Management Studio 的对象资源管理器删除视图 view_stu_score。

④ 编写 T-SQL 语句实现创建视图 view_stu_score。

⑤ 编写 T-SQL 语句删除视图 view_stu_score。

第5章 T-SQL程序设计基础

标准的SQL数据库操纵语言(DML)只能用于修改或者返回数据。SQL DML没有提供用于开发过程和算法的编程结构,也没有包含用于控制和调整服务器的数据库专用命令,为此,每种功能完备的数据库产品都会使用一些各自专有的SQL语言来扩展弥补标准SQL的不足。本章将介绍SQL Server所使用的Transaction-SQL(T-SQL)的基本对象和操作,包括常量、标识符以及每个对象与操作的相应的数据类型,以便了解数据库系统所提供的过程化编程机制。

5.1 T-SQL语言分类

Transaction-SQL又称T-SQL,是微软公司在关系型数据库管理系统SQL Server中的SQL-3标准的实现,是微软对SQL的扩展。T-SQL具有SQL的主要特点,提供标准SQL的DDL和DML功能,同时增加了变量、运算符、函数、流程控制和注释等语言元素,使得其功能更加强大。SQL Server 2008中使用图形界面能够完成的所有功能,都可以利用T-SQL来实现。

T-SQL的目的在于为事务型数据库开发提供一套过程化的开发工具。在SQL Server 2008中创建、修改、删除、查询数据库及其对象时,都需要使用这种语言。T-SQL的执行是在SQL Server的数据库引擎中进行的,与应用程序无关。对于使用SQL Server的人来说,掌握T-SQL语言,是管理SQL Server数据库、开发应用程序的基础。

根据T-SQL完成的具体功能,可以将T-SQL语句分为四大类,分别是数据定义语句、数据操纵语句、数据控制语句和一些附加语句。

1. 数据定义语句

数据定义语句是指用来定义和管理数据库以及数据库中的各种对象的语句,这些语句包括CREATE、ALTER和DROP语句。在SQL Server 2008中,数据库对象包括表、视图、触发器、存储过程、规则、用户自定义以及默认的数据类型。这些对象的创建、修改和删除都可以通过这三个语句来完成。

2. 数据操纵语句

数据操作语句是指用来查询、添加、修改和删除数据库中数据的语句,这些语句包括SELECT(查询数据)、INSERT(插入数据)、UPDATE(修改数据)和DELETE(删除数据)等。

3. 数据控制语句

数据控制语句主要包括完整性控制、并发控制和恢复以及安全性控制等功能。完整性控制的主要目的是防止语义上不正确的数据进入数据库，在标准 SQL 中主要通过 CREATE TABLE 语句中相应的完整性约束定义机制来实现；并发控制主要是为了保证当多用户并发访问数据库时数据的一致性，恢复的目的是当发生各种故障使数据库处于不一致状态时，将数据库恢复到某一正确状态；安全性控制是用来进行安全管理的，以确保数据库中的数据和操作不会被未授权的用户使用和执行。关于安全性、并发控制和恢复等功能将在后续章节进行介绍。

4. 附加语句

附加语句不是 SQL-3 的标准内容，而是 T-SQL 语言为了编写脚本而增加的语句，包括变量、运算符、函数、注释语句、流程控制语句和事务控制语句等。

与标准 SQL 相比，T-SQL 主要是通过一些附加的语句来提高编写复杂程序的能力。利用这些扩充的功能，用户可以编写复杂的查询语句，还可以建立驻留在 SQL Server 服务器上的存储过程和触发器等对象，便于实现较为复杂的业务规则。另外，T-SQL 语句既可以独立使用(自含式)，又可以嵌入到其他语言中使用(嵌入式)。

5.2 数据类型

数据类型对应着 SQL Server 2008 系统在内存或磁盘上开辟存储空间的大小，也决定了访问、显示、更新数据的方式，因此，在使用数据之前，必须要指定其数据类型。除了支持数值型、字符型、日期型、货币型等系统提供的数据类型外，T-SQL 还支持用户自定义数据类型。

5.2.1 系统提供的数据类型

如表 5-1 所示，SQL Server 2008 中提供了丰富的数据类型，主要包括二进制、精确数字、近似数字、字符串、日期时间等几大类型。

表 5-1 SQL Server 2008 系统提供的数据类型

类别	数据类型	类别	数据类型	类别	数据类型
二进制字符串	BINARY VARBINARY IMAGE	近似数字	FLOAT REAL	日期时间	DATETIME DATE SMALLDATETIME
精确数字	BIT INT BIGINT SMALLINT TINYINT DECIMAL NUMERIC MONEY SMALLMONEY	字符串	CHAR VARCHAR TEXT NCHAR NVARCHAR NTEXT	其他类型	TIMESTAMP SQL_VARIANT TABLE CURSOR UNIQUEIDENTIFIER XML

1. 精确数字

精确数字类别又分为整数、精确小数数字和货币三种类型。

1) 整数类型

整数数据类型包括：BIT、INT、BIGINT、SMALLINT 和 TINYINT 五种。

(1) BIT：BIT 型数据的值只能为 0 或 1。通常使用 BIT 类型的数据表示真假逻辑关系，如 ON/OFF、YES/NO、TRUE/FALSE 等，所占存储空间大小为 1 字节。

(2) INT：可以存储从 $-2^{31}\sim2^{31}-1$ 范围内的全部整数，所占存储空间大小为 4 字节。

(3) BIGINT：可以存储 $-2^{63}\sim2^{63}-1$ 范围内的全部整数，所占存储空间大小为 8 字节。

(4) SMALLINT：存储从 $-2^{15}\sim2^{15}-1$ 范围内的全部整数，所占存储空间大小为 2 字节。

(5) TINYINT：可以存储 0～255 之间的所有整数，所占存储空间大小为 1 字节。

2) 精确的小数数据类型

精确的小数数据类型包括 DECIMAL 和 NUMERIC 两种类型。这两种数据的取值范围都是从 $-10^{38}+1$ 到 $10^{38}-1$。所占存储空间大小为 2～17 字节。它们的定义分别格式为：

```
DECIMAL[(p[, s] )]和 NUMERIC [(p[, s] )]
```

其中：

- p(精度)　最多可以存储的十进制数字的总位数，包括小数点左边和右边的位数。该精度必须是从 1 到最大精度 38 之间的值。默认精度为 18。
- s(小数位数)　小数点右边可以存储的十进制数字的最大位数。小数位数必须是从 0 到 p 之间的值。仅在指定精度后才可以指定小数位数。默认的小数位数为 0；因此，$0\leqslant s\leqslant p$。最大存储大小基于精度而变化。

3) 货币数据类型

货币数据类型专门用于货币数据处理，包括 MONEY 和 SMALLMONEY 两种类型。

(1) MONEY：以 MONEY 数据类型存储的货币值的范围从 $-2^{63}\sim2^{63}-1$，精确到货币单位的 1%，所占存储空间大小为 8 字节。

(2) SMALLMONEY：以 SMALLMONEY 数据类型存储的货币值介于－214 748.3648～214 748.3647 之间，精确到货币单位的 1%。所占存储空间大小为 4 字节。

2. 近似数字

近似数据类型包括 FLOAT(浮点)和 REAL(实数)两种类型。

(1) FLOAT[(*n*)]：该类型数据范围是－1.79E＋308～1.79E＋308，所占存储空间大小取决于 *n*。*n* 为用于存储 FLOAT 数值尾数的位数，以科学记数法表示，因此可以确定精度和存储大小。如果指定了 *n*，则它必须是介于 1～53 之间的某个值。*n* 的默认值为 53。当 *n* 取值范围在 1～24 之间时，存储空间为 4 字节；当 *n* 取值范围在 25～53 之间时，存储空间为 8 字节。

(2) REAL：该类型数据范围是－3.40E＋38～3.40E＋38，所占存储空间大小为 4 字节。相当于 FLOAT(24)。

3. 日期和时间

日期/时间数据类型包括 DATE、DATETIME 和 SMALLDATETIME 三种类型。

(1) DATE：存储从 0001 年 1 月 1 日到 9999 年 12 月 31 日间的日期，存储大小为 3 字节。日期格式'YYYY-MM-DD'，其中 YYYY 表示年份，范围为 0001～9999；MM 表示月份，范围为 1～12；DD 表示日期，范围为 1～31。

(2) DATETIME：存储从 1753 年 1 月 1 日到 9999 年 12 月 31 日的日期和时间数据，精确到 3%秒。所占存储空间大小为 8 字节。默认格式为'YYYY-MM-DD hh:mm:ss.n*'，其中，'YYYY-MM-DD'是日期部分，"hh:mm:ss.n*"是时间部分，hh、mm 和 ss 分别表示小时、分钟和秒；n*表示秒的小数部分，范围为 0～999。

(3) SMALLDATETIME：存储从 1900 年 1 月 1 日到 2079 年 12 月 31 日的日期和时间数据，可以精确到分钟。所占存储空间大小为 4 字节。默认格式为'YYYY-MM-DD hh:mm:ss'，含义同 DATETIME。

4. 字符串

字符数据类型是由字母、数字和符号组合而成，如'beijing'、'zyf123@126.com'等都是合法的字符型数据。在了解字符串数据类型之前，首先了解一下字符编码问题。

1) 编码

编码是不同国家的语言在计算机中的一种存储和解释规范。目前的编码方式主要有两种：普通字符编码和统一字符编码(Unicode)。

(1) 普通字符编码。普通字符编码对应多种字符集，统称为 ANSI 字符集。ANSI 字符集中的每个字符在计算机中所占字节数不确定。例如，美国的 ASCII 字符集中的每个字符占 1 字节，而我国的标准字符集 GB2312 中的每个字符占 2 字节。这种编码方式在国际交流中将产生字符转换问题，统一字符编码能够解决该问题。

(2) 统一字符编码(Unicode)。统一字符编码固定使用 2 字节表示一个字符，可以表示 65 535 个字符，此种编码对应的字符集称为 Unicode 字符集。

2) 非 Unicode 字符数据类型

非 Unicode 字符数据类型可以分为：CHAR、VARCHAR 和 TEXT 三种。

(1) CHAR[(*n*)]：长度为 *n* 的固定长度非 Unicode 字符串，每个字符占用 1 字节的存储空间，存储空间为 *n* 字节(*n* 必须是介于 0～8000 之间的一个整数)。当给定字符串长度超过 *n* 时，超出部分将被截断，如果给定字符串实际长度小于 *n*，将用空格填充空域部分。如果未在数据定义或变量声明语句中指定 *n*，则默认长度为 1。

(2) VARCHAR[(*n*)]：最大长度为 *n* 的可变长度的非 Unicode 字符串(*n* 必须是介于 0～8000 之间的一个整数)，其存储大小为实际字符串所占字节数。当给定字符串长度超过 *n* 时，超出部分将被截断，如果给定字符串实际长度小于 *n*，按实际长度存储，不填充空格。

VARCHAR(max)：最大长度为 $2^{31}-1$ 的可变长度字符串。

(3) TEXT：专门用于存储数量庞大的变长字符数据，最大所占存储空间可 $2^{31}-1$ 字节。

3) Unicode 字符数据类型

Unicode 字符数据类型用于存储要用两个字符才能存储的双字节字符，例如汉字、日文或韩文等。包括 NCHAR、NVARCHAR 和 NTEXT 三种类型。由于存储的都是双字节字符，因此 Unicode 字符数据的存储空间：Unicode 数据的存储空间＝字符数×2(字节)。Unicode 字符数据类型与非 Unicode 字符数据类型相比，其区别在于字符采用 Unicode 编码，每个字符占 2 字节，其使用形式(包括 NCHAR[(*n*)]、NVARCHAR[(*n*)]、NVARCHAR(max)和 NTEXT)和含义与非 Unicode 字符数据类型相同。

5. 二进制字符串

二进制字符串类型包括：BINARY、VARBINARY 和 IMAGE 三种。

(1) BINARY[(*n*)]：固定长度为 *n* 字节的二进制字符串(*n* 必须是介于 0～8000 之间的一个整数)，所占存储空间大小为 *n* 字节。

(2) VARBINARY[(*n*)]：最大长度为 *n* 字节可变长二进制字符串(*n* 必须是介于 0～8000 之间的一个整数)，所占存储空间大小为实际二进制字符串长度。

VARBINARY(max)：最大的存储大小为 $2^{31}-1$ 的可变长度二进制字符串。

(3) IMAGE：可用于存储超过 8000 字节的数据，如 Microsoft Word 文档、Microsoft Excel 图表以及图像数据等，所占存储空间大小为 0～$2^{31}-1$ 字节。

6. 其他数据类型

除了前面介绍的数据类型之外，SQL Server 2008 还提供了一些其他数据类型，以存储特殊类型的数据。主要包括 CURSOR、SQL_VARIANT、TIMESTAMP、TABLE、UNIQUEIDENTIFIER 和 XML 等。

(1) CURSOR：游标的引用，所占存储空间大小为 8 字节。

(2) SQL_VARIANT：数据类型可以应用在列、参数、变量和函数返回值中，SQL_VARIANT 类型的数据可以存储除 TEXT、NTEXT、IMAGE 和 SQL_VARIANT 数据类型以外的各种数据。所占存储空间大小为 0～8000 字节。

(3) TIMESTAMP：时间戳，数据库范围内的唯一值，所占存储空间大小为 8 字节。

(4) TABLE：存储对表或者视图处理后的结果集。

(5) UNIQUEIDENTIFIER：全局唯一标识符(GUID)，所占存储空间大小为 16 字节。

(6) XML：存储可扩展标记文本数据。

5.2.2 用户自定义数据类型

用户自定义数据类型是在 SQL Server 系统数据类型基础上定义的，定义时需要指定该类型的名称、建立在其上的系统数据类型以及是否允许为空值(NULL)等。自定义数据类型定义以后，使用方式同系统数据类型。

1. 创建用户自定义数据类型

可以使用系统存储过程 sp_addtype 创建用户自定义数据类型。

【例 5-1】 在数据库 TSG 中创建自定义数据类型 Number，SMALLINT 类型，允许空。

```
USE TSG
```

```
GO
EXEC sp_addtype Number,'SMALLINT','NULL'
```

2. 查看用户自定义数据类型

可以使用存储过程 sp_help 查看用户自定义数据类型。

【例 5-2】 查看 Number 的特征。

```
EXEC sp_help Number
```

运行结果如图 5-1 所示。

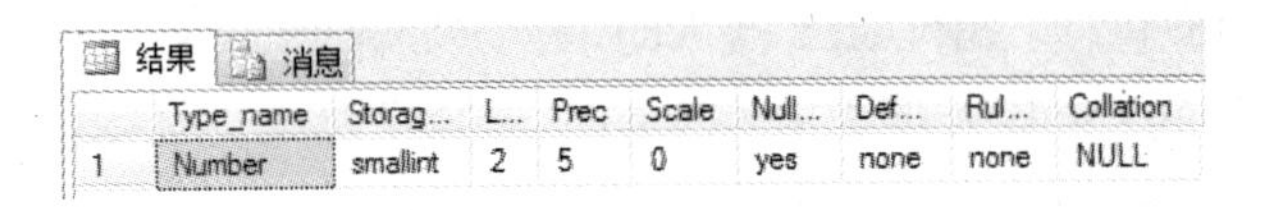

	Type_name	Storag...	L...	Prec	Scale	Null...	Def...	Rul...	Collation
1	Number	smallint	2	5	0	yes	none	none	NULL

图 5-1 例 5-2 的运行结果

3. 删除用户自定义数据类型

可以使用存储过程 sp_droptype 删除用户自定义数据类型。

【例 5-3】 删除自定义的数据类型 Number。

```
EXEC sp_droptype Number
```

注意：只能删除已经定义但未被使用的用户自定义数据类型，正在被表或其他数据库对象使用的用户自定义数据类型不能删除。

5.3 常量、变量和运算符

常量是一个常值，在程序运行中保持不变，一经定义程序本身不能改变其值。变量是在程序运行过程中其值可以改变的量。

5.3.1 常量

常量是表示一个特定数据值的符号，其格式取决于其数据类型。通常常量包括字符串常量、二进制常量、日期/时间常量和数值量常量等。

1. 字符串常量

字符串常量括在单引号内，并包含字母数字字符（a～z、A～Z 和 0～9）以及特殊字符，如感叹号（!）、at 符（@）和数字号（#）。如果单引号中的字符串本身包含一个嵌入的单引号，可以使用两个单引号表示嵌入的单引号。以下是字符串的示例：

```
'Cincinnati'、'O''Brien'、'Process X is 50 % complete.'
```

SQL Server 中，字符串常量还可以采用 Unicode 字符编码格式，即在字符串前面用 N 标识。如 N'A SQL String'表示字符串'A SQL String'是一个 Unicode 字符串。

2. 二进制常量

二进制常量具有前辍0x并且是十六进制数字字符串。这些常量不使用引号括起。例如,0xAE、0x12Ef、0x69048AEFDD010E和0x(空二进制串)等均为二进制常量。

3. 日期/时间常量

日期/时间常量使用特定格式的字符日期值来表示,并被单引号括起来。SQL Server支持多种日期/时间格式,可以使用SET DATEFORMAT命令来设置格式。这里建议使用不依赖于DATEFORMAT且适用于多种语言的日期时间格式。仅有ISO8601格式(例如'2008-02-23T14:23:05'和'2008-02-23T14:23:05-08:00')是国际标准格式。它们不依赖于DATEFORMAT或默认登录语言,适用于多种语言。下面通过几个例子来介绍较为常见的日期/时间格式。

例如,'2010-12-05、'12/05/2010'和''20101205'都可以表示日期"2010年12月5日"。这三种表示格式中,第二种表示(即'12/05/2010')是SQL Server默认的处理方式,但是如果使用SET DATEFORMAT将格式设定为其他形式,此种表示将会出问题,而其他两种不会受到影响。这是因为第二种格式依赖于DATEFORMAT,而其他两种不依赖于DATEFORMAT。

'2010-12-05 14:23:05'、'12/05/2010 2:23:05 PM'、'2010-12-05T14:23:05'和'20101205 14:23:05'都是表示"2010年12月5日14点23分5秒"。其中,第二种表示仍然依赖于DATEFORMAT。如果只表示时间可以直接使用时间部分,如'14:23:05'表示"14点23分5秒"。

4. 数值常量

数值常量包括整型常量、数值常量、货币常量和UNIQUEIDENTIFIER常量。

1) 整型常量

整型常量以没有用引号括起来并且不包含小数点的数字字符串来表示。整型常量必须全部为数字,它们不能包含小数,例如,2356、8等都是整型常量。

2) 数值常量

数字常量分为精确数值常量和浮点常量。精确数值常量由没有用引号括起来并且包含小数点的数字字符串来表示,例如1894.1204和2.0等;浮点常量使用科学记数法来表示,例如101.5E5和0.5E-2等。

3) 货币常量

货币常量以前缀为可选的小数点和可选的货币符号不使用引号括起的数字字符串来表示,例如$12和$542023.14都为货币常量,前面的货币符号$是可选的。

4) UNIQUEIDENTIFIER常量

UNIQUEIDENTIFIER常量是表示GUID的字符串,可以使用字符或二进制字符串格式指定。以下示例都指定相同的GUID:

```
'6F9619FF - 8B86 - D011 - B42D - 00C04FC964FF'
0xff19966f868b11d0b42d00c04fc964ff
```

若要明确指出一个数是正数还是负数，在数值常量前面加上“＋”或“－”运算符。这将创建一个表示有符号数字值的表达式。如果前面没有加“＋”或“－”运算符，数值常量将使用正数。

5.3.2 变量

每种语言都要使用变量在内存中临时存储数据值，T-SQL 中可以使用两种变量：局部变量(Local Variable)和全局变量(Global Variable)。

1. 局部变量

局部变量是用户自定义的变量，它的作用范围仅在定义它的程序内部。在程序中通常用来存放从表中查询的数据，或存放应用程序与数据库通信暂存的数据。局部变量名以@开头，用 DECLARE 命令进行定义，语法格式如下：

```
DECLARE @变量名 变量类型 [,@变量名 变量类型]
```

其中，“变量类型”可以是 SQL Server 系统提供的数据类型，也可以是用户自定义类型。在 T-SQL 中，不能像在其他程序中那样“变量＝变量值”来给变量赋值，必须使用 SELECT 或 SET 命令来设置变量的值，语法格式如下：

```
SELECT @变量名 = 变量值 或者 SET @变量名 = 变量值
```

【例 5-4】 声明一个存放名称的变量 Name，类型为 char，长度为 10，赋值“图书馆”并输出变量的值。

```
DECLARE @Name char(10)
SELECT @Name = '图书馆'
PRINT @Name
```

运行结果如图 5-2 所示。

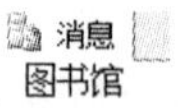

消息
图书馆

图 5-2 例 5-4 的运行结果

2. 全局变量

全局变量不是由用户的程序定义的，是在服务器级定义的，是 SQL Server 系统内部使用的变量，其作用范围并不局限于某一程序，而是任何程序均可以随时使用。引用全局变量时，必须以标记符@@开头，局部变量的名称不能与全局变量的名称相同。常用的全局变量见表 5-2。

表 5-2 常用的全局变量

全局变量	含义
@@CONNECTIONS	返回自上次启动以来连接或试图连接的次数
@@CURSOR_ROWS	返回连接最后打开的表中当前光标所在行
@@ERROR	返回最后执行的 T-SQL 语句的错误代码
@@FETCH_STATUS	返回上一次 FETCH 语句的状态值
@@IDENTITY	返回最后插入的标识值
@@MAX_CONNECTIONS	返回 SQL 上允许的同时用户连接的最大数
@@PROCID	返回当前存储过程的 ID 值

续表

全局变量	含义
@@OPTIONS	返回当前 SET 选项的信息
@@ROWCOUNT	返回受上一语句影响的行数，任何不返回行的语句将这一变量设置为 0
@@SERVERNAME	返回运行 SQL 服务器名称
@@SERVICENAME	返回 SQL Server 正运行于哪种服务状态之下，如 MS SQL Server、MSDTC、SQL Server Agent
@@SPID	返回当前用户进程的服务器进程标识符
@@TRANCOUNT	返回当前连接的活动事务数
@@VERSION	返回 SQL Server 的版本信息

【例 5-5】 修改 TSG 数据库的 Book 表中某条记录的书号 CallNo，用@@ERROR 检测主键冲突。

```
USE TSG
GO
UPDATE Book SET CallNo = 'F121/L612'
WHERE CallNo = 'G0/Z810'
IF @@ERROR = 2627
   PRINT 'A constraint violation occurred'
```

上述程序在对 Book 表进行修改后，利用 IF 语句(语句含义同 C 语言，具体将在后面介绍)判断全局变量@@ERROR 的值是否等于 2627，如果等于则表明产生主键冲突错误，将利用 PRINT 语句输出消息 A constraint violation occurred。其运行结果如图 5-3 所示。

【例 5-6】 查看 SQL Server 的版本号。

```
SELECT @@VERSION
```

运行结果如图 5-4 所示。

消息
消息 2627，级别 14，状态 1，第 1 行
违反了 PRIMARY KEY 约束 'PK_book'。不能在对象 'dbo.Book' 中插入重复键。
语句已终止。
A constraint violation occurred

图 5-3 例 5-5 的运行结果

图 5-4 例 5-6 的运行结果

【例 5-7】 @@ROWCOUNT 的使用。

```
USE TSG
GO
UPDATE BOOK SET Title = 'ZDMA'
WHERE CallNo = '999 - 888 - 7777'
IF @@ROWCOUNT = 0
   print 'Warning: No rows were updated'
```

上述程序通过使用全局变量@@ROWCOUNT 来获取程序中的修改语句执行后所影响的行数，若没有行被修改(影响 0 行)，则用 PRINT 语句输出提示信息。其运行结果如图 5-5 所示。

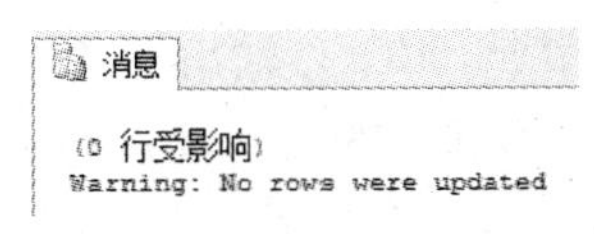

图 5-5 例 5-7 的运行结果

5.3.3 注释与输出

为了便于理解,需要在一些例子中使用注释和输出语句,而这些语句也是 T-SQL 的重要部分。下面对 T-SQL 中的注释和输出语句进行简要的介绍。

1. 注释

注释语句不是可执行的语句,不参与程序的编译。其主要作用是说明代码的功能或对代码的实现方式给出简要的解释或提示。对 T-SQL 语句进行注释有两种方法:一种是使用"- -"进行单行注释,- -后面的内容为注释部分;另一种是利用/ * … * /进行块注释,/ * 表示注释的开始,* /表示注释的结尾,/ * 和 * /之间的内容为注释部分。利用/ * … * /可以实现多行注释。

2. 输出

SQL Server 的 SQL 命令中,可以使用 PRINT 和 SELECT 命令来显示表达式的结果。PRINT 语句可直接显示表达式结果(前面的例子中已经使用了该语句),SELECT 语句可将表达式结果作为查询结果集的字段值来显示。

另外,还可以使用 RASERROR 函数将错误信息显示在屏幕上,同时也可以记录在日志中。RASEERROR 函数的基本语法格式如下:

```
RAISERROR({msg_id|msg_str},SEVERITY,STATE[,argument1[,…n]])
```

其中,msg_id 表示错误号,省略时系统将产生一个错误号为 50 000 的错误消息;msg_str 表示错误信息;SEVERITY 表示错误的严重级别;STATE 说明发生错误时的状态信息。关于这些参数的相信信息,请参阅《SQL Server 联机丛书》。

【例 5-8】 查询索书号为 F121/L612 的书籍数量,如果 1 本以上,则显示数量 1 本以上,否则输出库存不足信息。

```
USE TSG
GO
DECLARE @CallNo varchar(9), @Title varchar(40), @Number smallint
SET @CallNo = 'F121/L612'
/ * 从 Book 中查询索书号为 F121/L612 的书籍的书名
和数量,并分别并赋值给变量@Title 和@Number * /
SELECT @Title = Title, @Number = Number
From Book
Where CallNo = @CallNo
IF (@Number > 1) PRINT @Title + '1 本以上。'
ELSE RAISERROR('库存不足, 报警!',10,1)
```

上述程序中,如果指定图书的数量小于等于 1,则调用函数 RAISERROR('库存不足,报警!', 10, 1)输出一条库存不足的错误消息,该消息的严重级别为 10,状态为 1。其运行结果见图 5-6,可以看到由于索书号为 F121/L612 的图书数量超过了 1,RAISERROR 函数并未执行。

消息
经济学新论1本以上。

图 5-6 例 5-8 的运行结果

5.3.4 运算符

运算符用来执行数据之间的数学或比较运算，是指定要在一个或者多个表达式中执行操作的一种符号，可以通过运算符连接常量、变量、函数等组成表达式。同其他语言中的运算符一样，T-SQL 中的运算符由一些符号组成，它们能够用来执行算术运算、字符串连接、赋值以及在字段、常量和变量之间进行比较。在 T-SQL 中，运算符主要有以下六大类：算术运算符、赋值运算符、位运算符、比较运算符、逻辑运算符及字符串串联运算符。

1. 算术运算符

可以在两个数字类型的表达式上执行数学运算，包括加(＋)、减(－)、乘(＊)、除(/)和取模(％)等。

【例 5-9】 以下是 T-SQL 中算术运算的几个例子(运行结果如图 5-7 所示)。

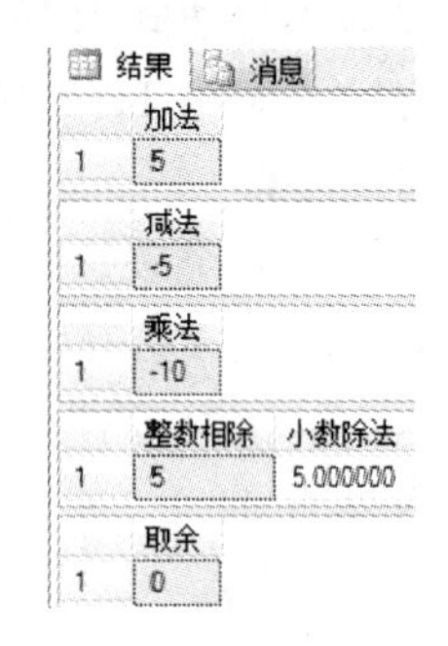

图 5-7　例 5-9 的运行结果

```
SELECT +3+2 加法          --"+"表示加法或正号,在数据前面表示正号,后面表示加号
SELECT -4-1 减法          --"-"表示减法或者负号,在数据前面表示负号,后面表示减号
SELECT -5*2 乘法          --"*"'表示乘法
SELECT 10/2 整数相除, 10.0/2 小数除法          --"/"'表示除法注意两个结果有何不同
SELECT 10%2 取余          --"%"表示取模(取余数)
```

2. 赋值运算符

赋值表达式的作用是能够将数据值指派给特定的对象。另外，还可以使用赋值运算符在列标题和为列定义值的表达式之间建立关系。T-SQL 中只有一个赋值运算符，即"＝"。另外，T-SQL 中变量的赋值通常还要使用 SELECT 或 SET 语句。关于赋值运算符的例子可以参见例 5-4 和例 5-8。

3. 位运算符

位运算符的作用是能够在整型数据或者二进制数据(IMAGE 数据类型除外)之间执行位操作，包括位与(&)、位或(|)、位异或(^)和位非(～)等。对于整数 T-SQL 先将它们转换为二进制数，然后再进行计算。位运算的结果类型由参与运算的数据类型来决定。

对于位运算，如果左侧和右侧(～除外)的表达式具有不同的整数数据类型(例如，左侧数据类型为 SMALLINT，右侧数据类型为 INT)，则会将较小数据类型的参数转换为较大数据类型。

1) & 运算

&(位与)运算符将在两个表达式之间执行位与逻辑运算，从两个表达式取对应的位。当且仅当输入表达式中两个位(正在被解析的当前位)的值都为 1 时，结果中的位才被设置为 1；否则，结果中的位被设置为 0。

例如，170 的二进制表示形式是 0000 0000 1010 1010，75 的二进制表示形式是 0000 0000 0100 1011。对上述两个值执行“位与”运算将产生二进制结果 0000 0000 0000 1010，即十进制数 10。

2) |运算

位运算符|(位或)取两个表达式的每个对应位，在两个表达式之间执行逻辑位或运算。如果在输入表达式中有一个位为 1 或两个位均为 1(对于正在解析的当前位)，那么结果中的位将被设置为 1；如果输入表达式中的两个位都不为 1，则结果中的位将被设置为 0。

3) ^运算

通过从两个表达式中取对应的位，^(位异或)运算符对两个表达式执行按位逻辑异或运算。如果在输入表达式的正在被解析的对应位中，任意一位(但不是两个位)的值为 1，则结果中该位的值被设置为 1；如果相对应的两个位的值都为 0 或者都为 1，那么结果中该位的值被清除为 0。

4) ～运算

～(位非)运算符对表达式逐位执行逻辑位非运算。如果表达式的值为 0，则结果集中的位将设置为 1；否则，结果中的位将清 0。换句话说，1 改成 0，而 0 则改成 1。

【例 5-10】 计算 170 和 75 进行“位与”、“位或”、“位异或”的结果以及对 170 进行“位非”计算的结果。

```
SELECT 170 & 75 位与
SELECT 170|75 位或
SELECT 170^75 位异或
SELECT ～170 位非
```

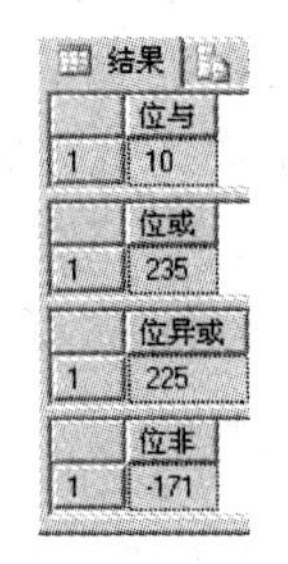

图 5-8 例 5-10 的运行结果

上述位运算结果如图 5-8 所示。

4. 比较运算符

比较运算符比较两个表达式的大小或是否相同，其比较的结果是布尔值，TRUE(表示表达式的结果为真)、FALSE(表示表达式的结果为假)以及 UNKNOWN。除了 TEXT、NTEXT 或 IMAGE 数据类型的表达式外，比较运算符可以用于所有其他表达式。关于比较运算符，在第 4 章介绍标准 SQL 时已经介绍，这里不再赘述。

5. 逻辑运算符

逻辑运算符可以把多个逻辑表达式连接起来，包括 AND、OR 和 NOT 等运算符。逻辑运算符和比较运算符一样，返回带有 TRUE 或 FALSE 值的布尔数据类型。有关这些逻辑运算符的使用，可以参见本书的第 4 章。

6. 字符串串联运算符

T-SQL 中允许通过加号 (＋) 进行字符串串联，这个加号即称为字符串串联运算符，例如，表达式'ab'＋'cd'的结果为'abcd'。

5.4 函数

函数是一组编译好的 T-SQL 语句，通过调用它们可以重复执行一些操作，从而避免重复撰写一些不必要的代码。SQL Server 支持两种函数类型：内置函数和用户定义的函数。内置函数是一组预定义函数，是 T-SQL 语言的一部分，用户可以直接使用它们实现希望的功能。用户定义函数，是由用户自行定义并编写的函数，用户可以根据需要编写和修改自定义函数，然后进行调用。

5.4.1 常用内置函数

在 SQL Server 中，内置函数主要用来获得系统有关信息、执行数学计算和统计、实现数据类型转换等。这里给出一些 SQL Server 2008 中的常用函数。函数功能在此仅简单介绍。SQL Server 2008 中的函数大概分为 7 类，包括数学函数、字符串函数、日期时间函数、聚集函数、转换函数、系统函数及用户自定义函数。其中聚集函数是标准 SQL 函数，在第 4 章中已经介绍过，这里不再赘述。其他每类函数仅以一个简单的例子说明函数的用法，有关细节读者可参考《SQL Server 联机丛书》。

1. 字符串函数

大多数字符串函数只能用于 CHAR 和 VARCHAR 类型的数据，少数几个也可以用于 BINARY、VARBINARY 和 TEXT、NTEXT、IMAGE 类型的数据。SQL Server 的字符串函数主要分为长度与分析函数、基本字符串操作函数、转换函数和字符串查找函数等四类。表 5-3 列出了主要的字符串函数及其功能说明。

表 5-3 常用字符串函数

函数	功能说明
ASCII(str)	返回字符串 str 最左端字符的 ASCII 码值
CHAR(n)	将 ASCII 代码值转换为字符
CHARINDEX(str1, str2[, start])	在 str2 中搜索 str1 的起始位置
STUFF(str1, start, length, str2)	在 str1 中，从 start 开始长度为 length 的字符串用 str2 代替
SUBSTRING(str, start, length)	返回从 start 开始，长度为 length 的子串
LTRIM(str)	删除字符串前面的空格
RTRIM(str)	删除字符串后面的空格
LOWER(str)	把字符串 str 转换为小写字符串
UPPER(str)	把字符串 str 转换为大写字符串
REPLICATE(str, *n*)	*n* 次重复字符串 str
PATINDEX('%pattern%', str)	在字符串 str 中搜索 pattern 出现的起始位置
LEN(str)	计算字符串 str 的字符个数
REVERSE(str)	反转字符串 str
SPACE(*n*)	产生由 *n* 个空格组成的字符串
LEFT(str, *n*)	返回字符串 str 从左边开始的 *n* 个字符
RIGHT(str, *n*)	返回字符串 str 从右边开始的 *n* 个字符
STR(*f*[, *p*[, *s*]])	将数值数据 *f* 转换为宽度为 *p*，小数位数为 *s* 的字符型数据

【例 5-11】 删除字符串变量中起始处的空格。

```
DECLARE @Str1 VARCHAR(40)
SET @Str1 = '   TWO SPACES BEFORE THIS STRING'
SELECT @Str1
SELECT 'THE RESULT IS:' + LTRIM(@Str1)
```

上述程序中，利用 LTRIM 函数删除字符串变量@Str1 前面的空格，其运行结果如图 5-9 所示。

【例 5-12】 编写一段程序输出数值 147.58 的整数和小数部分。

```
DECLARE @Str CHAR(18), @Pos SMALLINT
SET @Str = STR('147.58', 6, 2)
SET @Pos = CHARINDEX('.', @STR)
PRINT RTRIM(@Str) + '的整数部分是: ' + LEFT(@Str,@Pos - 1)
PRINT RTRIM(@Str) + '的小数部分是: ' + RIGHT(RTRIM(@Str),LEN(RTRIM(@Str)) - @pos + 1)
```

上述程序中，将 147.58 利用 STR 函数转换成字符串后赋值给了一个定长字符串变量@Str(该变量后面空余部分将补充空格)；然后利用 CHARINDEX 函数获取小数点的位置；最后利用 LEFT 和 RIGHT 函数获取小数点两边的子串输出。注意如果不用 RTRIM 函数去掉@Str 中后面的空格，将得不到需要的结果。上述程序运行结构如图 5-10 所示。

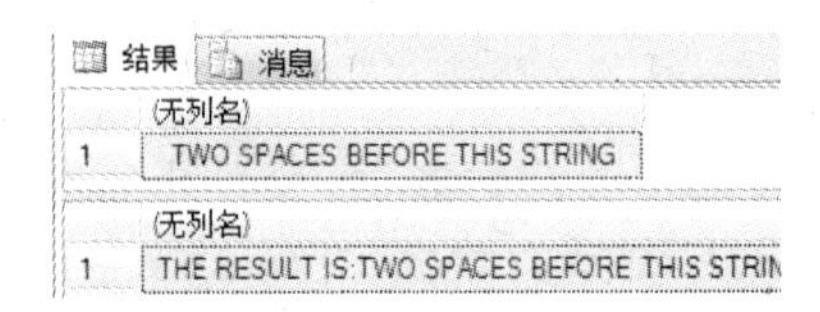

图 5-9 例 5-11 的运行结果

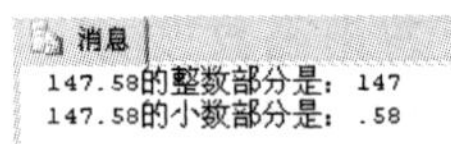

图 5-10 例 5-12 的运行结果

2. 数学函数

SQL Server 的数学函数主要用来对数值表达式进行数学运算并返回运算结果，数学函数可以对类似 DECIMAL、INT 等数值类型的数据进行处理。表 5-4 列出了主要的数学函数及其功能。

表 5-4 常用数学函数

函数	功能说明	函数	功能说明
ABS(n)	求 n 的绝对值	MOD(m, n)	求 m 除以 n 的余数
ACOS(n)	反余弦函数，n 是以弧度表示的角度	PI()	π 的常量值
ASIN(n)	反正弦函数，n 是以弧度表示的角度	POWER(m, n)	求 m 的 n 次平方
ATAN(n)	反正切函数，n 是以弧度表示的角度	RADIANS(n)	将度数单位角度转换为弧度单位
CEILING(n)	返回大于等于 n 的最小整数	RAND()	返回 0～1 之间的随机值
COS(n)	余弦函数，n 是以弧度表示的角度值	ROUND(m, n)	对 m 做四舍五入处理，保留 n 位
DEGREES(n)	将弧度单位角度转换为度数单位	SIGN(n)	求 n 的符号，正(1)、零(0)或负(−1)
EXP(n)	求 n 的指数值	SIN(n)	正弦函数，n 是以弧度表示的角度
FLOOR(n)	返回小于等于 n 的最大整数	SQRT(n)	求 n 的平方根
LOG(n)	求自然对数	SQUARE(n)	求 n 的平方
LOG10(n)	求以 10 为底的对数	TAN(n)	正切函数，n 是以弧度表示的角度

【例 5-13】 对同一数值使用 FLOOR、CEILING 和 ROUND 函数。

```
SELECT FLOOR(1.2345), CEILING(1.2345), ROUND(1.2345, 3)
```

运行结果为如图 5-11 所示。

	(无列名)	(无列名)	(无列名)
1	1	2	1.2350

图 5-11 例 5-13 的运行结果

3. 日期和时间函数

日期和时间函数的操作数为日期和时间类型数据。SQL Server 2008 提供了非常丰富的日期和时间函数，表 5-5 列出了一些比较常见的日期和时间函数，其中如 GETDATE 和 DATEDIFF 等函数在第 4 章已经涉及。这里只介绍一些比较常见的函数，更多的日期和时间函数请参阅《SQL Server 的联机丛书》。

表 5-5 常见的日期和时间函数

函 数	功 能 说 明
GETDATE()	返回系统当前的日期时间，返回值的类型为 DATETIME
DATEPART(datepart, date)	返回 date 中 datepart 指定部分所对应的整数值
DATENAME(datepart, date)	返回 date 中 datepart 指定部分所对应的字符串
DAY(date)	从日期和时间类型数据 date 中提取“日”
MONTH(date)	从日期和时间类型数据 date 中提取“月”
YEAR(date)	从日期和时间类型数据 date 中提取“年”
DATEADD(datepart, number, date)	以 datepart 指定的方式，计算 date 与 number 之和
DATEDIFF(datepart, date1, date2)	以 datepart 指定方式，计算 date2 与 date1 之差

在上述函数中，经常要涉及一个参数 datepart(称为日期部分)，该参数用于指定日期时间数据的某一部分作为运算依据。表 5-6 列出了一些有效的 datepart 参数，列表中所指出的含义和取值范围是针对 DATENAME、DATEPART 函数的，对于 DATEADD 和 DATEDIFF 函数，这些参数仍然有效，只是它们是用来指示计算单位的。

表 5-6 datepart 参数列表

datepart	含义	缩写	取值范围
YEAR	年份	yy	1753～9999
QUARTER	季节	qq	1～4
MONTH	月份	mm	1～12
DAYOFYEAR	年中的第几天	dy	1～366
DAY	日	dd	1～31
WEEK	年中的第几周	wk	1～54
WEEKDAY	星期几	dw	1～7
HOUR	小时	hh	0～23
MINUTE	分钟	mi	0～59
SECOND	妙	ss	0～59
MILLISECOND	毫秒	ms	0～999

【例 5-14】 获取系统当前日期，并分别提取出月、日和年。

```
SELECT MONTH(GETDATE()) 月, DAY(GETDATE()) 日,
       YEAR(GETDATE()) 年
```

```
SELECT DATENAME(MONTH, GETDATE()) 月,
       DATENAME(DAY,GETDATE()) 日,
       DATENAME(YEAR, GETDATE()) 年
SELECT DATEPART(MONTH, GETDATE()) 月,
       DATEPART(DAY, GETDATE()) 日,
       DATEPART(YEAR, GETDATE()) 年
```

如图 5-12 所示,是上述程序的运行结果,可以看到三条语句的执行结果是相同的。不过要注意,DATENAME 函数返回的结果是字符型,而程序中的其他函数返回的结果是数值型。另外,在指定 datepart 参数时也可使用缩写,例如,DATENAME(MONTH,GETDATE())函数也可以写成 DATENAME(mm, GETDATE()),这两种形式是等价的。

【例 5-15】 计算 2006 年 9 月 1 日到当前日期经历了多少数、多少月和多少周。

```
SELECT DATEDIFF(DAY, '2006 - 9 - 1', GETDATE()) 天数,
         DATEDIFF(MONTH, '2006 - 9 - 1', GETDATE()) 月数,
         DATEDIFF(WEEK, '2006 - 9 - 1', GETDATE()) 周数
```

上述语句实际上是分别以天、月和周为计算单位计算当前日期与 2006 年 9 月 1 日的差,其运行结果如图 5-13 所示。

结果 消息

	月	日	年
1	12	17	2010

	月	日	年
1	12	17	2010

	月	日	年
1	12	17	2010

图 5-12 例 5-14 的运行结果

	天数	月数	周数
1	1568	51	224

图 5-13 例 5-15 的运行结果

4. 转换函数

转换函数能够完成某些数据类型的转换,SQL Server 中主要有 CAST 和 CONVERT 两种转换函数。

(1) CAST(expression, type):将表达式 expression 转换为指定的 type 数据类型。

(2) CONVERT(type[(length)], expression[, style]):type 为 expression 转换后的数据类型;length 表示转换后的数据长度;style 将日期时间类型的数据转换为字符型的数据时,该参数用于指定转换后的样式。

【例 5-16】 将 π/3 转换成相应度数对应的字符串。

```
SELECT CONVERT(VARCHAR,DEGREES((PI()/3))) 度数 1,
       CAST(DEGREES((PI()/3)) AS VARCHAR) 度数 2
```

如图 5-14 所示,上述语句中两个函数的转换结果是一样的。

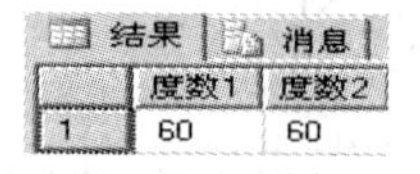
结果 消息

	度数1	度数2
1	60	60

图 5-14 例 5-16 的运行结果

5. 系统函数

系统函数用于返回有关 SQL Server 系统、用户、数据库和数据库对象的信息,用户可以

使用条件语句根据不同的返回值进行不同的操作；可以在 SELECT 语句及表达式中使用系统函数。表 5-7 列出了一些系统函数。

表 5-7 部分系统函数

函 数	功能说明
DB_ID(name),DB_NAME(id)	获得指定数据库的 ID 号或名称
HOST_ID(name),HOST_NAME(id)	获得指定主机的 ID 号或名称
OBJECT_ID(name),OBJECT_NAME(id)	获得指定对象的 ID 号或名称
SUSER_ID(name),SUSER_NAME(id)	获得指定登录的 ID 号或名称
USER_ID(name),USER_NAME(id)	获得指定用户的 ID 号或名称
COL_NAME(table_id, col_id)	获得表标识号和列标识号所对应的列名
COL_LENGTH(table, col)	获得指定表列的定义长度
INDEX_COL(table, index_id, key_id)	获得指定表、索引 ID 和键 ID 的索引列名称
DATALENGTH(expression)	获得指定表达式占用的字节数

【例 5-17】 利用系统函数获取一些信息。

```
SELECT CURRENT_USER 当前用户,DATALENGTH('数据库') 长度,HOST_NAME() 计算机名,
      SYSTEM_USER 当前登录用户名, USER_NAME(1) 根据 ID 返回用户名
```

运行结果如图 5-15 所示。

	当前用户	长度	计算机名	当前登录用户名	根据ID返回用户名
1	dbo	6	KUMA-PC	KUMA-PC\kuma	dbo

图 5-15 例 5-17 的运行结果

5.4.2 用户自定义函数

除了系统提供的函数供用户使用外，用户还可以根据自己的需要自定义函数。创建自定义函数可以使用 SQL Server Management Studio 提供的模板，方法是单击要创建函数的数据库，例如 TSG|【可编程性】|【函数】，例如要创建一个标量值函数，则单击【新建标量值函数】即可。

除了使用 SQL Server Management Studio 提供的模板，还可以使用 T-SQL 语句创建用户自定义函数。

根据函数返值类型不同，用户自定义函数可以分为两类：表值函数和标量值函数，其中表值函数又分为内联表值函数和多语句表值函数。

1. 内联表值函数

内联表值函数返回一个单条 SELECT 语句产生的结果表。函数定义的基本语法格式为：

```
CREATE FUNCTION FunctionName([{@param1 [AS] DataType [ = default]}[,...n]])
RETURNS TABLE
AS
RETURN (SELECT statement)
```

其中,FunctionName 是用户定义函数的名称,在数据库中应该是唯一的;@param1 是函数的参数;default 为函数参数的默认值;DataType 是数据类型。

【例 5-18】 创建一个函数,并调用该函数,其功能是查询 TSG 数据库中的 Book 表中的所有记录。

```
USE TSG
GO
CREATE FUNCTION SelectBook ()
RETURNS TABLE
AS
RETURN SELECT * FROM Book                    -- 返回 SELECT 查询结果
GO
SELECT * FROM SelectBook()
```

上述程序的运行结果将列出 Book 表中的所有记录。

2. 多语句表值函数

多语句表值函数返回一个由 T-SQL 语句建立的表。其函数定义基本语法格式为:

```
CREATE FUNCTION FunctionName([{(@param1, DataType [ = default]}[,…n]])
RETURNS @return_variable TABLE <table_type_definition>
AS
BEGIN
  function_body
  RETURN
END
```

其中,@return_variable 是要返回的表变量;table_type_definition 为表定义;function_body 是函数体定义。

【例 5-19】 创建一个函数,通过输入 CallNo,查询借阅该书的读者姓名和所在部门。

```
CREATE FUNCTION GetReader(@book_no char(13))
RETURNS @info TABLE(
Name char(10),
Department varchar(20) )
AS
BEGIN
  INSERT INTO @info
  SELECT Name,Department
  FROM Patron JOIN Lend ON Patron.PatronID = Lend.PatronID
          JOIN Book ON Lend.CallNo = Book.CallNo
WHERE CallNo = @book_no
  RETURN
END
```

3. 标量值函数

标量值函数返回一个确定类型的标量值(除 TEXT、NTEXT、IMAGE、CURSOR、TIMESTAMP 和 TABLE 以外的类型)。其函数定义的基本语法格式为:

```
CREATE FUNCTION FunctionName([{@param1 [AS] DataType [ = default]}[,...n]])
RETURNS DataType
AS
BEGIN
  Function_body
  RETURN DataType
END
```

【例 5-20】 创建一个函数,并调用函数,其功能是获取系统当前日期,输出年份。

```
CREATE FUNCTION CurrentDate()
RETURNS INT
AS
BEGIN
  RETURN YEAR(GETDATE())
END
GO
DECLARE @Year int
SET @Year = [TSG].dbo.CurrentDate()
PRINT @Year
```

5.5 批处理和流程控制

T-SQL 中可以使用批处理将包含一个或多个 T-SQL 语句的语句组一次性地发送到 SQL Server 执行,以完成批量操作。而流程控制语句可以用于控制程序的执行流程,从而使用户能够编写功能更强大的复杂程序。

5.5.1 批处理

"批"是指从客户端传递给服务器的一组完整的数据和 SQL 指令的集合,是包含一条或多条 SQL 语句的组,从应用程序一次性地发送到 SQL Server 执行。GO 是批处理的标志,两个 GO 之间的 T-SQL 语句(语句组)称为一个批处理,表示 SQL Server 将这些 T-SQL 语句编译为一个可执行单元,称为执行计划。批处理可以节省系统开销,一般来说,将一些逻辑相关的业务操作语句放置在同一批处理中,这完全由业务需求和编程人员决定。实际上,在前面大量的例子中都使用了批处理。图 5-16 为多个批处理运行示例。

```
消息
第一个批处理执行结束
消息 137,级别 15,状态 2,第 1 行
必须声明标量变量 "@MyVar"。
第三个批处理执行结束
```

图 5-16 多个批处理运行示例

【例 5-21】 创建数据库 TSG,并将当前数据库切换到 TSG。

```
CREATE DATABASE TSG
USE TSG
```

考虑以上语句能否成功执行?回答是否定的,为什么呢?是因为在 USE TSG 时,必须需要前面一条语句 CREATE DATABASE TSG 被执行,而要让创建数据库的命令在 USE TSG 时被执行,必须为前面一个语句创建批处理。正确的做法是:

系统提供的数据类型包括精确数字、近似数字、日期时间、字符串、二进制字符串类型等。此外，用户还可以使用自定义类型。

常量包括字符串、二进制、日期时间和数值型，本章中介绍了各种常量的表示和使用方法。变量包括：系统变量和用户定义的变量两种。系统变量是 SQL Server 系统中预定义的，能够在任何一个数据库中直接使用；用户定义的变量由用户根据需要自定义，只能在所在的数据库中使用。

运算符包括算术、赋值、位、比较、逻辑、字符串串联等六类运算符，能够针对不同类型的数据进行运算。

函数包括两大类：系统函数和用户自定义函数。系统函数是 SQL Server 预先定义以后，可以直接使用的函数，常用的系统函数包括字符串函数、数学函数、日期时间函数、转换函数、系统函数以及聚集函数等。用户自定义函数根据函数返回值的类型分为两类：表值函数和标量值函数，其中表值函数又分为内联表值函数和多语句表值函数。

T-SQL 中可以使用 GO 语句来完成多条语句批量执行。流程控制语句可以用于控制程序的执行流程，从而使用户能够编写功能更强大的复杂程序。流程控制语句主要包括 IF（条件判断）、CASE（计算多个条件式，并将其中一个符合条件的结果表达式返回）、WHILE（循环）、GOTO（无条件转移）和 WAITFOR（等待）等语句。

习题 5

1. T-SQL 的常量有几种？变量有几种？分别如何表示？
2. 编写程序，求 5!
3. 编写一个函数，功能是：输入两个整数，输出其中较小的一个。
4. 编写一个函数，功能是：输入一个字符串，将该字符串倒序输出，例如，输入字符串'happy'，则输出字符串'yppah'。
5. 编写一个函数 elimin(c1, c2)，将字符串 c1 中所有出现在 c2 的字符删除并输出 c1，例如，如果有 elimin('student', 'ent')，则应输出字符串'sud'。
6. 编写一个函数，功能是将指定的时间显示为××年××月××日。
7. 编写一个函数，功能是查询学生及所借书籍的详细信息。

第6章 存储过程、触发器及游标

存储过程、触发器及游标都是数据库编程中常用的技术，合理的使用存储过程、触发器以及游标可以提高应用程序的执行效率，实现复杂的业务规则，增加数据处理的灵活性，对于我们进行高水平的数据库应用系统开发具有重要的意义，一个良好的数据库系统应该充分使用存储过程、触发器以及游标技术。

存储过程、触发器以及游标的定义在不同的关系数据库管理系统中有所不同，但是其基本原理是相似的。本章以 SQL Server 2008 为例，介绍它们的概念及使用方法。

6.1 存储过程

存储过程是存储在服务器上的 SQL 语句集合，类似程序设计语言中的函数，可以给存储过程传递参数，也可以从存储过程返回数据。

6.1.1 存储过程概述

存储过程是一组为了完成特定功能的 SQL 语句的集合、它经编译后存储在数据库中，用户通过指定的调用方法执行。存储过程具有名称、参数及返回值，并且可以嵌套调用。

1. 存储过程分类

SQL Server 2008 数据库包含多种存储过程，主要有系统存储过程、扩展存储过程以及用户自定义存储过程等。

1) 系统存储过程

系统存储过程是由数据库内置的特殊存储过程，主要为系统管理员管理数据库系统提供支持，系统存储过程存储在 master 数据库中，且以 sp_为前缀，如 sp_helpdb 可查看运行在 SQL Server 的服务器上数据库的信息。

2) 扩展存储过程

扩展存储过程允许用户使用编程语言(例如 C 语言)创建自己的外部例程，可以动态加载和运行 DLL，其使用方法与系统存储过程一样，也是存在 master 数据库中，且名称前缀为 xp_，例如 xp_cmdshell 允许通过数据库执行服务器端的命令行操作。

3) 用户自定义存储过程

是指由用户创建的能完成某种特定功能的存储过程，保存在用户创建的数据库中，在

SQL Server 2008 中，按照编程语言类别不同用户存储过程分为 T-SQL 存储过程和 CLR 存储过程。

(1) T-SQL 存储过程。使用 T-SQL 语言编写的存储过程。

(2) CLR 存储过程。通过 SQL Server 2008 数据库引擎可以对 CLR 方法的引用，CLR 方法可以使用.NET 相关语言编写，可以极大地拓展服务器端功能。

2. 存储过程优点

存储过程作为编译之后的语句块保存在服务器端，因此具有下列优点。

(1) 快速执行。存储过程已在服务器注册，在创建时就进行了分析和优化，当存储过程第一次执行后，就驻留在内存中，省去了重新分析优化工作，比 T-SQL 批代码执行快得多。

(2) 安全性好。存储过程具有安全特性(例如权限)和所有权链接，用户可以被授予权限来执行存储过程而不必直接对存储过程中引用的对象具有权限，从而增强系统的安全性。另外，参数化存储过程有助于保护应用程序不受 SQL 注入攻击。

(3) 访问统一。存储过程允许模块化程序设计，存储过程一旦创建，以后即可在程序中调用任意多次。这可以改进应用程序的可维护性，并允许应用程序以统一的方式访问数据库，可以在 C/S 及 B/S 模式中进行统一调用。

(4) 存储过程是命名代码，允许延迟绑定。

(5) 减少网络通信流量。如一个需要数百行 T-SQL 代码的操作可以通过一条执行过程代码的语句来执行，而不需要在网络中发送数百行代码，降低网络通信开销。

3. 存储过程与函数的区别

存储过程和函数都属于可编程的数据库对象，它们都是具有一定功能的 SQL 语句的集合，且都可以带参数，但二者还是有很大区别，主要体现在：

(1) 存储过程是预编译的，执行效率比函数高。

(2) 存储过程可以不返回任何值，也可以返回多个输出变量，但函数有且必须有一个返回值。

(3) 存储过程必须单独执行，而函数可以嵌入到表达式中，使用更灵活。

(4) 存储过程主要是对逻辑处理的应用或解决，函数主要是一种功能应用。

6.1.2 创建存储过程

在 SQL Server 2008 中，可以使用 SQL Server 管理平台和执行 T-SQL 语句 CREATE PROCEDURE 代码两种方式创建存储过程，创建存储过程后，还可以进行存储过程的执行、修改及删除等操作。

1. 利用对象资源管理器创建存储过程

在 SQL Server Management Studio 中，创建存储过程主要通过在代码编辑器中编写 T-SQL 语句来完成，具体可参考如下步骤。

打开 SQL Server Management Studio，在【对象资源管理器】中，展开【数据库】目录，选择 TSG 数据库，在选择【可编程性】|【存储过程】节点(见图 6-1)。右击该节点，在弹出快捷菜单中选择【新建存储过程】命令，系统将打开代码编辑器，并按照存储过程的格式显示编码模板。

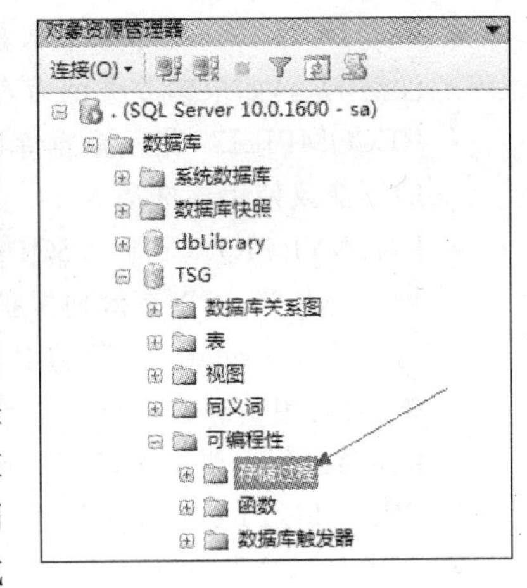

图 6-1 创建存储过程

在代码编辑器中，用户根据需要更改存储过程名称，添加修改参数及存储过程的代码段，完成存储过程的编写之后，单击【执行】按钮，如果代码有错误，会在下面消息栏中显示出错信息及所在行等信息，提示用户进行修改，在出现【命令已成功完成】提示后，即完成创建。

2. 使用 CREATE PROCEDURE 语句创建存储过程

也可以按照存储过程创建语句 CREATE PROCEDURE 语句来创建存储过程，在使用语句创建存储过程前请考虑下列要求。

(1) CREATE PROCEDURE 语句不能与其他 SQL 语句在单个批处理中组合使用。

(2) 创建存储过程要求用户具有创建存储过程权限，还必须具有对涉及架构的 ALTER 权限。

(3) 存储过程是架构作用域内的对象，其名称必须遵守标识符规则。

(4) 只能在当前数据库中创建存储过程。

创建存储过程基本语法如下：

```
CREATE PROC[EDURE] procedure_name
  [{@parameter  data_type}[ = default]
   [OUT|OUTPUT][READONLY][, … n ]]
  [WITH[ENCRYPTION][RECOMPILE][, … n ]]
AS {<sql_statement>[;][ … n ]}[;]
```

其中：

- procedure_name　存储过程的名称，最长 128 个字符。存储过程名称必须遵循有关标识符的规则。例如，由于 sp_及 xp_分别是系统存储过程及扩展存储过程的名称前缀，所以不建议在过程名称中使用二者作为自定义存储过程名字前缀，另外存储过程名称也要遵循见名知意原则。
- @ parameter　存储过程中的参数。在 CREATE PROCEDURE 语句中可以声明一个或多个参数，在 SQL Server 2008 中，参数最多不能超过 2100 个。
- data_type　参数的数据类型。
- Default　参数的默认值。如果为参数定义了默认值，则在调用存储过程时可以不指定该参数的值。默认值必须是常量或 NULL。
- OUTPUT　指示该参数是输出参数，可将存储过程内部得到的值通过输出参数传递给调用者，类似函数的传址调用方式。

- READONLY 指示该参数是只读的，不能在过程的主体中更新或修改参数。需要注意的是，如果参数类型为表类型，则必须指定 READONLY。
- RECOMPILE 指示数据库引擎不缓存该过程的计划，每次执行都要重新编译，一般不建议使用该选项。
- ENCRYPTION 指示 SQL Server 将 CREATE PROCEDURE 语句的原始文本进行加密存储，可以有效地保护源代码不被查看及修改。
- <sql_statement> 要包含在过程中的一个或多个 T-SQL 语句，如果语句多于一条，需要用 BEGIN、END 包含。

创建存储过程需要注意以下几点。

- CREATE PROC 不能与其他 T-SQL 在同一个批处理中执行。
- 创建存储过程的权限默认属于数据库拥有者，该权限可以授权他人。
- 只能在当前数据库中创建存储过程。
- 成功执行创建存储过程语句后，存储过程将在系统表 sysobjects 中保存存储过程的名称，其代码文本或存在系统表 syscomments 中。第一次执行时，数据库将编译该存储过程代码以便确定最佳访问计划。
- 存储过程可以嵌套。
- 存储过程一般用来完成数据查询以及数据处理操作，在存储过程中不能够使用创建数据库对象的语句。

【例 6-1】 以 TSG 数据库为当前数据库(后续举例同此，不再说明)，创建存储过程，查询目前已经外借的图书的读者证号、书名和借出时间。

```
CREATE PROCEDURE usp_Lend_Info
AS
SELECT L.PatronID,B.Title,L.LendTime
FROM Lend L JOIN Book B
ON B.CallNo = L.CallNo AND L.ReturnTime IS NULL
```

存储过程被创建之后，可以通过检索数据库的系统表 sysobjects 以及 syscomments，查看存储过程的代码，语句如下：

```
SELECT text FROM syscomments where id IN
      (SELECT id FROM sysobjects where name = 'usp_Lend_Info')
Go
```

也可以使用系统存储过程 sp_helptext 来显示存储定义：

```
sp_helptext usp_Lend_Info
```

在创建存储过程之前，为了避免出现数据库中已经存在相同名字的存储过程导致的错误，可以使用如下例程进行存储过程的创建：

```
IF NOT EXISTS (SELECT name FROM sysobjects
                  WHERE name = 'procname' AND type = 'P')
CREATE PROCEDURE procname…
```

sysobjects 是系统表，保存着当前数据库的表、视图、存储过程、触发器、约束等对象的信息，name 列中存储着对象名称，type 列存储的对象的类型，用字符串表示。其中 P 表示该对象是存储过程，U 表示对象是一个用户自定义表，TR 表示该对象是一个触发器。上述语句的含义是如果在 sysobjects 表中找不到名字为 procname 且对象类型是存储过程的对象的话，就创建名字为 procname 的存储过程。

也可以使用 OBJECT_ID 函数来执行相同的任务，OBJECT_ID 是一个获取数据库对象 id 的函数，其函数签名为：

```
INT OBJECT_ID(STRING objectName,STRING objectType)
```

其中，objectName 是对象名称，objectType 是对象类型，类型的值即 sysobjects 表中 type 列的值，如果该对象在数据库中已存在，则返回该对象在 sysobjects 表的 id 值，否则返回 NULL，因此可以这样写：

```
IF OBJECT_ID('procname','P') IS NULL
CREATE PROCEDURE procname…
```

6.1.3 执行存储过程

使用 T-SQL 的 EXECUTE 语句执行存储过程，如果存储过程是批处理中的第一条语句，可以省略 EXECUTE 关键字。执行存储过程的语法基本格式如下：

```
[EXEC[UTE]][@return_status = ] procedure_name
[[@parameter = ]{value|@variable[OUTPUT] [,…n ]]
[WITH RECOMPILE][;]
```

其中：

- @return_status 可选的整型变量，保存存储过程的返回状态。要使用该变量，必须在执行该存储过程前先声明这个变量，然后才可以将存储过程的返回值保存在该变量中。
- procedure_name 是要调用的存储过程名称。
- value 传递给存储过程的参数值。可以按名称调用，也可以按在模块中定义的顺序提供。
- @variable 是用来存储输入参数或输出参数的变量。
- OUTPUT 指定存储过程将值送入输出参数，注意只有在存储过程创建时使用 OUTPUT 关键字标识的参数在执行时才能用关键字 OUTPUT 标识，否则执行出错。
- WITH RECOMPILE 执行该存储过程时强制重新编译。

可以在 SQL 的查询中输入如下命令执行例 6-1 创建的存储过程 usp_Lend_Info。

```
EXEC usp_Lend_Info 或 usp_Lend_Info
```

6.1.4 修改存储过程

修改存储过程也可以通过 SQL Server Management Studio 或者 T-SQL 语句来实现。

1. 在 SQL Server Management Studio 中修改存储过程

修改存储过程的步骤如下：

打开 SQL Server Management Studio，展开【对象资源管理器】|【数据库服务器】|【可编程性】|【存储过程】，选择要修改的存储过程名称，并右击，在弹出快捷菜单中选择【修改】命令。

在代码编辑窗会出现存储过程源代码，可以直接修改，若要测试语法，在【查询】菜单上，单击【分析】可以分析语法格式是否正确。修改完之后仍然单击工具栏上的【执行】按钮，当消息框显示【命令已成功完成】即可。

2. 使用 ALTER PROCEDURE 语句修改存储过程

修改存储过程使用 ALTER PROCEDURE 语句，ALTER PROCEDURE 不会更改权限，也不影响相关的存储过程或触发器。其基本语法格式如下：

```
ALTER {PROC|PROCEDURE} procedure_name
    [{@parameter data_type} [ = default][[OUT[PUT]][, … n]]
    [WITH[ENCRYPTION][RECOMPILE]]
    AS {< sql_statement >[ … n]}
```

其参数及保留字含义与 CREATE PROCEDURE 相同。

【例 6-2】 修改存储过程 usp_Lend_Info，将查询结果修改为已经外借的图书的读者证号、读者姓名、书名和借出时间四个字段。

```
ALTER PROCEDURE usp_Lend_Info
AS
SELECT L.PatronID,P.Name,B.Title,L.LendTime
FROM Lend AS L JOIN
Book AS B ON B.CallNo = L.CallNo AND L.Returntime IS NULL
                JOIN Patron AS P ON L.PatronID = P.PatronID
```

【例 6-3】 修改存储过程 usp_Lend_Info，查询目前已经外借的图书的读者证号、读者姓名、书名和借出时间，以加密方式存储。

```
ALTER PROCEDURE usp_Lend_Info
WITH ENCRYPTION
AS
SELECT L.PatronID,P.Name,B.Title,L.LendTime
FROM Lend AS L JOIN Book AS B ON B.CallNo = L.CallNo
                 AND L.Returntime IS NULL
                 JOIN Patron AS P ON L.PatronID = P.PatronID
```

加密方式存储过程要注意以下问题。

(1) 如果存储过程以加密方式存储，那么无法通过系统表查询，也不能用系统存储过程 sp_helptex 来查看，如在此情况下执行 sp_helptext usp_Lend_Info，会输出【对象 sp_Lend_Info 的文本已加密】信息提示。

(2) 如果存储过程以加密方式存储，在单击修改存储过程菜单后，会显示【数据不可访问，无法编写其脚本】提示，不允许修改，所以在使用加密方式前请保存好存储源代码。

6.1.5 删除存储过程

存储过程保存的是 SQL 语句集合，因此可以快速被删除。可以通过下面两种方式删除。

1. 在 SQL Server Management Studio 中删除存储过程

删除存储过程的步骤如下：

打开 SQL Server Management Studio，展开【对象资源管理器】|【数据库服务器】|【可编程性】|【存储过程】，选择要修改的存储过程名称，并右击，在弹出快捷菜单中选择【删除】命令。

在弹出的删除对象对话框中单击【确定】按钮即可删除该存储过程。

2. 使用 DROP PROCEDURE 语句删除存储过程

可以使用 DROP PROCEDURE 语句将一个或多个存储过程从当前数据库中删除，其语法基本格式如下：

```
DROP PROC[EDURE]  procedure_name
```

其中，procedure_name 是要删除的存储过程名称，一般在删除存储过程前应该先用 OBJECT_ID 函数判断该存储过程对象是否存在，如：

```
IF OBJECT_ID('proceduere_name','P') IS NOT NULL
  DROP PROCEDURE proceduere_name
```

6.1.6 存储过程的参数及返回值

类似程序设计语言的函数，存储过程和调用者之间都是通过参数进行数据交换，与程序设计语言中的函数不同，存储过程一般通过参数或者结果集来输出执行结果，调用者通过存储过程返回的状态值对存储过程进行管理。

1. 存储过程的参数

存储过程的参数分两类，一类是输入参数，一类是输出参数。

输入参数：通过输入参数，调用程序可以将数据传送到存储过程中供存储过程使用，输入参数需要定义变量名及变量类型，也可以根据需要设定其默认值，输入参数既可以将它们的值设置为常量，也可以使用变量的值。

1）带参数输入的存储过程

【例 6-4】 创建带参数的存储过程，查询某个读者的借书历史信息。

```
CREATE PROCEDURE usp_Query_LendHistByPatronID
     @PatronID VARCHAR(20)
AS
```

```
BEGIN
    SET NOCOUNT ON;
    SELECT * FROM v_LendHist_Info WHERE PatronID = @PatronID      -- v_LendHist_Info 为视图
END
```

存储过程 usp_Query_LendHistByPatronID 以@PatronID 作为参数，假如要查询读者证号为 T0101 读者的借书历史，可以通过以下两种方式调用。

（1）使用常量调用：

```
EXEC usp_Query_LendHistByPatronID 'T0101'或
EXEC usp_Query_LendHistByPatronID @PatronID = 'T0101'
```

（2）使用变量调用：

```
DECLARE  @InputPatronID  VARCHAR(20)                  -- 声明变量类型
SELECT @InputPatronID = 'T0101'                       -- 给变量赋值
EXEC usp_Query_LendHistByPatronID @InputPatronID      -- 执行
```

运行结果如图 6-2 所示。

结果 消息

	CallNo	Title	Author	Publisher	ISBN	PubDate	Pages	Price	PatronID	Name	Department	Lendtime	Returntime
1	K249.07/W470	清史十六讲	王锺翰	中华书局	978-7-101-06365-3	2009	231	29.00	T0101	王兆华	工商学院	2010-10-26 11:26:00	2010-10-30 13:42:00
2	N092/P140A	天工开物导读	潘吉星	中国国际广	978-7-5078-3008-8	2009	207	24.00	T0101	王兆华	工商学院	2010-01-13 08:57:00	2010-01-27 08:38:00

图 6-2　存储过程执行结果

【例 6-5】 创建多个参数存储过程，根据索书号、书名和作者查询图书信息。

```
CREATE PROCEDURE usp_Query_BookInfo
    @CallNo VARCHAR(20) = '%',
    @Title VARCHAR(50) = '%',
    @Author VARCHAR(10) = '%'
AS
BEGIN
  SET NOCOUNT ON;
  IF @CallNo <> '%' SELECT @CallNo = @CallNo + '%'
  IF @Title <> '%' SELECT @Title = @Title + '%'
  IF @Author <> '%' SELECT @Author = @Author + '%'
  SELECT * FROM Book WHERE CallNo LIKE @CallNo
        AND Title LIKE @Title AND Author LIKE @Author
END
```

这个存储过程的参数有三个，分别是索书号、书名和作者，默认值是%，这样做的好处是当用户不输入对应参数值的时候，可以使用默认值%作为该参数的检索条件，通过后面构造的查询条件，即可检索出满足输入条件的数据。

参数执行可以由位置标识，也可以由名字标识，如果以位置标识，执行时按照参数的顺序依次填入；如果以名字传递参数，则参数的顺序是任意的。

在本例中，如查询作者为姓周的图书信息，可以通过下列方法调用，未赋值的参数会启用默认值。

（1）按参数位置传递：

```
EXEC usp_Query_BookInfo '','','周'
```

（2）按参数名字传递：

```
EXEC usp_Query_BookInfo @Author = '周'
```

按名字传递参数比按位置具有更大的灵活性，但是按位置传递参数速度更快。

【例 6-6】 创建存储过程用于向 Lend 表插入借书记录信息。

```
CREATE PROCEDURE usp_CheckIn
    @CallNo VARCHAR(20),
    @PatronID VARCHAR (20),
    @LendTime SMALLDATETIME
AS
BEGIN
  SET NOCOUNT ON
  IF NOT EXISTS
     (SELECT * FROM Lend WHERE CallNo = @CallNo
       AND PatronID = @PatronID AND LendTime = @LendTime)
    INSERT INTO Lend( CallNo, PatronID, LendTime)
      VALUES (@CallNo ,@PatronID ,@LendTime)
END
```

该存储过程负责在借书时将读者借书信息写入表 Lend 中，在执行插入前首先检查相同的数据是否已存在，如果不存在，则插入数据到表中，从而避免了数据重复的问题。

执行方法为：

```
DECLARE @LendTime DATETIME
SELECT @LendTime = GETDATE()
EXEC usp_CheckIn 'F113.4/X291','T0201',@LendTime
```

2）带参数输出的存储过程

输出参数：允许存储过程将数据或者游标变量传回给调用程序，输出参数使用 OUTPUT 关键字声明。

【例 6-7】 创建存储过程，通过输入索取号参数在 Book 表中查找对应的书名并通过参数输出。

```
CREATE PROCEDURE usp_GetBookNameByCallNo
    @CallNo VARCHAR(20) = NULL,
    @Title  VARCHAR(50) OUTPUT
AS
BEGIN
  SET NOCOUNT ON;
  SELECT @Title = Title FROM Book WHERE CallNo = @CallNo
END
```

本例中，输入参数为@CallNo 变量，参数@Title 为输出变量，执行完成后，把索书号为@CallNo 的图书的书名返回给@Title 变量，因此执行前需要事先声明一个变量用来存放

@Title 返回的值，且该变量的类型和长度要与输出参数的类型和长度相匹配。执行的时候一定要带 OUTPUT 关键字以允许将参数的值返回给变量。执行本存储过程的代码如下：

```
DECLARE @Title VARCHAR(50)
EXEC usp_GetBookNameByCallNo 'F121/L612',@Title OUTPUT
SELECT @Title
```

【例 6-8】 创建存储过程，通过输入读者证号，输出该读者的姓名、读者部门及读者类别。

```
CREATE PROCEDURE usp_Get_Patron_Info
    @PatronID VARCHAR(20),
    @Name VARCHAR(30) OUTPUT,
    @Department VARCHAR(40) OUTPUT,
    @Type VARCHAR(20) OUTPUT
AS
  SELECT @Name = Name,@Department = department,@Type = Type
  FROM Patron WHERE PatronID = @PatronID
```

该存储过程定义了一个输入参数用于向存储过程传送读者证号，定义了三个输出参数用于存放返回读者的相关信息。

调用该存储过程，查询读者证号为 T0101 读者的相关信息。

```
DECLARE @Name VARCHAR(30)
DECLARE @Department VARCHAR(40)
DECLARE @Type VARCHAR(20)
EXECUTE usp_Get_Patron_Info 'T0101',@Name OUTPUT,
                                          @Department OUTPUT,@Type OUTPUT
SELECT  @Name,@Department,@Type      -- 显示执行结果
```

2. 存储过程的返回值

存储过程可以返回一个整数值（称为"返回代码"），指示过程的执行状态。使用 RETURN 语句指定存储过程的返回代码。与 OUTPUT 参数一样，执行存储过程时必须将返回代码保存到变量中，才能在调用程序时使用返回代码值。例如，可用数据类型为 INT 的变量 @result 存储来自存储过程 my_proc 的返回代码，代码如下：

```
DECLARE @result INT
EXECUTE @result = my_proc
```

如果存储过程没有显示设置返回代码的值，则 SQL Server 返回 0 表示成功执行，如果返回值在－1～－99 之间，表示没有成功执行，可以通过判断返回值来进行相应的处理。可以用 RETURN 语句将大于 0 或者小于－99 的整数作为自定义返回值，来表示不同的执行结果。

【例 6-9】 创建存储过程，根据读者证号获取已经还回图书的册数，并使用自定义返回值标识执行状态。

自定义返回值的含义如下：

0　成功执行。

1 未指定所需参数值。

2 指定参数值无效。

3 获取借阅历史数据时出错。

代码如下：

```
CREATE PROCEDURE usp_Get_ReturnedItemCount
     @PatronID VARCHAR(20) = NULL,
     @COUNT INT OUTPUT
AS
BEGIN
  SET NOCOUNT ON;
  IF @PatronID IS NULL  RETURN (1)
  ELSE
  BEGIN
    -- 确认有该读者证号
    IF (SELECT COUNT ( * ) FROM Patron WHERE PatronID = @PatronID) = 0
        RETURN (2)
  END
  SELECT @COUNT = COUNT( * )  FROM Lend  WHERE PatronID  =  @PatronID
  IF @@ERROR <> 0
    RETURN (3)
  ELSE
    RETURN (0)
END
```

执行时，可对不同的返回值进行处理，代码如下：

```
-- 声明变量
DECLARE @PatronID VARCHAR(20),@nCount INT,@nRtn INT
-- 给变量赋值
SELECT @PatronID = 'T0101'
EXECUTE @nRtn = usp_Get_ ReturnedItemCount @PatronID,@nCount OUTPUT;
-- 检查返回值
IF @nRtn = 0
BEGIN
  PRINT '执行成功!'
  PRINT '您已经归还' + CONVERT(VARCHAR(10),@ nCount) + '册图书!'
END
ELSE IF @nRtn = 1
        PRINT '必须输入读者证号.'
      ELSE IF @nRtn = 2
             PRINT '无此读者.'
            ELSE IF @nRtn = 3
                  PRINT '获取数据出错.'
            ELSE
                  PRINT '其他错误'
```

除了用户定义的状态码之外，如果存储过程在运行中异常终止，会返回相应的出错代码，具体可以参考相关资料。

6.2 触发器

触发器是一种特殊的存储过程,在创建有触发器的数据表中对数据进行更新(插入、修改以及删除)操作时,会自动执行对应的触发器代码。触发器为数据库提供了有效的监控和处理机制,确保数据的完整性。

6.2.1 触发器概述

1. 触发器分类

触发器在某种事件发生时触发,以实现针对触发事件需要完成的一些处理。根据触发事件和执行方式的不同,触发器可分为不同的类型。

1) 按照触发事件分类

按照触发事件,SQL Server 2008 提供的触发器主要包括:DML 触发器、DDL 触发器和登录触发器三种常规类型,本书仅讨论 DML 触发器。

(1) DML 触发器。在 DML(数据操作语言)事件发生时被调用。DML 事件包括在指定表或视图中修改数据的 INSERT 语句、UPDATE 语句或 DELETE 语句。DML 触发器可以查询其他表,还可以包含复杂的 T-SQL 语句。将触发器和触发它的语句作为可在触发器内回滚的单个事务对待。如果检测到错误(例如,磁盘空间不足),则整个事务即自动回滚。

(2) DDL 触发器。是一种特殊在响应数据定义语言(DDL)语句时触发的触发器,这些事件主要与以关键字 CREATE、ALTER 和 DROP 开头的 T-SQL 语句对应。它们可以用于在数据库中执行管理任务,例如,审核以及规范数据库操作。

(3) 登录触发器。为响应 LOGON 事件而激发存储过程。与 SQL Server 实例建立用户会话时将引发此事件。登录触发器将在登录的身份验证阶段完成之后且用户会话实际建立之前触发。如果身份验证失败,将不激发登录触发器,可以使用登录触发器来审核和控制服务器会话。

2) 按照触发执行方式分类

按照触发执行的方式,触发器分为 AFTER 触发器和 INSTEAD OF 触发器两种。

(1) AFTER 触发器。在 INSERT、UPDATE、DELETE 命令执行完之后执行,只能在表上定义。

(2) INSTEAD OF 触发器。当 INSERT、UPDATE、DELETE 语句执行时替代原有操作。

3) DML 触发器

DML 触发器分为 INSERT、DELETE 和 UPDATE 三类。

(1) INSERT 触发器。在将数据插入到表或视图时执行的特殊存储过程,当数据表的 INSERT 触发器执行时,新插入的数据行,将同时插入到该数据表和 Inserted 表。Inserted 表是保存了已经插入的数据行复本的虚拟表,该表允许用户引用该表的数据,通过表对比插入数据的变化。

(2) DELETE触发器。是将数据从数据表或视图删除时，执行的特殊存储过程。当数据表的DELETE触发器执行时，从数据表被删除的数据首先被放在一个特殊的名字为Deleted的表中，该表是保存了已经被删除的数据的临时表，允许用户引用该表的数据，Deleted表和触发器表通常没有相同的行。

(3) UPDATE触发器。是在数据表或视图中修改数据时，执行的触发器，UPDATE触发器的处理过程与前两者不同，UPDATE触发器处理分为两个步骤，当该触发器执行时，原始数据被移到deleted表，修改后的数据被插入到inserted表，触发器将检查这两个表与此同时更新数据表。

说明：Inserted和Deleted两个表总是与被该触发器作用的表具有相同的表结构。这两个表是动态驻留内存中的，当触发器工作完成，两个表也被删除。

2. 触发器的优点及局限性

触发器的主要作用就是能够实现由主键和外键所不能实现的复杂的参照完整性和数据一致性，也就是说，主要用于表间的完整性约束，除此之外，还可以用于解决高级形式的业务规则、复杂行为限制以及实现定制记录，数据同步等。

1) 触发器的优点

(1) 强化了约束的功能。约束的主要作用是用来维护数据库的数据完整性的，通过默认值约束、CHECK约束、主键和外键约束等可以进行各种数据校验和设置，触发器的功能和约束相比功能更强大、更灵活，主要体现在：

CHECK约束只能根据逻辑表达式或者表的另一列来验证值，而触发器可以根据另一个表的列来验证值，即可以跨表进行校验和约束；约束只能提供标准的系统错误信息传递错误，而触发器可以自定义信息并进行复杂的错误处理；在设计约束的时候，只能使用简单表达式来编辑，而触发器可使用完整的SQL语句及控制语句。

(2) 可以跟踪数据变化。触发器可以侦测数据库内操作，根据业务逻辑需要，实现允许或禁止指定的更新及删除操作。

(3) 支持级联运行。触发器可以侦测数据库内操作，并自动地级联影响整个数据库的各项内容，如某个表上的触发器包含对另一个表的数据操作，同时会引起另一个表上的触发器被触发。

(4) 可以调用存储过程。触发器可以调用其他存储过程，从而完成更复杂的功能。

2) 触发器的局限性

触发器性能通常比较低。当系统频繁进行数据操作时，触发器会频繁运行，尤其在处理参照其他表时，会消耗大量时间和资源。

不恰当使用触发器容易造成数据库维护困难。触发器本身没有过错，但是不合理使用触发器会导致调试困难，因此在实际应用中，需要合理使用触发器来解决实际问题。

6.2.2 创建触发器

同存储过程一样，可以使用SQL Server Management Studio和使用CREATE TRIGGER语句两种方式来定义表的触发器。

1. 使用对象资源管理器创建触发器

(1) 打开 SQL Server Management Studio，在【对象资源管理器】窗口展开节点【数据库】|TSG|【表】|Book，在【触发器】节点(如图 6-3 所示)右击，在弹出的快捷菜单选择【新建触发器】命令。

(2) 在 SQL 查询窗口中会生成创建触发器模板，可以在模板中输入创建触发器的 SQL 语句之后，单击【执行】按钮即可创建触发器。

(3) 建立好触发器之后，当执行相应的表操作时即可触发执行触发器命令。

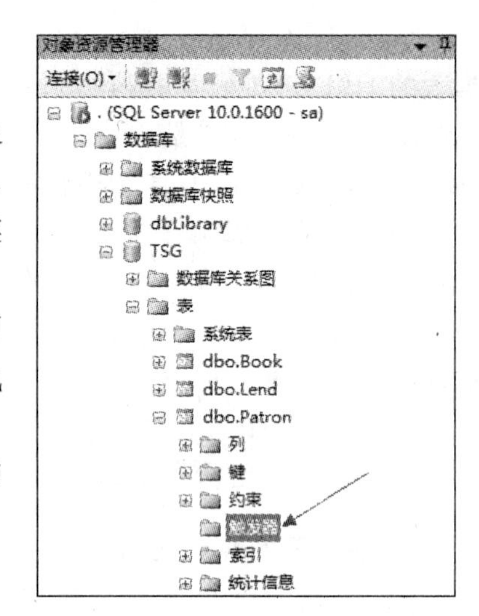

图 6-3 创建 T-SQL 触发器界面

2. 使用 CREATE TRIGGER 语句创建触发器

也可以使用 CREATE TRIGGER 命令创建触发器，其语法基本格式如下：

```
CREATE TRIGGER trigger_name
ON {table_name|view_name}[WITH ENCRYPTION]
{FOR|AFTER|INSTEAD OF}{[INSERT][,][UPDATE][,][DELETE]}
AS{sql_statement[;][,…n]}
```

其中：

- trigger_name　触发器的名称。trigger_name 不能以 # 或 ## 开头，一般建议以 tr 或者 tri 作为触发器名字前缀。
- table_name|view_name　对其执行 DML 触发器的表或视图，也称为触发器表或触发器视图。注意视图只能被 INSTEAD OF 触发器引用。不能对局部或全局临时表定义 DML 触发器。
- FOR|AFTER　FOR 或 AFTER 指定 DML 触发器仅在触发 SQL 语句中指定的所有操作都已成功执行时才被触发。所有的引用级联操作和约束检查也必须在激发此触发器之前成功完成，仅能对表的触发器使用。
- INSTEAD OF　指定执行 DML 触发器操作而不是执行原 SQL 语句，因此，其优先级高于触发语句的操作。对于表或视图，每个 INSERT、UPDATE 或 DELETE 语句最多可定义一个 INSTEAD OF 触发器。
- {[DELETE][,][INSERT][,][UPDATE]}　指定数据修改语句，这些语句可在 DML 触发器对此表或视图进行操作时激活该触发器。必须至少指定一个选项。在触发器定义中允许使用上述选项的任意顺序组合。
- sql_statement　触发条件和操作的 SQL 语句集合。

【例 6-10】 在 Lend 表上创建触发器，维护 Book 表的 AvailableNumber 列的一致性。

```
CREATE TRIGGER Tri_Lend_IUD ON Lend AFTER INSERT,DELETE,UPDATE
AS
BEGIN
```

```
UPDATE Book
SET availableNumber = number -
  (SELECT COUNT( * )
   FROM Lend
   WHERE Book.CallNo = Lend.CallNo AND returntime IS NULL)
 WHERE (Book.CallNo IN
      (SELECT CallNo FROM deleted)
       OR Book.CallNo IN
      (SELECT CallNo FROM inserted))
END
```

该触发器在 Lend 表进行数据操作时，重新计算当前 Lend 表中被借出图书的数量，然后将 Book 表的可用数量值更新为该书的库存数量减去借出数量值，从而保证表间数据一致性。

【例 6-11】 在 Lend 表上创建 DELETE 触发器，实现如下功能，如果有图书正在借出，则不允许删除。

```
CREATE TRIGGER tri_Lend_D ON Lend AFTER DELETE
AS
BEGIN
  SET NOCOUNT ON;
  IF EXISTS (SELECT * FROM deleted WHERE ReturnTime IS Null)
  BEGIN
    PRINT '有图书被借出,不能删除!'
    ROLLBACK TRANSACTION                          -- 回滚事务,撤销该删除操作
  END
END
```

该触发器在执行删除时，首先检查 deleted 表是否有该图书被借出，如果有图书被借出，则显示不能删除提示信息，同时回滚事务(关于事务的概念将在后续章节进行介绍)，不允许删除。注意回滚的是整个删除事务，例如执行

```
DELETE FROM Lend WHERE CallNo like 'F%'
```

会有 4 条数据符合删除条件，但因为其中有 3 条属于被借出书的数据，因此整个删除语句全部未执行。

【例 6-12】 在 Book 表上创建 UPDATE 触发器，判断如果修改了书名字段内容，把书名原来的内容及变更时间记录在更新日志表的内容及更新时间字段中。

首先创建更新日志表：

```
CREATE TABLE UpDateLog (
  ID INT IDENTITY(1, 1) NOT NULL,                -- 从 1 开始增量为 1 的自动增长整数
  Content NCHAR (100) NULL,
  Upddate DATETIME NULL)
```

然后在 Book 表上创建触发器：

```
CREATE TRIGGER tri_Book_U_Fld_CallNO
ON Book AFTER UPDATE
AS
```

```
IF UPDATE(Title)
INSERT INTO UpdateLog (Content,Upddate)
SELECT Title, Getdate() FROM deleted
```

本例中,GetDate()是一个返回当前日期时间的函数,UPDTE()函数用来判断触发器中某个列内容是否被更改,参数为列名,如果该列内容有更改则该函数返回值为真,在触发器中,合理使用该函数可以仅对内容变化的列进行处理从而提高数据处理效率。

【例 6-13】 在视图上定义 INSTEAD OF 触发器。

视图的定义中,如果 SELECT 语句有导出列,则不能对视图更新操作,如果想通过视图更新基表,可以用 INSTEAD OF 触发器来实现。

假设有一个反映读者年龄的视图

```
CREATE VIEW v_Patron_Age(PatronID, Name, Gender, Age)
AS
SELECT PatronID,Name,Gender,DATEDIFF(YEAR,BirthDate,GETDATE())
FROM Patron
```

在该视图上建立一个更新的 INSTEAD OF 触发器:

```
CREATE TRIGGER tr_v_Patron_Age_U
   ON v_Patron_Age
   INSTEAD OF UPDATE
AS
BEGIN
  DECLARE @PatronId VARCHAR(20)
  DECLARE @Name      VARCHAR(30)
  DECLARE @Gender    CHAR(2)
  DECLARE @Age        INT
  UPDATE Patron set Name = I.Name,Gender = I.Gender,
    BirthDate = CONVERT(DATETIME,CAST(YEAR(getdate() - I.Age AS CHAR(4))
              + RIGHT(CONVERT(CHAR(10),BirthDate,102),6),102)
  FROM inserted I WHERE I.PatronID  =  Patron.PatronID
END
```

INSTEAD OF 触发器用于替代触发器引起的 SQL 语句,当向 v_Patron_Age 视图执行修改语句 UPDATE 时,视图的触发器被触发,此时 Inserted 表已经有了要修改的数据,在触发器中,根据修改后的年龄计算读者的出生年份,再将原有出生日期的月、日部分组装成新的出生日期,然后执行修改基表 Patron 的语句,而激发该触发器的原始语句 UPDATE 不会被继续执行。

运行如下语句之后,查询 Patron 表,该读者的出生日期由原来的 1989-06-12 变为 1985-06-12。

```
UPDATE v_Patron_AGE set age  = 25 where patronid  = 'S0120090101'
```

6.2.3 修改触发器

1. 使用对象资源管理器修改

(1) 打开 SQL Server Management Studio,在【对象资源管理器】窗口展开节点【数据

库】|TSG|【表】|Book→【触发器】,选择要修改的触发器名称,然后右击,在弹出的快捷菜单选择【修改】命令。

(2) 系统打开查询编辑器,按照触发器格式显示内容。

(3) 根据需要修改内容后,单击【执行】按钮,当出现【命令已成功完成】后,即完成修改。

2. 使用 ALTER TRIGGER 语句修改触发器

ALTER TRIGGER 的语法基本格式如下:

```
ALTER TRIGGER trigger_name
ON{table_name|view_name}[WITH ENCRYPTION]
{FOR|AFTER|INSTEAD OF} {[INSERT][,][UPDATE][,][DELETE]}
AS sql_statement[;][,…n]}
```

其选项和创建触发器基本一致,在此不再赘述。如果想修改触发器名称,可以使用 sp_rename 系统存储过程完成,其语法格式为:

```
sp_rename oldname,newname
```

【例 6-14】 修改例 6-11 创建的触发器,实现如下功能,如果有图书正在借出或者读者类别为教师的,则不允许删除。

```
ALTER TRIGGER tri_Lend_D ON Lend AFTER DELETE
AS
BEGIN
  SET NOCOUNT ON;
  IF EXISTS (SELECT * FROM deleted WHERE ReturnTime IS NULL)
     OR EXISTS (SELECT * FROM Patron JOIN deleted
         ON Patron.PatronID = deleted.PatronID AND Patron.Type = '教师')
    BEGIN
      PRINT '有图书有被借出或读者类别为老师的数据,不能删除!'
      ROLLBACK TRANSACTION
    END
END
```

执行如下语句会提示"有图书有被借出或读者类别为教师的数据,不能删除!",删除失败。

```
DELETE FROM Lend where CallNo = 'N092/P140A'
```

6.2.4 删除触发器

1. 使用 SQL Server Management Studio 删除

(1) 打开 SQL Server Management Studio,在【对象资源管理器】窗口展开节点【数据库】|TSG|【表】|Book→【触发器】,选择要修改的触发器名称,然后右击,在弹出的快捷菜单选择【删除】命令。

(2) 在弹出的【删除对象】对话框中单击【确定】按钮即可完成删除。

2. 使用 DROP TRIGGER 语句删除

DROP TRIGGER 语法基本格式如下：

```
DROP TRIGGER trigger_name
```

当删除触发器所在的表时，会自动删除与该表相关的触发器。

6.2.5 禁止/激活触发器

触发器可以对数据进行审计等处理，但某些情况下，如大数据量插入、更新或删除时，为了提高执行效率，不希望触发逻辑处理，因此 SQL Server 2008 提供了禁用和启用触发器的功能，默认情况下，创建触发器会自动启用触发器。

1. 禁用触发器

禁用触发器是该触发器仍然作为对象存在当前数据库中，但不会被触发执行，禁用触发器语法为：

```
DISABLE TRIGGER {trigger_name| ALL} ON {object_name}
```

【例 6-15】 将 Lend 表上的 tri_Lend_IUD 触发器禁用。

```
DISABLE TRIGGER tri_Lend_IUD ON Lend
```

也可以在 SQL Server Management Studio 中禁用触发器，即选中触发器名称后右击选择【禁用】菜单，具体参见删除触发器操作。

2. 激活触发器

对于禁止状态的触发器，可使用 ENABLE TRIGGER 激活，其语法为：

```
ENABLE TRIGGER {trigger_name[,…n]|ALL} ON {object_name}
```

同理也可以在 SQL Server Management Studio 激活触发器。

【例 6-16】 将 Lend 表上的 tri_Lend_IUD 触发器启用。

```
ENABLE TRIGGER tri_Lend_IUD ON Lend
```

6.3 游标

关系数据库中的操作会对整个行集起作用。由于 SELECT 语句返回的行集包括满足 WHERE 子句中条件的所有行，这种由语句返回的完整行集称为结果集。应用程序，特别是交互式联机应用程序，并不总能将整个结果集作为一个单元来有效地处理。这些应用程序需要一种机制以便每次处理一行或一部分行。游标(CURSOR)就是提供这种机制对结果集的一种扩展。

6.3.1　游标概述

游标是一种处理数据的方法,它可以对结果集进行逐行处理,也可以指向结果集的任意位置然后对该位置的某一条记录进行处理。可以将游标分配给具有 CURSOR 数据类型的变量或参数。

1. 游标扩展结果处理的方式

通过游标可以对关系数据操作产生的多行数据进行有效处理,通常游标通过如下方式来扩展结果的处理。

(1) 在结果集对特定行进行定位。

(2) 从结果集的当前位置检索数据行。

(3) 支持对结果集中当前位置进行数据修改操作。

(4) 为其他用户对结果集中的记录所做的更改提供不同级别的可见性支持。

(5) 支持在脚本、存储过程和触发器中访问结果集中的数据。

2. 使用游标的步骤

一般来说,使用游标主要按以下步骤进行。

(1) 声明游标,可以同时定义该游标的特性,例如是否能够更新游标中的行。

(2) 打开游标。

(3) 从游标中提取记录。从游标中检索一行或一部分行的操作称为提取。执行一系列提取操作以便向前或向后检索行的操作称为滚动。

(4) 关闭游标。

(5) 释放游标。

6.3.2　创建游标

游标通过 DECLARE CURSOR 声明,SQL Server 支持 SQL92 标准和 T-SQL 标准两种语法格式。

1. 符合 SQL92 标准的语法声明

```
DECLARE Cursor_name[INSENSITIVE][SCROLL] CURSOR
FOR SELECT_statement
[FOR{READ ONLY|UPDATE[OF column_name[,…n]]}][;]
```

其中:

- Cursor_name　游标的名称。
- INSENSITIVE　关键字指明要为检索到的结果集建立一个临时拷贝,以后的数据从这个临时拷贝中获取。如果在后来游标处理的过程中,原有基本表中数据发生了改变,那么它们对于该游标而言是不可见的。这种不敏感的游标不允许数据更改。

- SCROLL：关键字指明游标可以在任意方向上滚动。所有的 FETCH 选项(first、last、next、relative、absolute)都可以在游标中使用。如果忽略该选项，则游标只能向前滚动(next)。
- SELECT_statement：是定义游标结果集的标准 SELECT 语句。
- READ ONLY：只读属性，禁止通过该游标进行更新。
- UPDATE [OF column_name [,...n]]：定义游标中可更新的列。如果指定了 OF column_name [,...n]，则只允许修改所列出的列。如果指定了 UPDATE，但未指定列表，则可以更新所有列。

2. 符合 T-SQL 标准语法声明

```
DECLARE Cursor_name CURSOR[LOCAL|GLOBAL]
[FORWARD_ONLY|SCROLL]
[STATIC|KEYSET|DYNAMIC|FAST_FORWARD]
[READ_ONLY|SCROLL_LOCKS|OPTIMISTIC]
[TYPE_WARNING]
FOR SELECT_statement
[FOR UPDATE [OF column_name [, … n ]]][;]
```

其中：

- Cursor_name　是所定义的 T-SQL 服务器游标的名称。
- LOCAL　指明游标是局部的，它只能在它所声明的过程中使用。
- GLOBAL　关键字使得游标对于整个连接全局可见。全局的游标在连接激活的任何时候都是可用的。只有当连接结束时，游标才不再可用，该游标仅在断开连接时隐式释放。如果 GLOBAL 和 LOCAL 参数都未指定，则默认值由 default to local CURSOR 数据库选项的设置控制。
- FORWARD_ONLY　指定游标只能向前滚动，从第一行滚动到最后一行。
- STATIC　与 SQL92 标准的 INSENSITIVE 的游标是相同的。
- KEYSET　指明选取行的顺序。SQL Server 将从结果集中创建一个临时关键字集。如果对数据表的非关键字列进行修改，则它们对游标是可见的。因为是固定的关键字集合，所以对关键字列进行修改或新插入列是不可见的。
- DYNAMIC　指明游标将反映所有对结果集的修改。
- FAST_FORWARD　指定启用了性能优化的 FORWARD_ONLY、READ_ONLY 游标。
- READ_ONLY　禁止通过该游标进行更新。
- SCROLL_LOCKS　为了保证游标操作的成功，当将行读入游标时，SQL Server 将锁定这些行，以确保随后可对它们进行修改。
- OPTIMISTIC　乐观方式，不锁定基表数据行，如果行自读入游标以来已得到更新，则通过游标进行的定位更新或定位删除不一定成功。
- TYPE_WARNING　指定将游标从所请求的类型隐式转换为另一种类型时向客户端发送警告消息。
- SELECT_statement　是定义游标结果集的标准 SELECT 语句。在游标声明的

SELECT_statement 中不允许使用关键字 COMPUTE、COMPUTE BY、FOR BROWSE 和 INTO。

- FOR UPDATE [OF column_name [,...n]] 定义游标中可更新的列。如果提供了 OF column_name [,...n],则只允许修改所列出的列。如果指定了 UPDATE,但未指定列的列表,则除非指定了 READ_ONLY 并发选项;否则,可以更新所有的列。

6.3.3 打开游标

在使用 DECLARE CURSOR 语句声明游标之后,必须用 OPEN 语句打开游标,才能将定义游标的 SQL 语句执行并填充数据到游标。

打开游标的语法为:

```
OPEN {{[GLOBAL] Cursor_name}|Cursor_variable_name}
```

其中:

- GLOBAL 指定 Cursor_name 是指全局游标。
- Cursor_name 已声明游标的名称。如果全局游标和局部游标都使用 Cursor_name 作为其名称,那么如果指定了 GLOBAL,则 Cursor_name 指的是全局游标;否则, Cursor_name 指的是局部游标。
- Cursor_variable_name 游标变量的名称,该变量引用一个游标。

6.3.4 提取记录

可以使用 FETCH 语句检索特定的行,实现游标的读取。

FETCH 的语法基本结构如下:

```
FETCH [
    [NEXT|PRIOR|FIRST|LAST|ABSOLUTE{n|@nvar}|RELATIVE{n|@nvar}]
      FROM]
    {{[GLOBAL]Cursor_name}|@Cursor_variable_name}
    [INTO @variable_name [, … n]]
```

各选项的含义如下:

- NEXT 紧跟当前行返回结果行,并且当前行递增为返回行。如果 FETCH NEXT 为对游标的第一次提取操作,则返回结果集中的第一行。NEXT 为默认的游标提取选项。
- PRIOR 返回紧邻当前行前面的结果行,并且当前行递减为返回行。如果 FETCH PRIOR 为对游标的第一次提取操作,则游标置于第一行之前,无返回行。
- FIRST 返回游标中的第一行并将其作为当前行。
- LAST 返回游标中的最后一行并将其作为当前行。
- ABSOLUTE {n|@nvar} 绝对行定位,如果 n 或@nvar 为正,则返回从游标头开始向后的第 n 行,并将返回行变成新的当前行。如果 n 或@nvar 为负,则返回从游标末尾开始向前的第 n 行,并将返回行变成新的当前行。如果 n 或@nvar 为 0,则不返回行。n 必须是整数常量,并且@nvar 的数据类型必须为 SMALLINT、

TINYINT 或 INT。

- RELATIVE {n|@nvar} 相对行定位，如果 n 或@nvar 为正，则返回从当前行开始向后的第 n 行，并将返回行变成新的当前行。如果 n 或@nvar 为负，则返回从当前行开始向前的第 n 行，并将返回行变成新的当前行。如果 n 或@nvar 为 0，则返回当前行。在对游标进行第一次提取时，如果在将 n 或@nvar 设置为负数或 0 的情况下指定 FETCH RELATIVE，则不返回行。n 必须是整数常量，@nvar 的数据类型必须为 SMALLINT、TINYINT 或 INT。
- GLOBAL 指定 Cursor_name 是指全局游标。
- Cursor_name 要从中进行提取打开的游标的名称。如果全局游标和局部游标都使用 Cursor_name 作为它们的名称，那么指定 GLOBAL 时，Cursor_name 指的是全局游标；未指定 GLOBAL 时，Cursor_name 指的是局部游标。
- @Cursor_variable_name 游标变量名，引用要从中进行提取操作的打开的游标。
- INTO @variable_name[,…n] 允许将提取操作的列数据放到局部变量中。列表中的各个变量从左到右与游标结果集中的对应列相关联。各变量的数据类型必须与相应的结果集列的数据类型匹配，或是结果集列数据类型所支持的隐式转换。变量的数目必须与游标选择列表中的列数一致。

可利用全局变量@@fetch_status 检查最后一条 FETCH 语句状态，@@fetch_status 变量有三种值，其中 0 表示命令执行成功，−1 表示命令失败或者行数据超出了结果集，−2 表示所读取的数据已经不存在。每执行一条 FETCH 语句之后，都应该检查该变量，以确定上次执行的 FETCH 语句操作是否成功。

6.3.5 关闭和释放游标

在处理完游标中的数据之后，需要用 CLOSE 语句释放结果集以及解除定位数据记录上的锁。CLOSE 语句负责关闭游标，但不释放游标所占用的数据结构，CLOSE 语法结构如下：

```
CLOSE {{[GLOBAL] Cursor_name}|Cursor_variable_name}
```

其参数与 OPEN 相同。在游标被关闭之后，仍然可以再用 OPEN 再次打开。

游标不使用的时候，需要释放所占用的数据结构，可以用 DEALLOCATE 命令释放游标，相当于 C 语言的 Free 函数用来释放内存变量。删除游标的命令语法格式如下：

```
DEALLOCATE {{[GLOBAL] Cursor_name }|@Cursor_variable_name}
```

其参数与 OPEN 相同。

DEALLOCATE 删除游标与游标名称或游标变量之间的关联。如果一个名称或变量是最后引用游标的名称或变量，则将释放游标，游标使用的任何资源也随之释放。

6.3.6 用游标处理数据的一般过程

使用游标的典型过程包括声明、打开游标、通过 FETCH 逐行读取数据并进行处理，使用完之后，用 CLOSE 语句关闭游标，再通过 DEALLOCATE 语句释放游标的存储空间。

下面以一个游标为例说明。

【例 6-17】 使用游标，遍历 Patron 表，并输出序号，PatronID 和 Name。

```
-- 首先声明变量,包含游标返回的数据,为每个结果集列声明一个变量
DECLARE @iNo INT
DECLARE @sPatronID VARCHAR(20)
DECLARE @sName    VARCHAR(30)
DECLARE cMyCURSOR CURSOR FORWARD_ONLY FOR SELECT PatronID, Name FROM Patron
OPEN cMyCURSOR      -- 使用 OPEN 语句执行 SELECT 语句并填充游标
-- 使用 FETCH INTO 语句提取单个行,并将列数据赋值到变量
-- 在此进行其他逻辑处理,一般用 While 循环进行遍历
SELECT @iNo = 0
FETCH NEXT FROM cMyCURSOR INTO @sPatronID, @sName
WHILE @@FETCH_STATUS = 0
BEGIN
SELECT @iNo = @iNo + 1
PRINT CAST(@iNo AS CHAR(10)) + @sPatronID + @sName
FETCH NEXT FROM cMyCURSOR INTO @sPatronID, @sName
END
CLOSE cMyCURSOR                 -- 关闭游标
DEALLOCATE cMyCURSOR            -- 释放资源
```

6.3.7 游标的应用

1. 使用游标修改和删除表数据

一般来说，游标最常用的是从基本表中检索数据，以实现对数据进行行处理，但某些情况下，还需要通过修改游标中的数据将数据更新到游标的基表。为此，游标提供了将游标数据的变化反应到基表的定位修改及删除方法。如果游标在声明的时候使用的 FOR UPDFATE 选项，就可以用 UPDATE 或 DELETE 命令以 WHERE CURRENT OF 关键字直接修改或删除游标中的数据以便达到更新基表的目的。

定位修改游标数据的基本语法格式为：

```
UPDATE table_name
SET {column_name = {expression|default|NULL}[, … n]}
WHERE CURRENT OF {cursor_name|cursor_varialbe_name}
```

删除游标数据的基本语法格式为：

```
DELETE FROM table_name
WHERE CURRENT OF {cursor_name|cursor_varialbe_name}
```

其中：

- table_name 要更新或删除数据的表名。
- column_name 要更新的列名。
- expression 使用表达式的值替换 column_name 列现有值。
- default|NULL 指定的是用本列的默认值或者 NULL 替换 column_name 现有值。

• cursor_name|cursor_varialbe_name　游标名或者游标变量名。

【例 6-18】 定义游标 cur_Patron,通过该游标将读者证号为'S0120090103'的读者将其姓名由原来的王雨文修改为王雨雯,出生日期由原来的 1990-04-29 修改为 1990-10-29。

```
DECLARE @PatronID VARCHAR(20),@Name varchar(30)
DECLARE @BirthDate SMALLDATETIME
--使用 FOR UPDATE 关键字声明可更新游标,更改字段为 Name,BirthDate
DECLARE cur_Patron CURSOR FOR
      SELECT PatronID,Name,BirthDate FROM Patron
      FOR UPDATE OF Name, BirthDate
OPEN cur_Patron
FETCH NEXT FROM cur_Patron INTO @Patronid,@Name,@BirthDate
WHILE @@FETCH_STATUS = 0
BEGIN
   IF (@PatronID = 'S0120090103')                --找到对应记录,执行更新操作
      UPDATE Patron set Name = '王雨雯',
                        BirthDate = CONVERT(datetime,'1990 - 10 - 29')
      WHERE CURRENT OF cur_Patron
      FETCH NEXT FROM cur_Patron INTO @PatronID,@Name,@BirthDate
END
CLOSE cur_Patron                                 --关闭游标
DEALLOCATE cur_Patron                            --释放资源
```

要删除某行数据,可以使用下面命令替换例 6-18 中的 UPDATE 语句。

```
DELETE FROM Patron WHERE CURRENT OF cur_Patro
```

2. 使用游标变量

CURSOR 关键字还可以作为变量类型来使用,此时需要将 CURSOR 进行变量声明,其语法格式为:

```
DECLARE {@cursor_varialbe_name CURSOR}[,…n]
```

其中,@cursor_varialbe_name 为游标的变量名。

将游标赋值给游标变量可以通过以下两种方式。

(1) 分别定义游标变量与游标,再将游标赋值给游标变量。

```
DECLARE @cur_var_Patron CURSOR
DECLARE cur_Patron CURSOR FOR SELECT * FROM Patron
SET @cur_var_Patron = cur_Patron
```

(2) 定义游标变量后,用 SET 命令直接创建游标与游标变量相关联。

```
DECLARE @cur_var_Patron CURSOR
SET @cur_var_Patron = CURSOR FOR SELECT * FROM Patron
```

使用游标变量方法同游标一样。

```
OPEN @cur_var_Patron
```

```
FETCH NEXT FROM @cur_var_Patron
```

【例 6-19】 使用游标变量方式，显示 Patron 表中性别为“男”的第一位读者信息。

```
DECLARE @cur_var_Patron CURSOR
SET @cur_var_Patron = CURSOR FOR SELECT * FROM Patron
    WHERE Gender = '男' ORDER BY PatronID
OPEN @cur_var_Patron
FETCH NEXT FROM @cur_var_Patron
CLOSE @cur_var_Patron
DEALLOCATE @cur_var_Patron
```

3. 滚动游标

如果在游标定义语句中使用了关键字 SCROLL，则可以使用 FETCH 语句在游标集合内移动位置，如向前、向后或者直接跳转到某条记录上。

【例 6-20】 定义一个滚动游标，移动其游标位置。

```
DECLARE cur_Patron CURSOR SCROLL FOR SELECT * FROM Patron
OPEN cur_Patron
FETCH NEXT FROM cur_Patron                    --下一条
FETCH PRIOR FROM cur_Patron                   --上一条
FETCH FIRST FROM cur_Patron                   --第一条
FETCH LAST FROM cur_Patron                    --最后一条
FETCH ABSOLUTE 3 FROM cur_Patron              --绝对定位，第三条记录
FETCH RELATIVE -2 FROM cur_Patron             --相对定位，当前行往前 2 条
```

在每次执行完 FETCH 操作后应该检查@@fetchstatus 变量的值，以确保新位置有效性。如果@@FETCH_STATUS 不为 0，表示操作无效，图 6-4 是 Patron 表的全部记录，图 6-5 是语句执行结果，注意，在执行 FETCH PRIOR FROM cur_Patron 语句时，由于当前记录定位在第一条，再向上跳一条表示指针在游标的顶部，所以没有取到数据。

结果 消息

	PatronID	Name	Gender	BirthDate	Type	Department
1	S0120080201	王东	男	1990-09-05	学生	电信学院
2	S0120090101	董俊贺	女	1989-06-12	学生	电信学院
3	S0120090102	范金迪	男	1990-09-02	学生	电信学院
4	S0120090103	王雨文	女	1990-04-29	学生	电信学院
5	S0120090201	赵璐	女	1990-03-24	学生	电信学院
6	S0120090202	阎红静	女	1989-11-07	学生	电信学院
7	S0120090203	张永明	男	1991-05-01	学生	电信学院
8	S0120090204	赵文杰	女	1991-11-04	学生	电信学院
9	S0120090205	李晓辉	男	1991-01-16	学生	电信学院
10	S0420090101	吴殿龙	男	1989-07-26	学生	工商学院
11	S0420090102	韩冬	男	1990-02-14	学生	工商学院
12	S0420090103	郑伟伟	男	1991-06-09	学生	工商学院
13	S0420090104	纪斌	男	1990-09-29	学生	工商学院
14	T0101	王兆华	男	1966-03-05	教师	工商学院
15	T0103	沈健菲	女	1965-05-03	教师	工商学院
16	T0201	管宁宁	女	1980-06-06	教师	电信学院
17	T0202	傅琳	女	1972-10-26	教师	电信学院

图 6-4 Patron 全记录显示

	PatronID	Name	Gender	BirthDate	Type	Department
1	S0120080201	王东	男	1990-09-05	学生	电信学院

PatronID	Name	Gender	BirthDate	Type	Department

	PatronID	Name	Gender	BirthDate	Type	Department
1	S0120080201	王东	男	1990-09-05	学生	电信学院

	PatronID	Name	Gender	BirthDate	Type	Department
1	T0202	傅琳	女	1972-10-26	教师	电信学院

	PatronID	Name	Gender	BirthDate	Type	Department
1	S0120090201	赵璐	女	1990-03-24	学生	电信学院

	PatronID	Name	Gender	BirthDate	Type	Department
1	S0120090102	范金迪	男	1990-09-02	学生	电信学院

图 6-5 例 6-20 执行结果

6.4 本章小结

本章介绍的SQL Server数据库编程涉及的几个重要概念：存储过程、触发器和游标，在数据库开发中，理解和掌握这些概念十分重要。

存储过程是一组SQL语句和流程控制的集合，以一个名字存储并作为一个单元进行处理。存储过程用于完成某项任务，它可以接收参数，返回参数值及状态值，可以嵌套调用。

触发器本质上是一种特殊的存储过程，SQL Server 2008 支持DML触发器、DDL触发器和登录触发器三种触发器，其中最常用的是DML触发器，DML触发器分为插入触发器、更新触发器和删除触发器三种，当数据表执行插入、更新及删除操作时，触发器自动触发，执行预先设计好的语句块。合理使用触发器可以有效地检查数据有效性，保证数据库的完整性与一致性。

游标是对结果集进行逐行处理的方法，可以弥补常规SQL语言以结果集为最小单位进行数据处理的不足。使用游标的典型过程包括声明、打开游标、通过逐行读取数据并进行处理，使用完之后，关闭游标，释放游标的存储空间，分别使用DECLARE、OPEN、FETCH、CLOSE和DEALLOCATE语句。

习题 6

1. 简述什么是存储过程，存储过程有哪些优点？
2. 如何执行存储过程？
3. 存储过程的输入输出参数如何表示？如何使用？
4. 简述存储过程与函数的区别。
5. 什么是触发器？触发器分几类，DML触发器有什么优点？
6. 简述DML触发器分为哪几类，如何使用？
7. 什么叫游标，游标有哪些优点？
8. 简述使用游标处理数据的一般步骤。
9. 创建一存储过程，该存储过程创建一个包含100个随机数的临时表，这个临时表只有一个字段，类型为数值型，然后查询该临时表的数据，作为一个CURSOR返回给调用者。
10. 根据教材提供的TSG数据库，编写借书逻辑的存储过程，输入参数为读者证号以及图书的索书号，返回值定义如下：

返回值	含　义	返回值	含　义
0	借书成功	3	可借册数为0
1	读者证号不存在	其他	借书失败
2	索书号不存在		

11. 在TSG数据库中，对Patron表编写删除触发器，如果该读者有外借图书，则不允许执行删除操作。

12. 编写程序，定义一个游标 cur_Patron，通过读取 cur_Patron 数据行计算 Patron 表中男女读者的数量。

实验 7 存储过程

【实验目的】

(1) 理解存储过程的概念、了解存储过程的类型。
(2) 掌握创建存储过程的方法。
(3) 掌握执行存储过程的方法。
(4) 了解查看、修改、删除存储过程的方法。

【实验要求】

(1) 熟练使用 T-SQL 语句进行存储过程的创建、执行和程序设计。
(2) 完成用 T-SQL 语句进行存储过程操作的实验报告。

【实验准备】

(1) 已完成实验 2，成功创建了数据库 studb。
(2) 已完成实验 3，成功建 student、course 和 student_course 表，且表中已输入数据。

【实验内容】

(1) 创建并运行存储过程 student_grade，要求实现如下功能：查询 studb 数据库中每个学生各门课的成绩，其中包括每个学生的 sno、sname、cname 和 score。

(2) 创建并运行名为 proc_exp 的存储过程，要求实现如下功能：从 student_course 表中查询某一学生考试的平均成绩。

(3) 修改存储过程 proc_exp，要求实现如下功能：输入学生学号，根据该学生所选课程的平均成绩显示提示信息，即如果平均成绩在 60 分以上，显示"成绩合格，成绩为××分"，否则显示"成绩不合格，成绩为××分"；然后调用存储过程 proc_exp，输入学号 0705010131，显示成绩是否合格。

(4) 创建名为 proc_add 的存储过程，要求实现以下功能：向 student_course 表中添加学生成绩记录；然后调用存储过程 proc_add，向 student_course 表中添加学生成绩记录。

(5) 删除存储过程 proc_exp 和 proc_add。

实验 8 触发器

【实验目的】

(1) 理解触发器的概念与类型。
(2) 理解触发器的功能及工作原理。

(3) 掌握创建、更改、删除触发器的方法。

【实验要求】

(1) 熟练使用 SQL Server Management Studio 进行触发器的创建。
(2) 熟练使用 T-SQL 语句进行触发器的创建。
(3) 完成数据库触发器创建及应用的实验报告。

【实验准备】

(1) 已完成实验 2,成功创建了数据库 studb。

(2) 已完成实验 3,成功建 student、course 和 student_course 表(注意,建表的时候不要建立外键约束,如果有的话可先将外键约束删除),且表中已输入数据。

【实验内容】

(1) 创建触发器 student_trg,当删除 student 表中的数据时,同时删除 student_course 表中相同 sno 的数据;然后通过删除 student 表中的某个学生记录来验证该触发器。

(2) 修改触发器 student_ trg,当更新 student 表中 sno 的值时,同时更新 student_course 表中相同 sno 的值;然后通过修改 student 表中的某个学生的学号(sno)来验证该触发器。

(3) 删除触发器 student_trg。

(4) 创建一个新的触发器,要求实现“计算机系的学生选课不能超过三门”这一完整性约束,并验证该触发器。

实验 9 游标

【实验目的】

(1) 加深对游标概念的理解。
(2) 掌握游标定义、使用方法和使用游标修改和删除数据的方法。

【实验要求】

(1) 熟练使用 T-SQL 语句进行游标的操作。
(2) 完成用 T-SQL 语句进行数据库游标操作的实验报告。

【实验准备】

(1) 已完成实验 2,成功创建了数据库 studb。
(2) 已完成实验 3,成功建 student、course 和 student_course 表,且表中已输入数据。

【实验内容】

(1) 利用游标逐行显示所查询的数据块的内容：在 student 表中定义一个包含 sno、sname、sex 和 dept 的只读游标，游标名为 c_cursor，并将游标中的数据逐条显示出来。

(2) 利用游标显示指定行的数据的内容：在 student 表中定义一个所在系为“计算机系”，包含 sno、sname、sex 和 dept 的游标，游标名为 c_cursor，完成如下操作：

① 读取第一行数据，并输出；

② 读取最后一行数据，并输出；

③ 读取当前行的前一行数据，并输出；

④ 读取从游标开始的第三行数据，并输出。

(3) 利用游标修改指定的数据元组：在 student 表中定义所在系为“计算机系”，一个包含 sno、sname 和 sex 的游标，游标名为 c_cursor，将游标中绝对位置为 3 的学生姓名改为“胡平”，性别改为“男”。

(4) 编写一个使用游标的存储过程并查看运行结果，要求该存储过程以课程名(cname)和系(dept)作为输入参数，计算指定系的学生指定课程的成绩分布情况，要求分别输出大于90、80～89、70～79、60～69 和 60 分以下的学生人数。

第7章 数据库安全性

数据库是一种共享资源，是数据集中存放的场所，数据库系统需要保护数据库，防止用户有意或无意的破坏数据。数据库的安全性和完整性是保护数据库的两个方面，安全性旨在保护数据库中的数据，防止未经授权的访问和恶意的破坏与修改；完整性旨在保护数据库中数据，防止合法用户对数据库进行修改时破坏数据的一致性。本章主要介绍数据库安全性及在 SQL Server 中的安全性机制。

7.1 数据库安全保护的任务

所谓数据库的安全性，是指保护数据库，防止因用户非法使用数据库造成的数据泄露、更改或破坏。

数据共享是数据库的重要特性，但使用方便的同时会带来安全上的隐患。数据库中的数据可能涉及个人隐私、国家机密、企业中的机密信息等，这些数据的共享需要有条件的共享，DBMS 要确保只允许具有合法权限的用户访问相应的数据。例如公司的数据库系统可能要收集、存储和分析成千上万的信息，这些信息的性质上有公共的，也有私有的，数据库必须使数据库管理员能适当地授权和限制访问，还必须提供防止未授权用户存取机密数据的方法。

数据库的安全性控制就是要尽可能杜绝所有可能的数据库非法访问，不管是有意的还是无意的。一个安全的数据库系统既要保证没有访问权限的用户不准访问数据，也要保证有访问权限的用户能够访问到数据。一般来说，用户非法使用数据库、恶意访问的形式主要有以下三种：未经授权的读取数据、未经授权的修改数据和未经授权的删除数据。

要想完全杜绝对数据库的恶意访问是不可能的，但是可以采取措施使恶意访问数据库的代价足够高，来阻止大部分的恶意访问。保护数据库安全是 DBA 最重要的职责之一，保护数据库的安全涉及以下几个任务：

(1) 防止对数据进行未授权的存取，保护对敏感信息未经授权的访问；

(2) 防止未经授权的用户删除和修改数据；

(3) 采用审核技术监视用户存取数据。

7.2 数据库安全性的保障措施

数据库系统的安全保护措施是否有效是数据库系统的主要性能指标之一。数据库系统常用的安全性控制方法包括用户标识与鉴别、存取控制、视图、审计和数据加密。

在计算机系统中，安全措施是逐级设置的。用户进入计算机系统，首先根据输入的用户标识进行用户身份鉴定，只有合法的用户才准许进入系统；对于已登录系统的合法用户，DBMS要进行存取控制，只允许用户执行合法操作；数据存储在操作系统管理的磁盘上，当对数据进行存取操作时，操作系统也有自己的保护措施；另外可以对数据进行加密，将加密后的数据存储到数据库中。下面将介绍几项常用的安全措施。

7.2.1　用户标识和鉴别

用户标识和鉴别是系统提供的最外层的安全保护措施。只有在DBMS成功注册的用户才能访问该数据库。其实现方式是系统提供特定的方式让用户标识自己的名字或身份。注册时，每个用户都有一个区别于其他用户的标识符，系统内部记录所有合法用户的标识，每次用户要求进入系统(连接数据库)时，由系统对用户身份进行核实，首先检查有无该用户标识符的用户存在，若不存在，就拒绝该用户进入系统；但即使存在，系统还要进一步核实该声明者是否确实是具有此用户标识符的用户，只有通过鉴定后才能进入系统连接到数据库，这个鉴定工作就成为用户鉴别。用户标识和鉴别的方法很多，常用的方法包括身份认证和口令认证等。

1. 身份(Identification)认证

身份认证是指系统对输入的用户名与合法用户名对照，鉴别该用户是否为合法用户。若是，则可以进入下一步的核实；否则，不能使用系统。用户的身份，是系统管理员为用户定义的用户名(也称为用户标识、用户账号、用户ID)，并记录在计算机系统或DBMS中。用户名是用户在计算机系统中或DBMS中的唯一标识。因此，一般不允许用户自行修改用户名。

2. 口令(Password)认证

用户标识容易被盗用，口令认证是为了进一步对用户核实。当用户进入系统时，系统要求用户同时提供用户标识(用户名)和口令(密码)，只有同时正确地提供用户名和口令，才能通过鉴别，以合法用户的身份进入系统。口令由用户定义，是合法用户自己定义的密码，记录在数据库中，可以被合法用户随时变更。口令既要便于记忆，又要不容易被猜出。为了防止非法的用户重复猜测合法用户的口令，并考虑到合法用户可能出现输入错误，用户名和口令的输入可以重复，但不能超过规定的次数，一般为三次。同时为防止口令被人窃取，用户在终端上输入口令时，口令的内容是不显示的，在屏幕上用特定字符(一般用 * 或●)替代。

这种用户名加口令的认证方式实现简单，广泛用于各种系统软件、数据库系统和其他应用软件。但口令可能被窃取，最常见的窃取手段是截获在网络中传送的口令。防止口令在网络中被截获的基本方法是避免直接传递口令，而是采用加密的方法对口令进行加密，系统登记加密后的用户口令，当用户口令通过网络传递时，用相同的方法进行加密，系统接到用户加密的口令后不用解密，直接进行身份验证。此外，还有一些其他方式可以避免密码直接在网络中传送，比如“询问——应答系统”，其工作方式是数据库系统向用户发送一个询问字符串，用户用口令加密该字符串，并返回数据库系统。数据库系统用同样的口令解密，并与原字符串比较，鉴别合法用户。

3. 随机数运算认证

随机数认证实际上是非固定口令的认证，即用户的口令每次都是不同的。鉴别时系统提供一个随机数,用户根据预先约定的计算过程或计算函数进行计算,并将计算结果输送到计算机,系统根据用户计算结果判定用户是否合法。例如算法为:"口令=随机数立方的前三位",出现的随机数是16,则口令是409。

4. 个人信息验证

随着技术进步,产生了一些基于硬件设备的身份验证方法。磁卡是利用用户具有的物品来鉴别用户,最典型的应用就是银行卡,银行卡+密码可以鉴别用户身份,允许合法储户访问其个人的储蓄信息。另外指纹、视网膜、声波等方法是利用用户的个人特征来鉴别用户,非常可靠,但需要相应的设备,所以其推广和使用受到一定的限制。

7.2.2 存取控制

任何合法的用户只能执行它有权执行的操作,只能访问他有权访问的数据对象,用户访问权限控制,即"存取控制"的目的就是解决此问题的。

存取控制是数据库系统的主要安全措施,它确保具有数据库使用权的用户访问数据库,同时令未授权的人员无法接近数据库。存取控制有两种:自主存取控制(Discretionary Access Control)和强制存取控制(Mandatory Access Control)。两者的主要区别是自主存取控制中,同一用户对不同的数据对象具有不同的权限,但是哪些用户对哪些数据对象具有哪些权限并没有固定的限制;而强制存取控制中,每一个数据对象被标以一定的密级,每一个用户也被授予某一权限级别,只有具有一定权限的用户才能访问具有一定密级的数据对象。相比之下,自主存取控制更加灵活,用户可以自主决定将数据对象的某种权限授予某个用户,并决定被授予权限的用户是否可以将得到的权限继续传播给其他用户,自主存取控制的权限定义称为"授权"。

存取控制机制的任务主要包括两部分:用户的权限定义和合法权限检查,这两部分共同构成了DBMS的安全子系统。

1. 定义用户权限

用户权限是指用户对于数据对象能够进行的操作种类。要进行用户权限定义,DBMS必须提供有关定义用户权限的语言,该语言称为数据控制语言(Data Control Language,DCL)。DCL描述授权决定,授权决定描述中包括将哪些数据对象的哪些操作权限授予哪些用户,计算机分析授权决定,并将编译后的授权决定存放在数据字典中,从而完成了对用户权限的定义和登记。SQL标准对自主存取控制提供了支持,其DCL主要是GRANT(授权)语句和REVOKE(回收权限)语句。

初始,所有的权限都归DBA所有。DBA可以创建模式、基本表、视图和索引,并将这些数据对象的访问权限授予其他用户。DBA还可以通过授权,允许其他用户创建模式、基本表、视图和索引。一般来说,数据对象/模式的创建者拥有该数据对象/模式的所有权限,并可以通过授权将数据对象/模式的存取权限授予其他用户,同时,DBMS还允许在授权的同时将传播授权的权限授予用户,获得授权权限的用户可以继续将获得的权限授予其他用户。

为了确保DBA对整个数据库具有绝对的控制权,系统不允许循环授权,即授权图中不存在回路。被授予的权限可以被DBA或者授权者回收,如果授权已传播,则回收权限是可以采用级联回收。如图 7-1 所示,DBA 可以将权限授予多个用户,同时获得传播权限的用户(如 User1)还可以将获得的权限转授给其他用户;当采用级联方式回收权限时,被传播的权限也一并回收(例如,当 DBA 收回授给用户 User1 的权限时,由 User1 转授给其他用户的相应权限也被收回)。

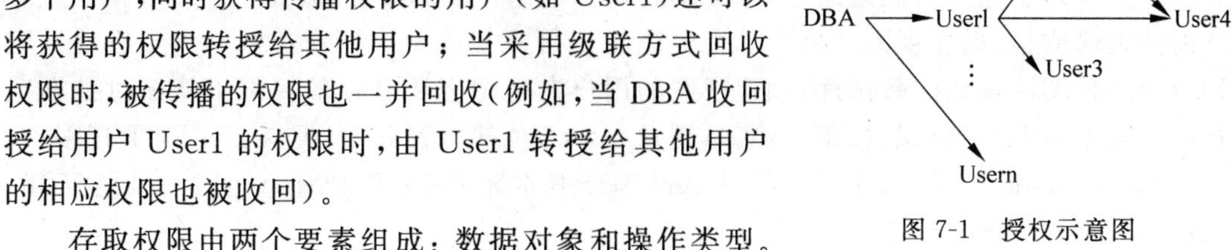

图 7-1 授权示意图

存取权限由两个要素组成:数据对象和操作类型。在关系数据库系统中,数据对象不仅包括数据本身,比如表、属性列等,也包括模式、外模式和内模式对应的数据字典中的内容。数据对象和对应的操作权限如表 7-1 所示。本章第三节中将介绍如何在 SQL Server 中进行用户权限定义。

表 7-1 数据对象和操作权限

数据对象	操作权限
表、视图、列(TABLE)	SELECT、INSERT、UPDATE、DELETE、ALL PRIVILEGE
基本表(TABLE)	ALTER、INDEX
数据库(DATABASE)	CREATETAB
表空间(TABLESPACE)	USE
系统	CREATEDBC

2. 权限检查

每当用户发出存取数据库的操作请求后,DBMS 首先查找数据字典,进行合法权限检查。如果用户的操作请求没有超出其数据操作权限,则准予执行其数据操作;否则,DBMS 将拒绝执行此操作。

3. 视图机制

进行存取权限的控制,不仅可以通过授权来实现,而且还可以通过定义用户的外模式来提供一定的安全保护功能。在关系数据库中,可以为不同的用户定义不同的视图(VIEW)。利用视图实现安全保护的基本思想是:首先通过定义视图,屏蔽掉一部分需要对某些用户保密的数据,然后,在视图上定义存取权限,将对视图的访问权授予这些用户,而不允许他们直接访问定义视图的基本表,从而自动地对数据提供一定程度的安全保护。

数据库授权命令可以使用户对数据库的检索限制到特定的数据库对象上,但不能授权到数据库特定行和特定列上,通过视图,用户可以被限制在数据的不同子集上。如果某一用户想要访问视图的结果集,必须授予其访问权限。视图所引用表的访问权限与视图权限的设置互不影响。

通过视图可以实现:

(1) 将用户的权限限定于基本表中的特定行或列上。例如,在图书馆管理系统的 Lend 表中,只允许学生看见自己的借书记录。

(2) 将多个表连接起来,将用户的权限限定于连接结果的特定行上。例如,将 Book、Patron 和 Lend 三个表连接作为视图的查询结果,只允许学生看见自己的个人信息和所借书籍的详细信息。

(3) 将用户的权限限定于某些数据的聚合信息。例如,在银行系统中,某位管理员只能看到本银行养老金储户的储蓄总额,而看不到每一位储户的储蓄金额。

需要说明的是,创建视图的用户不一定能够获得该视图上的所有权限。为了有效地阻止用户透过视图越权访问数据库,创建视图的用户在视图上所获得的权限不能超过他在定义视图的基本表上所拥有的权限。例如,用户 User1 对基本表 Book 拥有 SELECT 权限,对基本表 Patron 拥有 UPDATE 的权限,User1 基于基本表 Book 和 Patron 创建了视图 VBP,则 User1 只能对视图进行查询。

总之,从用户角度来看,视图是从一个特定的角度来查看数据库中数据的窗口;从数据库系统内部来看,视图是由 SELECT 语句组成的查询定义的虚拟表,它并不表示任何物理数据,只是用来查看基本表中数据的视窗;从数据库系统内部来看,视图是由一张或多张表中的数据组成的;从数据库系统外部来看,视图与基本表类似,由一组命名的列和数据行所组成,视图中的行和列都来自基本表或视图,在视图被引用时动态生成,当基本表中的数据发生变化时,从视图中查询出来的数据也随之改变,对表能够进行的一般操作都可以应用于视图。作为一种安全机制,通过视图用户只能查看和修改他们所能看到的数据,其他数据既不可见也不可以访问。

4. 审计

审计是一种监视措施,就是把用户对数据库的所有操作自动记录下来放入审计日志(Audit Log)中,一旦发生数据被非法存取,DBA 可以利用审计跟踪的信息,重现导致数据库现有状况的一系列事件,找出非法存取数据的人、时间和内容等。

由于任何系统的安全保护措施都不可能无懈可击,蓄意盗窃、破坏数据的人总是想方设法打破控制,因此审计功能在维护数据安全、打击犯罪方面是非常有效的。审计通常会耗费一定的时间和空间,从而加大系统的开销,因此 DBA 要根据应用对安全性的要求,灵活打开或关闭审计功能。审计多用于安全性要求较高的部门。

5. 数据加密

对高度敏感数据(例如财务、军事、国家机密等数据),除了上面提到的安全性措施外,还应该采用数据加密技术。数据加密是防止数据在存储和传输中失密的有效手段。加密的基本思想是根据一定的算法将原始数据(明文 Plain Text)变换为不可直接识别的格式(密文 Cipher Text),从而使不知道解密算法的人无法获得数据的内容。加密方法主要有两种:

(1) 替换方法。该方法使用密钥(Encryption Key)将明文中的每一个字符转换为密文中的字符。

(2) 置换方法。该方法仅将明文的字符按不同的顺序重新排列。

通常两种方法会结合使用,以增强安全程度。数据加密和解密是比较费时的,并且占用大量的系统资源,因此一般只对高度机密的数据进行加密。

7.3 SQL Server 中的安全性

为了维护数据库的安全,数据库管理系统必须提供完善的安全管理机制。本节将介绍 SQL Server 2008 中提供的主要安全性管理机制。

7.3.1 SQL Server 的安全机制

SQL Server 的安全管理机制主要包括登录管理、数据库用户管理、角色管理和权限管理等。只有使用特定的身份验证方式的用户，才能登录到系统中。

1. SQL Server 的安全层次

SQL Server 的安全控制策略是一个层次结构系统的集合。只有满足上一层系统的安全性要求之后，才可以进入下一层。SQL Server 支持三级安全层次：

- 第一层，用户必须登录到 SQL Server。在 SQL Server 登录成功并不意味着用户已经可以访问 SQL Server 上的数据库。
- 第二层的安全权限允许用户与一个特定的数据库相连接。SQL Server 的特定数据库都有自己的用户和角色，该数据库只能由它的用户或角色访问，其他用户无权访问其数据。数据库系统可以通过创建和管理特定数据库的用户和角色来保证数据库不被非法用户访问。
- 第三层的安全权限允许用户拥有对指定数据库中某个对象的访问权限。SQL Server 可以对权限进行管理。SQL Server 完全支持 SQL 标准的 DCL 功能，Transact-SQL 的 DCL 功能保证合法用户即使进入了数据库也不能有超越权限的数据存取操作，即合法用户必须在自己的权限范围内进行数据操作。例如，可以指定用户有权使用哪些表和视图、运行哪些存储过程。

2. SQL Server 的身份验证方式

各层 SQL Server 安全控制策略是通过各层安全控制系统的身份验证实现的。身份验证是指当用户访问系统时，系统对该用户的账号和口令的确认过程。身份验证的内容包括确认用户的账号是否有效、能否访问系统、能访问系统的哪些数据等。

用户必须使用登录账号才能连接到 SQL Server。如图 7-2 所示，SQL Server 有两种身份验证方式：Windows 身份验证（Windows Authentication）和 SQL Server 身份验证（SQL Server Authentication）。

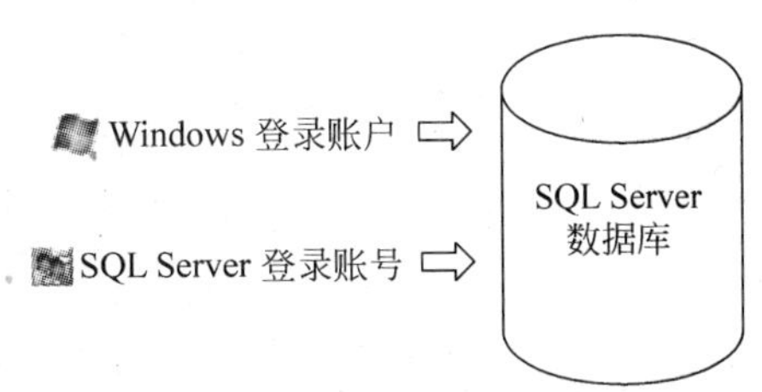

图 7-2 SQL Server 的身份验证方式

1）Windows 身份验证

当使用 Windows 身份验证方式时，如果已经把 Windows 用户登录映射到 SQL Server 登录上，即 SQL Server 系统管理员必须将 Windows 账号定义为 SQL Server 的有效登录账号，这时可以由 Windows 账号登录 SQL Server 系统，登录时 SQL Server 回叫 Windows 以获得相应的登录信息，并在系统表中查找该用户，以确定该账户是否有权登录；不是 Windows 合法用户的用户则不能登录到 SQL Server 上。简言之，登录到 SQL Server 系统的用户身份由 Windows 系统进行验证。此时，用户不必提供 SQL Server 的账号和口令。

使用 Windows 验证的优点是可以利用 Windows 提供的功能很强的工具去管理用户账户，比如安全验证和密码加密、审核、密码过期、最短密码长度以及在多次失败的请求后锁定账户。

2）SQL Server 身份验证

当使用 SQL Server 身份验证方式时，由 SQL Server 系统管理员定义 SQL Server 登录账号和口令。这个登录账号是独立于操作系统的登录账号的，从而可以在一定程度上避免操作系统层上对数据库的非法访问。当使用 SQL Server 身份验证方式登录时，SQL Server 自己执行认证处理，如果输入的登录信息与存放登录信息的系统表中的某条记录相匹配，则表明登录成功。当用户连接 SQL Server 时，必须提供登录账号和口令。SQL Server 身份验证方式适合非 Windows 平台用户和 Internet 用户。

用户标识与鉴定在 SQL Server 中对应的就是 Windows 登录账号和口令以及 SQL Server 用户登录账号和口令。

3. SQL Server 的身份验证模式

SQL Server 提供了两种身份验证模式：Windows 身份验证模式、混合模式。在混合模式中，既可以用 Windows 身份验证，又可以使用 SQL Server 的身份验证登录 SQL Server。数据库设计者和 DBA 可以根据实际情况进行选择。每个用户必须通过登录账户建立自己的连接能力（身份验证），以获得对 SQL Server 实例的访问权限。

如果要查验或修改 SQL Server 系统的身份验证模式，可以打开 SQL Server Management Studio，右击服务器的名字，选择【属性】，再选择【安全性】标签，进入如图 7-3 所示的界面就可以查看和设置身份验证模式。

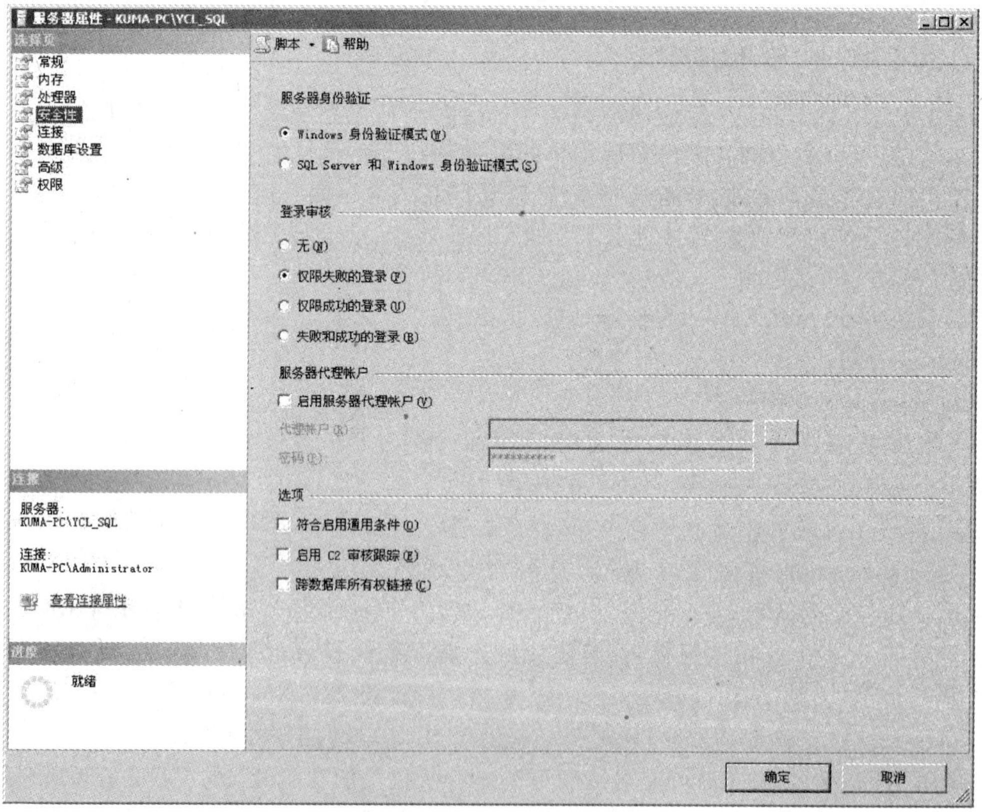

图 7-3　SQL Server 系统的安全设置

7.3.2 登录管理

登录账号通常也称为登录用户或登录名，是服务器级用户访问数据库系统的标识。为了访问 SQL Server 系统，用户必须提供正确的登录账号。这些登录账号既可以是 Windows 登录账号，也可以是 SQL Server 登录账号，但它必须是符合标识符规则的唯一名字。登录账号的信息是系统信息，存储在 master 数据库的系统表中，用户如需要有关登录账号的信息可以到 master 数据库的 syslogin 视图中查询。

SQL Server 有一个默认的登录账号 sa(System Administrator)，在 SQL Server 系统中拥有全部权限，可以执行所有的操作。

1. 查看登录名

可以在 SQL Server Management Studio 的对象资源管理器中查看，也可以使用 T-SQL 语句查看登录名。

1) 使用对象资源管理器查看登录账号

登录账号存放在 SQL 服务器的安全性文件夹中。进入 SQL Server Management Studio，在对象资源管理器中选择指定的 SQL 服务器，单击【安全性】|【登录名】文件夹，会出现如图 7-4 所示的屏幕窗口。右击某个登录名，选择【属性】，即可查看详细信息。

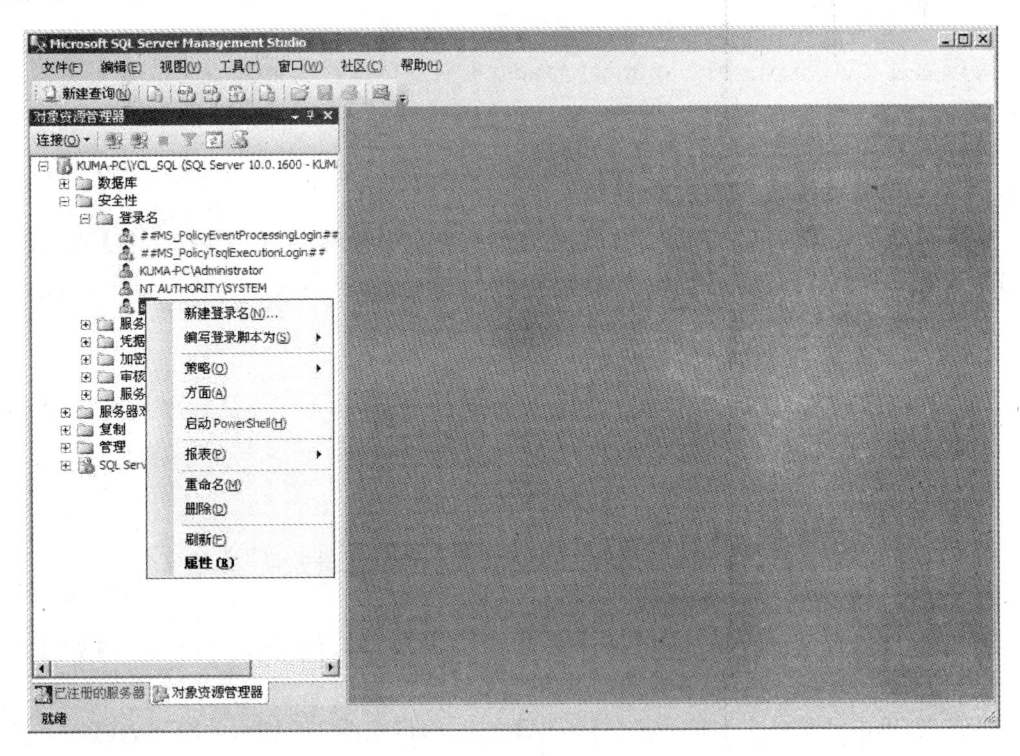

图 7-4 查看登录名

2) 使用 T-SQL 语句查看登录名

查看登录名的相关信息可以使用存储过程 sp_helplogins。例如，要查看登录名 sa 的信息,可以使用如下语句。

```
sp_helplogins sa
```

上述语句运行结果如图 7-5 所示。

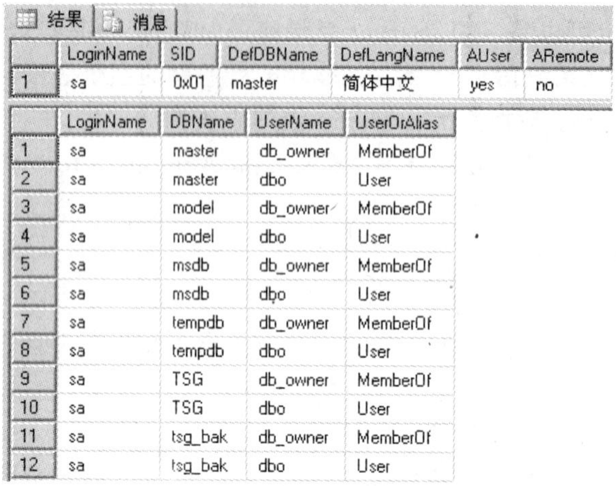

	LoginName	SID	DefDBName	DefLangName	AUser	ARemote
1	sa	0x01	master	简体中文	yes	no

	LoginName	DBName	UserName	UserOrAlias
1	sa	master	db_owner	MemberOf
2	sa	master	dbo	User
3	sa	model	db_owner	MemberOf
4	sa	model	dbo	User
5	sa	msdb	db_owner	MemberOf
6	sa	msdb	dbo	User
7	sa	tempdb	db_owner	MemberOf
8	sa	tempdb	dbo	User
9	sa	TSG	db_owner	MemberOf
10	sa	TSG	dbo	User
11	sa	tsg_bak	db_owner	MemberOf
12	sa	tsg_bak	dbo	User

图 7-5 查看登录名 sa 的结果

2. 创建登录名

可以通过 SQL Server Management Studio 的对象资源管理器和 T-SQL 两种方式创建登录名。

【例 7-1】 创建一个“SQL Server 身份验证”的登录名 lib。

1) 使用对象资源管理器创建

在 SQL Server Management Studio 中打开对象资源管理器,右击【登录名】文件夹,在弹出的菜单中选择【新建登录名】,在弹出的窗口中填写登录名为 lib,填写用户密码,选择 SQL Server 身份验证,如图 7-6 所示,单击【确定】按钮即可。

2) 使用 T-SQL 语句创建

可以利用 CREATE LOGIN 语句创建登录名。例如,输入下面的程序并执行,即可创建一个登录名 lib,其默认登录的数据库是 TSG。

```
CREATE LOGIN lib WITH PASSWORD = '123456', DEFAULT_DATABASE = TSG
```

【例 7-2】 从已有的 Windows 登录中创建“Windows 身份验证”的登录名。

(1) 使用对象资源管理器创建。

第一步,在对象资源管理器中右击【登录名】文件夹,在弹出的菜单中选择【新建登录名】,会出现图 7-6 所示的对话框界面。

第二步,单击登录名文本框后面的【搜索】按钮,将出现图 7-7 所示的窗口,在【输入要选择的对象名称】中输入 Administrator,检查名称是否可用,如果可用,单击【确定】按钮。

第三步,回到图 7-6 所示的窗口中,选择 Windows 身份验证,单击【确定】按钮即可。

另外,也可以通过新建登录的界面设定该登录用户的服务器角色和所要访问的数据库,这样该登录账号同时也作为数据库用户,具体实现方法将在“用户管理”的“创建新用户”中

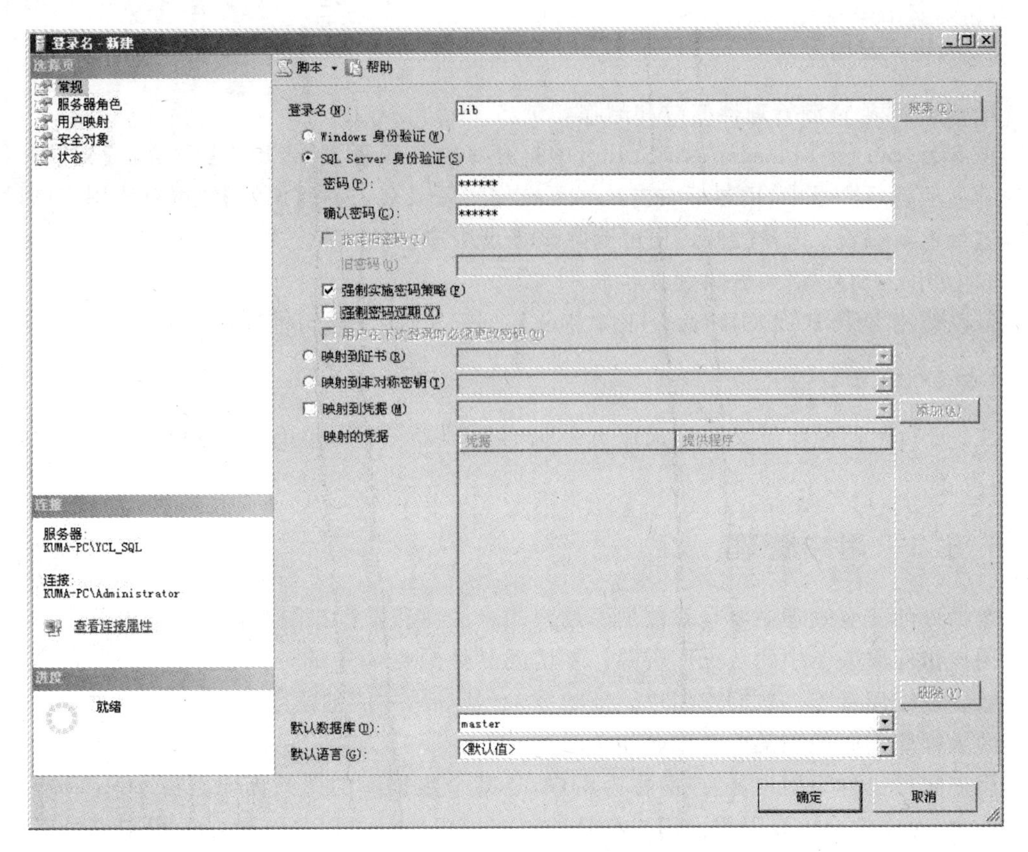

图 7-6　【新建登录名】窗口

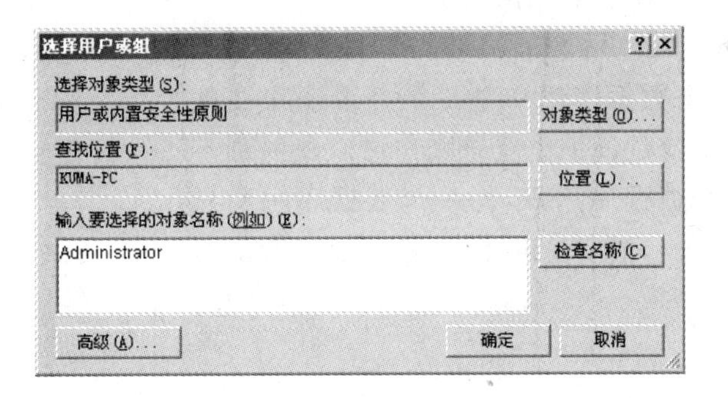

图 7-7　【选择用户或组】窗口

进行介绍。

(2) 使用 T-SQL 语句创建。打开【新建查询】窗口，输入下面的程序并执行。

```
CREATE LOGIN [KUMA - PC\zhang] FROM WINDOWS WITH DEFAULT_DATABASE = master
```

上述代码为 Windows 账号 KUMA-PC/zhang 创建了一个默认数据库为 master 的登录名。另外，还可以使用存储过程 sp_grantlogin 将已存在的 Windows 账号添加到 SQL Server 系统中。例如，下面的代码将 Windows 账号 KUMA-PC/zhang 添加到 SQL Server 中。

```
sp_grantlogin 'KUMA - PC/zhang'
```

3. 编辑或删除登录名

1) 使用对象资源管理器修改和删除登录名

在 SQL Server Management Studio 中打开对象资源管理器，单击【登录名】文件夹，在出现的显示登录账号中，用鼠标右击选择要操作的登录名，选择【属性】便可对该用户已设定内容进行重新编辑；选择【删除】便可删除该登录用户。

2) 使用 T-SQL 语句删除登录名

可以使用 DROP LOGIN 命令删除登录名。例如，如下语句将删除登录 lib。

```
DROP LOGIN lib
```

注：进行上述操作需要对当前服务器拥有管理登录(Security Administrators)及以上权限。

7.3.3 用户管理

数据库的安全管理主要是对数据库用户的合法性和操作权限的管理。登录名本身并不能让用户访问服务器中的数据库资源。要访问具体数据库中的资源，还必须是具有合法身份的数据库使用者——数据库用户。新的登录创建后，才能创建数据库用户，数据库用户在特定的数据库内必须和某个登录名相关联。

用户账号也称为用户名，或简称为用户，是某个数据库的访问标识。在 SQL Server 的数据库中，对象的全部权限均由用户账号控制。用户账号可以与登录账号相同也可以不相同。数据库用户必须是登录用户。登录用户只有成为数据库用户(或数据库角色)后才能访问数据库，用户账号与具体的数据库有关。

登录名、数据库用户名是 SQL Server 中两个容易混淆的概念。登录名是访问 SQL Server 的通行证。一个数据库用户是一个登录账户在某个数据库中的映射，也就是说一个登录账户可以映射到不同的数据库，产生多个数据库用户，而一个数据库用户只能映射到一个登录账户。新登录创建以后，才能在特定的数据库内创建用户。

1. 查看数据库用户

可以利用 SQL Server Management Studio 的对象资源管理器和 T_SQL 语句两种方式查看数据库用户。

1) 使用对象资源管理器查看用户

每个数据库中都有【用户】文件夹。以 TSG 数据库为例，当进入 SQL Server Management Studio，打开对象资源管理器中的【数据库】文件夹，并打开 TSG|【安全性】|【用户】文件夹，就会出现如图 7-8 所示的用户信息窗口。通过该窗口可以看到当前数据库合法用户的信息。只需要右击要查看的用户，在弹出的菜单中选择“属性”菜单，

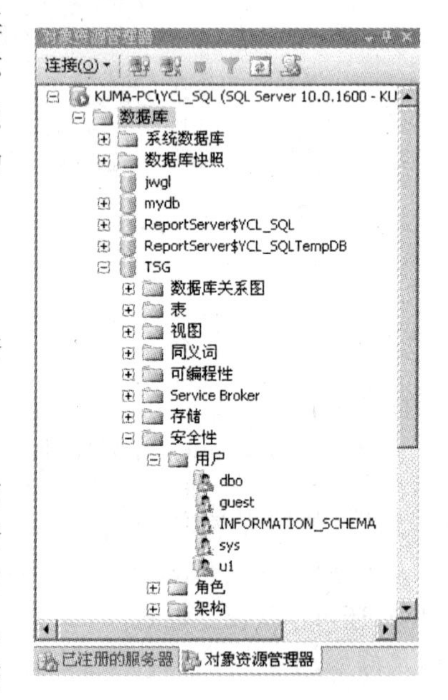

图 7-8 查看数据库用户

即可查看该用户信息。

2）使用 T-SQL 语句查看用户

用户的定义信息存放在与其相关的数据库的系统表中，可以通过 SELECT 语句查询相关数据库的系统视图 sysusers 来查看用户信息。例如，执行如下语句可查看所有用户的信息。

```
SELECT * FROM sysusers
```

对于每个数据库用户，包括用户名(name)、用户 id(uid)、状态(status)、所属角色(roles)等 20 项描述信息。如图 7-9 所示，是上述查询用户信息语句的运行结果，图中只给出了用户的部分描述信息。

	uid	status	name	sid	roles	createdate	updatedate	altuid	password	gid
1	0	0	public	0x01050000...	NULL	2003-04-08 09:10:19.630	2008-07-09 16:19:59.883	1	NULL	0
2	1	0	dbo	0x01	NULL	2003-04-08 09:10:19.600	2003-04-08 09:10:19.600	NULL	NULL	0
3	2	0	guest	0x00	NULL	2003-04-08 09:10:19.647	2003-04-08 09:10:19.647	NULL	NULL	0
4	3	0	INFORMATION_SCHEMA	NULL	NULL	2008-07-09 16:19:59.477	2008-07-09 16:19:59.477	NULL	NULL	0
5	4	0	sys	NULL	NULL	2008-07-09 16:19:59.477	2008-07-09 16:19:59.477	NULL	NULL	0
6	5	0	##MS_PolicyEventProcessingLogin##	0x0A6983C...	NULL	2008-07-09 16:50:21.740	2008-07-09 16:50:21.740	NULL	NULL	0
7	6	0	##MS_AgentSigningCertificate##	0x01060000...	NULL	2008-07-09 16:50:26.847	2008-07-09 16:50:26.847	NULL	NULL	0
8	7	0	RSExecRole	0x01050000...	NULL	2010-07-11 23:42:00.530	2010-07-11 23:42:00.530	1	NULL	7
9	8	12	PC-200903291608\Administrator	0x01050000...	NULL	2010-07-11 23:42:07.593	2010-07-11 23:42:07.593	NULL	NULL	0
10	16384	0	db_owner	0x01050000...	NULL	2003-04-08 09:10:19.677	2008-07-09 16:19:59.883	1	NULL	1638
11	16385	0	db_accessadmin	0x01050000...	NULL	2003-04-08 09:10:19.677	2008-07-09 16:19:59.883	1	NULL	1638
12	16386	0	db_securityadmin	0x01050000...	NULL	2003-04-08 09:10:19.693	2008-07-09 16:19:59.883	1	NULL	1638
13	16387	0	db_ddladmin	0x01050000...	NULL	2003-04-08 09:10:19.693	2008-07-09 16:19:59.883	1	NULL	1638
14	16389	0	db_backupoperator	0x01050000...	NULL	2003-04-08 09:10:19.710	2008-07-09 16:19:59.883	1	NULL	1638
15	16390	0	db_datareader	0x01050000...	NULL	2003-04-08 09:10:19.710	2008-07-09 16:19:59.883	1	NULL	1639
16	16391	0	db_datawriter	0x01050000...	NULL	2003-04-08 09:10:19.710	2008-07-09 16:19:59.883	1	NULL	1639
17	16392	0	db_denydatareader	0x01050000...	NULL	2003-04-08 09:10:19.723	2008-07-09 16:19:59.883	1	NULL	1639
18	16393	0	db_denydatawriter	0x01050000...	NULL	2003-04-08 09:10:19.723	2008-07-09 16:19:59.883	1	NULL	1639

图 7-9 数据库所有用户的部分信息

2. 创建新的数据库用户

创建新的数据库用户有两种方法：一种是在创建登录账户的同时创建数据库用户；另一种是在创建登录账号时没有创建数据库用户，而单独创建数据库用户。下面通过一个例子来说明这两种方式。

【例 7-3】 新建一个名为 libuser 的 SQL Server 登录，并指定该登录为 TSG 数据库的用户。

1）在创建登录用户时指定数据库用户

第一步，在新建登录对话框中，输入登录名称 libuser；选择 SQL Server 身份验证，并输入该用户名的密码。

第二步，如图 7-10 所示，单击【用户映射】选项卡，在【映射到此登录名的用户】区域中，选择指定访问数据库 TSG。

这样，登录 libuser 同时也成为数据库 TSG 的用户。可以在 TSG|【安全性】|【用户】文件夹中看到 libuser 用户。

2）单独创建数据库用户

这种方法适于在创建登录账号时没有创建数据库用户的情况。例如，下面过程将新建

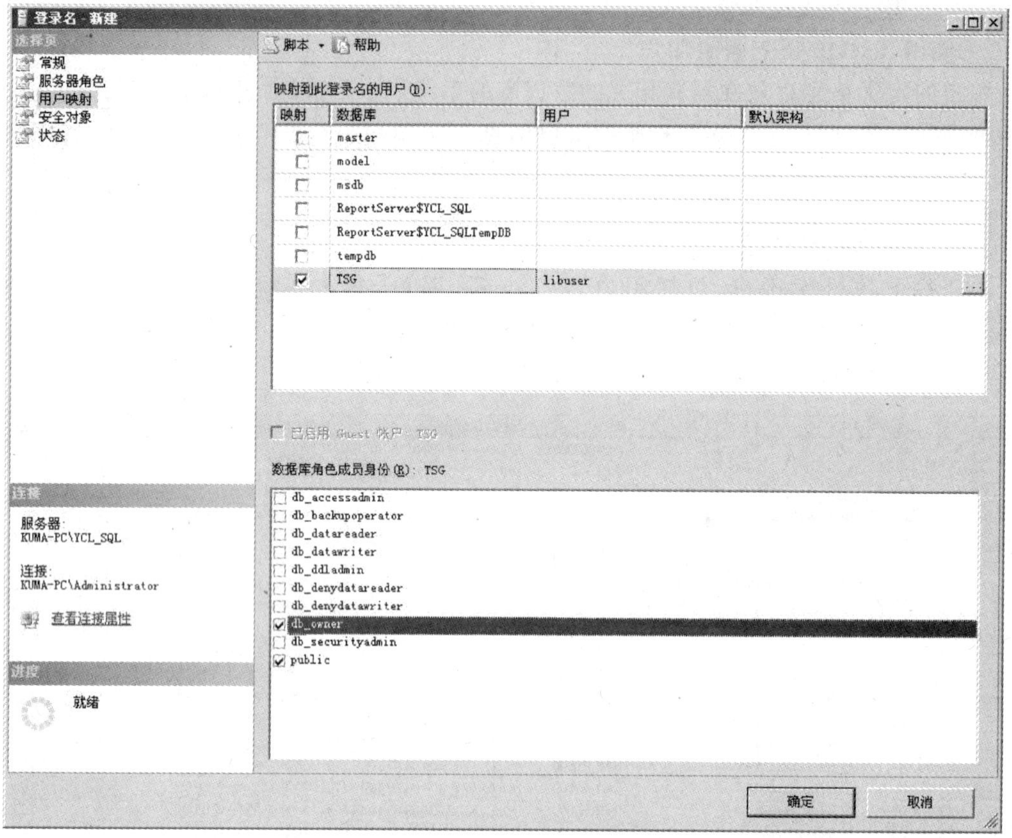

图 7-10　新建登录名指定用户

一个 TSG 数据库用户 libWang,使其对应登录名 lib。

在对象资源管理器中打开 TSG|【安全性】,右击【用户】文件夹,在弹出的菜单中选择【新建用户】,将出现如图 7-11 所示的窗口。在【用户名】处输入 libWang,登录名选项输入 lib。根据需要还可以设置该用户的角色等其他内容。设置好后单击【确定】按钮即可完成用户创建。

注意,必须输入有效的登录名(即 lib 必须是 SQL Server 已存在的登录名),否则将无法创建数据库用户。也可以单击【登录名】选项后面的…按钮,查找和浏览 SQL Server 中存在的登录名,然后选择需要使用的登录名。

另外,还就可以通过 T-SQL 语句完成此操作,相应的语句为:

```
USE TSG
GO
CREATE USER libWang FOR LOGIN lib    -- 为登录 lib 创建用户 libWang
```

3. 删除数据库用户

删除用户定义的数据库用户可以使用 SQL Server Management Studio 的对象资源管理器,也可以使用 T-SQL 语句。

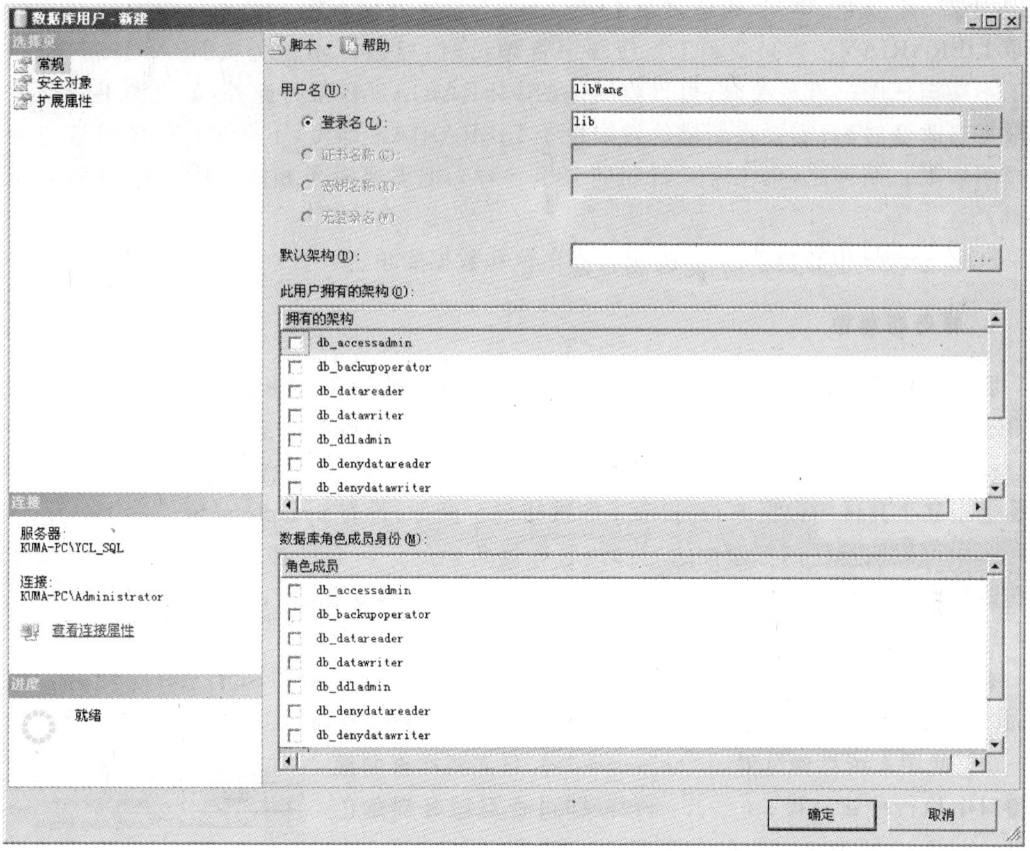

数据库用户 - 新建

选择页

常规

安全对象

扩展属性

脚本 · 帮助

用户名(U): libWang

登录名(L): lib

证书名称(C):

密钥名称(K):

无登录名(W)

默认架构(D):

此用户拥有的架构(O):

拥有的架构

db_accessadmin

db_backupoperator

db_datareader

db_datawriter

db_ddladmin

db_denydatareader

db_denydatawriter

连接

服务器:

KUMA-PC\YCL_SQL

连接:

KUMA-PC\Administrator

查看连接属性

进度

就绪

数据库角色成员身份(M):

角色成员

db_accessadmin

db_backupoperator

db_datareader

db_datawriter

db_ddladmin

db_denydatareader

db_denydatawriter

确定 取消

图 7-11 【新建数据库用户】窗口

【例 7-4】 删除 TSG 数据库中的数据库用户 libWang。

1）使用对象资源管理器删除

打开 TSG|【安全性】|【用户】，右击 libWang，选择【删除】即可。

2）使用 T-SQL 语句删除

可以利用 DROP USER 语句删除用户。对应的语句如下：

```
USE TSG
GO
DROP USER libWang                    -- 删除用户 libWang
```

7.3.4 角色管理

角色是具有一定权限的用户组。角色的使用与 Windows 组的使用相似。通过角色可以将用户集中到一个组中，然后对组应用权限。可以把某些用户设置成某一角色，这些用户称为该角色的成员，其成员自动继承该角色的权限。对角色授予或收回权限时，对其中的所有成员都有效。这样，只要对角色进行权限管理就可以实现对属于该角色的所有成员的权限管理，大大减少了工作量。

来看一个例子，图书馆中所有的图书管理员都具有相同的数据库存取权限。这时，可以创建一个角色(例如,角色名为 LIBRARIAN),并将所有图书管理员应当具有的权限授予 LIBRARIAN。当一个职工担任图书管理员时,可以标示他为 LIBRARIAN,当一个职工不在担任图书管理员时,可以收回他的 LIBRARIAN 权限。此外,如果图书管理员的权限需要改变时,只需要将新增的权限授予 LIBRARIAN 即可,不必对每位图书管理员一一授予权限。简言之,角色定义就如同分组一样,把需要赋予相同权限的用户分到同一个组。

SQL Server 中有两种角色,即服务器角色和数据库角色。

1. 服务器角色

服务器角色是指根据 SQL Server 的管理任务,以及这些任务相对的重要性等级来把具有 SQL Server 管理职能的用户划分成不同的用户组,每一组所具有管理 SQL Server 的权限已被预定义。服务器角色适用在服务器范围内,可以在服务器上进行相应的管理操作,完全独立于某个具体的数据库,其权限不能被修改。例如,具有 sysadmin 角色的用户在 SQL Server 中可以执行任何管理性的工作。服务器角色的任何成员都可以将其他登录账号增加到该服务器角色中。

1) 查看服务器角色

查看服务器角色可以使用系统存储过程 sp_helpsrvrole 或利用 SQL Server Management Studio 的对象资源管理器。

(1) 使用系统存储过程 sp_helpsrvrole。只需要在查询编辑窗口中执行存储过程 sp_helpsrvrole 即可查看服务器角色信息。图 7-12 即为该过程的执行结果。其中 public 是一个特殊的角色,它包含在每个数据库中,任何登录都属于该角色,不能被删除。

	ServerRole	Description
1	sysadmin	System Administrators
2	securityadmin	Security Administrators
3	serveradmin	Server Administrators
4	setupadmin	Setup Administrators
5	processadmin	Process Administrators
6	diskadmin	Disk Administrators
7	dbcreator	Database Creators
8	bulkadmin	Bulk Insert Administrators

图 7-12 服务器角色信息

(2) 使用 SQL Server Management Studio 的图形界面。登录服务器,打开【安全性】|【服务器角色】即可查看。

2) 添加服务器角色成员

可以将登录账号添加到某一指定的固定服务器角色作为其成员。例如,下述过程将登录名 lib 添加为服务器角色 dbcreator 的成员。

第一步,在对象资源管理器中打开【安全性】文件夹中的【服务器角色】文件夹,右击 dbcreator 角色,在弹出的菜单中选择【属性】,出现如图 7-13 所示的窗口。

第二步,单击【添加】按钮,将出现如图 7-14 所示的【选择登录名】窗口。单击【浏览】按钮,在弹出如图 7-15 所示的【查找对象】窗口中,选择 lib 登录名,单击【确定】按钮,返回【选择登录名】窗口。

第三步,在【选择登录名】窗口中单击【确定】按钮,返回【服务器角色属性】窗口,单击【确定】按钮完成服务器角色成员的添加。

删除所添加的服务器角色成员同上面的操作方法类似。请读者自行上机完成。还可以利用 T-SQL 语句完成上述操作,其对应语句为:

```
sp_addsrvrolemember @loginame = 'lib',@rolename = 'dbcreator'
```

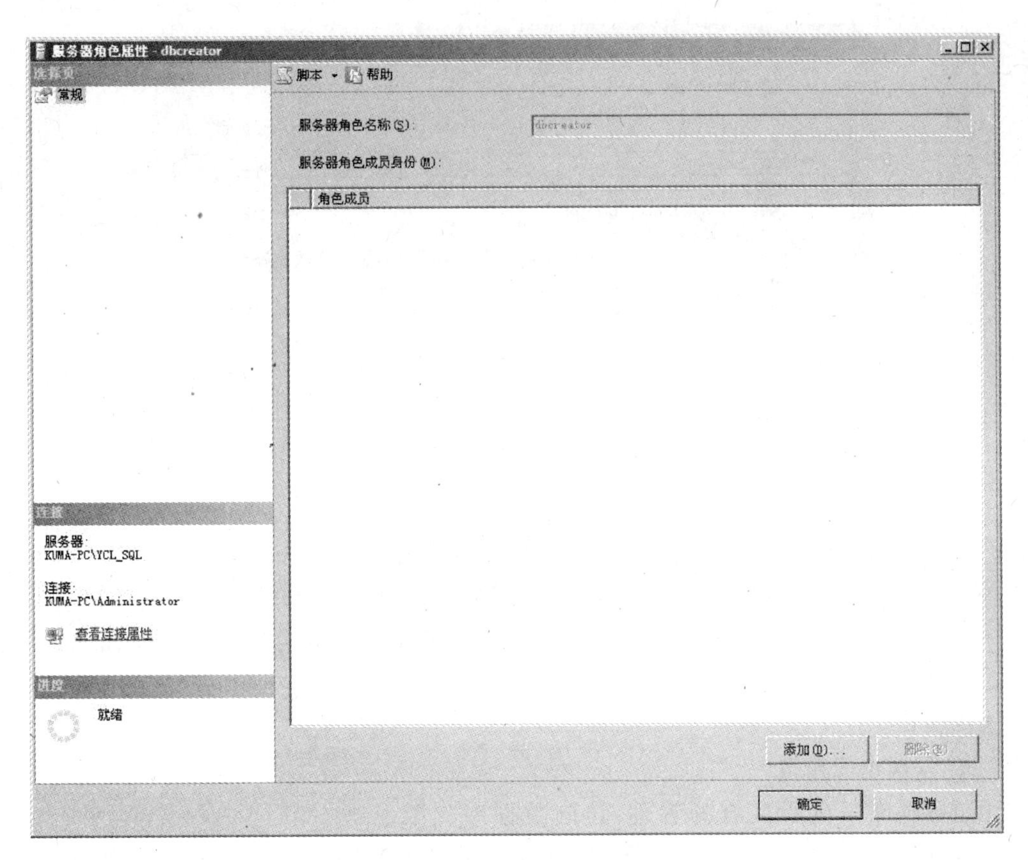

图 7-13 【服务器角色属性】窗口

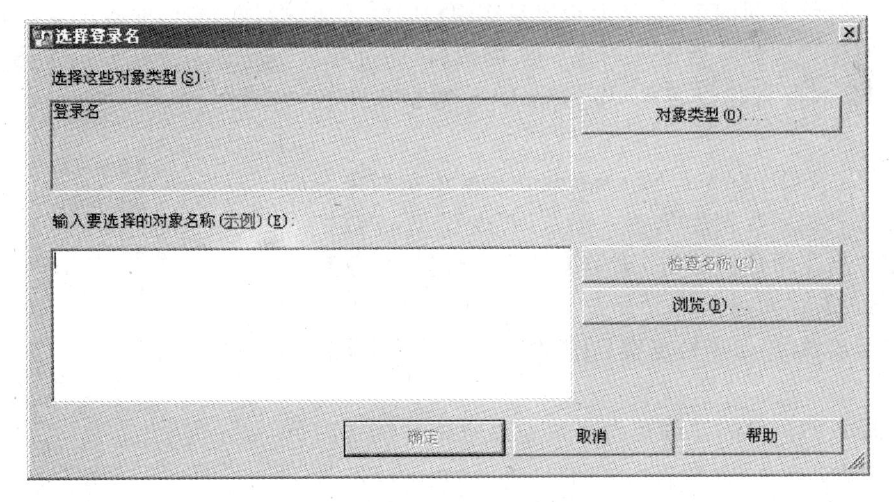

图 7-14 【选择登录名】窗口

2. 数据库角色

在 SQL Server 中，经常会将一系列数据库专有权限授予多个用户，但这些用户并不属于同一个 Windows 用户组，或者虽然这些用户可以被 Windows 管理者划为同一用户组，但

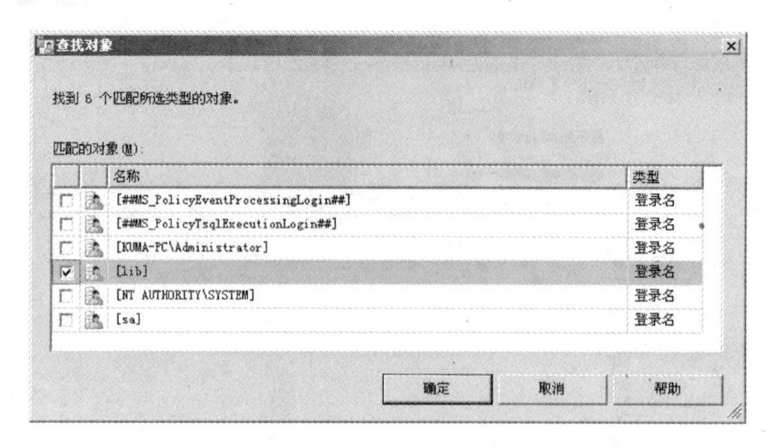

图 7-15 【查找对象】窗口

如果没有管理 Windows 账号的权限，这时就可以在数据库中添加新数据库角色或使用已经存在的数据库角色，并让这些有着相同数据库权限的用户归属于同一角色。

在一个服务器上可以创建多个数据库，数据库角色对应于单个数据库。数据库的角色包括固定数据库角色、用户定义的数据库角色。固定数据库角色是指 SQL Server 为每个数据库提供的固定角色。此外，SQL Server 也允许用户自己定义数据库角色，称为用户定义的数据库角色。

1）固定数据库角色

固定数据库角色所具有的管理、访问数据库权限已被 SQL Server 定义，并且 SQL Server 管理者不能对其所具有的权限进行任何修改。SQL Server 中的每一个数据库中都有一组预定义的数据库角色，在数据库中使用预定义的数据库角色可以将不同级别的数据库管理工作分给不同的角色，从而很容易实现权限的传递。例如，如果准备让某一用户临时或长期具有创建和删除数据库对象（表、视图、存储过程）的权限，那么只要把他设置为 db_ddladmin 数据库角色即可。

可以通过 SQL Server Management Studio 的对象资源管理器查看固定数据库角色。例如，要查看 TSG 数据库的固定数据库角色，可以打开 TSG|【安全性】|【角色】|【数据库角色】，在如图 7-16 所示的窗口中，选择要查看的固定数据库角色，单击鼠标右键，在弹出的菜单中选择【属性】即可。

固定服务器角色的详细信息可以通过查询系统视图 sysusers 查看。例如，查看数据库角色 db_datareader 的具体信息，可以执行如下语句。其查询结果如图 7-17 所示。

```
select * from sysusers where name = 'db_datareader'
```

2）用户定义的数据库角色

要为某些数据库用户设置相同的权限，但是这些权限不等同于预定义的数据库角色所具有的权限时，就可以定

图 7-16 查看数据库角色

	uid	status	name	sid	roles	createdate	updatedate	altuid	password	gid	environ	hasdbacces
1	16390	0	db_datareader	0x0105...	NULL	2003-04-08 09:...	2008-07-09 ...	1	NULL	16390	NULL	0

图 7-17 数据库角色 db_datareader 的具体信息

义新的数据库角色来满足这一要求。数据库角色可以为某一用户或一组用户授予不同级别的管理或访问数据库或数据库对象的权限，从而使这些用户能够在数据库中完成某些工作。在同一数据库中用户可以具有多个不同的角色，角色也可以进行嵌套，从而在数据库实现不同级别的安全性。

用户定义的数据库角色有两种类型：标准数据库角色和应用程序角色。标准的数据库角色类似于 SQL Server 早期版本中的用户组，它通过对用户权限等级的认定而将用户划分为不同的用户组，使用户总是相对于一个或多个角色，从而实现管理的安全性。所有的固定数据库角色或 SQL Server 管理者自定义的某一角色（该角色具有管理数据库对象或数据库的某些权限）都是标准的数据库角色。例如，如果准备让某用户能够对数据库中任何表执行 INSERT、UPDATE、DELETE 操作，那么只要将其设置为 db_datawriter 数据库角色即可。

3）创建数据库角色

可以利用对象资源管理器和 T-SQL 语句两种方式创建数据库角色。下面的过程将为 TSG 数据库创建数据库角色 tsg_dbrole1。

在对象资源管理器中打开 TSG 数据库中的【安全性】|【角色】文件夹，右击【数据库角色】文件夹，并在弹出的菜单中选择【新建数据库角色】命令，出现如图 7-18 所示的【新建数据库角色】窗口，输入角色名称 tsg_dbrole1，单击【确定】按钮即可。

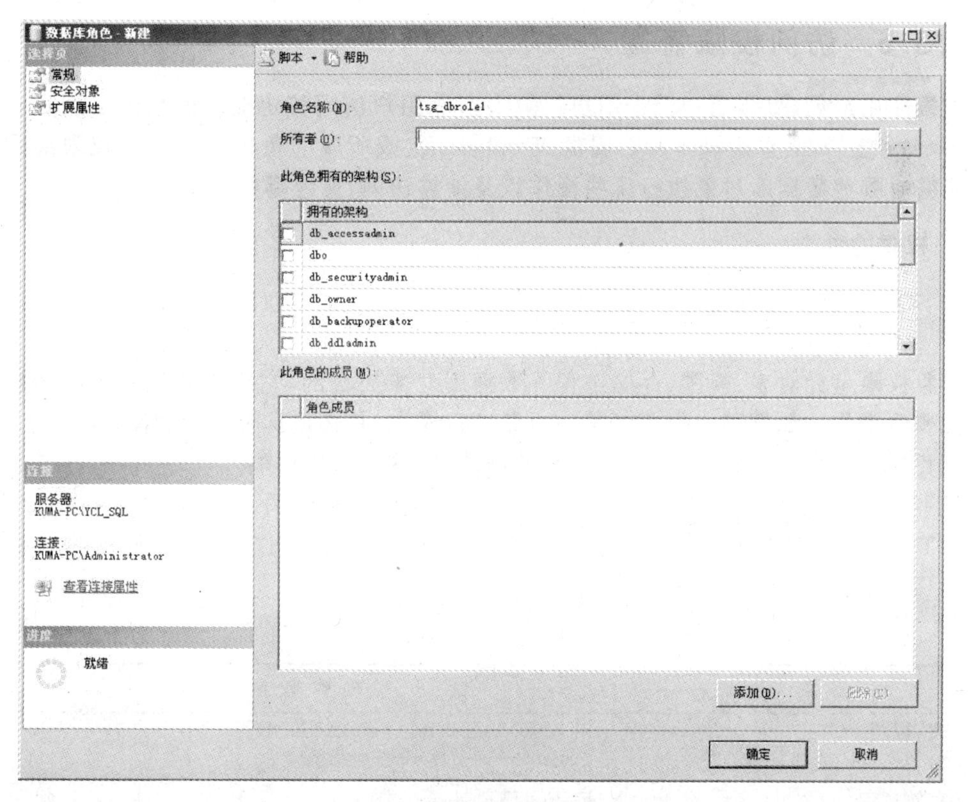

图 7-18 【新建数据库角色】窗口

在图7-18所示的窗口中，单击【添加】按钮可以为新创建的数据库角色添加成员。此外，选择【安全对象】，可以为数据库角色设置所能访问的对象以及设定对相应对象拥有的权限。

完成创建数据库角色 tsg_dbrole1 的 T-SQL 语句为：

```
USE TSG
GO
CREATE ROLE tsg_dbrole1
```

4）删除数据库角色

同样可以利用对象资源管理器和 T-SQL 语句两种方式删除已存在的用户定义的数据库角色。例如，下述过程将删除数据库角色 tsg_dbrole1。

在对象资源管理器中打开 TSG 数据库中的【安全性】|【角色】|【数据库角色】，右击 tsg_dbrole1 角色，选择【删除】按钮即可。

完成此操作的 T-SQL 语句为：

```
USE TSG
GO
DROP ROLE tsg_dbrole1
```

应用程序角色是一种比较特殊的角色类型。当不希望用户直接存取数据库数据，而只是可以通过特定的应用程序间接地存取数据库中的数据时，可以使用应用程序角色。当用户使用了应用程序角色时，只拥有应用程序角色所拥有的权限，不再享有已被赋予的所有数据库专有权限。应用程序角色可以帮助管理员控制用户的语句权限或对象操作权限，需要口令，是一种安全机制。其创建方法与标准数据库角色创建方法相同，不再赘述。

7.3.5 访问权限管理

数据库用户创建后，通过授予用户权限来指定用户访问特定对象的权限。用户在登录 SQL Server 之后，其登录账号所归属的 Windows 组或所属的角色被授予的权限决定了该用户能够对哪些数据库对象执行哪些操作以及能够访问、修改哪些数据。

1. 权限的种类

在 SQL Server 中包括三种类型的权限，即对象权限、语句权限和默认权限。

1）对象权限

对象权限是针对表、视图、存储过程等数据库对象而言的，它决定了能对这些数据库对象执行哪些操作。如果用户想要对某一对象进行操作，其必须具有相应的操作权限。例如，当用户要想删除表中数据时，必须具有对数据表的 DELETE 权限。

对不同类型的对象所能进行的操作有所不同，例如对关系表可以进行 SELECT、INSERT、UPDATE、DELETE 操作，不能执行 EXECUTE 操作，而对存储过程可以进行 EXECUTE 操作。常用的对象权限见表7-2。

表7-2 对象权限

对象	操作权限
表、视图	SELECT、INSERT、UPDATE、DELETE
列	SELECT、UPDATE
存储过程	EXECUTE

2）语句权限

语句权限是用来限定某个用户是否有权限执行某些语句(详见表7-3)，这些语句一般来说能完成一些对数据库的管理工作，例如创建数据库、创建表、创建视图等。只能由sa或dbo授予、禁止或回收权限。语句权限的授予对象一般为数据库角色或数据库用户。

表7-3 语句权限

语句
CREATE DATABASE
CREATE TABLE
CREATE VIEW
CREATE RULE
CREATE DEFAULT
CREATE PROCEDURE
BACKUP DATABASE
BACKUP LOG

3）默认权限

默认权限指某些角色和用户未经授权就具有的权限。SQL Server服务器中包含的对象都有一个属主。一般来说对象的属主是创建该对象的用户。例如，系统管理员创建了一个数据库，则系统管理员就是这个数据库的属主，具有这个数据库的全部操作权限；用户libuser创建了一张表，则libuser就是这张表的属主，具有这个表的全部操作权限。具有默认权限的用户主要有四类：

(1) 系统管理员。可以创建和删除数据库，配置服务器。

(2) 数据库属主。可以创建和管理数据库中的对象以及管理整个数据库。

(3) 对象属主。对于数据库来说，dbo就是对象属主。对象属主可以在对象上进行授予和收回权限，也可以删除对象。

(4) 数据库用户。其默认权限取决于创建数据库时的设置。

2. 权限验证

针对每一个数据库及数据库的对象，管理员会将操作权限授予相应的用户和角色。当用户执行某个操作时，系统首先要进行权限检查，如果用户拥有授权，则可以执行操作，否则系统将拒绝用户执行操作，并给出错误信息。

3. 权限管理

权限管理包括：授权、回收权限和拒绝权限三部分内容。

- **授权**：授予某些用户对象权限或语句权限，由GRANT语句完成。
- **回收权限**：收回之前授予或已经拒绝的权限。并不妨碍用户或角色从更高级别继承已授予的权限，由REVOKE语句完成。
- **拒绝权限**：拒绝某些用户或者角色使用某些权限，包括删除之前授予用户或角色的权限，停用从其他角色继承的权限，并确保用户或角色不继承更高级别的用户或角色的权限，由DENY语句完成。

注意：*以上三种操作只能在当前数据库中进行。*

1）使用对象资源管理器进行权限管理

在SQL Server Management Studio中实现权限的管理有两种方法：一种是通过对象来管理相应的用户及操作权限；另一种是通过用户来管理对应的数据库对象及操作权限。具体使用哪种方法要根据实际应用的需求来决定。

(1) 通过“对象”来管理权限。如果一次需要为多个用户(角色)授予、回收或拒绝对某一个数据库对象的权限时，应采用通过对象的方法实现。实现方法如下：

① 在对象资源管理器中打开【数据库】文件夹，打开要操作的数据库(如 TSG)，右击指定的对象(如 Book 表)，在菜单中选择【属性】，此时会出现表的属性窗口，在【选择页】中，单击【权限】，将出现如图 7-19 所示的窗口。

② 单击【搜索】按钮可以指定授权的用户或角色，在【选择页】的【权限】里选择需要授予的权限，单击【确定】按钮即可。

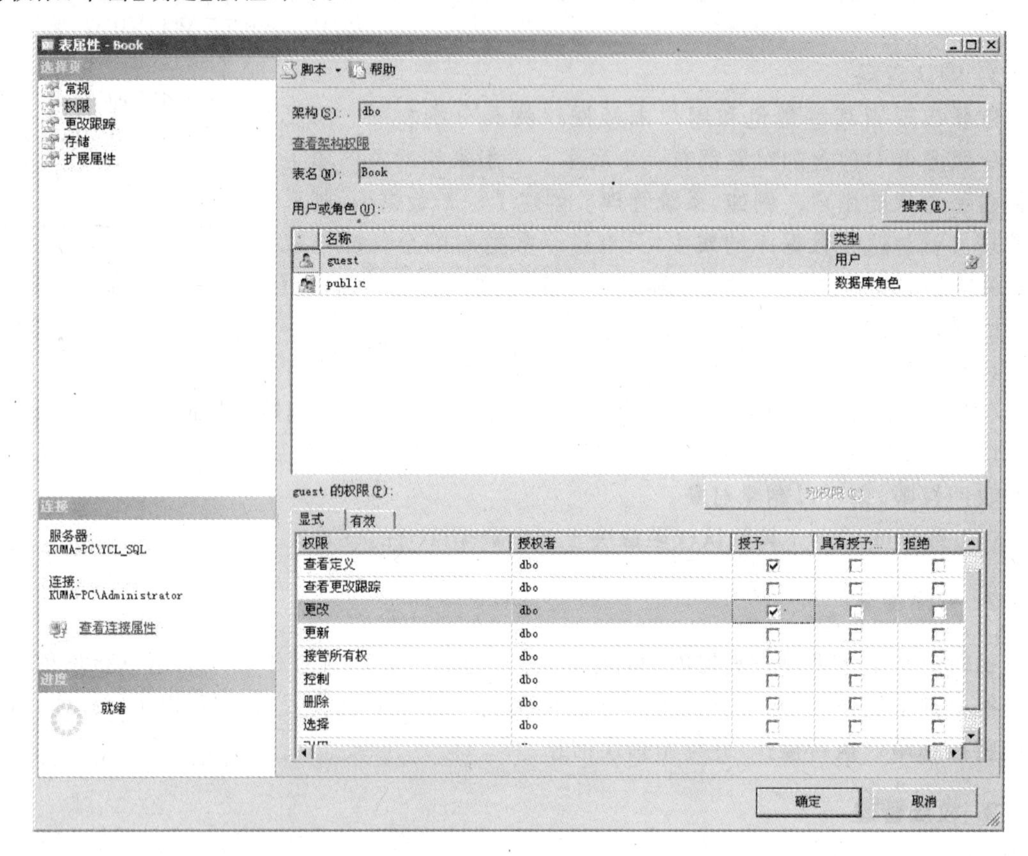

图 7-19 查看表属性

(2) 通过"用户"或"角色"来管理权限。如果要为一个用户或角色同时授予、回收或者拒绝多个数据库对象的使用权限，则可以通过"用户"或"角色"来进行。下面以 TSG 数据库为例，介绍对角色授权的实现方法。

① 在 SQL Server Management Studio 的对象资源管理器中打开【数据库】文件夹，打开 TSG|【安全性】|【角色】，右击所要授权的角色，选择【属性】，在出现的窗口左侧选择【安全对象】，将出现如图 7-20 所示的窗口。

② 单击右侧的【搜索】按钮，按提示选择要操作的数据库对象，这里选择 Book 表。选择好数据库对象后，将返回如图 7-21 所示的窗口。此时只需在下面的权限列表窗口中选择相应的权限，然后单击【确定】按钮即可。

2) 使用 T-SQL 语句进行权限管理

T-SQL 提供了权限授予、收回和拒绝的语句，这些语句的语法格式与标准 SQL 相应的安全性控制语句相差不大。读者很容易将 T-SQL 中的权限控制语句扩展至其他系统中使用。

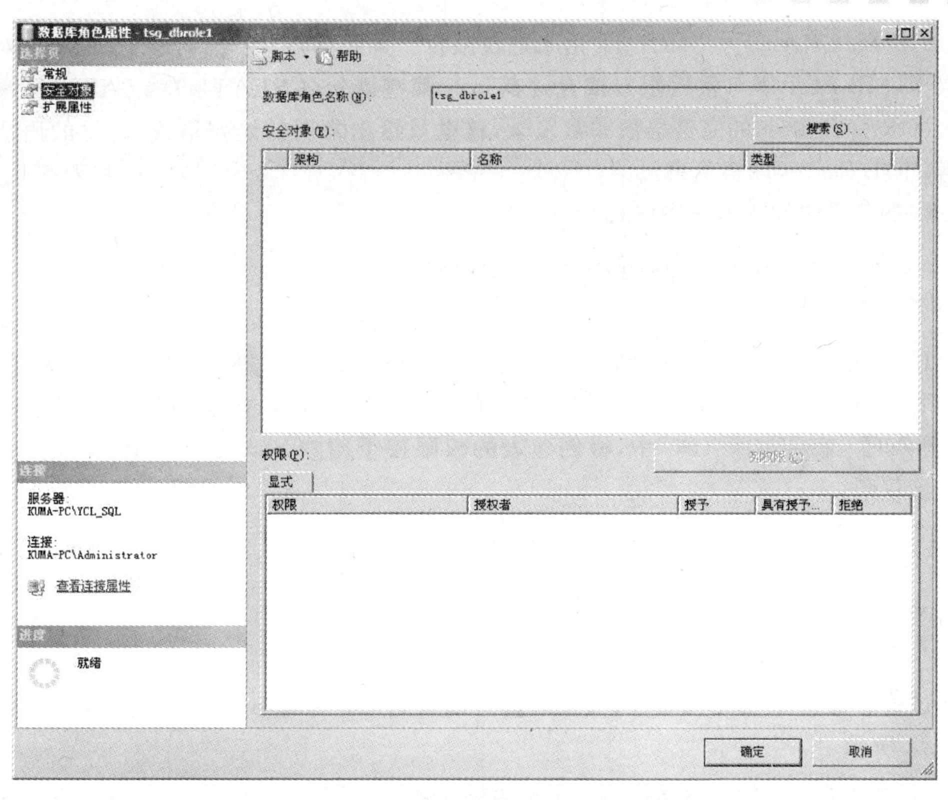

图 7-20 数据库角色属性

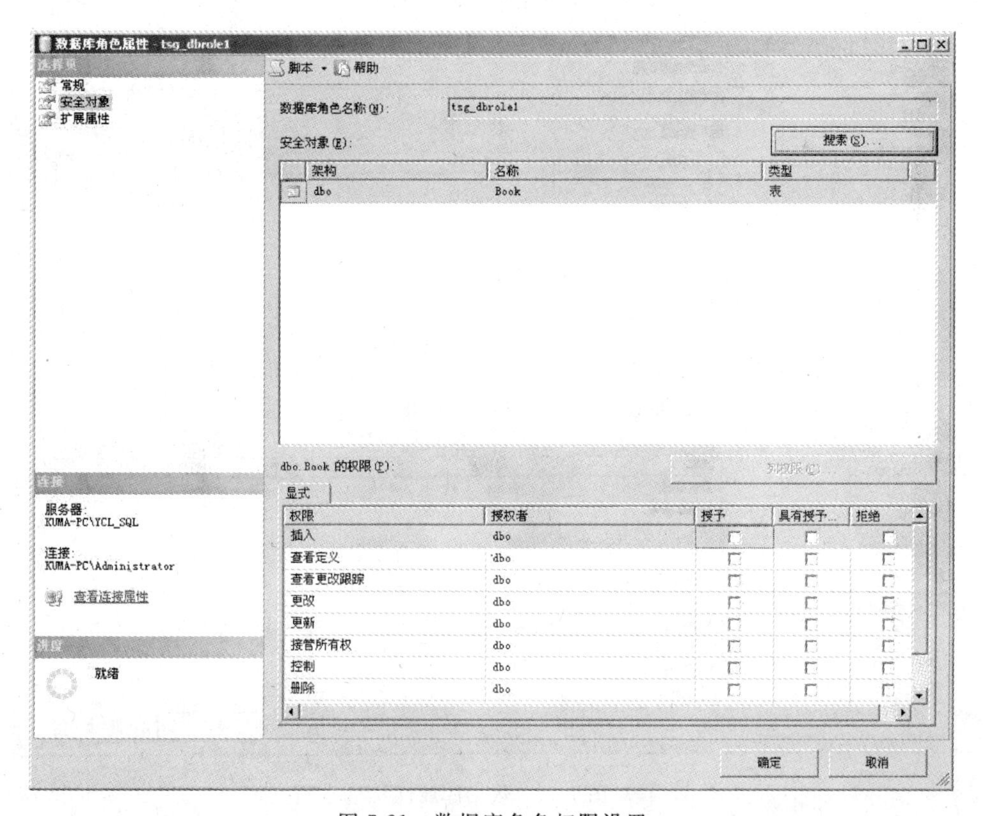

图 7-21 数据库角色权限设置

(1) 授权(GRANT)。GRANT 用来把权限授予某一用户，以允许该用户执行针对该对象的操作(SELECT 等对象权限)，或允许其运行某些语句(CREATE DATABASE 等语句权限)。GRANT 语句的完整语法非常复杂，这里只给出常用的语句格式，完整的语法格式请参考《SQL Server 联机丛书》。

GRANT 语句的基本语法格式为：

```
GRANT <权限列表> [ON <对象>] TO <用户或角色列表>
[WITH GRANT OPTION]
```

上述语法格式中，对象指的是要授予权限的数据库对象，如表、视图等；WITH GRANT OPTION 选项表示允许被授予权限的用户将此权限授予其他用户。

【例 7-5】 在数据库 TSG 中，将创建表的权限授予用户 libuser 和 libWang，并允许他们传播该权限。

```
USE TSG
GO
GRANT CREATE TABLE TO libuser,libWang
WITH GRANT OPTION
```

通过查看数据库 TSG|【属性】|【权限】，可以看到用户 libuser 拥有创建表的语句权限，如图 7-22 所示。

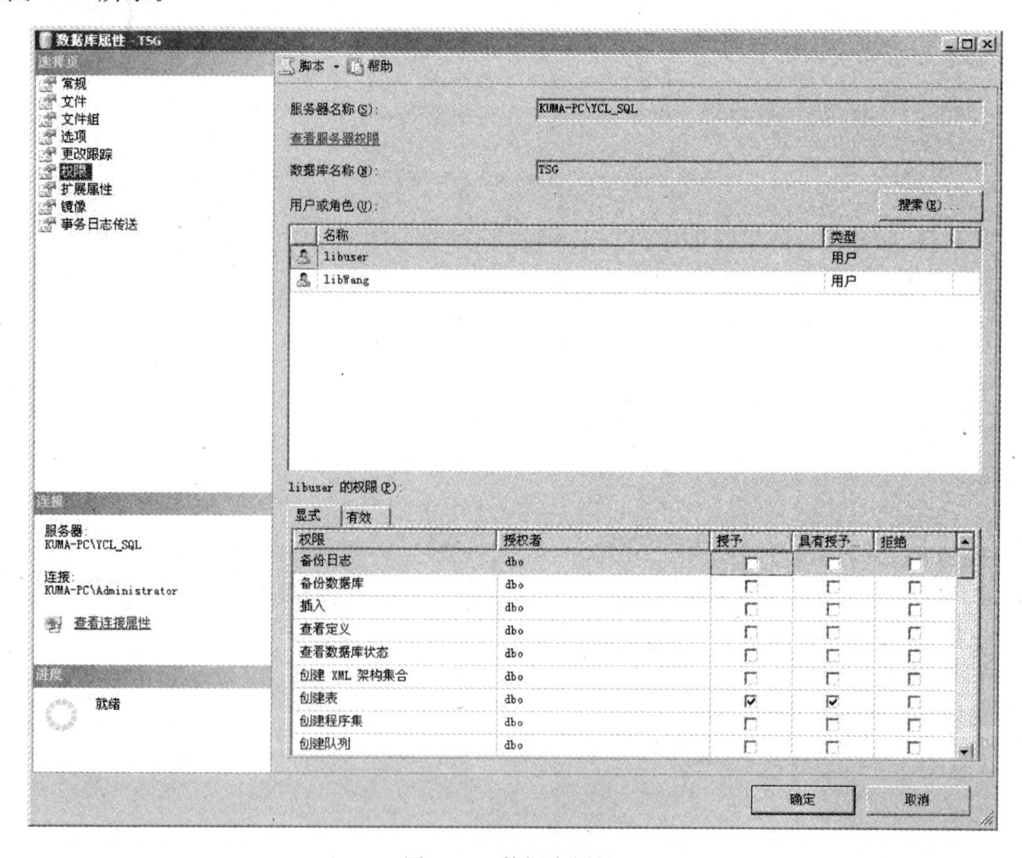

图 7-22 数据库属性

【例 7-6】 授予 TSG 的数据库角色 tsg_dbrole1 对表 Book 的查询和修改书名的权限。

```
USE TSG
GO
GRANT SELECT, UPDATE(Title) ON Book TO tsg_dbrole1
```

通过查看 TSG 数据库角色 tsg_dbrole1 的属性，可以看到该角色已拥有对数据对象 Book 的相应权限。

【例 7-7】 在 TSG 数据库中，将查询 Book 表的权限授予所有用户。

```
USE TSG
GO
GRANT SELECT ON Book TO PUBLIC
```

注意，上述语句中使用 PUBLIC 来代表所有用户。还可以将所有权限授予某个用户或角色(SQL Server 2008 中已不建议使用)。例如，将所有权限授予用户 libuser，可以使用如下语句(ALL PRIVILEGES 代表所有权限)：

```
GRANT ALL PRIVILEGES  ON Book TO libuser
```

(2) 回收权限(REVOKE)。REVOKE 语句取消用户对某一对象或语句的权限(由 GRANT 语句授予)，不允许该用户执行针对数据库对象的操作(SELECT 等操作)，或不允许其运行某些语句(CREATE DATABASE 等语句权限)。REVOKE 语句的基本语法格式为：

```
REVOKE <权限列表>[ON 对象>]{FROM|TO} <用户名或角色列表>
[CASCADE]
```

当涉及多个用户传播权限时，使用 CASCADE 关键字，收回某个上级用户某权限的同时，也收回该上级用户转授给下级的该种类型的权限。

【例 7-8】 收回 TSG 的数据库用户 libuser 创建表的权限。

```
USE TSG
GO
REVOKE CREATE TABLE TO libuser CASCADE
```

通过查看数据库 TSG【属性】的【权限】，可以看到用户 libuser 已不具备创建表的语句权限。

【例 7-9】 收回 TSG 的数据库角色 tsg_dbrole1 对表 Book 的 SELECT 权限。

```
USE TSG
GO
REVOKE SELECT ON Book FROM tsg_dbrole1
```

通过查看 TSG 数据库角色 tsg_dbrole1 的属性，可以看到该用户对数据对象 Book 的 SELECT 的权限被回收。

(3) 拒绝权限(DENY)。DENY 用来禁止某一对象或语句的权限，禁止某用户对象执行某些操作(SELECT 等对象权限)或运行某些语句(CREATE DATABASE 等语句权限)。其语法格式与 REVOKE 相同。

【例 7-10】 拒绝 TSG 数据库用户 libuser 创建表的权限。

```
USE TSG
GO
DENY CREATE TABLE TO libuser CASCADE
```

通过查看数据库 TSG【属性】的【权限】,可以看到用户 libuser 创建表的语句权限被拒绝。

【例 7-11】 拒绝 TSG 的数据库角色 tsg_dbrole1 对表 Book 的查询权限。

```
USE TSG
GO
DENY SELECT ON Book TO tsg_dbrole1
```

通过查看 TSG 数据库角色 tsg_dbrole1 的属性,可以看到该用户对数据对象 Book 的 SELECT 的权限被拒绝。

回收权限的作用类似于拒绝权限,它们都可以删除用户或角色的指定权限。但是回收权限仅仅删除用户或角色拥有的某些权限,并不拒绝用户或角色通过其他方式继承已被回收的权限。可以使用 DENY 语句限制用户或角色的某些权限。这样不仅删除了以前授予用户或角色的某些权限,而且还拒绝这些用户或角色从其他角色继承的权限。

7.4 本章小结

数据库的安全性是指保护数据库,防止因用户非法使用数据库造成的数据泄露、更改或破坏。系统的安全保护措施是否有效是数据库系统的主要技术指标之一。本章介绍了数据库安全保障的任务、措施以及 SQL Server 的安全管理机制。

保护数据库安全是 DBA 最重要的职责之一,主要任务包括:防止对数据进行未授权的存取、防止未经授权的用户删除和修改数据和采用审核技术监视用户存取数据。数据库系统常用的安全性控制方法包括用户标识与鉴别、存取控制、视图、审计和数据加密等。

SQL Server 的安全管理机制主要包括登录管理、数据库用户管理、角色管理和权限管理等。登录账号通常也称为登录用户或登录名,是服务器级用户访问数据库系统的标识。为了访问 SQL Server 系统,用户必须提供正确的登录账号。登录账号本身并不能让用户访问服务器中的数据库资源,必须建立合法的数据库用户才能访问具体数据库中的资源。数据库用户在特定的数据库内必须和某个登录名相关联。角色是具有一定权限的用户组。通过角色可以将用户集中到一个组中,然后对这个组应用权限。数据库用户创建后,通过授予用户或所属角色权限来指定用户访问特定对象的权限。

习题 7

1. 什么是数据库安全性?
2. 简述存取控制的任务及种类。
3. 简述数据库中常用的安全性控制方法。

4. SQL Server 的身份验证模式有哪些？在 SQL Server Management Studio 中完成身份验证模式的查看与修改，并验证修改结果。

5. 什么是角色？使用角色管理的优点是什么？SQL Server 中的角色可以分为几种？

6. 权限管理包括哪些内容？由哪些语句来完成权限管理？

用 T-SQL 语句和图形界面两种方式完成习题 7～9。

7. 创建一个登录账户 libfirst，指定他为 TSG 数据库的用户，并将 Book 表的录入和删除数据的权限授予他，同时不允许他修改 Book 表中数据。

8. 在 TSG 数据库中创建新的用户 user1，将对表 Book 的 UPDATE 和 DELETE 权限授予 user1（对应登录名 libfirst），并允许其继续传播该权限。

9. 将 TSG 数据库中 Book 表的 INSERT 权限授予 Public 角色（所有用户），并拒绝 Guest 拥有该权限。

1. 原子性

原子性是指事务是一个工作单元，作为一个整体要么都做，要么都不做，数据库不能处于事务中只有部分语句执行的状态。

2. 一致性

一致性是指事务在完成时，必须使数据库内所有的数据都保持一致性状态，即事务的执行结果必须使数据库从一个一致性状态转变到另一个一致性状态。

3. 隔离性

隔离性也称独立性，是指一个事务的执行不能被其他事务所干扰，即事务在执行过程中未提交的数据都不能被其他事务所使用，直到事务提交。事务查看数据所处的状态，要么是另一并发事务修改它之前的状态，要么是另一事务修改它之后的状态，事务不会查看中间状态的数据。这个特性使数据库在备份和恢复时能够重新装载起始数据，并且重播一系列事务，以达到恢复数据库数据的目的。

4. 持续性

持续性也称持久性，是指事务一旦提交，它对数据库的改变就是永久的，任何故障和应用程序错误都不会影响其对数据库的改变。

事务机制保证了一个事务或者提交后成功执行了全部语句，或者失败后回滚，撤销已执行过的修改。即事务对数据的修改具有可恢复性，当事务失败时，其对数据库中数据的修改都会撤销，数据库会恢复到该事务执行前的状态。

8.1.4 在 SQL Server 中实现事务管理

1. 事务运行的三种模式

根据事务的运行模式，SQL Server 将事务分成三种类型：显式事务、隐式事务和自动提交事务。

1）显式事务

显式事务是由用户自定义的事务，每个事务均以 BEGIN TRANSACTION 开始，以 COMMIT 或 ROLLBACK 语句结束。其中：

- BEGIN TRANSACTION　是事务开始的标记。
- COMMIT　提交事务，标识事务成功执行。提交后，事务对数据库所做的修改就永久保存到数据库中。
- ROLLBACK　标识一个非正常事务结束，说明执行过程中遇到错误，事务内所修改的数据被恢复到事务执行前的状态。

2）隐式事务

在该模式下，当前事务提交或回滚后，SQL Server 自动开始下一个事务。所以，隐式事务不需要使用 BEGIN TRANSACTION 语句启动，而只需要用户使用 ROLLBACK 或

COMMIT 等语句结束。在提交或回滚后，SQL Server 自动开始下一个事务。

执行如下语句可以使 SQL Server 进入隐式事务模式：

```
SET IMPLICIT_TRANSACTIONS ON
```

当需要关闭隐式事务模式时，可以执行语句：

```
SET IMPLICIT_TRANSACTIONS OFF
```

在隐式事务模式下，表 8-1 列出的任何一个语句都可以使 SQL Server 重新启动一个事务。其中，TRUNCATE TABLE 语句可以让用户删除指定表中的所有数据，同时又不删除表结构。使用 DELETE 语句和 TRUNCATE TABLE 语句都可以删除表中的所有数据，使用 TRUNCATE TABLE 语句比 DELETE 语句执行速度快得多，它们的主要区别是：

(1) 使用 DELETE 语句，系统将一次一行地处理要删除的表中的记录。从表中删除行之前，在事务处理日志中记录相关的删除操作和删除行中的值，在执行发生问题导致操作失败时，可以使用事务处理日志来恢复数据。

(2) TRUNCATE TABLE 语句一次性完成删除与表有关的所有数据页的操作。该语句并不更新事务处理日志。所以由 TRUNCATE TABLE 删除表数据后，不能使用 ROLLBACK 撤销。

表 8-1 使 SQL Server 重新启动事务的语句

所有 CREATE 语句	ALTER TABLE	所有 DROP 语句
TRUNCATE TABLE	GRANT	REVOKE
INSERT	UPDATE	DELETE
SELECT	OPEN	FETCH

例如，下面两段程序的执行结果是不同的。第一段程序执行后 Book 表将被清空，而第二段程序不会。

```
USE TSG
GO
SET IMPLICIT_TRANSACTIONS ON
GO
TRUNCATE table Book
ROLLBACK
GO
SET IMPLICIT_TRANSACTIONS OFF
```

```
USE TSG
GO
SET IMPLICIT_TRANSACTIONS ON
GO
DELETE FROM Book
ROLLBACK
GO
SET IMPLICIT_TRANSACTIONS OFF
```

3) 自动提交事务

是 SQL Server 的默认事务管理模式，当与 SQL Server 建立连接后，直接进入该模式。自动提交事务模式将每条单独的 T-SQL 语句视为一个事务，如果成功执行，则自动提交；如果执行过程中产生错误，则自动回滚。例如，当执行一条 CREATE TABLE 语句后，立刻提交该语句的结果。

当与 SQL Server 建立连接后，直接进入自动事务模式，直到使用 BEGIN TRANSACTION 语句开始一个显示事务，或者使用 SET 语句进入隐式事务模式为止。当显式事务被提交或隐式事务模式关闭以后，SQL Server 又进入自动事务模式。

2. 使用 T-SQL 实现事务

表 8-2 列出了 SQL Server 中进行事务处理的语句。下面分别介绍这些语句的语法格式。

表 8-2 事务语句

语句	含义	语句	含义
BEGIN TRANSACTION	事务开始的标识	ROLLBACK	回滚事务
SAVE TRANSACTION	设置保存点	COMMIT	提交事务

1) BEGIN TRANSACTION

```
BEGIN {TRAN|TRANSACTION} [{transaction_name|@tran_name_variable}]
```

其中，transaction_name 为事务名称，必须符合标识符命名规则，仅在最外面的 BEGIN…COMMIT 或 BEGIN…ROLLBACK 嵌套语句对中使用事务名；@tran_name_variable 是用户定义的、含有有效事务名称的变量的名称。

2) SAVE TRANSACTION

```
SAVE {TRAN|TRANSACTION}{savepoint_name|@savepoint_variable}
```

其中，savepoint_name 为分配给保存点的名称，保存点名称必须符合标识符的规则；@savepoint_variabl 是包含有效保存点名称的用户定义变量的名称。

保存点提供了一种机制，用于回滚部分事务。用户可以在事务内设置保存点，当事务中某一语句执行失败时，该事务可以返回的一个位置。如果将事务回滚到保存点，则必须完成其他剩余的 T-SQL 语句和 COMMIT TRANSACTION 语句，或者必须使用 ROLLBACK TRANSACTION 将事务回滚到起始点来完全取消事务。

3) ROLLBACK

```
ROLLBACK  {TRAN|TRANSACTION} {savepoint_name|transaction_name}
```

如果事务中出现错误，或用户决定取消事务，则回滚该事务。ROLLBACK 语句通过将数据返回到事务开始时或保存点之前所处的状态，来取消事务中所做的一些或全部修改。ROLLBACK 还释放事务占用的资源。

4) COMMIT

```
COMMIT {TRAN|TRANSACTION}
```

如果事务成功，则提交。COMMIT 语句保证事务的所有修改在数据库中都永久有效。COMMIT 语句还释放事务使用的资源。

【例 8-1】 在 TSG 数据库中将读者的读者证号(PatronID)由 T0202 修改为 T0202A。

读者的读者证号(PatronID)信息存在于读者表 Patron 和借阅表 Lend 中，并且在这两个表之间存在着外键约束(假定没有使用级联更新方式)，所以要修改读者证号，必须两个表同时进行，否则会违反外键约束，破坏参照完整性。

```
USE TSG
GO
BEGIN TRAN                                    --开始事务
SELECT * INTO templend FROM Lend
WHERE PatronID = 'T0202'                      --将记录存入临时表 templend
UPDATE templend SET PatronID = 'T0202A'       --修改临时表 templend 中的 PatronID
DELETE FROM Lend
WHERE PatronID = 'T0202'                      --删除 Lend 中保存在临时表 templend 的记录
UPDATE Patron SET PatronID = 'T0202A' WHERE PatronID = 'T0202'   --修改读者表
INSERT INTO Lend SELECT * FROM TEMPLEND       --将临时表 templend 的内容恢复到 Lend
DROP TABLE templend                           --删除临时表 templend
COMMIT TRAN                                   --提交事务
SELECT * FROM Patron WHERE PatronID = 'T0202A'
GO
SELECT * FROM Lend WHERE PatronID = 'T0202A'
```

注意,SQL Server 可以在 SELECT 语句中使用 INTO 短语将查询结果存储到临时表中。上述程序的运行结果如图 8-2 所示。

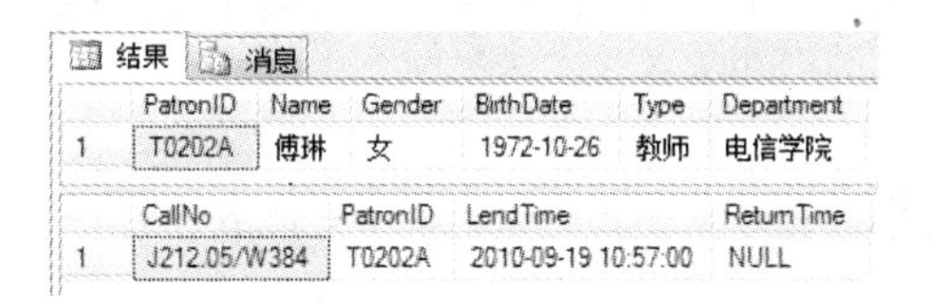
结果 消息

	PatronID	Name	Gender	BirthDate	Type	Department
1	T0202A	傅琳	女	1972-10-26	教师	电信学院

	CallNo	PatronID	LendTime	ReturnTime
1	J212.05/W384	T0202A	2010-09-19 10:57:00	NULL

图 8-2 例 8-1 的运行结果

【例 8-2】 一个保存点的例子。

```
USE TSG
GO
BEGIN TRAN
INSERT INTO Book(CallNo,Title,Author,Publisher,ISBN)
VALUES('1AAA','DB','GROUP','Tsinghua','978 - 0303')
SAVE TRANSACTION FirstOne                     --设置保存点 FirstOne
INSERT INTO Book(CallNo, Title, Author) VALUES('2AAA', 'DBT', 'GROUP')
SELECT TIMES = 1, * FROM Book WHERE Author = 'GROUP'
GO
ROLLBACK TRANSACTION FirstOne                 --回滚事务至保存点 FirstOne
SELECT TIMES = 2, * FROM Book WHERE Author = 'GROUP'
GO
ROLLBACK TRAN
SELECT TIMES = 3, * FROM Book WHERE Author = 'GROUP'
```

上述程序首先向 Book 表中插入一条记录,然后设置一个保存点 FirstOne,之后向 Book 表中又插入第二条记录(这两条记录的作者都为 GROUP);插入第二条记录之后执行第一次查询查看插入的记录信息,然后回滚事务至保存点 FirstOne 后执行第二次查询;最后撤销整个事务执行第三次查询。图 8-3 是上述程序的运行结果。可以看到第一次查询结果中包括了新插入的两条记录;第二次查询结果中,只包含插入的第一条记录,这是因为,第二条插入语句在保存点 FirstOne 之后而被撤销;由于第三次查询执行时,整个事务已被撤销,因此第三次查询结果中没有记录。

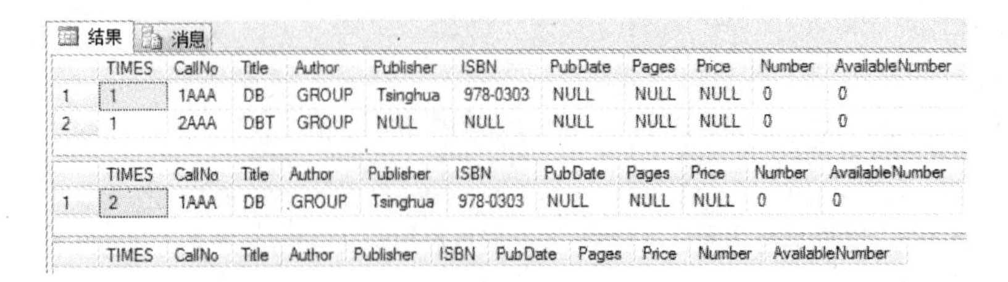

	TIMES	CallNo	Title	Author	Publisher	ISBN	PubDate	Pages	Price	Number	AvailableNumber
1	1	1AAA	DB	GROUP	Tsinghua	978-0303	NULL	NULL	NULL	0	0
2	1	2AAA	DBT	GROUP	NULL	NULL	NULL	NULL	NULL	0	0

	TIMES	CallNo	Title	Author	Publisher	ISBN	PubDate	Pages	Price	Number	AvailableNumber
1	2	1AAA	DB	GROUP	Tsinghua	978-0303	NULL	NULL	NULL	0	0

TIMES	CallNo	Title	Author	Publisher	ISBN	PubDate	Pages	Price	Number	AvailableNumber

图 8-3 例 8-2 的运行结果

8.2 并发控制

数据库是一个共享资源，在多用户和网络环境下，多个用户或应用程序可以同时对数据库进行访问，这种多用户数据库系统同一时刻可能有多个事务在运行，这就是事务的并发性。事务的并发执行可以提高资源利用率，减少事务执行的等待时间，但多个事务并发执行，可能就会产生多个事务同时存取同一数据的情况。并发操作控制不当可能会破坏数据库的一致性，数据库管理系统必须提供对数据库并发操作进行规范的机制。并发控制机制是衡量一个 DBMS 的重要性能指标之一。

8.2.1 事务调度

当数据库系统中存在多个事务的处理请求时，系统需要决定这些事务的执行次序，也就是要确定每个事务的每条指令在系统中执行的时间顺序。调度是系统为一个或多个事务的各操作按照时间顺序安排的一个执行序列。任何一组事务的调度必须满足以下两点才是合法调度。

(1) 调度必须包含所有事务的指令。

(2) 同一个事务中指令的执行顺序在调度中保持不变。

1. 事务调度的基本形式

多个事务运行时，其调度有两种基本形式：串行调度和并行调度。

1) 串行调度

如果事务是顺序执行的，即一个事务完成之后，再启动执行另一个事务，这些事务的操作没有交叉，称这种方式为串行调度。对于 n 个事务的调度，会有 $n!$ 个可能的合法串行调度。

2) 并行调度

如果 DBMS 同时接受多个事务运行，并且在同一时间这些事务可以同时运行，称这种方式为并行调度。并行调度中，不同事务的操作可以交叉执行，而这些交叉运行的操作可能会在事务间产生干扰，造成数据的不一致。

2. 并发方式

1) 交叉并发(Interleaved Concurrency)方式

在单处理机系统中，事务的并发运行实际上是这些事务的操作轮流交叉运行，这种并行执行的方式称为交叉并发方式。虽然单处理机系统中的事务没有真正并行执行，但这种方式减少了处理机的空闲时间，提高了系统的效率。

2）同时并发(Simultaneous Concurrency)方式

在多处理机系统中，每个处理机可以运行一个事务，多个处理机就可以同时运行多个事务，而且这些事务的操作可以同时在不同的处理机上运行，实现多个事务的真正并行。这种并行执行方式称为同时并发方式。

本节主要以单处理机系统为基础讨论并发控制技术，这些理论和技术很容易扩展到多处理机系统中。

当多个用户并发访问数据库时，就可能会产生多个事务同时存取同一数据的情况，如果处理不当，将会产生数据不一致问题。下面首先分析一下并发操作可能产生的问题。

8.2.2 并发操作可能产生的问题

并发操作如果不加以控制，就会存取和存储不正确的数据，从而影响数据库中数据的正确性和一致性。并发操作可能导致的问题包括丢失修改、读"脏"数据和不可重复读。下面通过例子来说明这三类问题。

1. 丢失修改

丢失修改是指两个事务读入同一数据并修改，某一事务提交的结果破坏了另一事务的结果导致其修改丢失。

设某数据库中有一数据 $V=100$，A、B 两个事务分别对 V 执行加 10($V=V+10$)和减 10 操作($V=V-10$)。在正常顺序执行的情况下，V 的值在 A、B 操作后应该不变，仍然是 100。但如果 A、B 对 V 并发操作，则可能出现丢失修改问题。

如图 8-4 所示，A 在 t_1 时刻从数据库中读取 V 的值为 100，随后 B 在 t_2 时刻从数据库同样读取 V 的值为 100，之后 A 对 V 进行减 10 操作并在 t_3 时刻将 90 结果写回数据库，最后 B 对 V 进行加 10 并将自己的操作结果 110 在 t_4 时刻写回数据库。这样，最终在数据库中 V 的值为 B 的操作结果 110，丢失了 A 的修改。

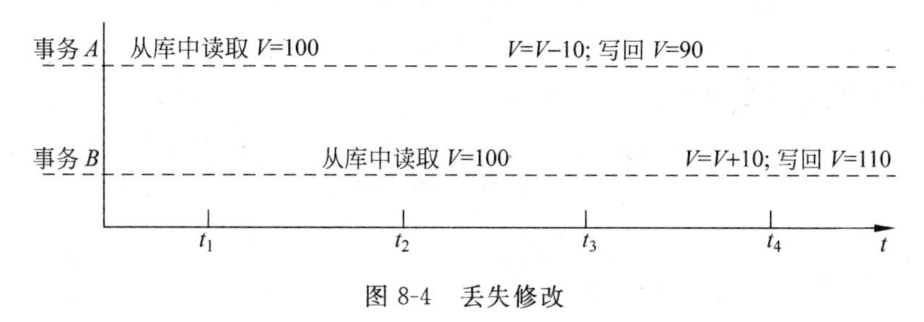

图 8-4 丢失修改

丢失修改问题不加处理可能会产生较严重的后果。例如，如果上述的 V 表示某银行账户的余额，则 A 和 B 两个事务相当于在不同的操作终端上执行支出 10 元钱和存入 10 元钱。如果按照上述顺序执行支出结果将丢失，造成虽然支出了 10 元钱但该账户余额不但没有减少反而增加了 10 元钱。

2. 读“脏”数据

读“脏”数据是指某个事务读取了另一个事务正在修改的数据的中间结果，而这个结果很可能与那个事务修改的最终结果不一致，这样会造成该事务读到的数据就与数据库中的数据不一致(即读到了一个数据库中不存在的数据)。

如图 8-5 所示，事务 A 在 t_1 时刻从数据库中读取 V 的值为 100，然后对 V 进行减 10 操作，并在 t_2 时刻将 90 结果写回数据库；在下一时刻 t_3，B 从数据库读取 V 的值为 90，而后，在 t_4 时刻，A 撤销了刚才对 V 的减 10 操作，V 的值仍然是 100。这样，最终在数据库中 V 的值为 100，而 B 读取的 V 的值为 90 是一个不正确的数据，即“脏”数据。

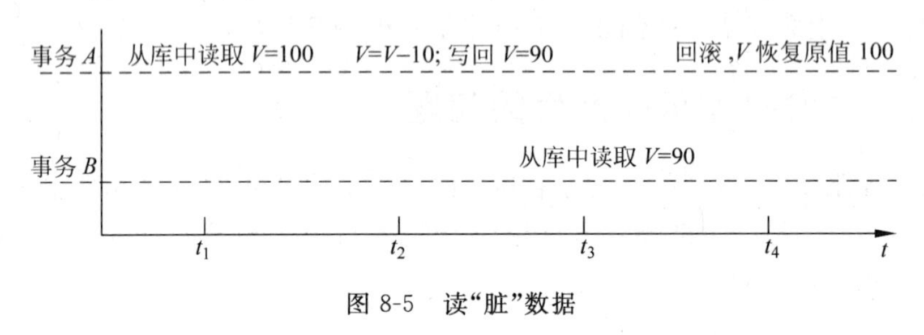

图 8-5 读“脏”数据

3. 不可重复读

不可重复读是指某一事务读取数据后，而另一事务执行更新操作，使前一事务无法再现前一次读取结果。不可重复读主要包括三种情况。

1) 事务 A、B 并发操作时，B 对 A 使用的数据进行了修改

例如，数据库中有一数据 $V=100$，A 读取 V，进行 $V-10$ 操作，紧接着再读取一次 V，验证刚才的 $V-10$ 结果是否正确，如果正确，则将结果写回数据库；B 读取 V，进行 $V+10$ 操作并写回数据库。正常情况下，A 先后两次读取 V，进行 $V-10$，结果应该是相同的，但如果发生并发操作，则可能出现“不可重复读”问题。

如图 8-6 所示，A 在 t_1 时刻从数据库中读取 V 的值为 100，然后进行 $V-10$ 操作，得到 V 的值为 90；在下一时刻 t_2，B 从数据库读取 V 的值并进行 $V+10$ 操作，并将得到的 V 的值 110 在 t_3 时刻写回数据库；A 在 t_4 时刻从数据库中读取 V 的值为 110，进行 $V-10$ 得到 100，验证失败，即“不可重复读”。

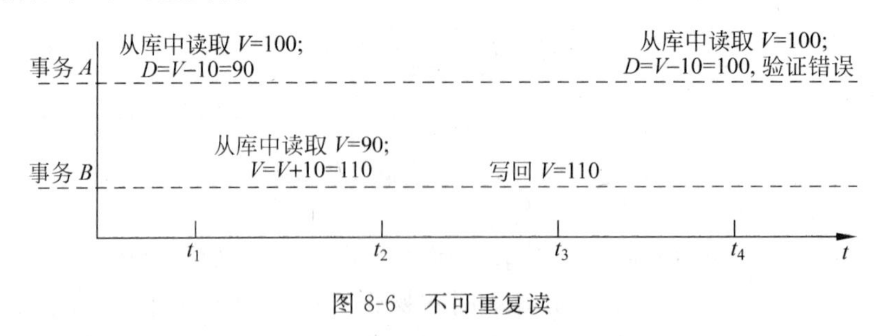

图 8-6 不可重复读

2) A、B 并发操作时，B 对 A 使用的数据进行了删除

例如，A 按照条件 C 读取了数据库中的一组数据，而后 B 对这组数据其中的一部分数

据进行了删除操作，当 A 再次按条件 C 读取这组数据的时候，发现某些数据消失了，即"不可重复读"。

3) A、B 并发操作时，B 插入的数据对 A 产生了影响

例如，A 按照条件 C 读取了数据库中的一组数据，而后 B 向数据库中插入了一些满足条件 C 的数据，当 A 再次按条件 C 读取这组数据的时候，发现多了一些数据，即"不可重复读"。

在上面三种"不可重复读"中，后两者又称为幻影读。简言之，当 A 读取某些数据后，B 执行了对这些数据的操作，当 A 再次读取这些数据(希望与第一次是相同的)时，得到的数据与前一次不同，这时引起的错误就是"不可重复读"。

不难看出，并发操作之所以产生错误，是因为任务执行期间相互干扰，从而违背了事务的特性。当将任务定义成事务，事务具有的特性(特别是隔离性)得以保证时，就会避免上述错误的发生。但是，如果只允许事务串行执行(一个事务执行结束再执行另一个)会降低系统的效率，所以需要让事务并行执行。在并发操作时如何确保事务的特性不被破坏，避免上述问题的发生，就是并发控制要解决的问题。

8.2.3 封锁

封锁是并发控制的主要方法。封锁是使事务对它要操作的数据具有相应的控制能力，即当事务访问某个数据对象时，其他任何事务都不能修改该数据对象。

1. 什么是封锁

封锁是指事务 T 在对某个数据对象进行操作之前，先向系统发出加锁请求，加锁后事务 T 就对该数据对象有了一定的控制权，在 T 释放该锁之前，其他事务不能更新该数据对象。

在数据库中，同一时段内可能有若干事务都要对某个数据对象进行读或写的操作，所以在事务对操作对象加锁前，要根据自己的操作类型向系统提出申请适当的锁，由系统统一管理。所以封锁机制包含三个环节：

(1) 首先提出加锁申请，即事务在操作前对其要使用的数据向系统提出加锁请求；

(2) 然后是获得锁，即系统根据预先设定的控制机制允许事务对数据加锁，从而事务获得数据的控制权；

(3) 最后是释放锁，即完成对数据对象的操作后事务放弃数据的控制权。

2. 封锁类型

有两种基本的锁类型：共享锁(Share Locks，简称 S 锁)和排它锁(Exclusive Locks，简称 X 锁)。

1) 共享锁

共享锁又称读锁。如果事务 T 对数据对象 A 加上共享锁(S 锁)，其他事务对 A 只能再加 S 锁，不能加 X 锁，直到事务 T 释放 A 上的 S 锁为止。通常事务对要读取的数据申请加 S 锁。

2) 排他锁

排他锁又称写锁。如果事务 T 对数据对象 A 加上排它锁(X 锁)，则只允许 T 读取和修

改 A,其他任何事务既不能读取和修改 A,也不能再对 A 加任何类型的锁,直到 T 释放 A 上的锁为止。通常事务对要修改的数据申请加 X 锁。

事务 T 在根据自己的操作类型向系统申请对数据对象加锁后,系统根据锁的相容矩阵检查事务的请求是否与数据对象上已有的锁相容。如果相容,则事务 T 的加锁请求将得到满足;否则,T 必须等待,直到允许其加锁后,才能继续自己的操作。表 8-3 给出 S 锁和 X 锁的相容矩阵(√表示相容,×表示不相容,一表示不加锁)。该表表达的是,当事务 T_1 已经对某个数据对象获得某种类型的封锁时,事务 T_2 在想该数据对象申请封锁是否得到满足。如果能够得到满足,则表示相容;否则,不相容。

表 8-3 S 锁和 X 锁的相容矩阵

T_1 \ T_2	S	X	—
S	√	×	√
X	×	×	√
—	√	√	√

8.2.4 封锁协议

在使用 S 锁和 X 锁对数据对象加锁时,需要约定一些规则,这些规则称为封锁协议(Locking Protocol)。封锁协议的内容包括何时申请 X 锁或 S 锁、持锁的时间、何时释放锁等。不同的封锁协议对封锁方式规定不同,封锁协议分三级,各级封锁协议可以在不同程度上解决并发操作带来的各类不一致问题,为并发操作的正确调度提供一定的保证。

1. 一级封锁协议

事务 T 在修改数据之前必须先对其加 X 锁,直到事务结束才释放。这里的事务结束包括正常结束(COMMIT)和非正常结束(ROLLBACK)。

根据协议要求,事务在修改数据前需要对数据加 X 锁,因此保证了没有其他事务读取和修改数据,所以一级封锁协议可以防止丢失修改的问题。但协议没有要求事务在读取数据时对其加锁,所以不能避免读"脏"数据和不可重复读问题发生。

图 8-7(a)中,事务 A 在读取 V 进行修改之前先对 V 加 X 锁,当 B 再请求对 V 加 X 锁时被拒绝,B 只能等待 A 释放 V 上的 X 锁后才能获得对 V 的 X 锁,显然它所能够读到的 V 值是已经被 A 更新过的值 90,按此新值再对 V 进行加 10 运算,将得到的 V 值 100 写回磁盘,从而避免了丢失修改问题。

2. 二级封锁协议

事务 T 对要修改数据必须先加 X 锁,直到事务结束才释放 X 锁;对要读取的数据必须先加 S 锁,读完后即可释放 S 锁。

根据协议要求,事务在修改数据前需要对数据加 X 锁,可以防止修改丢失问题;同时,事务在读取数据前需要对数据加 S 锁,可以进一步防止读"脏"数据问题。但该封锁协议要求事务读取数据结束后即可释放 S 锁,所以不能够避免不可重复读问题发生。

图 8-7(b)中，事务 A 在对 V 修改之前需对 V 加 X 锁，而且在结束前不会释放。当 A 修改 V 的值并写回磁盘后，B 为读取 V 而申请 V 的 S 锁将被拒绝，B 必须等待直到 A 恢复 V 的值 100 后释放其占有的 X 锁，才能获得 V 的 S 锁，读取 $V=100$。从而避免了读“脏”数据问题。

3. 三级封锁协议

事务 T 在读取数据之前必须先对其加 S 锁，在要修改数据之前必须先对其加 X 锁，直到事务结束后才释放所持有的锁。

三级封锁协议强调了加在事务所要读取的数据 A 上的 S 锁直到整个事务结束才释放，从而使得在事务运行期间，别的事务无法更改数据 A。三级封锁协议在二级封锁协议的基础上，不但防止了修改丢失和读“脏”数据问题，而且防止了不可重复读问题。

图 8-7(c)中，事务 A 在读取 V 之前需对 V 加 S 锁，而且在结束前不会释放。此时其他事务对 V 只能加 S 锁，而不能加 X 锁。当 A 计算 $D=V-10=90$ 之后，B 为读取 V 进行修改而申请 V 的 X 锁将被拒绝，B 必须等待，直到 A 再一次读取 V 重新计算 $D=V-10=90$ 进行验证后释放 V 上的 S 锁，B 才能获得 V 的 X 锁。对于事务 A 而言，在两次读取 V 进行计算之间，没有其他事务能够修改 V 的值，从而避免了不可重复读问题。

	A	*B*
(1)	申请 V 的 X 锁 获得 V 的 X 锁 读 $V=100$	
(2)		申请 V 的 X 锁 等待
(3)	$V=V-10$ 写回 $V=90$ COMMIT 释放 V 的 X 锁	等待 等待 等待 等待
(4)		获得 V 的 X 锁 读 $V=90$ $V=V+10$ 写回 $V=100$ COMMIT 释放 V 的 X 锁

(a) 没有丢失修改

	A	*B*
(1)	申请 V 的 X 锁 获得 V 的 X 锁 读 $V=100$ $V=V-10$ 写回 $V=90$	
(2)		申请 V 的 S 锁 等待
(3)	ROLLBACK V 恢复为 100 释放 V 的 X 锁	等待 等待 等待
(4)		获得 V 的 S 锁 读 $V=100$ COMMIT 释放 V 的 S 锁

(b)不读“脏”数据

	A	*B*
(1)	申请 V 的 S 锁 获得 V 的 S 锁 读 $V=100$ $D=V-10=90$	
(2)		申请 V 的 X 锁 等待
(3)	读 $V=100$ $D=V-10=90$ COMMIT 释放 V 的 S 锁	等待 等待 等待 等待
(4)		获得 V 的 X 锁 读 $V=100$ $V=V+10$ 写回 $V=110$ COMMIT 释放 V 的 X 锁

(c) 可重复读

图 8-7 用封锁机制解决并发操作的不一致问题示例

8.2.5 活锁和死锁

使用封锁机制后，事务需要锁定要操作的数据库对象，这就有可能产生事务等待，等待的极端情况就是产生活锁和死锁。DBMS 必须妥善地解决这些问题，才能保障系统的正常运行。

1. 活锁

当多个事务请求封锁同一数据时，某一事务总是处于等待状态无法获得所需封锁，这种状况就称为活锁。例如，当事务 T_1 锁定了数据库对象 A，事务 T_2 又对数据对象 A 提出加锁请求，由于 A 已被事务 T_1 锁定，所以 T_2 的请求失败且需要等待，此时事务 T_3 也对数据对象 A 提出加锁请求，也失败且需要等待。当事务 T_1 释放对象 A 上的锁时，系统批准了事务 T_3 的请求，使得事务 T_2 继续等待，接下来可能还会有 T_4、T_5 等事务在 T_2 后申请对 A 加锁，但却先于 T_2 获得加锁权，而使事务 T_2 总是在等待而不能锁定数据对象 A，但总是还是有可能锁定对象 A，此时就产生了活锁。

如何避免活锁的发生呢？方法比较简单，只需要采用先来先服务的策略即可。即当多个事务请求锁定同一个数据库对象时，系统可以按请求锁定的先后次序对这些事务进行排队，一旦前面的事务释放数据库对象上的锁，请求队列中的下一个事务的请求就得到批准，使其锁定数据库对象，完成数据库操作并及时结束事务。

2. 死锁

当事务 T_1 锁定了数据库对象 A，事务 T_2 锁定了数据库对象 B。事务 T_1 在执行过程中需要锁定 B，所以申请对 B 加锁；事务 T_2 在执行过程中需要锁定 A，所以申请对 A 加锁。即事务 T_1 和 T_2 都需要锁定被对方已经锁定的数据对象，提出申请后互相等待对方释放锁，两个事务永远无法结束，只能继续等待。此时就产生了死锁。

关于死锁的问题在操作系统中已经有深入的研究，数据库中解决事务的死锁问题主要有两种方法：一种是预防死锁，另一种是检测并解除死锁。

1）预防死锁

死锁的预防要从死锁的产生原因入手，来破坏死锁产生的条件。死锁的产生是由于多个事务之间互相循环等待，等待其他事务对自己需要的数据对象解锁。预防死锁一般有两种方法：一次封锁法和顺序封锁法。

（1）一次封锁法。要求事务一次将所要使用的数据对象全部加锁后再执行操作。这种方式比较有效，但会降低系统的并发度，影响效率，另外数据库中数据是实时变化的，加锁对象的确定也有一定难度。

（2）顺序封锁法是预先对数据对象规定一个封锁的顺序，所有事务都按这个顺序对数据进行加锁，这种方法预防死锁同样很有效，但因为数据库中数据的实时变化，所以维护比较困难。而且事务的封锁请求是随着事务的执行动态变化的，所以很难事先就确定事务的封锁对象。

2）检测并解除死锁

一般来说，死锁是不可避免的。数据库中一般使用的方法是检测并解除死锁。检测死锁的方法包括超时法和等待图法。

（1）超时法。当某个事务的等待时间超过了规定的时间限制，就认为发生了死锁。这种方法实现比较简单。但“时间限制”不好设定，设定的太短有可能误判死锁，设定的太长有可能发生了死锁而没及时检测到。

（2）等待图法。此方法是一种比较有效的方法。等待图是一个有向图 $G=(V, E)$，其

中 V 为顶点的集合，代表事务；E 是有向边的集合，表示事务的等待。例如，T_1 等待 T_2，则图中就有一条从 T_1 指向 T_2 的弧。等待图法检测死锁非常直观，系统周期性地检测等待图，只要图中出现了回路，即可判定发生了死锁。

检测到死锁后，就要尽快予以解除。通常采用的方法是选择一个处理死锁代价最小的事务，将其撤销，释放此事务持有的所有锁，使其他事务得以继续运行下去。此时要注意，对撤销事务已经执行的数据修改操作必须加以恢复。

8.2.6 可串行化与两段锁协议

多个事务并发运行，其各个操作的执行时间和次序是由系统确定的，用户无法预知。因此，多个事务运行的结果和影响是不确定的。任何一组事务并发运行会产生多种可能的结果，那么什么样的结果是正确的以及怎样对事务进行调度才能得到正确的结果，是并发控制中要考虑的重要问题。

1. 可串行化

多个事务的并发执行是正确的，当且仅当其结果与按某一次序串行地执行它们时的结果相同，称这种调度策略为可串行化的调度。

可串行性(Serializability)是并发事务正确性的准则。按这个准则规定，一个给定的并发调度，当且仅当它是可串行化的，才认为是正确调度。

多个事务并发运行，操作次序虽然无法预知，但只要一个调度的结果相当于按照某个顺序依次执行这些事务的结果相同即可。因此，n 个事务并发运行，将会有 $n!$ 种可能正确的结果。

2. 两段锁协议

多个事务的并发调度是可串行化的才认为是正确调度，那么并发控制机制怎样才能保证对事务的每一次调度都是可串行化的呢？下面介绍一种两段锁协议。

两段锁协议是指所有事务必须分两个阶段对数据项加锁和解锁：第一阶段是扩展阶段、第二阶段是收缩阶段。

1）扩展阶段

这一阶段是获得封锁，事务在对任何数据进行读、写操作之前，首先要申请并获得对该数据的封锁；在这阶段，事务可以申请获得任何数据项上的任何类型的锁，但是不能释放任何锁。

2）收缩阶段

这一阶段是释放封锁，事务可以释放任何数据项上的任何类型的锁，在释放一个封锁之后，事务不再申请和获得任何其他封锁。在这阶段，事务能够释放封锁，但是不能再申请任何锁。

若并发事务均遵守两段锁协议，那么对这些事务的任何并发调度都是可串行化的。也就是说，只要事务遵守两段锁协议，就一定能够保证事务调度的正确性。但是要注意，遵守两段锁协议只是事务可串行化的充分条件，而不是必要条件。当所有事务都遵守两段锁协议时，对这些事务的任何并发调度一定是可串行化的；但对一个可串行化的调度，并非所有事务都遵守两段锁协议。

考虑如下两个事务：

T_1：读 B；$A=B+1$；写回 A

T_2：读 A；$B=A-1$；写回 B

设 A 和 B 的处置均为 5，则对这两个事务的调度有两种可能的正确结果。一种是其结果与先执行 T_1 再执行 T_2 的结果相同，此时 $A=6$，$B=5$；另一种是结果与先执行 T_2 再执行 T_1 的结果相同，此时 $A=5$，$B=4$。对于上述两个事务，如图 8-8(a)所示，是一个遵循两段锁协议的可串行化调度；而图 8-8(b)所示的调度也是一个可串行化调度，但该调度中事务没有遵守两段锁协议。

对于两段锁协议还要说明的是，由于事务在申请加锁阶段，并不要求一次获得所有封锁，在占有某个封锁后还可以继续申请封锁，因此遵守两段锁协议不一定能够预防死锁的发生。

T_1	T_2
(1) 申请 B 的 S 锁	
获得 B 的 S 锁	
读 $B=5$	
$Y=B$	
申请 A 的 X 锁	
获得 A 的 X 锁	
(2)	申请 A 的 S 锁
	等待
(3) $A=Y+1$	等待
写回 $A=6$	等待
COMMIT	等待
释放 A 的 X 锁	等待
释放 B 的 S 锁	
(4)	获得 A 的 S 锁
	读 $A=6$
	$Y=A$
	申请 B 的 X 锁
	获得 B 的 X 锁
	$B=Y-1$
	写回 $B=5$
	COMMIT
	释放 B 的 X 锁
	释放 A 的 S 锁

(a) 遵守两段锁协议

T_1	T_2
(1) 申请 B 的 S 锁	
获得 B 的 S 锁	
读 $B=5$	
$Y=B$	
释放 B 的 S 锁	
申请 A 的 X 锁	
获得 A 的 X 锁	
(2)	申请 A 的 S 锁
	等待
(3) $A=Y+1$	等待
写回 $A=6$	等待
COMMIT	等待
释放 A 的 X 锁	等待
(4)	获得 A 的 S 锁
	读 $A=6$
	$Y=A$
	释放 A 的 S 锁
	申请 B 的 X 锁
	获得 B 的 X 锁
	$B=Y-1$
	写回 $B=5$
	COMMIT
	释放 B 的 X 锁

(b) 不遵守两段锁协议

图 8-8　两段锁协议示例

8.2.7　封锁粒度

封锁粒度是指封锁对象的大小。封锁对象可以是逻辑单元，例如属性、元组、关系、甚至整个数据库；也可以是物理单元，例如页(数据页或索引页)、块等。封锁粒度与系统的并发度和并发控制的开销密切相关。封锁粒度越小，并发度越高，系统开销也越大；封锁粒度越大，并发度越低，系统开销也越小。系统中同时支持多种封锁粒度供不同的事务选择，称为多粒度封锁。

1. 多粒度封锁

讨论多粒度封锁之前，首先要了解一下什么是多粒度树。多粒度树的根节点是整个数据库，表示最大的封锁粒度。叶节点表示最小的封锁粒度。如图 8-9 所示，是一棵三级粒度树。

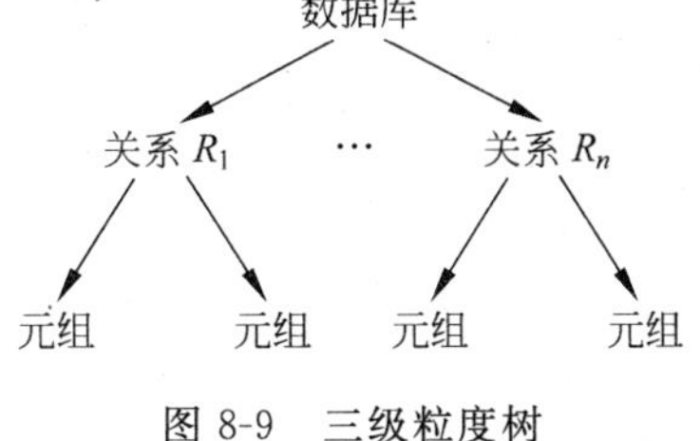

图 8-9　三级粒度树

多粒度封锁协议允许多粒度树中的每个节点被独立加锁。对一个节点加锁意味着这个节点的所有后裔结点也被加以同样类型的锁。如此，一个数据对象可能以两种方式封锁，即显式封锁和隐式封锁。

(1) 显式封锁。是应事务的要求直接加到数据对象上的封锁。

(2) 隐式封锁。是该数据对象没有独立加锁，是由于其上级节点加锁而使该数据对象加上了锁。

一般来说，对某个数据对象(节点)加锁时，要做到以下几点：

- 检查该数据对象上有无显式封锁与之冲突；
- 还要检查其所有上级节点，看本事务的显式封锁是否与该数据对象上的隐式封锁(由于其上级节点被加锁而获得的)冲突；
- 还要检查其所有下级节点，看上面的显式封锁是否与本事务的隐式封锁冲突。

显然，上述的检查方法效率很低。为此人们引进了一种新型锁，称为意向锁(Intention Lock)。

2. 意向锁

多粒度封锁中，除了共享(S)锁和排他(X)锁两个基本封锁之外，还引入了意向锁。意向锁的含义是，如果对一个节点加意向锁，则说明该节点的下层节点正在被加锁；对任何节点加锁时，必须先对它的上层节点加意向锁。下面介绍三种常用的意向锁：意向共享锁(Intent Share Lock，IS 锁)、意向排他锁(Intent Exclusive Lock，IX 锁)和共享意向排他锁(Share Intent Exclusive Lock，SIX 锁)。

1) IS 锁

如果对一个数据对象加 IS 锁，表示对它的后裔节点拟加 S 锁。例如，要对某个元组加 S 锁，则要首先对关系和数据库加 IS 锁。

2) IX 锁

如果对一个数据对象加 IX 锁，表示对它的后裔节点拟加 X 锁。例如，要对某个元组加 X 锁，则要首先对关系和数据库加 IX 锁。

3) SIX 锁

如果对一个数据对象加 SIX 锁，表示对它加 S 锁，再加 IX 锁，即对该数据对象及其所有后裔节点加 S 锁的同时，对该数据对象再加一个 IX 锁。例如对某个表加 SIX 锁，则表示该事务要读取整个表，同时会更新该表的某个元组。

至此，介绍了三种意向锁和两种基本封锁，表 8-4 给出了这些锁的相容矩阵。可以看到，两个意向锁 IS 和 IX 都是相容的。这是因为，当一个数据对象已经被某个事务施加了 IS 或 IX 锁时，表示本事务准备对该数据对象的某个后裔节点加 S 或 X 锁，此时其他事务无论对该数据对象再施加 IS 或 IX 锁，都只是拟对该数据对象的某个后裔节点加 S 或 X 锁，其需要加锁的节点与本事务要加锁的节点可能不同，因此暂时不会产生封锁冲突。

表 8-4 数据锁的相容矩阵

T_1 \ T_2	S	X	IS	IX	SIX	—
S	√	×	√	×	×	√
X	×	×	×	×	×	√
IS	√	×	√	√	√	√
IX	×	×	√	√	×	√
SIX	×	×	√	×	×	√
—	√	√	√	√	√	√

具有意向锁的多粒度封锁方法中，任何事务要对某个数据对象加锁，必须先要对该数据对象的上层节点加意向锁。申请封锁是自上而下进行的，而释放封锁应该自下而上进行。

对某个节点加锁时，只需要检查其上级节点和自身是否存在封锁冲突即可，不需要在检查其下级节点。例如，如果事务 T 对关系 R 要加 S 锁，则它必须先要对数据库加 IS 锁，只需检查数据库和关系 R 是否已经加了不相容的锁即可，不需要再检查关系 R 的各个元组是否存在封锁冲突。

具有意向锁的多粒度封锁方法有助于提高系统的并发度，减少加锁和解锁的开销，已经在实际的数据库产品中得到广泛应用。

8.2.8 SQL Server 的并发控制

虽然可串行性对于确保数据库中数据在任何时候都正确是十分重要的，然而有些时候数据库中是允许存在一些不一致性的。SQL Server 允许用户根据应用要求来设置事务的隔离程度。

SQL Server 使用资源锁的方法管理用户的并发操作。SQL Server 更强调由系统来管理锁。SQL Server 的锁机制能够有效控制并发操作可能产生的丢失修改、读“脏”数据、不可重复读等问题。对于一般的用户而言，通过系统的自动锁定管理机制基本可以满足使用要求，但如果对数据安全、数据库完整性和一致性有特殊要求，就需要了解 SQL Server 锁机制，掌握数据库锁定方法。

1. 隔离级别

事务准备接收不一致数据的级别称为隔离级别(Isolation Level)。隔离级别是一个事务必须与其他事务进行隔离的程度。较低的隔离级别可以增加并发度，但代价是降低数据的正确性；较高的隔离级别可以确保数据的正确性，但对并发产生负面影响。应用程序要求的隔离级别确定了 SQL Server 使用的锁行为。

SQL Server 2008 除了支持 ANSI99 定义的四种事务隔离级别，同时还提供两种使用行版本控制来读取数据的事务级别。

1) ANSI 定义的隔离级别

(1) 未提交读(READ UNCOMMITTED)。在读数据时不会检查或使用任何锁。因此，在这种隔离级别中可能读取到没有提交的数据。这是事务隔离的最低级别，只能保证不读取物理损坏的数据。

(2) 已提交读(READ COMMITTED)。只读取提交的数据并等待其他事务释放排他锁，不能读取其他事务修改而未提交的数据。读数据的共享锁在读操作完成后立即释放。已提交读是 SQL Server 的默认隔离级别。

(3) 可重复读(REPEATABLE READ)。像已提交读级别那样读数据，即只读取提交的数据并等待其他事务释放排他锁，但会保持共享锁直到事务结束。当一个事务读取数据时，其他事务不能修改其读取的数据，但可以插入或删除与本事务正读取的数据满足同样条件的行，因此当本事务再以同样条件重新读取数据时，可能会产生幻影读。

(4) 可串行读(SERIALIZABLE)。这是事务隔离的最高级别，其数据的读取与已提交读相同。而且在事务读取数据其间，对其读取的数据既不允许其他事务修改，也不允许其他事务插入或删除同样条件的行。可串行读隔离级别可以避免幻影读问题。

2) 行版本控制读取事务隔离级别

行版本控制允许一个事务在数据排他锁定后读取数据的最后提交版本。由于不必等到锁释放就可进行读操作，读、写操作不互相阻塞，因此查询性能得以大大增强。SQL Server 2008 中有两种行版本控制读取事务的隔离级别：

(1) 已提交读快照(READ_COMMITTED_SNAPSHOT)。它是一种已提交读级别的新实现。不像一般的已提交读级别，系统为每个语句提供一个在事务上一致的数据快照，SQL Server 会读取最后提交的版本并因此不必在进行读操作时等待直到锁被释放。

(2) 快照(SNAPSHOT)。这种隔离使用行版本来提供事务级别的读取一致性。读取其他事务修改的行时，读取操作将检索启动事务时存在的行版本。这意味着在一个事务中，由于读一致性可以通过行版本控制实现，因此同样的数据总是可以像在可串行化级别上一样被读取而不必为防止来自其他事务的更改而被锁定。在快照隔离级别下运行的事务可以查看由该事务所做的更改。

2. 设置隔离级别

SQL Server 提供了设置隔离级别的 T-SQL 语句，其语法格式如下：

```
SET TRANSACTION ISOLATION LEVEL
 {READ UNCOMMITTED                    --未提交读
  |READ COMMITTED                     --已提交读
  |REPEATABLE READ                    --可重复读
  |SNAPSHOT                           --快照
  |SERIALIZABLE                       --可串行读
  }
```

SET TRANSACTION ISOLATION LEVEL 语句提供了五个选项，用于设置不同的隔离级别。注意，一次只能使用一个选项设置一种隔离级别。设置隔离级后开始的事务使用新设置的隔离级别。

READ COMMITTED 的行为取决于 READ_COMMITTED_SNAPSHOT 数据库选项的设置。如果将 READ_COMMITTED_SNAPSHOT 设置为 OFF(默认设置),则数据库引擎会使用 ANSI 定义的已提交读隔离级别；如果将 READ_COMMITTED_SNAPSHOT 设置为 ON,则使用已提交读快照隔离级别。

使用 SNAPSHOT 选项将设置快照隔离级别,必须将 ALLOW_SNAPSHOT_ISOLATION 数据库选项设置为 ON,才能开始一个使用快照隔离级别的事务。如果使用 SNAPSHOT 隔离级别的事务需要访问多个数据库中的数据,则必须在每个数据库中都将其数据库选项 ALLOW_SNAPSHOT_ISOLATION 设置为 ON。

【例 8-3】 将事务的隔离级别设置为可重复读,以使在查看书名为“谋生记”的时候,防止其他事务修改该书的信息。

```
USE TSG
GO
SET TRANSACTION ISOLATION LEVEL REPEATABLE READ
BEGIN TRAN
SELECT * FROM Book WHERE Title = '谋生记'
```

【例 8-4】 对于 TSG 数据库将事务的隔离级别设置为快照,并激活。

```
USE master
GO
ALTER DATABASE TSG
SET ALLOW_SNAPSHOT_ISOLATION ON
USE TSG
SET TRANSACTION ISOLATION LEVEL SNAPSHOT
BEGIN TRAN
 ⋮
```

上述语句中,如果将 SET ALLOW_SNAPSHOT_ISOLATION ON 替换为 SET READ_COMMITTED_SNAPSHOT ON 就可以激活已提交读快照隔离级别。

3. SQL Server 封锁粒度

SQL Server 的锁机制遵从三级封锁协议,支持多粒度封锁,允许事务锁定不同的资源。在用户有 SQL 请求时,系统分析请求,自动在满足锁定条件和系统性能之间为数据库加上适当的锁。

同时系统在运行期间常常自动进行优化处理,实行动态加锁以使锁的代价最小化。SQL Server 中主要的锁定资源如下。

1) RID 和键(KEY)

RID 是行标识符,用于单独锁定数据表中的一行；键(KEY)是索引中的键值,用于锁定索引页中的单行数据。对 RID 和键的锁定属于行级锁,行级锁是指事务操作过程中,锁定一行或若干行数据。是锁定的最小空间资源。

2) 页(PAGE)

SQL Server 中除了行以外的最小数据单位就是页。一个页有 8KB,所有的数据、日志和索引都存储在页上。行数据必须放在同一个页上，即表中的行不能跨页存放。页级锁是指在事务的操作过程中，对数据按页(包括数据页和索引页)进行锁定。

3) 簇(EXTENT)

簇包括相邻的8个数据页或索引页，是在页之上的空间管理单位。簇级锁是指在事务操作过程中，对数据按簇进行锁定。簇级锁常用在创建数据库和表的时候，因为系统是按照簇进行空间分配的，系统要给新建的数据库和表分配空间，此时使用簇级锁可防止其他事务同时使用一个簇。

4) 表(TABLE)

表包括所有数据和索引在内的整个表。表级锁是指事务在操纵某个表的数据时锁定了数据所在的表，此时其他事务不能访问该表中的数据。表级锁是一种主要的锁，其适用于当事务处理某个表中大量数据的时候。

5) 数据库(DATABASE)

数据库级锁是指锁定整个数据库，防止其他任何用户或者事务对锁定的数据库进行访问。数据库级锁是最高等级的锁，也是一种非常特殊的锁，因为它控制整个数据库的操作，所以通常它只在对数据库进行恢复的时候使用。

4. SQL Server 的锁定模式

SQL Server 使用不同的锁模式锁定资源，这些锁模式决定了并发事务访问资源的方式。下面介绍 SQL Server2008 提供的几种基本的锁模式，包括共享(S)锁、更新(U)锁、排他(X)锁、意向锁、架构锁、大容量更新(BU)锁和键范围锁。这些锁模式是数据库引擎使用的资源锁模式，其他锁是在这些基本锁基础上的组合。

上述锁中，关于S锁、X锁以及意向锁(包括 IS、IX 和 SIX)的基本原理在前面已经介绍，下面简要介绍其他四种锁。

1) 更新(U)锁

更新(U)锁要求每次只有一个事务可以获得数据对象上的U锁。如果事务修改数据，则U锁转换为X锁，否则转换为S锁。U锁在修改操作的初始阶段用于锁定可能被修改的资源，所以U锁可以用来预防常见的死锁。

例如，事务读取数据 A，首先要获得 A 上的S锁，如果要进一步修改 A，必须要将S锁转换为X锁。如果两个事务 T_1 和 T_2 都获得了资源 A 上的共享锁，然后试图同时更新 A。事务 T_1 要将S锁转化为X锁，因为X锁与S锁不相容，所以发生锁等待；T_2 也是如此。由于两个事务都要将S锁转化为X锁，并且都等待另一个事务释放S锁，因此就发生了死锁。

若要避免这种潜在的死锁问题，则可以使用U锁。因为每次只有一个事务可以获得U锁，之后如果需要继续修改数据时，将U锁转换为X锁；如果不需要修改数据，将U锁转换成S锁即可。

2) 架构锁

在使用表的数据定义语言(DDL)操作(例如添加列或删除表)时使用架构修改锁(Sch-M锁)。在架构修改锁起作用的期间，会防止对表的并发访问。当编译查询时，使用架构稳定性锁(Sch-S)。架构稳定性锁不阻塞任何事务锁，但不能在表上执行 DDL 操作。

3）大容量更新(BU)锁

当数据大容量复制到表的时候使用。

4）键范围锁

对于 T-SQL 语句读取的记录集，键范围锁(包括 RangeS-S、RangeS-U、RangeI-N 和 RangeX-S 等，细节请参阅《SQL Server 联机丛书》)可以隐式保护该记录集中包含的行范围，还防止对事务访问的记录集进行幻影插入或删除来防止幻影读。

一般情况下，SQL Server 能自动提供加锁功能，不需要用户专门设置。例如，当进行 SELECT 数据查询时，系统能自动对访问的数据加 S 锁；在使用 INSERT、UPDATE 和 DELETE 语句增加、修改和删除数据时，系统会自动给要使用的数据对象加 X 锁；系统用意向锁使锁之间的冲突最小化。

SQL Server 能自动使用与任务相对应的等级锁来锁定资源对象，以使锁的成本最小化。

5. 在 SQL Server 中设置并查看锁

1）使用 T-SQL 设置锁

一般情况下，SQL Server 系统会自动对语句的操作对象进行锁管理。在有特殊需求时，SQL Server 允许用户自行对数据对象进行锁定，可以在不同的语句中针对不同的对象加不同种类的锁。在此仅以 SELECT 语句为例介绍 T-SQL 锁的设置，SELECT 语句中手工加锁的命令为：

```
SELECT * FROM TABLE WHITH(锁的类型)
```

其中锁的类型包括：HOLDLOCK、NOLOCK、PAGLOCK、READCOMMITTED、READPAST、READUNCOMMITTED、REPEATABLEREAD、ROWLOCK、SERIALIZABLE、TABLOCK、TABLOCKX、UPDLOCK。关于这些封锁类型的具体含义请参考《SQL Server 联机丛书》，下面通过两个例子来了解一下锁的使用。

【例 8-5】 对 Book 表使用 HOLDLOCK 设置共享锁(HOLDLOCK 将共享锁保留到事务完成，而不是在相应的表、行或数据页不再需要时就立即释放锁)。建立两个连接，在两个连接中同时执行下面两段程序。

程序 1：

```
USE TSG
GO
BEGIN TRAN T1
SELECT * FROM Book WITH(HOLDLOCK)
WHERE CallNo = 'F121/L612'
WAITFOR DELAY '00:00:30' -- 等待 30 秒
COMMIT TRAN              -- 提交并释放锁
```

程序 2：

```
USE TSG
GO
BEGIN TRAN T2
SELECT CallNo, Title FROM Book
WHERE CallNo = 'F121/L612'
UPDATE Book
SET CallNo = '10001'
WHERE CallNo = 'F121/L612'
COMMIT TRAN
```

如果程序 1 先被执行，则程序 2 中的修改语句将被延迟 30 秒后进行。这是因为程序 1 在读取 Book 表数据时设置了共享锁，并延迟 30 秒后才释放该锁，而程序 2 的修改语句将被阻塞,直到在程序1执行完成才能获得锁定。

【例 8-6】 对Book表使用TABLOCKX设置排他锁(TABLOCKX使用表的排他锁。该锁可以防止其他事务读取或更新表,并在语句或事务结束前一直持有)。建立两个连接,在两个连接中同时执行下面两段程序。

程序1:

```
USE TSG
GO
BEGIN TRAN T1
INSERT INTO Book WITH(TABLOCK)(CallNo , Title)
VALUES('10001','1')
WAITFOR DELAY '00:00:30' -- 等待 30 秒
COMMIT TRAN
```

程序2:

```
USE TSG
GO
BEGIN TRAN T2
SELECT * FROM Book
COMMIT TRAN
```

上述程序中,如果程序1先执行,那么程序2将在30秒后才能得到查询结果。这是因为程序1在插入数据时设置了排他锁,其运行结束释放该锁后,程序2才能够进行查询。

同样,可以在UPDATE、DELETE和INSERT语句中手工加锁,方法与SELECT类似,读者可参考《SQL Server联机丛书》。

2) 查看锁

在SQL Server中,可以使用系统存储过程sp_lock来查看锁的信息。

【例 8-7】 编写事务程序,在TSG数据库中,将索书号为F121/L612的图书的页数修改为316。将执行该事务期间锁的信息存入临时表LockInfo,并显示。

创建临时表LockInfo,用来存放事务执行过程中需要锁定的资源和锁类型。定义如下:

```
USE TSG
GO
CREATE TABLE LockInfo(
  Spid INT,                 -- 存放系统进程 ID
  TSGdbid INT,              -- 存放数据库 ID
  Obj_Id INT,               -- 存放对象 ID
  Indid SMALLINT
  Typ VARCHAR(5),           -- 存放锁定对象类型
  Infor VARCHAR(30),        -- 存放锁定对象信息
  Model VARCHAR(5),         -- 存放锁定模式
  Stat VARCHAR(5) );        -- 存放锁定状态
GO
DELETE FROM LockInfo
BEGIN TRAN
  UPDATE Book SET Pages = 316 WHERE CallNo = 'F121/L612'
  INSERT LockInfo EXEC sp_lock @@spid         -- @@spid 返回当前用户进程
COMMIT TRAN
SELECT 系统进程 ID = Spid, 数据库 = DB_NAME(TSGdbid), 对象 = OBJECT_NAME(Obj_ID),
        索引 = (SELECT NAME FROM SYSINDEXES WHERE id = Obj_ID and Indid = LockInfo.Indid),
        锁定对象类型 = Typ, 锁定对象 = Infor, 锁定模式 = Model, 锁定状态 = Stat
FROM LockInfo
```

上述程序运行后,将输出修改Book表时的锁定信息,其运行结果如图8-10所示。

结果 消息

	系统进程ID	数据库	对象	索引	锁定对象类型	锁定对象	锁...	锁定状态
1	55	TSG	NULL	NULL	DB		S	GRANT
2	55	TSG	Book	PK_book	PAG	1:271	IX	GRANT
3	55	TSG	LockInfo	NULL	TAB		IX	GRANT
4	55	master	NULL	NULL	TAB		IS	GRANT
5	55	TSG	Book	NULL	TAB		IX	GRANT
6	55	TSG	Book	PK_book	KEY	(e7009db48181)	X	GRANT

图 8-10 例 8-7 的运行结果

8.3 数据库恢复

尽管数据库管理系统会提供一些内置的安全性和数据保护措施，但在数据库的使用过程中，由于各种原因难免会出现一些故障。如事务故障（如运算溢出、并发事务发生死锁被选中撤销的事务、违反完整性限制等原因所造成）、系统故障（如硬件错误、DBMS 代码错误、操作系统故障、突然停电等）、介质故障（存储介质损坏）以及计算机病毒的恶意破坏等，都有可能影响到数据的正确性和造成重要数据的丢失。例如，银行丢失了储户的账户信息，保险公司丢失了保单信息，图书馆借书和还书记录发生错误等。一旦数据出现丢失或者损坏，都将给企业、单位和个人带来巨大的损失。为了避免上述问题的发生，数据库管理系统必须具有把数据库从错误状态恢复到某一已知的正确状态的功能，这就是数据库恢复。数据库恢复对于保证系统的可靠性具有很重要的作用。

数据库恢复的基本思想是在系统正常运行时建立冗余数据，保证有正确的数据以供恢复使用。恢复的关键问题就是如何来建立并使用冗余数据。建立冗余数据的方法主要是备份和登记日志文件。

8.3.1 备份和日志文件

数据库恢复涉及两个关键技术：数据备份和登记日志文件。利用建立的数据库备份和日志文件可以把数据库恢复到一个正确的状态。

1. 备份及其类型

备份，也称数据转储，用来制作数据库的后援副本。是指 DBA 定期或不定期地将数据库的部分或全部内容复制到安全的存储介质上保存起来的过程。备份文件记录进行备份这一时刻数据库中所有数据的状态，用于在系统发生故障后还原和恢复数据库。进行数据库备份需要具有相应的权限。

1）海量备份和增量备份

备份可以分为海量备份和增量备份两种方式。

（1）海量备份。海量备份是指对数据库进行完整的备份，包括所有的数据以及数据对象。海量备份得到的副本对于恢复数据来说比较方便，但由于是对整个数据库进行备份，所以海量备份速度慢，占用空间也大。海量备份是备份策略当中非常重要的一类，因为基本上其他类型备份都要基于海量备份。

（2）增量备份。增量备份作为海量备份的补充，只备份上次海量备份后更改的数据，因此，增量备份速度比较快。

2）静态备份与动态备份

备份还可以分为静态备份和动态备份两种方式。

(1) 静态备份。是指在系统中无事务运行时进行的备份。静态备份得到的是能够保证数据一致性的副本，因为在备份开始到结束期间，数据库中无任何事务运行，数据的一致性也就不会受到任何影响。但由于备份是个耗时的工作，备份期间不允许事务运行将会影响数据库的使用，降低数据库的可用性。

(2) 动态备份。动态备份期间允许对数据库进行操作，它可以克服静态备份的缺点，但由于备份期间允许对数据库进行修改，所以得到的副本不能保证数据的一致性。为此，动态备份中必须将备份期间各个事务对数据库的修改作为日志文件登记下来，将来可以使用备份文件和日志来共同恢复数据库。

2. 日志文件

日志是一个与数据库文件分开的文件。它存储对数据库进行的所有更改，并全部记录插入、更新、删除、提交、回退等数据库变化。对于每一个数据库操作，事务日志都有非常全面的记录，比如事务的开始和结束标记、对于所修改的数据的原值和新值等。根据这些记录可以将数据文件恢复成数据库操作前的状态。从事务操作的开始，日志就处于记录状态，事务执行过程中对数据库的任何操作都在记录范围，直到事务提交或回滚后才结束记录。

1）日志文件的作用

日志文件可以用来进行事务故障恢复和系统故障恢复，并结合备份进行介质故障恢复。具体作用如下：

(1) 事务故障和系统故障的恢复必须要利用日志文件。事务故障发生在事务内部，事务并未结束，需要利用日志文件对发生故障的事务进行撤销(UNDO)处理；系统故障发生时，会影响到系统中的多个事务，因此需要利用日志文件对故障发生时未完成的事务进行撤销(UNDO)处理，而对已经提交的事务要进行重做(REDO)处理。

(2) 在动态备份中，必须建立日志文件，备份和日志文件结合起来才能够有效地恢复数据库。

(3) 在静态备份中，也可以建立日志文件。重装备份后能够将数据库恢复到备份时刻的正确状态，然后利用日志文件，把已完成的事务进行重做(REDO)处理，对故障发生时尚未完成的事务进行撤销(UNDO)处理。

例如，对于介质故障，首先要装入备份数据(对于动态备份还应该装入备份开始时刻的日志备份)，然后装入相应的日志文件备份(故障发生时刻的日志备份)，利用日志文件对已完成的事务进行重做处理。

2）登记日志文件的原则

为了保证系统能够在恢复时正常使用，日志通常放在存放于不同于数据库的磁盘，日志的记录要遵循两条原则：

(1) 必须严格按照并发事务的执行次序记录。

(2) 必须先记录日志，后写数据库。因为将记录写到日志文件和将修改写到数据库是两个不同的操作，有可能在两个操作之间出现故障，为了确保所有的操作都有日志记录，就要先记录日志文件，然后再写修改到数据库，这样不管事务有没有正常完成，都会将操作记录下来，以备恢复数据时使用。

8.3.2 SQL Server 的数据库恢复机制

第 3 章中已经介绍过，SQL Server 中的数据库在硬盘上包含至少两个物理文件，扩展名分别为 mdf 和 ldf。mdf 文件包含所有存储的实际数据，ldf 日志文件包含了每一个数据变化的记录。有了日志文件的记录，用户就可以正确进行撤销、重做操作和按时间进行备份。

日志文件不能无限制地增长，因为数据库中的事务不断执行，日志记录也将不断增长，随着时间推移，日志文件将变得巨大并无法管理。数据库的恢复模式决定了日志文件的增长方式。SQL Server 可以包含多个数据库，每一个数据库都可以设置自己的恢复模式。

1. 检查点

检查点是在日志中增加的一类新的记录，可以让系统在记录日志文件期间动态地维护日志。利用日志进行数据库恢复时，系统必须搜索日志，确定哪些事务需要重做(REDO)，哪些需要撤销(UNDO)。一般来说，系统恢复数据库时需要检查所有日志记录，对于未完成的事务需要 UNDO 操作，对于非已提交的事务需要 REDO 操作，这样做带来的问题是耗费大量时间。

检查点技术可以在某种程度上改善恢复的效率。恢复子系统在登录日志文件期间动态地维护日志，方法是周期的执行建立检查点，保存数据库状态的操作。系统出现故障时恢复子系统将根据事务的不同状态采取不同的恢复策略。对于在检查点之前已经提交的事务，不用再执行重做。

图 8-11 说明了具有检查点的恢复是如何进行的。图中，事务 T_1 在检查点之前已经完成不必重做，而事务 T_2 和 T_4 必须重做(REDO)，事务 T_3 和事务 T_5 必须撤销(UNDO)。

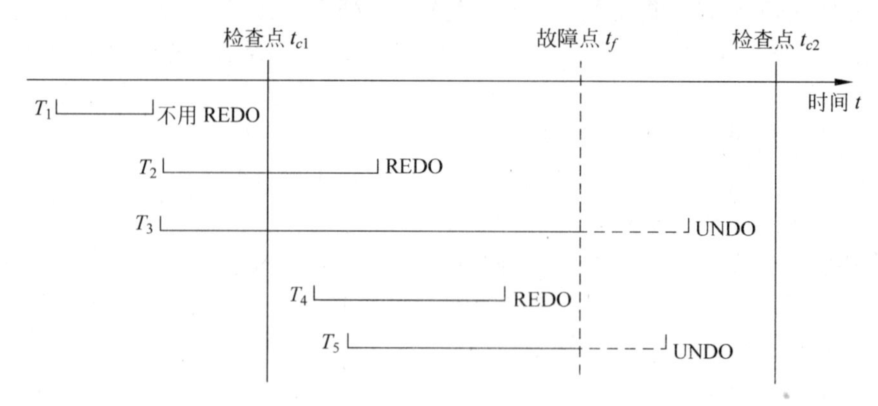

图 8-11 检查点技术

减小检查点时间间隔可以减少恢复时间，但增加系统负荷；检查点过多会导致占用大量的系统资源。用户可以根据实际的需要自己设置检查点时间间隔。在 SQL Server 中检查点间隔通过设定“恢复间隔”选项定义。可以通过 SQL Server Management Studio 的对象资源管理器设定,也可以利用 T-SQL 语句设定。

在对象资源管理器中,打开服务器属性窗口,单击左侧的【数据库设置】页,就可以进行恢复间隔设置。也可以使用存储过程 sp_configure 进行恢复间隔设置,例如,下面语句可将恢复间隔设置为 4 分钟。

```
EXEC sp_configure 'recovery interval',4
```

2. 恢复模式

SQL Server 中的数据库可以设置为三个恢复模式:简单恢复模式、完整恢复模式和大容量日志恢复模式。

1) 简单恢复模式

在简单恢复模式下,在检查点发生时,当前已被提交的事务日志将会被清除(如图 8-12 所示)。该模式下,无法精确地将数据库恢复到某一时刻,所以容易造成数据丢失。

因为不备份事务日志,简单恢复模式可最大程度地减少事务日志的管理开销。如果数据库损坏,则简单恢复模式将面临极大的工作丢失风险。数据只能恢复到已丢失数据的最新备份。因此,在简单恢复模式下,备份间隔应尽可能短,以防止大量丢失数据。但是,间隔的长度应该足以避免备份开销影响生产工作。在备份策略中加入差异备份可有助于减少开销。

通常,对于用户数据库,简单恢复模式用于测试和开发数据库,或用于主要包含只读数据的数据库(如数据仓库)。简单恢复模式并不适合生产系统,因为对生产系统而言,丢失最新的更改是无法接受的。在这种情况下,建议使用完整恢复模式。

2) 完整恢复模式

完整恢复模式是默认的恢复模式。在该模式下,需要对事务日志进行手工管理。该模式的优点是可以恢复到数据库失败或者指定的时间点上。缺点是,如果不进行管理,事务日志将会快速增长,消耗磁盘空间(如图 8-13 所示)。可以通过备份和切换至"简单恢复模式"来清除日志。

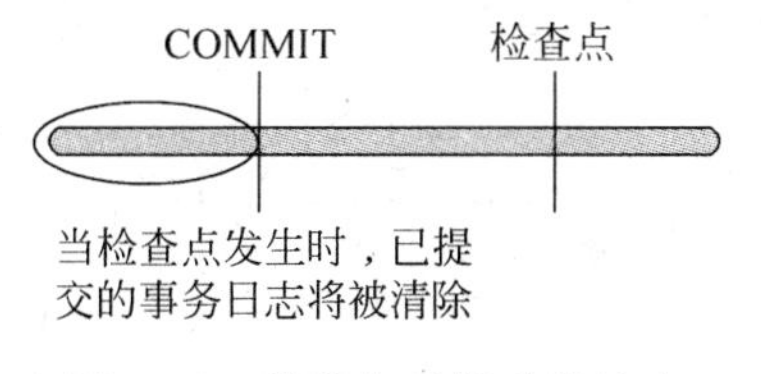

图 8-12 简单恢复模式的日志

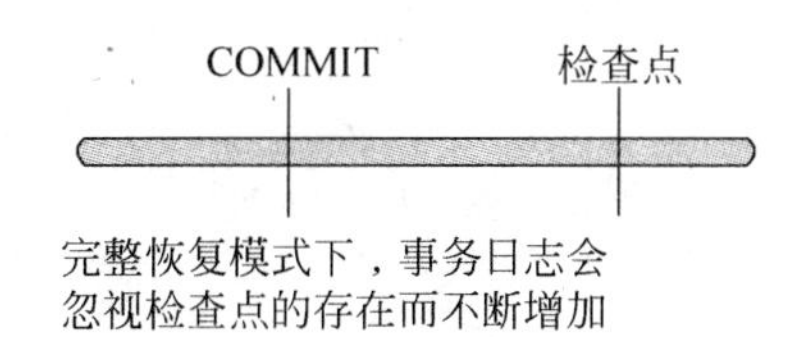

图 8-13 完整恢复模式的日志

3) 大容量日志恢复模式

该模式类似于完整恢复模式,与其不同的是,一些将产生大量日志记录的操作的记录会被精简。例如使用 SELECT INTO、CREATE INDEX 等命令时如果使用完整恢复模式将产生大量日志记录,而使用该模式可以一定程度上控制增长速度。

要修改某个数据库设置的恢复模式,打开 SQL Server 服务器管理,右键单击要修改恢复模式的数据库(例如 TSG),然后选择【属性】。在弹出的窗口中,从左侧的页选择【选项】,右侧窗口中即可选择。或者使用 T-SQL 语句,例如,执行下面的语句可以把恢复模式设置为完整恢复模式。

```
ALTER DATABASE TSG SET RECOVERY FULL
```

对于上述语句，恢复选项有三个：FULL（完整恢复模式）、BULK_LOGGED（大容量日志恢复模式）和 SIMPLE（简单恢复模式），本例中使用的是 FULL 选项。

3. 数据库备份的类型

SQL Server 中的备份主要分为以下四种类型。

（1）完整备份：指对数据库进行完整的备份，包括所有的数据以及数据库对象。

（2）事务日志备份：指对数据库中发生的事务进行备份，包括从上次正确备份之后，到目前为止所有已经完成的事务，但必须配合完整备份才能进行数据库恢复。

（3）差异备份：指将最近一次完整备份以来所做的数据库修改进行备份。

（4）文件（组）备份：只备份数据库中的个别文件（组），要求在数据库设计时就要考虑到，将某些表分到文件（组），备份时单独进行备份。

4. 备份设备

备份设备是 SQL Server 存放备份文件的地方，创建备份时必须要选择备份设备。备份设备可以是本地机器上的磁盘文件、远程服务器上的磁盘文件、磁带以及命名管道。为了和物理备份设备（磁带、磁盘文件等）实现间接寻址和方便使用，可以为备份设备设置逻辑名称。逻辑设备名称指向特定的物理备份设备，在备份和还原中可以直接使用逻辑设备名称。

1）创建备份设备

（1）使用对象资源管理器创建备份设备。在对象资源管理器中展开【服务器对象】，右击【备份设备】，在弹出的菜单中选择【新建备份设备】，出现如图 8-14 所示的窗口，在【设备名称】文本框中输入逻辑备份设备名称，并在下方【目标】中输入对应的物理文件（系统中没有磁带），单击【确定】按钮即可。

（2）使用 T-SQL 语句创建备份设备。

使用系统存储过程 sp_addumpdevice 可以完成备份设备的创建，其具体语法格式如下：

```
sp_addumpdevice [@devtype = ] 'device_type',        -- 指定设备类型，支持'disk'和'tape'
            [@logicalname = ] 'logical_name',     -- 指定逻辑备份设备名称
            [@phydicalname = ] 'physical_name'    -- 指定物理备份设备名称
```

例如，下列语句将创建一个磁盘文件备份设备。

```
USE master
GO
EXEC sp_addumpdevice 'disk','DiskTSG','D:\Backup\DiskTSG.bak'
```

其中，'disk'为设备的类型，表示磁盘；'DiskTSG'为设备的逻辑名称；'D:\Backup\DiskTSG.bak'为设备的物理名称（本例中所创建的为本地磁盘备份设备）。

2）查看备份设备

在对象资源管理器中，展开【服务器对象】|【备份设备】可以查看备份设备。也可以使用存储过程 sp_helpdevice 查看备份设备。例如：

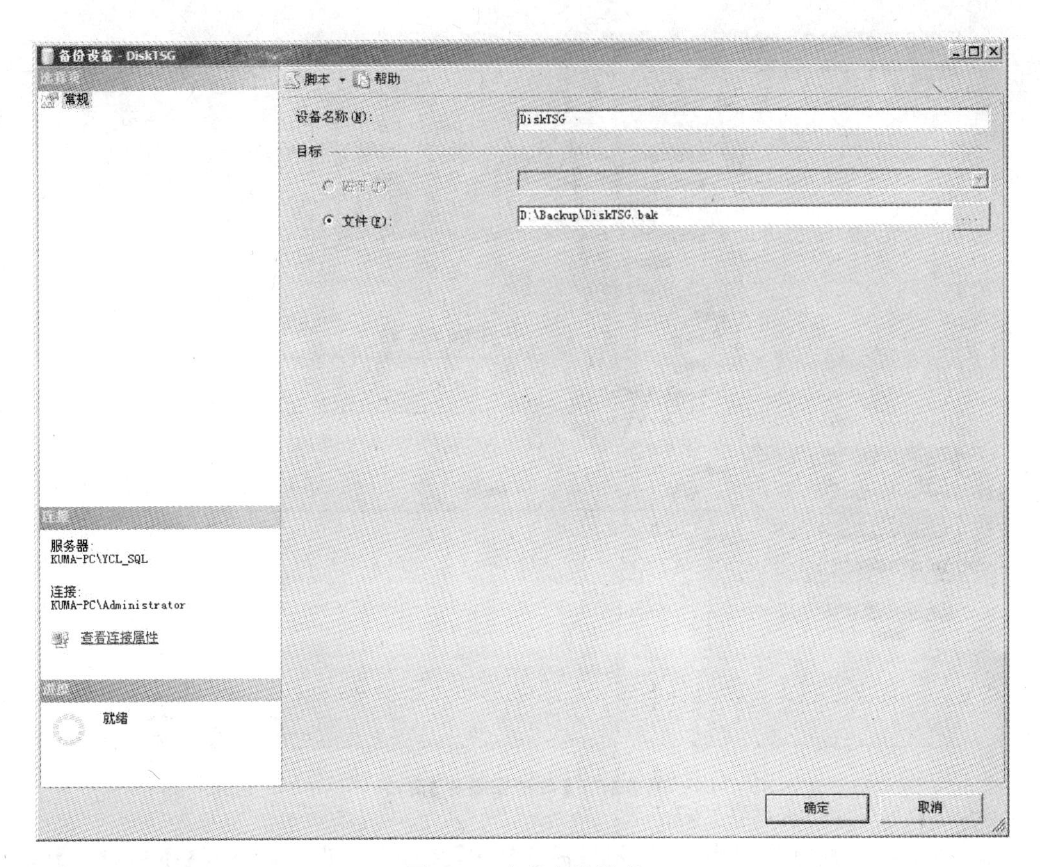

图 8-14　定义备份设备

```
EXEC  sp_helpdevice
```

3）删除备份设备

在对象资源管理器中，展开【服务器对象】|【备份设备】，然后右击要删除的设备，在弹出的菜单中选择【删除】按钮即可。也可以使用存储过程 sp_dropdevice 删除备份设备。例如，下面语句将删除刚刚创建的备份设备。

```
sp_dropdevice 'DiskTSG'
```

5. 备份数据库

当备份设备创建好后，就可以开始备份数据库了。备份数据库同样可以在对象资源管理器中进行，也可以使用 T-SQL 语句进行。

1）使用对象资源管理器备份数据库

(1) 在对象资源管理器中展开【数据库】，在要备份的数据库（如 TSG）上右击，在弹出的菜单中选择【任务】|【备份】，将出现如图 8-15 所示的【备份数据库】窗口。

(2) 在图 8-15 所示窗口中，【备份类型】默认为【完整】，可以从下拉列表中选择【差异】或【事务日志】选项，这里选择【完整】。在没有磁带机的情况下，目标自动选择备份到磁盘。单击【添加】按钮，打开如图 8-16 所示的【选择备份目标】对话框。

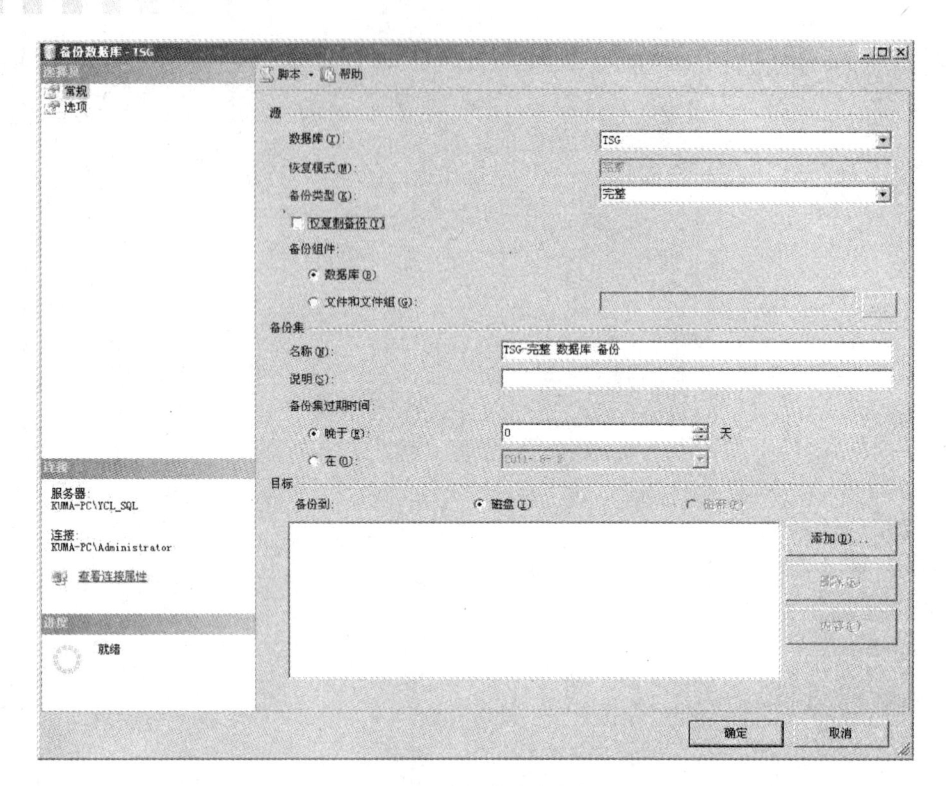

图 8-15 【数据库备份】窗口

(3) 在图 8-16 所示窗口中,可以将目标选择为【文件名】,也可以选择【备份设备】(逻辑备份设备),本例中选择【备份设备】单选按钮。选择好后单击【确定】按钮将回到如图 8-17 所示的数据库备份窗口(注意,此时窗口下方的目标中出现了刚刚选择的备份设备)。此时单击【确定】按钮执行备份操作。成功后将出现如图 8-18 所示的备份成功信息。在该信息窗口中单击【确定】按钮即可完成数据库备份。

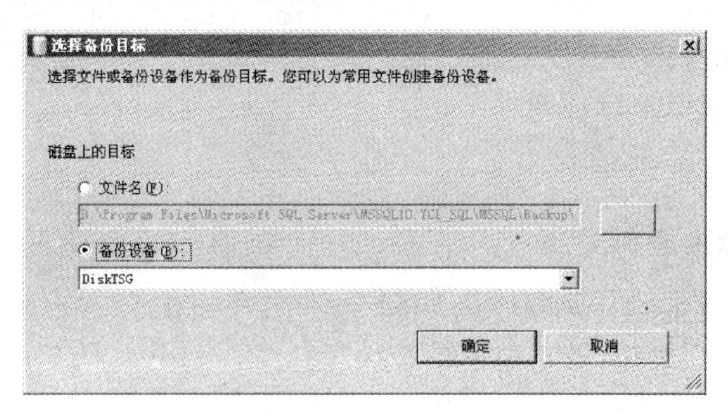

图 8-16 选择备份目标窗口

2) 使用 T-SQL 语句备份数据库

T-SQL 语言使用 BACKUP DATABASE 语句进行数据库备份,该语句可以实现完整、差异、文件和文件组备份。如果要备份事务日志,要使用 BACKUP LOG 语句。T-SQL 实

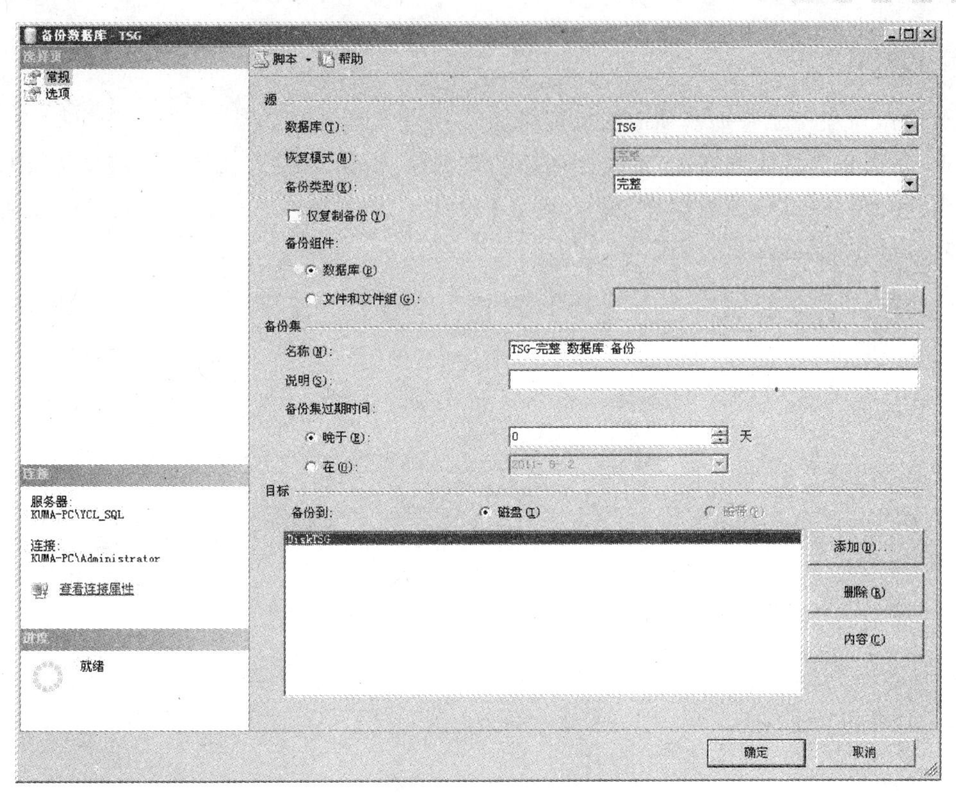

图 8-17 数据库备份窗口中选择备份设备

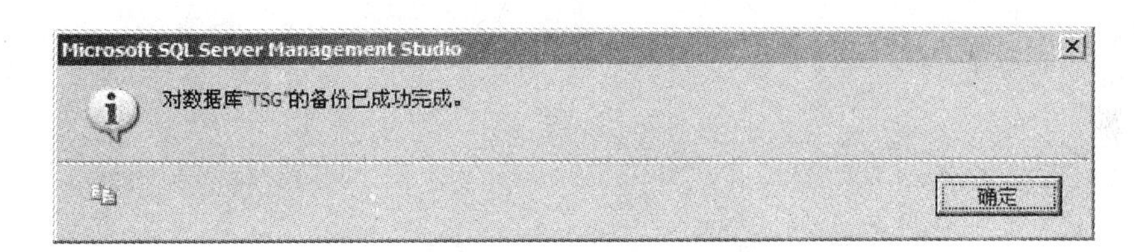

图 8-18 备份成功信息

现各种备份的语法格式上有所不同，语法细节请参考《SQL Server 联机丛书》。下面给出实现几种备份的语句实例，以便于读者理解。

(1) 完整备份：

```
BACKUP DATABASE TSG TO DiskTSG                              -- 使用逻辑备份设备
BACKUP DATABASE TSG TO DISK = 'D:\Backup\DiskTSG.bak'       -- 使用物理名称
```

(2) 差异备份(进行差异备份前，必须至少进行一次完整备份)：

```
BACKUP DATABASE TSG TO DiskTSG WITH DIFFERENTIAL
```

(3) 事务日志备份(进行事务日志备份前，必须至少进行一次完整备份)：

```
BACKUP LOG TSG TO DISK = 'D:\DiskTSG.bak'
```

(4) 文件(组)备份：

```
BACKUP DATABASE TSG FILE = 'TSG' TO DiskTSG             -- TSG 为数据文件的逻辑名称
```

6. 还原数据库

1）使用对象资源管理器还原数据库

（1）在对象资源管理器中，右击要还原的数据库（例如 TSG），选择【任务】|【还原】，将出现如图 8-19 所示的【还原数据库】窗口，单击【源设备】单选按钮。然后单击右侧…按钮打开如图 8-20 所示的【指定设备】窗口。

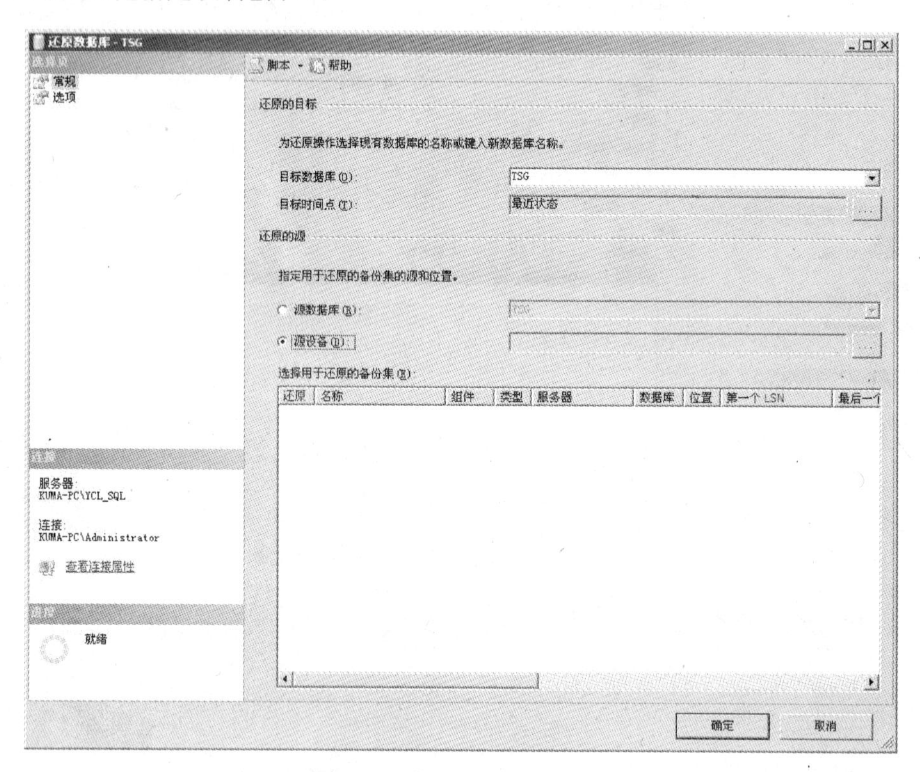

图 8-19 【还原数据库】窗口

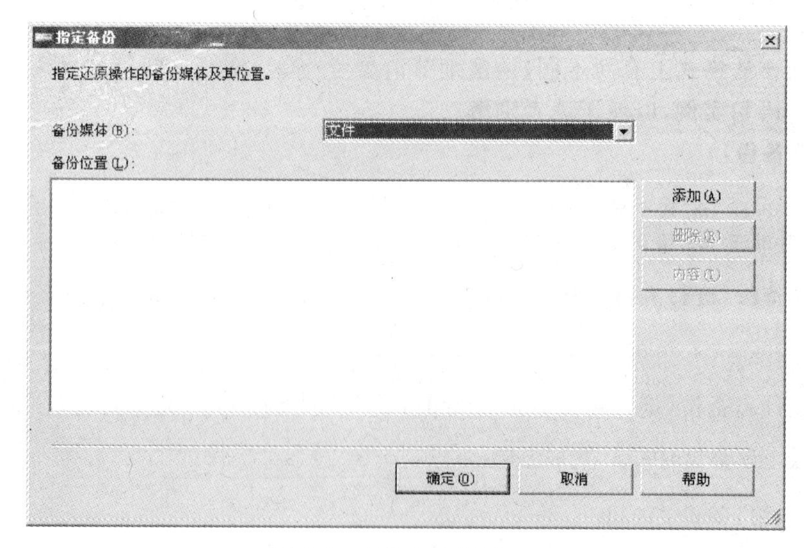

图 8-20 【指定备份】窗口

(2) 在图 8-20 所示的【指定备份】窗口中，在【备份媒体】下拉列表中选择【备份设备】，然后单击【添加】按钮，弹出如图 8-21 所示的【选择备份设备】窗口。在下拉列表中选择要使用的备份设备(本例为 DiskTSG)，单击【确定】按钮，返回 8-20 所示的【指定设备】窗口。单击【确定】按钮，回到如图 8-22 所示的【还原数据库】窗口。

图 8-21 【选择备份设备】窗口

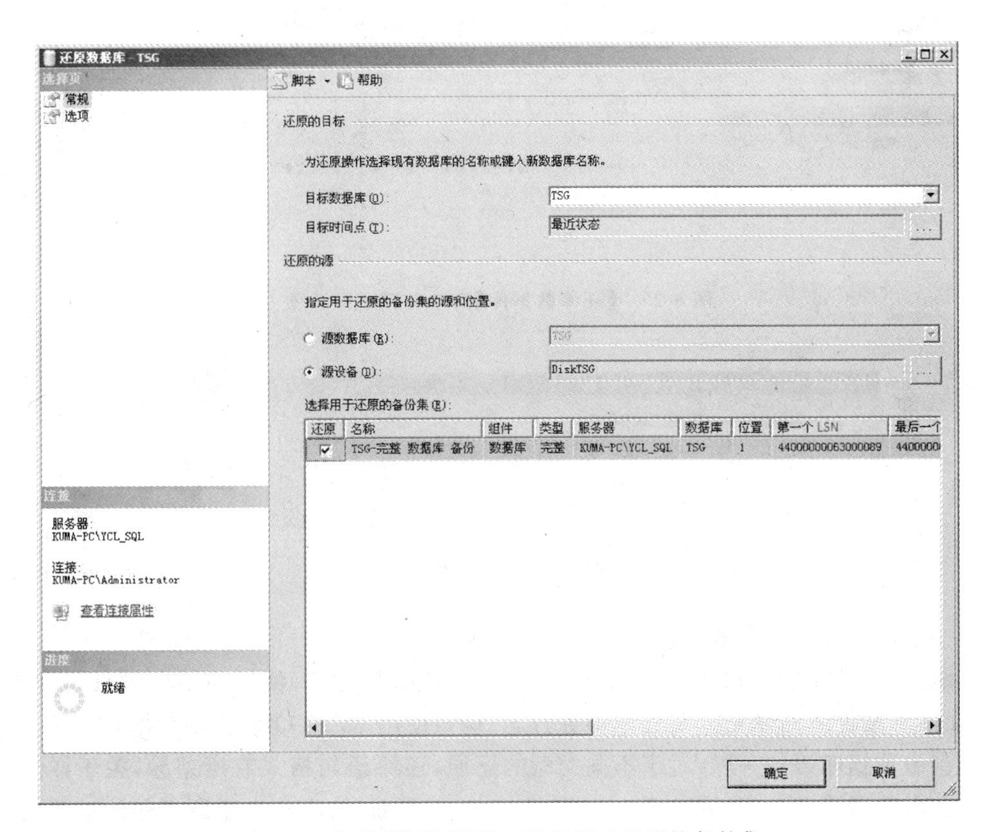

图 8-22 【还原数据库】窗口选择用于还原的备份集

(3) 如图 8-22 所示的【还原数据库】窗口中，在【选择用于还原的备份集(E)】的【还原】列复选用于还原的备份(本例中只有一个备份)。如图 8-23 所示，在【还原数据库】窗口中单击左上角的【选项】，选中【覆盖现有数据库】复选框，恢复状态使用默认选项。单击【确定】按钮，执行还原备份。还原成功后将显示图 8-24 所示的还原成功信息窗口，单击【确定】按钮即可完成还原。

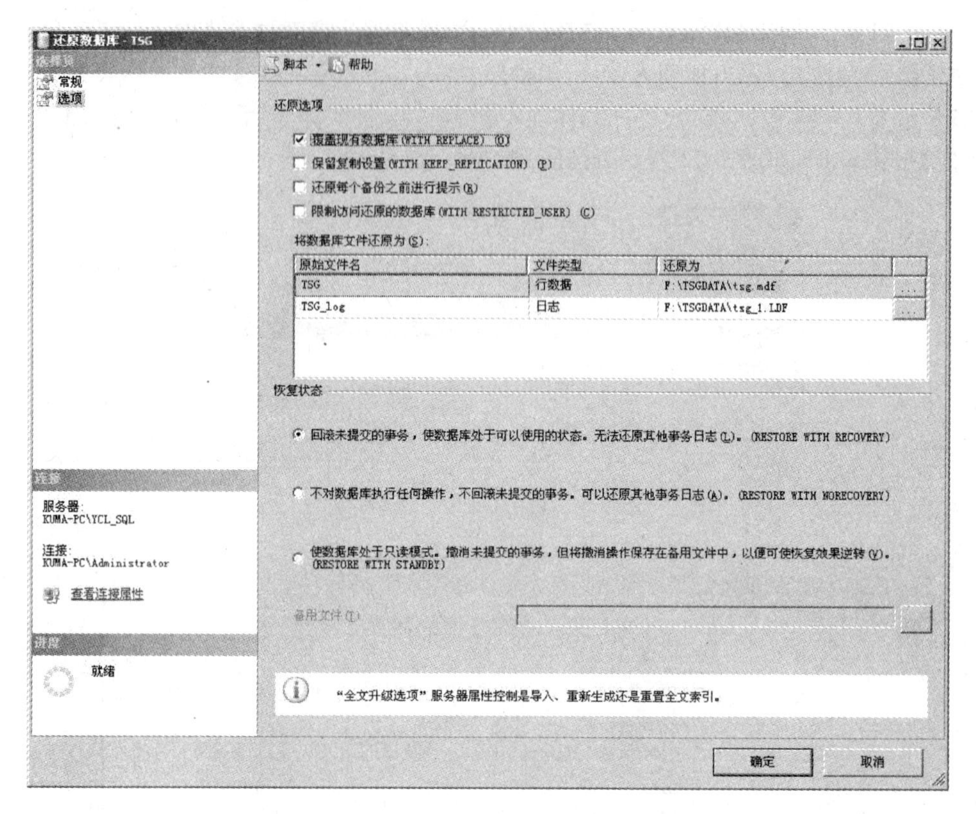

图 8-23 【还原数据库】窗口设置还原选项

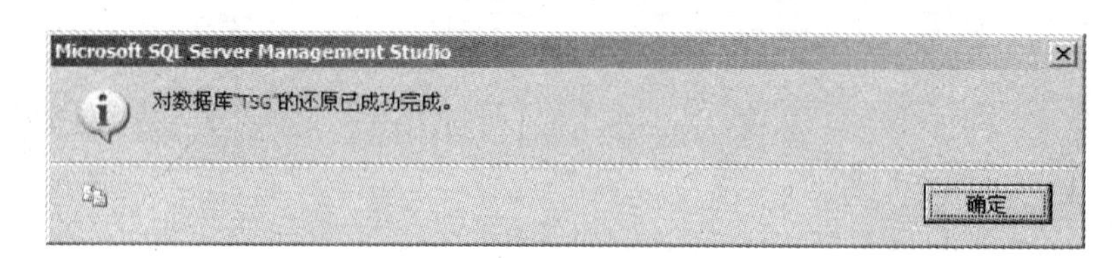

图 8-24 【还原成功信息】窗口

2）使用 T-SQL 语句还原数据库

T-SQL 中使用 RESTORE DATABASE 语句还原数据库，使用该语句可以实现完整、差异、文件和文件组的恢复。要还原事务日志，应该使用 RESTORE LOG 语句。

与备份数据库语句一样，对于不同类型的还原，还原语句格式有所差异，关于详细的语句格式和参数请读者参阅《SQL Server 联机丛书》。下面，给出几个还原语句的示例来帮助读者理解还原语句。

（1）查看备份设备中的数据库：

```
RESTORE FILELISTONLY FROM DiskTSG
```

（2）还原完整数据库备份：

```
USE Master
GO
```

```
RESTORE DATABASE TSG FROM DiskTSG WITH REPLACE --REPLACE 指定覆盖现有数据库
```

关于还原选项请参考图 8-23。

(3) 还原差异数据库备份：

先恢复完整数据库备份，还原时需要指定 NORECOVERY，然后在此基础上恢复差异备份。

```
--还原完整备份,要使用 NORECOVERY 选项
RESTORE DATABASE TSG FROM DiskTSG WITH NORECOVERY
--还原差异备份,2 表示第 2 个备份集,使用 RECOVERY 选项表示数据库可用
RESTORE DATABASE TSG FROM DiskTSG WITH FILE = 2, RECOVERY
```

(4) 恢复事务日志备份。

恢复事务日志备份的一般步骤：

① 首先恢复最新的完整数据库备份，并指定 NORECOVERY；

② 还原最后一次所做的差异备份，并指定 NORECOVERY；

③ 还原日志备份。

```
RESTORE DATABASE TSG FROM DiskTSG WITH NORECOVERY                  --还原完整备份
RESTORE DATABASE TSG FROM DiskTSG WITH FILE = 2,NORECOVERY         --还原差异备份
RESTORE LOG TSG FROM DISK = 'D:\Backup\DiskTSG.bak',RECOVERY       --还原日志备份
```

3) 关于 RECOVERY 和 NORECOVERY

使用 RESTORE 进行数据库恢复时，相当于从备份集中重建整个或者部分数据库，RESTORE 仅仅是恢复数据库，并不能改变数据库的状态，比如数据库的状态是断开还是连接。

RECOVERY 是 RESTORE 的一个选项，RECOVERY 是指将数据库从断开连接的状态恢复到连接状态中供用户使用。进行 RESTORE 操作时，如果不特殊指明 NORECOVERY，SQL Server 会进行 RECOVERY 操作。在进行完整数据库备份的恢复时，可以不用考虑该选项，但如果后面还要进行有日志备份或差异备份的恢复时，则必须注意 RECOVERY 选项的选择。因为在恢复操作中一旦对数据库进行了 RECOVERY，则将无法再进行后面的 RESTORE 操作。

举个例子，比如在一次恢复操作中，需要进行四次还原操作：

(1) 完整备份恢复；

(2) 差异备份恢复；

(3) 第一次日志备份恢复；

(4) 第二次日志备份恢复。

恢复操作的顺序是首先要恢复(1)，然后是(2)，最后是(3)和(4)。在(1)～(3)期间，都需要指定 NORECOVERY 选项。原因就是避免在整个恢复执行期间数据库可用，即避免在恢复期间数据库中有事务运行，使恢复能够正常进行。如果在(1)～(3)期间不指定 NORECOVERY，比如在(2)中没指定 NORECOVERY，那默认的是 RECOVERY，则进行(2)以后数据库就可以使用了，此时如果有人进行数据库操作，那么之后的恢复就不能正常的进行了。

8.4 本章小结

本章主要介绍了事务、并发控制及数据恢复等数据库保护机制和措施。这些内容是有效保护数据库的重要手段。

事务是一种机制，是一系列的数据库操作构成的集合，在逻辑上是一个不可分割的工作单元，即要么都执行，要么都不执行。事务有四个特点：A（原子性）、C（一致性）、I（独立性）、D（持续性）。

SQL Server 中根据事务的运行模式将事务分成三种类型：显式事务、隐式事务和自动提交事务。显示事务均以 BEGIN TRANSACTION 开始，以 COMMIT 或 ROLLBACK 语句结束；在隐式事务模式下，当前事务提交或回滚后，SQL Server 自动开始下一个事务；自动提交事务模式是 SQL Server 的默认事务管理模式，该模式下将每条单独的 T-SQL 语句视为一个事务，如果成功执行，则自动提交，否则自动回滚。使用 T-SQL 实现事务处理的语句包括：BEGIN TRANSACTION（事务开始的标识）、SAVE TRANSACTION（设置保存点）、ROLLBACK（事务回滚）和 COMMIT（提交事务）等。

在多用户和网络环境下，多个用户或应用程序同时对数据库的同一数据对象进行读写操作，这种现象称为对数据库的并发操作，并发操作将产生三类问题：丢失修改、读"脏"数据和不可重复读。并发控制通常采用事务机制加封锁机制来避免上述问题的产生，封锁是使事务对它要操作的数据具有相应的控制能力，封锁机制包含三个环节，即申请加锁、获得锁和释放锁。

可串行化是并发控制的正确性准则，如果事务遵守两段锁协议，那么可以保证这些事务的任何调度都是可串行化的。有时数据库中允许存在一定程度的不一致性，SQL Server 中提供了六种隔离级别来反映接受不一致性的程度。应用程序要求的隔离级别确定了 SQL Server 使用的锁行为。SQL Server 支持多粒度封锁，提供了 S 锁、X 锁、U 锁、意向锁、架构锁、BU 锁和键范围锁等多种锁模式。

数据库恢复是把数据库从错误状态恢复到某一已知的正确状态。恢复的基础就是备份文件和日志。SQL Server 中的数据库可以设置为三个恢复模式：完全恢复、简单恢复和大容量日志。SQL Server 中备份主要分为完整备份、事务日志备份、差异备份和文件（组）备份四种类型。备份设备是 SQL Server 存放备份文件的地方，创建备份时必须要选择备份设备。备份数据库的基本命令为 BACKUP DATABASE，还原数据库的基本命令为 RESTORE DATABASE。

通过阅读本章，读者能够了解数据库的各种保护措施，为开发可靠的数据库应用程序奠定了基础。

习题 8

1. 什么是事务？简述事务的特性。
2. 在 TSG 数据库的 Patron 表中，删除读者王东的信息（要考虑参照完整性）。
3. 什么是封锁？有哪两种基本的锁类型？它们如何工作？
4. 封锁协议有几级？其内容分别是什么？

5. 封锁机制可能产生哪些问题？如何来预防或解决？

6. 什么是可串行化调度？两段锁协议的内容是什么？

7. 什么是事务的并发操作？发生并发操作时可能产生哪些问题？

8. 简述备份的种类及各自的优缺点。

9. 日志文件有什么作用？记录日志的原则是什么？

10. SQL Server 中有哪几种恢复模式？哪几种备份类型？

11. 编写两个事务并使它们并发执行。在第一个事务中，先从读者表 Patron 中查询“学生”读者的信息，等待 30 秒后再次查询“学生”读者的信息；另一个事务将 PatronID 为 S0120080201 的读者的类型由“学生”修改为“教师”。要求：保证第一个事务中的两次查询结果一致。

实验 10 数据库备份与还原

【实验目的】

(1) 了解 SQL Server 的数据库备份和恢复机制。

(2) 掌握基本的数据库备份操作。

(3) 掌握基本的数据库还原操作。

【实验要求】

(1) 熟练使用 SQL Server Management Studio 的对象资源管理器的图形化界面进行数据库的备份与还原。

(2) 熟练使用 T-SQL 语句进行数据库的备份与还原。

(3) 完成进行数据库备份与还原的实验报告。

【实验准备】

(1) 已完成实验 2，成功创建了数据库 studb。

(2) 已完成实验 3，成功建 student、course 和 student_course 表，且表中已输入数据。

【实验内容】

(1) 利用对象资源管理器创建一个逻辑名称为 Disk_studb，物理文件名为 D:\BackUp\Disk_studb.bak 的磁盘文件备份设备，并在对象资源管理器只能够查看该备份设备。

(2) 使用 T-SQL 语句创建一个逻辑名称为 Disk_S，物理文件名为 E:\SQL Server 2008\studb.bak 的磁盘文件备份设备。

(3) 使用 SQL Server Management Studio 的对象资源管理器将数据库 studb 备份到刚创建的备份设备 Disk_studb 上，并利用该备份进行还原。

(4) 使用 T-SQL 语句将 studb 数据库备份到 E:\SQL Server 2008\studb.bak。

(5) 使用 T-SQL 语句将前面备份到 E:\SQL Server 2008\studb.bak 的数据库还原。

第9章 关系数据库规范化理论

面向具体的应用需求，建立适合的关系数据库系统，关键是关系数据库模式的设计。关系数据库模式是由若干关系模式组成的，这些关系模式并不是完全孤立的，它们之间可能存在着某种联系。一个好的关系数据库模式应该包括多少关系模式，而每一个关系模式又应该包括哪些属性，又如何将这些相互关联的关系模式组建一个适合的关系模型，这些工作决定了整个系统运行的效率，也是系统成败的关键所在。

本章主要讨论关系数据库的规范化理论。规范化理论是关系数据库模式设计的理论指南，为评判关系模式的好坏提供了理论标准，也为得到好的关系模式提供了方法指南。

9.1 函数依赖

关系模式中的各属性之间相互依赖、相互制约的联系称为数据依赖。数据依赖是通过一个关系中属性间的值的相等与否体现出来的数据间的相互关系。这些相互关系是根据现实世界的语义来确定的。作为一种重要的数据依赖，函数依赖(Functional Dependency，FD)极为普遍地存在于现实生活中。而在一些关系模式中，一些函数依赖的存在会对其产生不好的影响。

9.1.1 不好的关系模式存在的问题

对于关系模式的描述，除了关系模式的名称、组成该关系模式的属性集之外，还可以包括在属性集上满足的一组数据依赖。这些数据依赖是对现实世界属性间的语义的反映。下面介绍一个关系的实例，通过该关系及其满足的函数依赖，分析一个不好的关系模式主要存在哪些问题。

考虑某书店的图书销售关系 Book_Order，该关系涉及的属性包括 OrderNo(订单号)、ClientNo(客户号)、ClientName(客户名)、Address(客户地址)、BookNo(书号)、Title(书名)、Publisher(出版社)、Price(单价)、Quantity(订购数量)。

根据现实世界已知的事实，对于上述关系有如下语义：

- 订单号、客户号和书号分别唯一地确定一份订单、一个客户和一种图书。
- 每份订单只对应唯一的一个客户，但一个客户可以有多个订单。
- 每个客户有唯一的客户名称和地址。
- 每种图书有唯一的书名、出版社和单价。

- 每份订单可以包含多种图书，每种图书也可以在多份订单中订购。
- 每份订单订购每一种图书，有唯一的订购数量。

实际上，如果一组属性的值能够唯一地确定另一组属性的值，这两组属性之间就满足函数依赖（正式的定义将在后面给出）关系。因此，根据上述语义可以得到一组函数依赖：

F = {OrderNo→ClientNo，ClientNo→ClientName，ClientNo→Address，BookNo→Title，BookNo→Publisher，BookNo→Price，(OrderNo，BookNo)→Quantity}。

这样，上述关系模式可以描述为 Book_Order<U,F>，其中，U = {OrderNo，ClientNo，ClientName，Address，BookNo，Title，Publisher，Price，Quantity}。表 9-1 是关系模式 Book_Order 对应的一个实例（关系）。

表 9-1　Book_Order 表

OrderNo 订单号	ClientNo 客户号	ClientName 客户名	Address 地址	BookNo 书号	Title 书名	Publisher 出版社	Price 单价	Quantity 订购数量
10001	0801	北方大学	北京	04042	数据结构	清华大学出版社	22	50
10001	0801	北方大学	北京	06051	数据库系统概论	高等教育出版社	33.8	40
10001	0801	北方大学	北京	09033	数据库原理及应用	机械工业出版社	31	30
10002	0602	赵刚	上海	06051	数据库系统概论	高等教育出版社	33.8	30
10002	0602	赵刚	上海	04084	人工智能	清华大学出版社	27	30
10003	0801	北方大学	北京	99075	Linux 操作指南	人民邮电出版社	40	25
10003	0801	北方大学	北京	08094	人工智能教程	电子工业出版社	40	25
10004	0904	南方大学	长沙	06051	数据库系统概论	高等教育出版社	33.8	60
10004	0904	南方大学	长沙	04042	数据结构	清华大学出版社	22	30

可以分析，Book_Order 关系中订单号和书号的组合能够唯一地确定一条记录（标识一个元组），因此该关系模式的主键为（OrderNo，BookNo）。从表 9-1 中可以看到，Book_Order 并非一个好的关系模式，主要存在以下问题。

1. 数据冗余太大

数据冗余太大主要是由于某些属性的值重复存储造成的。例如，客户名称和地址本来只是依赖于客户号，但是在 Book_Order 表中，一个客户在一份订单中每订购一种图书，该客户的名称和地址信息就会存储一次，客户在每份订单中订购了多少种图书，客户名称和地址等信息就重复存储多少次；同样，图书的名称、出版社和单价等信息只是依赖于书号，在 Book_Order 表中，一种图书每被订购一次这些信息就会重复存储一次，其存储次数就是包含该图书的订单数。

2. 更新异常（Update Anomalies）

数据冗余太大，不仅仅是浪费空间，而且也会给数据修改操作造成麻烦。数据重复存储过多，当某个数据被修改时，必须保证在所有存储位置上该数据的值都被修改，否则将会造成数据的不一致。例如，在 Book_Order 表中，如果某个客户的地址发生变更或图书的单价进行了调整，都要对每份订单的每条订购记录相应的值进行修改，给更新操作带来了复杂性和困难。

3. 插入异常(Insert Anomalies)

插入异常是指,由于关系模式设计不当,本应该需要建立的信息无法建立。由于关系数据库要遵守实体完整性,如果主属性的值不能确定,那么一条元组的其他信息也无法建立。例如,对于 Book_Order 关系,客户的名称和地址以及图书的书名、出版社和单价等信息并不依赖于订单号,客户的名称和地址信息也不依赖于是否定购了图书。但是,由于(OrderNo, BookNo)是主键,当客户没有订单或没有订购图书时,订单号或书号信息无法提供,违反了实体完整性规则,因此该客户的信息也无法建立;同样,如果一种图书没有被订购过,此种图书的信息也无法建立。

4. 删除异常(Delete Anomalies)

删除异常是指,由于关系模式设计不当,本应该保留的信息而被删除。例如,在 Book_Order 关系中,如果某个客户只有一份订单,然后其取消了订单,当删该客户订单时,连同该客户的其他信息也被删除;同样如果删除某种图书的所有订购记录的同时,也将删除该种图书的全部信息。

上述异常现象是一个设计不好的关系模式通常会产生的问题,这些异常主要是由于在一些属性之间存在某些依赖造成的。如果要把一个不好的关系模式改造成好的模式,就要设法消除那些会带来各种问题的依赖,这正是规范化理论要研究的问题。对于上述的 Book_Order 关系模式,如果将其改造成如下的四个关系模式,上述的插入异常、删除异常和数据冗余等问题都得到了很好的克服。

```
Client(ClientNo, ClientName, Address, ClientNo→ClientName, ClientNo→Address);
Book(BookNo, Title, Publisher, Price, BookNo→Title, BookNo→Publisher, BookNo→Price);
OrderClient(OrderNo, ClientNo, OrderNo→ClientNo);
OrderBook(OrderNo, BookNo, Quantity, (OrderNo, BookNo)→Quantity)。
```

上述四个关系模式是通过对关系模式 Book_Order 进行逐步的规范化得到的。函数依赖在规范化理论中起着核心作用,因此讨论规范化之前,先要了解函数依赖的概念。

9.1.2 函数依赖的基本概念

在前面的例子中,已经涉及函数依赖,下面给出函数依赖的正式定义,并讨论与函数依赖有关的一些基本概念。

1. 函数依赖的定义

定义 9-1 设关系模式 $R(U)$,是属性集 U 上的关系模式,X 和 Y 是 U 的子集。若对于 $R(U)$的任意一个可能的关系 r,r 中不可能存在两个元组在 X 上的属性值相等,而在 Y 上的属性值不等,则称 X 函数决定 Y,或 Y 函数依赖于 X,记作 $X \rightarrow Y$。

对于函数依赖,有几点要注意:

(1) 函数依赖不是指关系模式 R 的某个或某些实例(关系)满足的约束条件,而是关系模式 R 的所有实例(关系)都必须满足的约束条件。

（2）函数依赖讨论的是属性之间的依赖关系，是由语义决定的。只能通过语义来确定一个函数依赖。例如，在前面的实例中，由于满足“每一个客户有唯一的地址”这样的语义，才会有函数依赖 ClientNo→Address（即不存在两个元组的客户号相同而地址不同）；如果每个客户可以有多个地址的话此函数依赖将不成立。

（3）设计者也可以根据现实世界的情况进行一些强制的规定。例如，如果规定客户名称不允许重名的话，函数依赖 ClientName→ClientNo 和 ClientName→Address 也将成立。那么在相应关系中插入元组时，如果发现客户名称相同的客户存在将拒绝插入。

为了描述方便，下面介绍几个术语和记号。

- 若 $X \to Y$，则 X 叫做决定因素（Determinant），通常也称 X 为左部属性集（简称左部），Y 为右部属性集（简称右部）。
- 若 $X \to Y$，$Y \to X$，则称 X 与 Y 等价，记作 $X \leftrightarrow Y$。
- 若 Y 不函数依赖于 X，则记作 $X \nrightarrow Y$。

2. 平凡与非平凡函数依赖

定义 9-2　对于任意的属性集 X 和 Y，如果 $Y \subseteq X$，那么一定有 $X \to Y$，这样的函数依赖称为平凡的函数依赖；否则如果 $X \to Y$，$Y \not\subseteq X$，则称 $X \to Y$ 是非平凡的函数依赖。若不特别声明，总是讨论非平凡的函数依赖。

3. 完全与部分函数依赖

定义 9-3　在关系模式 $R(U)$ 中，如果 $X \to Y$，并且对于 X 的任何一个真子集 X'，都有 $X' \nrightarrow Y$，则称 Y 完全函数依赖于 X，记作：$X \xrightarrow{F} Y$。若 $X \to Y$，Y 不完全函数依赖于 X，则称 Y 部分函数依赖于 X，记作：$X \xrightarrow{P} Y$。

例如，对于前面提到的关系模式 Book_Order，(OrderNo，BookNo)→Quantity，而 OrderNo ↛ Quantity 并且 BookNo ↛ Quantity，因此(OrderNo，BookNo)$\xrightarrow{F}$Quantity，即订购数量完全函数依赖于订单号和书号；同时对于该模式，函数依赖(OrderNo，BookNo)→Title 也成立，而由于 BookNo→Title，因此(OrderNo，BookNo)$\xrightarrow{P}$Title，即书名部分函数依赖于订单号和书号。

从完全函数依赖的定义可以看到，如果某个函数依赖的左部只包含单个属性，那么该函数依赖一定是完全函数依赖。

4. 传递函数依赖

定义 9-4　在关系模式 $R(U)$ 中，如果 $X \to Y$，$Y \to Z$，且 $Y \not\subseteq X$，$Y \nrightarrow X$，则称 Z 传递函数依赖于 X，记作：$X \xrightarrow{T} Y$。

对于上述定义，加上限制条件 $Y \not\subseteq X$ 是因为如果 $Y \subseteq X$，那么 $X \xrightarrow{P} Y$，即 Y 部分函数依赖于 X；加上限制条件 $Y \nrightarrow X$，是因为如果 $Y \to X$，则有 $X \leftrightarrow Y$，那么实际上是 $X \xrightarrow{直接} Y$，即是直接函数依赖，而非传递函数依赖。

例如，对于关系模式 Book_Order，OrderNo$\rightarrow$ClientNo 且 ClientNo$\rightarrow$ClientName，而 ClientNo $\nrightarrow$ OrderNo，因此有 OrderNo $\xrightarrow{T}$ClientName，即客户名称传递函数依赖于订单号。

9.1.3 键

在前面的章节中，对键(也称做码、候选键或候选码)的概念已经进行了一些非形式化的说明。下面通过函数依赖给出键的严格定义。

1. 候选键(Candidate Key)

定义 9-5 设 K 为 $R\langle U,F\rangle$ 中的属性或属性组合，若 $K \xrightarrow{F} U$(即 K 完全函数决定 R 的全部属性 U)，则 K 为 R 的候选键(Candidate Key)，简称键。

关于键，还有以下几个术语。

主键：若候选键多于一个，则选定其中的一个为主键(Primary Key)。

全键：若候选键是由组成该关系模式的所有属性组成，此候选键就称为全键(All Key)。

主属性与非主属性：包含在任何一个候选键中的属性，叫做主属性(Prime Attribute)；不包含在任何候选键中的属性称为非主属性(Nonprime Attribute)或非键属性(Non-key Attribute)。

对于任何一个关系模式，找出该模式的候选键是一项非常重要且比较困难的工作。通常需要对关系模式的语义进行细致的分析。对于某个关系模式 $R\langle U,F\rangle$，寻找候选键时，以下分析是有帮助的。

(1) 如果 U 中的某个属性没有出现在 F 中的任何函数依赖当中(即任何依赖的左部和右部都不包含该属性)，那么该属性一定是所有候选键中的属性；

(2) 如果某个属性只出现在 F 中的函数依赖的左部，那么该属性也一定是所有候选键中的属性。

对于前面的关系模式 Book_Order，(OrderNo, BookNo)是该模式的唯一的候选键，也是主键；相应地，OrderNo 和 BookNo 是主属性，而其他属性(包括 ClientNo、ClientName、Address、Title、Publisher、Price 和 Quantity)都是非主属性。为了进一步理解键的概念，下面介绍几个有关的实例。

【例 9-1】 对于学生关系模式：学生(学号，姓名，性别，年龄，专业，身份证号)，由于每个学生有唯一的学号和身份证号，这两个属性分别都能函数决定学生关系模式的所有属性。因此，该关系模式的候选键有学号和身份证号两个，可以选择其中之一作为主键；其主属性包括学号、身份证号，非主属性包括姓名、性别、年龄和专业。

【例 9-2】 考虑某商业集团数据库中的一个关系模式：销售(商店编号，商品编号，库存数量，部门编号，负责人)。如果规定：

(1) 每个商店的每种商品只在一个部门销售；

(2) 每个商店的每个部门只有一个负责人；

(3) 每个商店的每种商品只有一个库存数量。

根据语义，上述销售关系模式满足的函数依赖为：(商店编号，商品编号)$\rightarrow$部门编号，(商店编号，部门编号)$\rightarrow$负责人，(商店编号，商品编号)$\rightarrow$库存数量。由于商店编号和商品编号只出现在函数依赖的左部，键中必含有这两个属性。而且，(商店编号，商品编号)能够完全决定该关系模式的所有属性，因此该销售关系模式的候选键(也是主键)为(商店编号，商品编号)；相应地主属性包括商店编号和商品编号，非主属性包括部门编号、负责人和库存数量。

【例 9-3】 考虑一个描述教师授课的关系模式：授课(教师号，课程号，学期)。其满足的语义为：

(1) 每位教师可以讲授多门课程，每门课程可以由多位教师讲授；

(2) 每位教师可以在不同学期讲授同一门课程，每门课程在不同学期也可以由同一位教师讲授。

根据语义，教师号、课程号和学期之间不存在任何非平凡的函数依赖，每一个属性都不出现在任何依赖中，只有这三个属性的值全部确定才能够确定一个元组，因此该关系模式的候选键为(教师号，课程号，学期)，是全键，此候选键也是主键；教师号、课程号和学期这三个属性都是主属性，不存在非主属性。

2. 外键(Foreign Key)

定义 9-6 关系模式 R 中属性或属性组 X 并非 R 的键，但 X 是另一个关系模式的键，则称 X 是 R 的外键(Foreign key)，也称外码。

例如，对于如下两个关系模式：

专业(专业代码，专业名称，开设时间)；

学生(学号，姓名，性别，年龄，专业代码)。

其中，属性专业代码不是学生关系模式的键(该模式的键是学号)，但专业代码是专业关系模式的键，因此对于学生关系模式，专业代码是外键。主键与外键提供了一个表示关系间联系的手段。上述的专业和学生关系就可以通过专业代码建立关联，可以表达“每个专业有若干学生，而每个学生只能属于一个专业”这样的语义联系。

9.2 规范化

规范化(Normalization)的基本思想是消除关系模式存在的数据依赖中的不合适部分，达到减小数据冗余，解决数据插入、删除时发生的异常问题。这就要求关系数据库设计出来的关系模式要满足一定的条件。我们把关系数据库的规范化过程中为不同程度的规范化要求设立的不同标准称为范式(Normal Form)。由于规范化程度的不同，就产生了不同级别的范式。每种范式都对关系模式规定了一些限制约束条件。

范式的概念最早是由 E. F. Codd 提出的。自从 1971 年，他就系统地提出了第一范式(1NF)、第二范式(2NF)和第三范式(3NF)，讨论了规范化问题。1974 年，Codd 和 Boyce 共同提出了 Boyce-Codd 范式，简称为 BC 范式(BCNF)。后来又有人提出了第四范式(4NF)和第五范式(5NF)。在这些范式中，BCNF 是函数依赖范畴内最高级别的范式，也是最重要的范式之一。本书主要讨论函数依赖范畴内的规范化问题。

从最低要求的 1NF 开始，形成了规范化程度从低到高的一系列范式：1NF、2NF、3NF、BCNF(这里只列出了函数依赖范畴内的主要范式)。每一级范式都在前一级基础上增加了进一步的限制条件。如果把范式理解为符合某种范式级别的关系模式的集合，则级别高的范式是级别低的范式的子集。因此有，BCNF⊂3NF⊂2NF⊂1NF。通常把某一关系模式 R 满足第 n 范式，简记为 $R \in n$NF。

一个低一级范式的关系模式，通过模式分解可以转换为若干个高一级范式的关系模式的集合，这种过程叫做规范化。

9.2.1 第一范式(1NF)

定义 9-7 如果关系模式 R，其所有的属性均为简单属性，即每个属性都是不可再分的，则称 R 属于第一范式，简称 1NF，记作 $R \in$ 1NF。

第一范式是最基本的规范形式，不满足第一范式就不能称为关系。凡是不满足第一范式的关系模式必须化成满足第一范式的关系模式，只要去掉关系模式中组合项就能化成满足第一范式的关系模式。

例如，前面给出的关系模式 Book_Order 中，每个属性都是简单属性，不存在任何组合项，因此 Book_Order∈1NF。

9.2.2 第二范式(2NF)

定义 9-8 如果关系模式 $R \in$ 1NF，且 R 中的每一个非主属性都完全函数依赖于 R 的键，则 $R \in$ 2NF。

从定义可以看到，如果一个关系模式中不存在任何非主属性部分函数依赖于该模式的键，则该关系模式满足 2NF。如果一个关系模式的所有键都只包含单一属性，那么该关系模式一定满足 2NF。

回到前面给出的关系模式 Book_Order$<U, F>$，其中：

U={OrderNo, ClientNo, ClientName, Address, BookNo, Title, Publisher, Price, Quantity}；

F={OrderNo→ClientNo, ClientNo→ClientName, ClientNo→Address, BookNo→Title, BookNo→Publisher, BookNo→Price, (OrderNo, BookNo)→Quantity}。

Book_Order 的键为(OrderNo, BookNo)，非主属性包括 ClientNo、ClientName、Address、Title、Publisher、Price 和 Quantity。可以看到：

OrderNo→ClientNo, ClientName, Address,

(OrderNo, BookNo)$\xrightarrow{P}$ClientNo, ClientName, Address;

BookNo→Title, Publisher, Price,

(OrderNo, BookNo)$\xrightarrow{P}$Title, Publisher, Price。

非主属性 ClientNo、ClientName、Address、Title、Publisher 和 Price 对键都存在着部分函数依赖，因此 Book_Order∉2NF。前面已经分析，该模式存在着数据冗余太大、更新异常、插入异常和删除异常等问题。可以通过模式分解将其分解为满足 2NF 的模式集。下面先来介绍一个 2NF 的分解方法。

对于一个不满足 2NF 的关系模式 $R(U)$，R 中一定存在着非主属性部分函数依赖于 R

的键。于是一定存在着违反了 2NF 定义的函数依赖 $X \to Y$，其中 X 是 R 的某个键的一部分，Y 中包含了所有由 X 函数决定的非主属性。则可以将关系模式 R 分解为 $R_1(U-Y)$ 和 $R_2(XY)$，其中 R_1 的键仍为原关系模式 R 的键，R_2 的键为 X，同时 X 是 R_1 的一个外键。此时，如果 R_1 或 R_2 还不满足 2NF，则继续上述过程，直到得到的每个关系模式都满足 2NF 为止。

对于关系模式 Book_Order，由于存在 OrderNo→ClientNo，ClientName，Address 违反了 2NF 的定义，于是可以将 Book_Order 分解为

Book_Order1(OrderNo，BookNo，Title，Publisher，Price，Quantity)，

主键(OrderNo，BookNo)，外键 OrderNo(引用 Book_Order2)；

Book_Order2(OrderNo，ClientNo，ClientName，Address)，

主键 OrderNo。

对于 Book_Order2 而言，满足的函数依赖为 OrderNo→ClientNo、ClientNo→ClientName 和 ClientNo→Address，键为单属性 OrderNo，显然满足 2NF；而对于 Book_Order1，满足的函数依赖为(OrderNo，BookNo)→Quantity，BookNo→Title，BookNo→Publisher 和 BookNo→Price，显然非主属性 Title、Publisher 和 Price 仍然部分函数依赖于键(OrderNo，BookNo)，不满足 2NF，需要继续分解。在 Book_Order1 中，由于存在 BookNo→Title，Publisher，Price 违反了 2NF 的定义，可以将其分解为

OrderBook (OrderNo，BookNo，Quantity)，

主键(OrderNo，BookNo)，外键 OrderNo(引用 Book_Order2)，BookNo(引用 Book)；

Book(BookNo，Title，Publisher，Price)

主键 BookNo。

很容易分析，关系模式 OrderBook 中存在函数依赖(OrderNo，BookNo)→Quantity，唯一的非主属性 Quantity 完全函数依赖于键(OrderNo，BookNo)；而关系模式 Book 中，满足函数依赖 BookNo→Title、BookNo→Publisher 和 BookNo→Price，键 BookNo 是唯一的决定因素且由单属性组成，不可能存在属性对其的部分函数依赖。因此此时得到的三个关系模式 Book_Order2、OrderBook 和 Book 都满足 2NF。

9.2.3 第三范式(3NF)

定义 9-9 如果关系模式 $R \in$ 2NF，且 R 中的每一个非主属性都不传递函数依赖于 R 的键，则 $R \in$ 3NF。

实际上，从定义可以看到，如果一个关系模式中不存在任何非主属性部分或传递函数依赖于该模式的键，则该关系模式满足 3NF。其约束条件比 2NF 更加严格。注意，如果一个关系模式不存在非主属性，那么该关系模式一定满足 3NF。

下面来看在前面 2NF 分解中得到的三个关系模式 Book_Order2、OrderBook 和 Book。对于关系模式 OrderBook(OrderNo，BookNo，Quantity)，只存在一个函数依赖(OrderNo，BookNo)→Quantity，不存在传递函数依赖，显然满足 3NF；对于关系模式 Book(BookNo，Title，Publisher，Price)，只存在一个决定因素 BookNo，也不存在传递函数依赖，也满足 3NF；对于关系模式 Book_Order2(OrderNo，ClientNo，ClientName，Address)，由于存在函数

依赖 OrderNo→ClientNo，ClientNo→ClientName，Address，则 OrderNo $\xrightarrow{T}$ ClientName，Address。根据 3NF 定义，Book_Order2∉3NF。该模式仍然存在以下问题。

（1）数据冗余太大，更新复杂。一个客户每产生一份订单，该客户的名称和地址等信息就重复存储一次，产生数据冗余。数据冗余不仅浪费存储空间，也会给更新带来复杂性。当更改某个用户的地址或名称时，必须对每一份订单中的相应信息进行同步更新，否则将产生数据的不一致。

（2）插入异常。客户的名称和地址等基本信息本不依赖于订单。但是对于 Book_Order2，当一个客户没有订购图书的订单时，由于无法提供订单号，而违反了实体完整性，其名称和地址等信息将无法建立。

（3）删除异常。当某个客户仅有一份订单，而需要撤销该订单时，删除订单记录的同时连同该客户的其他信息也一并删除，而这些信息与订单无关应予以保留。

可以进一步对 Book_Order2 进行规范化，通过模式分解将其分解为满足 3NF 的关系模式集。其分解方法与 2NF 分解类似，下面介绍一下 3NF 分解方法。

对于一个满足 2NF 但不满足 3NF 的关系模式 $R(U)$，R 中一定存在着非主属性传递函数依赖于 R 的键。于是一定存在着违反了 3NF 定义的函数依赖 $X \to Y$，其中 X 不包含在 R 的任何键中，也不包含 R 的任何键，Y 中包含了所有由 X 函数决定的非主属性。则可以将关系模式 R 分解为 $R_1(U-Y)$ 和 $R_2(XY)$，其中 R_1 的键仍为原关系模式 R 的键，R_2 的键为 X，同时 X 是 R_1 的一个外键。此时，如果 R_1 或 R_2 还不满足 3NF，则继续上述过程，直到得到的每个关系模式都满足 3NF 为止。

对于关系模式 Book_Order2(OrderNo, ClientNo, ClientName, Address)，由于存在函数依赖 ClientNo→ClientName, Address 而违反了 3NF 定义，于是可以将其分解为：

OrderClient(OrderNo, ClientNo)，

主键 OrderNo，外键 ClientNo(引用 Client)；

Client(ClientNo, ClientName, Address)，

主键 ClientNo。

这两个关系模式的键分别是 OrderNo 和 ClientNo，而且这两个属性分别是这两个模式中唯一的决定因素，不存在非主属性对键的部分和传递函数依赖，都满足 3NF。至此对于关系模式 Book_Order，通过规范化得到了 Client、Book、OrderClient 和 OrderBook 四个满足 3NF 的关系模式，而且消除了数据冗余及插入和删除异常等问题。

9.2.4 BC 范式(BCNF)

定义 9-10 如果关系模式 $R \in$ 1NF，并且 R 中的任何一个非平凡的函数依赖 $X \to Y$（即 $Y \not\subseteq X$），X 必含有码，则 $R \in$ BCNF。

满足 BCNF 的关系模式中没有任何属性完全函数依赖于非键的任何一组属性，比 3NF 有更强的规范性。实际上，如果一个关系模式中不存在任何属性部分函数依赖于不包含它的键，也不存在任何属性传递函数依赖于键，则该模式满足 BCNF。在 3NF 的基础上，进一步限定主属性也不能部分或传递函数依赖于键。

实际上，前面得到的满足 3NF 的关系模式 Client(ClientNo, ClientName, Address)、

OrderClient(OrderNo, ClientNo)、OrderBook(OrderNo, BookNo, Quantity)和 Book(BookNo, Title, Publisher, Price),每一个关系模式的键都是该模式中唯一的决定因素,这些关系模式都满足 BCNF。

下面来看一个零件管理关系模式 WPE(WarehouseNo, PartNo, EmployeeNo, Quantity),其中属性 WarehouseNo、PartNo、EmployeeNo 和 Quantity 分别代表仓库号、零件号、员工号和库存量。对于该关系模式有如下语义:

- 每个仓库可以存放多种零件,每种零件可以存放在多个仓库中。
- 一个仓库有多名员工,每一名员工只能在一个仓库工作。
- 每个仓库中的每一种零件有专门的员工负责管理。
- 每种零件在每个仓库中有一个库存量。

根据上述语义,可以得到关系模式 WPE 满足的函数依赖为: EmployeeNo→WarehouseNo,(WarehouseNo, PartNo)→EmployeeNo 和(WarehouseNo, PartNo)→Quantity。可以明显看到,(WarehouseNo, PartNo)是 WPE 的一个键;另外,由于 EmployeeNo→WarehouseNo,(EmployeeNo, PartNo)也可以完全函数决定 WPE 的所有属性,因此(EmployeeNo, PartNo)也是 WPE 的键。于是,属性 WarehouseNo、PartNo 和 EmployeeNo 是主属性,而非主属性只有 Quantity 一个。Quantity 对任何一个键都是完全函数依赖,也不存在传递函数依赖,因此 WPE∈3NF。

再来分析一下主属性。由于 EmployeeNo→WarehouseNo,EmployeeNo 并非 WPE 的键,存在主属性 WarehouseNo 部分函数依赖于键(EmployeeNo, PartNo),违反了 BCNF 定义,则有 WPE∉BCNF。该模式仍然存在一些问题。

(1) 插入异常。一个员工在哪个仓库工作本身并不依赖于其负责管理的零件。但是,在该关系中,如果某个员工新分配到仓库工作,暂时还没有分配零件的管理任务,那么由于缺少主属性零件号而无法建立相应的信息。

(2) 删除异常。当消耗掉仓库中某个员工负责管理的全部零件,删除零件时连同员工的信息也会被删掉。

可以采取类似于前面 2NF 和 3NF 的分解方法,将 WPE 分解为满足 BCNF 的关系模式集。由于存在函数依赖 EmployeeNo→WarehouseNo 而违反了 BCNF 定义,于是可以将 WPE 分解为:

PE(PartNo, EmployeeNo, Quantity),

主键(PartNo, EmployeeNo),外键 EmployeeNo(引用 EW);

EW(EmployeeNo, WarehouseNo),

主键 EmployeeNo。

可以看到,关系模式 PE 满足的基本函数依赖只有(EmployeeNo, PartNo)→Quantity,关系模式 EW 也只满足一个基本的函数依赖 EmployeeNo→WarehouseNo,每一个函数依赖的左部都是由各自所在关系模式的键构成。很明显,这两个关系模式都满足 BCNF。但是,分解后函数依赖(WarehouseNo, PartNo)→EmployeeNo 和(WarehouseNo, PartNo)→Quantity 被损失掉,对原来的语义有所破坏。没有体现出每个仓库里一种零件由专人负责,分解之后的关系模式降低了部分完整性约束。

9.2.5 规范化过程

在关系数据库中，要求关系模式应该满足第一范式，这是最基本的规范要求。但是满足第一范式的关系模式可能存在数据冗余、插入异常和删除异常等问题。一般情况下，没有异常弊病的数据库设计是好的数据库设计，一个不好的关系模式总是可以通过分解转换成好的关系模式的集合。

规范化的思想就是逐步消除数据依赖中不合适的部分，通过模式分解使关系模式间在概念的描述上达到某种程度的分离，即"一事一地"的设计原则。尽可能让一个关系描述一个概念、一个实体或实体间的一种联系。如果多于一个概念就将其分离出去。因此所谓规范化实质上是概念的单一化。

在函数依赖的范畴内，最高可以把关系模式规范化到 BCNF。规范化程度越高，关系模式的特性就会越好。但是在分解时要全面衡量，综合考虑，视实际情况而定。比如，对于那些只要求查询而不要求插入、删除等操作的系统，几种异常现象的存在并不影响数据库的操作。这时便不宜过度分解，否则当要对整体查询时，需要更多的多表连接操作，这有可能得不偿失。

在实际应用中，最有价值的是 3NF 和 BCNF，在进行关系模式的设计时，通常分解到 3NF 就足够了。事实上，对于任何一个关系模式，都可以通过模式分解得到一个不损失任何语义信息的满足 3NF 的关系模式集；而如果要得到满足 BCNF 的关系模式集，有可能要损失某些语义信息。

关系模式的规范化是由低到高进行的，即由低一级的范式向高一级的范式进行规范化。这个过程主要是通过找出依赖中不合适的部分，然后逐步消除它们来实现。关系规范化的基本过程如图 9-1 所示。

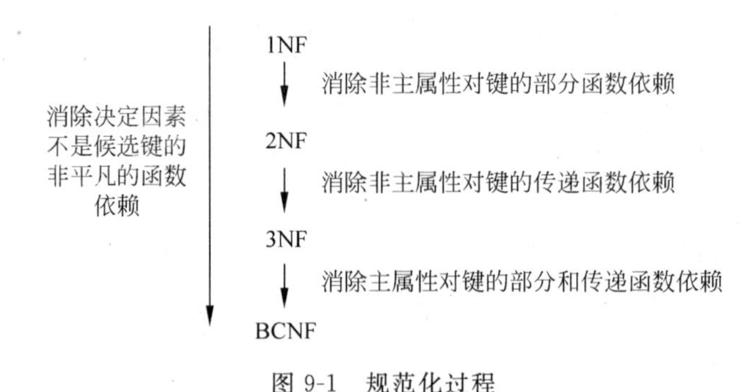

图 9-1 规范化过程

对于一个给定的关系模式，首先要确定所满足的数据依赖并判定其满足的范式级别，然后再进行规范化。按照范式的定义，要判断某个关系模式满足某个级别的范式，首先要找到该关系模式的所有候选键，确定主属性和非主属性，然后再根据范式的定义来判断范式的级别。当明确了关系模式所满足的范式级别，就可以从这个范式级别开始通过模式分解进行逐步的规范化。

9.3　本章小结

关系模式的规范化是关系数据库的重要概念，其目的是消除关系模式中可能存在的数据冗余、插入异常和删除异常等问题。本章详细介绍了函数依赖的概念，并着重讨论了在函数依赖范畴内关系模式的规范化问题。

函数依赖是最重要和常见的数据依赖之一，它讨论的是属性之间的一种依赖关系。通常，如果一组属性的值能够唯一地确定另一组属性的值，那么这两组属性之间就满足函数依赖关系。函数依赖是语义范畴的概念，根据语义进行确定。

范式是衡量关系模式规范化程度的标准。由于规范化程度的不同，就产生了不同级别的范式。在函数依赖范畴内，主要的范式按照级别由低到高依次为1NF、2NF、3NF和BCNF。其中，1NF是关系模式最低的规范要求，其他各级范式都在上一级范式的基础上进一步增加一些限制条件。关系模式满足的范式级别越高，其规范化程度越高，出现这种弊病的可能性就越小。

规范化的主要思想是通过模式分解来消除关系模式的数据依赖中不合适的部分，从而将关系模式规范化到更高的范式级别。规范化程度越高，关系模式的特性就越好，但由分解而产生的关系模式也会增多，这样可能降低系统的查询效率。因此在对关系模式进行规范化时要综合考虑，通常规范化到3NF就足够了。

习题9

1. 解释下列概念和术语：函数依赖、完全函数依赖、部分函数依赖、传递函数依赖、候选键、主键、外键、主属性、非主属性、1NF、2NF、3NF和BCNF。

2. 现有一个关系模式：借阅(书号，书名，库存数，读者号，借期，还期)，假如同一本书允许一个读者多次借阅，但不能同时对一种书借多本。请给出该关系模式的键。

3. 设有一个反映工程及其所使用相关材料信息的关系模式：R(工程号，工程名，工程地址，开工日期，完工日期，材料号，材料名称，使用数量)。如果规定：每个工程和每种材料分别由工程号和材料号唯一标识；每个工程的地址、开工日期、完工日期唯一；不同工程的地址、开工和完工日期可能相同；工程名与材料名称均有重名；每个工程使用若干种材料，每种材料可应用于若干工程中。

(1) 根据上述规定，写出模式R的基本函数依赖(FD)和候选键。

(2) 判定R最高达到第几范式，并说明理由。

(3) 将R规范到3NF。

4. 给定一个选课关系模式SC(学号，姓名，年龄，班级，辅导员，课程名称，成绩，学分)。如果规定：学号唯一地标识一名学生，每名学生的姓名和年龄唯一，允许学生重名；一个班级包括若干学生，每个学生只属于一个班级；每个班级只有一个辅导员，一个辅导员可以负责多个班级；课程没有重名，每门课程对应一个学分，但不同的课程可能有相同的学分；每名学生可以选修多门课程，每门课程也可以供多名学生选修；一个学生选修一门课程有一个成绩。

(1) 根据上述规定,写出关系模式 SC 满足的基本函数依赖(FD)和候选键。

(2) 判定 SC 最高达到第几范式,并说明理由。

(3) 如果 SC 不满足 3NF,将其分解为满足 3NF 的模式集。

5. 假设某旅馆业务规定,每个账单对应一个顾客,账单由发票号唯一标识,账单中包含一个顾客姓名、到达日期和顾客每日的消费明细,账单的格式如表 9-2 所示。

表 9-2 旅馆账单格式

发票号	到达日期	顾客姓名	消费日期	项目	金额
2344566	2009-12-10	顾大局	2009-12-10	房租	240.00
2344566	2009-12-10	顾大局	2009-12-10	餐费	42.00
2344566	2009-12-10	顾大局	2009-12-10	电话费	4.80
2344566	2009-12-10	顾大局	2009-12-11	餐费	98.00

如果根据上述业务规则,设计一个关系模式:Bill(发票号,到达日期,顾客姓名,消费日期,项目,金额)。回答下列问题:

(1) 结合账单格式给出关系模式 Bill 满足的基本函数依赖,并找出该模式的候选键。

(2) 判断关系模式 Bill 满足的最高范式级别,并说明理由。

(3) 如果关系模式 Bill 不满足 BCNF,请将其规范化到高一级范式。

6. 设关系模式 $R(A, B, C, D)$ 对应的一个关系 r 如表 9-3 所示。请给出 r 满足的基本函数依赖;如果 r 满足的函数依赖覆盖了所对应的关系模式 R 满足的全部函数依赖,请说明关系模式 R 最高满足哪一级范式。

表 9-3 关系 r 的数据

A	B	C	D
a_1	b_1	c_1	d_2
a_1	b_2	c_2	d_4
a_2	b_1	c_2	d_1
a_1	b_3	c_1	d_4

7. 给定一个关系模式 PES(工程号,工程名,员工号,员工姓名,薪级,工资)。其中,工程号和员工号分别作为工程和员工的标识。表 9-4 是模式 PES 对应的一个关系实例。

(1) 如果表 9-4 所示的关系满足的函数依赖即为其对应关系模式 PES 所满足的函数依赖,那么请给出关系模式 PES 满足的基本函数依赖。

(2) 试分析关系模式 PES 是否存在数据冗余问题,说明理由。

(3) 分析关系模式 PES 是否存在插入和删除异常问题,并说明什么情况下可能发生。

(4) 将 PES 分解为满足 3NF 的模式集。

表 9-4 关系模式 EPS 的一个实例

工程号	工程名	员工号	员工姓名	薪级	工资
201001	TPMS	2004001	赵约翰	A	2000
201001	TPMS	2002002	钱比利	B	3000
201001	TEMPS	2001005	孙凯文	C	4000
201002	TCT	2004003	孙凯文	B	3000
201002	TCT	2004001	赵约翰	A	2000

第10章 数据库设计

数据库技术是信息资源管理最有效的手段，数据库设计是建立数据库及其应用系统的第一步，是开发信息系统最重要的一部分。数据库设计综合了信息技术、网络技术、数据库技术、软件工程技术等多个学科的理论与方法，随着数据库系统的广泛应用，数据库设计方法和技术也越来越受到了人们的重视。本章将介绍数据库设计的基本步骤和设计过程。

10.1 数据库设计概述

数据库设计(Database Design)是从用户的数据需求、处理要求及建立数据库的环境条件(软硬件特性以及其他限制)出发，运用数据库的理论知识，把给定的应用环境(现实世界)中存在的数据加以合理地组织起来，逐步抽象成已经选定的某个数据库管理系统能够定义和描述的具体的数据结构，构造性能最优的数据库模式，建立数据库及其应用系统，使之能够有效地存取数据，满足各种用户的应用需求。

在数据库领域内，经常把使用数据库的各类系统称为数据库应用系统(DBAS)，如图书馆管理系统、办公自动化系统、电子商务系统等，在这些数据库应用系统中，数据库设计合理与否会极大影响系统的使用性能，因此必须掌握如何使用科学的方法与理论进行数据库设计。

10.1.1 数据库设计任务、内容及方法

1. 数据库设计任务

数据库设计的任务是根据应用系统业务信息需求、处理需求及数据库的支持环境，设计出数据模式(包括外模式、逻辑模式及内模式)以及相应的应用程序。

数据库设计有两个最重要的目标，即满足应用功能需求和良好的数据库性能。满足应用功能需求，主要是指把用户当前应用需求以及可预知的将来应用需求所需要的数据及其联系能全部准确地存放在数据库中，在满足用户性能要求的前提下根据用户需要对数据进行增、删、改、查等操作。良好的数据库性能是指数据库应有良好的存储结构，良好的数据完整性、数据一致性以及安全性等。

2. 数据库设计内容

根据设计任务，数据库设计一般包括数据库的结构设计和行为设计两方面内容，数据库结构设计是指系统整体逻辑模式与子模式的设计，是对数据的分析设计；数据库的行为设

计是指施加在数据库上的动态操作的设计，是对应用系统功能的设计。在设计的过程中，应该把对数据库的结构设计和行为设计两方面紧密结合起来，将这两方面的需求分析，抽象、设计及实现在各个阶段同时进行，相互参照，互相补充，不断完善。

数据库设计结果不是唯一的，针对同一个业务需求，不同的设计者可能设计出不同的数据库模式，同时，由于在设计的过程中，各种需求和制约因素的存在，数据库的设计往往很难达到非常满意的效果。经常是满足某方面的需要而降低另一方面的要求，因此需要设计者在各种因素中权衡取舍，从某种意义上说，数据库设计技术也是一门艺术。

3. 数据库设计方法

大型数据库设计是一项庞大的系统工程，需要涉及计算机基础、软件工程、程序设计、数据库以及应用领域的知识。人们经过不断的努力和探索，目前提出了多种数据库设计方法。

1) 手工试凑法

该种方法是利用手工和经验相结合的方法进行数据库设计。由于信息系统结构复杂，应用环境多样，在相当长的一段时期内数据库设计主要采用该方法。使用这种方法与设计人员的经验和水平有直接关系，数据库设计成为一种技艺而不是工程技术，缺乏科学理论和工程方法的支持，工程的质量难以保证。

2) 规范设计法

鉴于手工试凑法效率较低，且缺点较多，人们开始运用软件工程的思想和方法，提出了一些设计准则和规程，在这些准则及规程的指导下，使数据库的设计具有科学性与合理性。

在数据库规范设计法中比较著名的有新奥尔良(New Orleans)方法。该方法将数据库设计分为四个阶段：需求分析(分析用户要求)、概念设计(信息分析和定义)、逻辑设计(设计实现)和物理设计(物理数据库设计)。其后，S. B. Yao 等又对此方法进行扩充，将数据库设计分为五个步骤。另外，I. R. Palmer 等认为应当把数据库设计当成一步接一步的过程，并在每一步需要采用一些辅助手段实现每一过程。所以规范设计法从本质上看仍然是遵循手工设计方法的步骤，所不同的是在一定的理论和方法指导下和计算机辅助工具的支持下，通过过程迭代和逐步求精逐步得到规范化的数据模式和应用系统的功能。

数据库工作者和数据库厂商一直在研究和开发数据库设计工具。经过多年的努力，数据库设计工具已经实用化和产品化。例如 ORACLE 公司推出的 Designer 2000、SYBASE 公司推出的 Power Designer、IBM 公司推出的 ROSE、Microsoft 公司推出的 Visio 等都是数据库分析设计工具软件。这些工具软件可以自动的或辅助设计人员完成数据库设计过程中的很多任务。人们已经越来越认识到自动数据库设计工具的重要性。特别是大型数据库的设计需要自动设计工具的支持，另外人们也日益认识到数据库设计和应用设计应该同时进行，目前许多计算机辅助软件工程(Computer Aided Software Engineering，CASE)工具都强调这两个方面。

10.1.2 数据库设计阶段划分

按照软件工程生命周期思想及规范化设计方法，综合数据库及应用系统开发的全过程，将数据库设计分为需求分析、概念结构设计、逻辑结构设计、物理设计及数据库的实施、数据库运行与维护六个阶段，如图 10-1 所示。

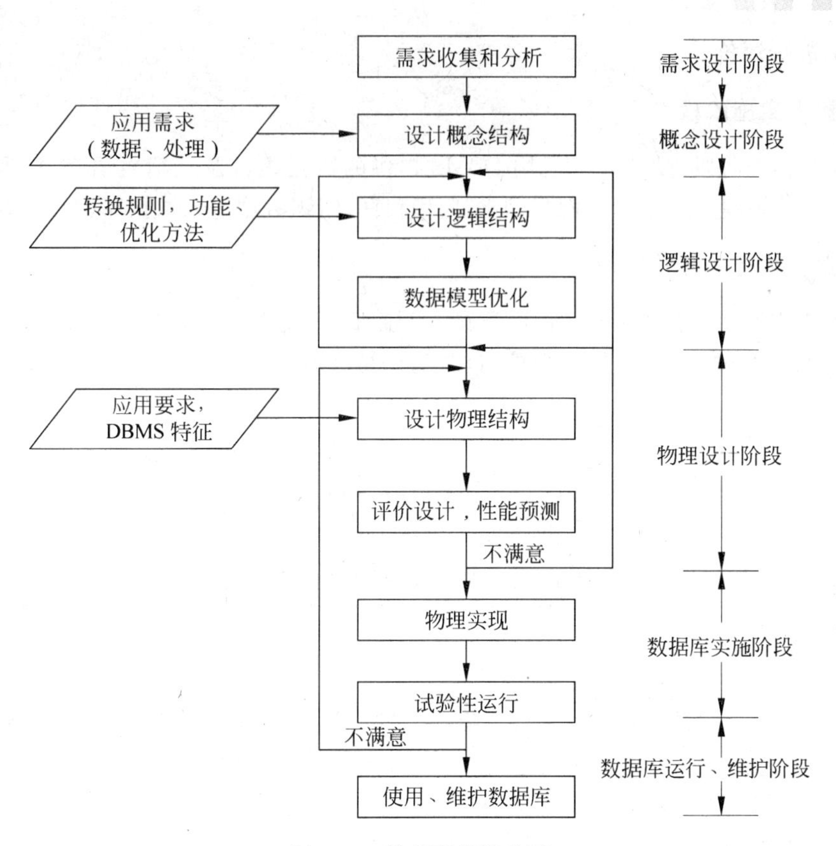

图 10-1 数据库设计步骤

1. 需求分析阶段

进行数据库设计首先必须准确、全面深入地了解与分析用户需求（包括数据与处理需求）。需求分析是整个设计过程的基础，是最困难、最耗费时间的阶段。在需求分析阶段主要由系统分析人员与业务专家、用户合作，收集资料，并对资料进行分析整理，画出数据流图，建立数据字典，并把设计的内容反馈给用户进行确认，直到最后形成认可的需求分析文档。需求分析是否做得充分与准确，决定了在其基础上构建数据库的速度与质量。需求分析做得不好，甚至会导致整个数据库设计的失败。

2. 概念结构设计阶段

概念结构设计是整个数据库设计的关键，它通过对用户需求进行综合、归纳与抽象，形成一个独立于具体 DBMS 的概念模型。概念模型要能真实、充分地反映客观现实世界，易于理解，易于向关系模型转换，目前常用 E-R 图来描述。

3. 逻辑结构设计阶段

逻辑结构设计是将概念结构转换为某个 DBMS 支持的数据模型，并对其进行优化。

4. 数据库物理设计阶段

数据库物理设计是为逻辑数据模型选取一个最适合应用环境的物理结构（包括存储结构和存取方法）。数据库的物理设计首先要确定数据库的物理结构，然后对物理结构的时间及空间效率进行评价。

5. 数据库实施阶段

在数据库实施阶段，设计人员运用DBMS提供的数据语言及其宿主语言，根据逻辑设计和物理设计的结果建立数据库，编制与调试应用程序，组织数据进入数据库，并进行试运行。

6. 数据库运行和维护阶段

数据库应用系统经过试运行后，经测试无误后即可投入正式运行。在数据库系统运行过程中必须不断地对其进行评价、维护与调优，一般来说，由数据库管理员进行数据库的日常维护与调优工作。

根据数据库设计阶段图，表10-1给出设计过程中各阶段的设计描述。实际上数据库设计往往是上述各阶段的多次迭代求精过程，在任意阶段，如发现不能满足用户需求，均需要返回到前面阶段进行适应性修改，直到满足用户需求为止。

表10-1 数据库设计各阶段的设计描述

设计阶段	设计描述	
	数据	处理
需求分析	数据字典、全系统中数据项、数据流、数据存储的描述	数据流图和判定表(判定树)、数据字典中处理过程的描述
概念结构设计	概念模型(E-R图) 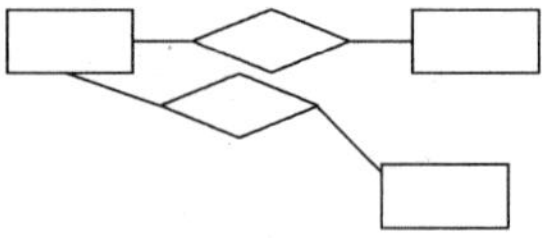 数据字典	系统说明书包括： (1) 新系统要求、方案和概图 (2) 反映新系统信息流的数据流图 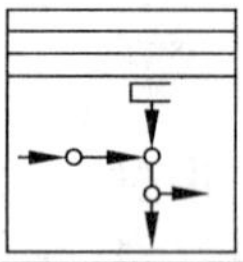
逻辑结构设计	某种数据模型 关系 非关系 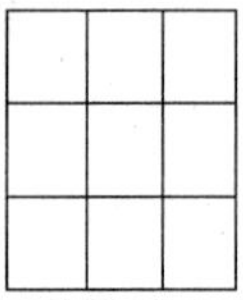 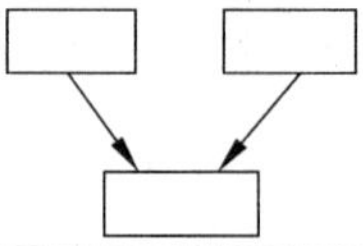	系统结构图(模块结构) 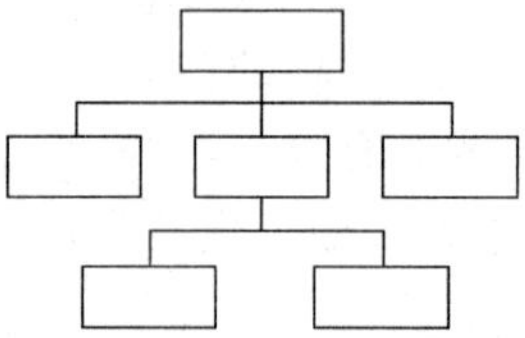
物理设计	存储安排 方法选择 存取路径建立 分区1 分区2	模块设计 IPO表 IPO表… 输入： 输出：
实施阶段	编写模式 装入数据 数据库试运行 Creat … Load …	程序编码、 编译联结、 测试 Main( ) ⋮ if … then … end
运行维护	性能监测、转储/恢复数据库重组和重构	新旧系统转换、运行、维护(修正性、适应性、改善性维护)

按照数据库的设计过程，数据库设计的不同阶段形成数据库的各级模式，如图 10-2 所示。需求分析阶段，综合各个用户的应用需求；在概念设计阶段形成独立于机器特点，独立于各个 DBMS 产品的概念模式即 E-R 图；在逻辑设计阶段将 E-R 图转化成具体的数据库产品支持的数据模型，如关系模型，形成数据库逻辑模式；然后根据用户处理的要求、安全性的考虑，在基本表的基础上再建立必要的视图，形成数据的外模式；在物理设计阶段，根据 DBMS 特点和处理需要，进行物理存储安排，建立索引，形成数据库内模式。

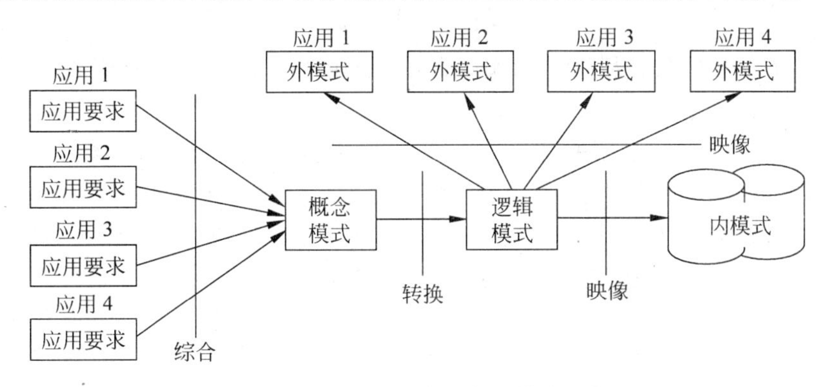

图 10-2 数据库的各级模式

10.2 需求分析

需求分析是设计数据库的起点，需要科学的方法，在详细调查研究的基础上，摸清目标需求及目前的数据内容与形式，形成需求分析文档。需求分析的结果是否准确，将直接影响到后面各个阶段的设计。

10.2.1 需求分析的任务及方法

需求分析的任务是通过详细调查现实世界要处理的对象（组织、部门、企业等），在充分了解原系统（手工系统或计算机系统）工作概况基础上，明确用户的各种需求，然后根据实际情况结合信息化技术重新设计系统功能与流程，在此基础上确定新系统的功能。新系统除了要满足目前功能需求之外，必须充分考虑今后可能的扩充和改变，不能仅仅按当前应用需求来设计数据库。

1. 需求分析任务

需求分析是数据库设计的第一个阶段。任务是收集和分析用户对数据库应用系统的使用要求，是数据库设计的基础。用户的要求包括：

(1) 信息要求。指用户需要从数据库中获得信息的内容与性质。由信息要求可以导出数据要求，即在数据库中需要存储哪些数据。

(2) 处理要求。指用户要完成什么处理功能，对处理的响应时间有什么要求，处理方式是批处理还是联机处理，被存取的数据量与时间响应要求等。

(3) 系统要求。包括安全性要求、完整性要求、使用方式要求及可扩充性要求等。

确定用户的最终需求是一件很困难的事，这是因为一方面用户缺少计算机知识，开始时无法确定计算机究竟能为自己做什么，不能做什么，因此往往不能准确地表达自己的需求，所提出的需求往往不断地变化。另一方面，设计人员缺少用户的专业知识，不易理解用户的真正需求，甚至误解用户的需求。因此设计人员必须不断深入地与用户交流，才能逐步确定用户的实际需求。

2. 调查需求步骤

需求分析首先要调查清楚用户的实际需求，与用户达成共识后分析和表达这些需求。一般来说，调查用户需求的具体步骤是：

(1) 了解相关领域知识，争取使自己成为领域“内行”，以便与调查对象无障碍沟通。

(2) 调查组织机构设置情况。一般来说，机构的设置都是和业务有关的，首先从机构设置入手，可以快速理清各机构的主要业务活动及工作职能，为分析信息流程做准备。

(3) 调查各部门的业务活动情况。主要了解各个部门输入和使用什么数据，在该部门如何加工处理这些数据，输出什么信息，输出到什么部门，输出结果的格式是什么，这是调查的重点。如果处理较为复杂，可采用逐步分解方法，使每个处理功能明确；与其他处理联系较少，然后用业务流程图描述。

(4) 明确系统要求。在熟悉了业务活动的基础上，协助用户明确对新系统的各种要求，包括信息要求、处理要求、安全性与完整性要求，这是调查的又一个重点。

(5) 确定新系统的范围。对前面调查的结果进行初步分析，确定哪些功能由计算机完成或将来准备让计算机完成，哪些活动由人工完成。由计算机完成的功能就是新系统应该实现的功能。

3. 系统需求调查方法

在调查过程中，可以根据不同的问题和条件，使用不同的调查方法。常用的调查方法有：

(1) 查阅记录。查阅与原系统有关的数据记录，内容包括与当前业务有关的组织机构的相关业务文档、报表、单据、工作职责、工作流程等。

(2) 跟班作业。通过亲身参加业务工作来了解业务活动的情况。这种方法可以比较准确地理解用户的需求，但比较耗费时间。

(3) 开调查会。通过与用户座谈来了解业务活动情况及用户需求。座谈时，参加者之间可以相互启发。

(4) 请专人介绍。某些调查可以找相关项目干系人如部门领导、管理人员及操作员询问，或者请教领域专家。

(5) 问卷调查。设计合理的问卷调查表，收集信息。

(6) 参考同类软件，获取相关信息。一般来说，某个领域的信息化系统都有一些成功案例，这些案例是很好的需求分析例子。

进行需求调查时，往往需要同时采用上述多种方法。但无论使用何种调查方法，都必须有用户的积极参与和配合。

了解了用户的需求以后，还需要进一步分析和表达用户的需求。在众多的分析方法中结构化分析方法(SA方法)是一种简单实用的方法。SA方法从最上层的系统组织机构入手,采用自顶向下、逐层分解的方法,将处理功能分解为若干子功能,每个子功能还可以继续分解,直到把系统工作过程表示清楚为止。在处理功能逐步分解的同时,它们所用的数据也逐级分解,形成若干层次的数据流图(DFD)。数据流图表达了数据和处理过程的关系,处理过程的处理逻辑常常借助判定表或判定树来描述,系统中的数据则借助数据字典(DD)来描述。

对用户需求进行分析与表达后,必须提交给用户,征得用户的认可,图10-3描述了需求分析的过程。

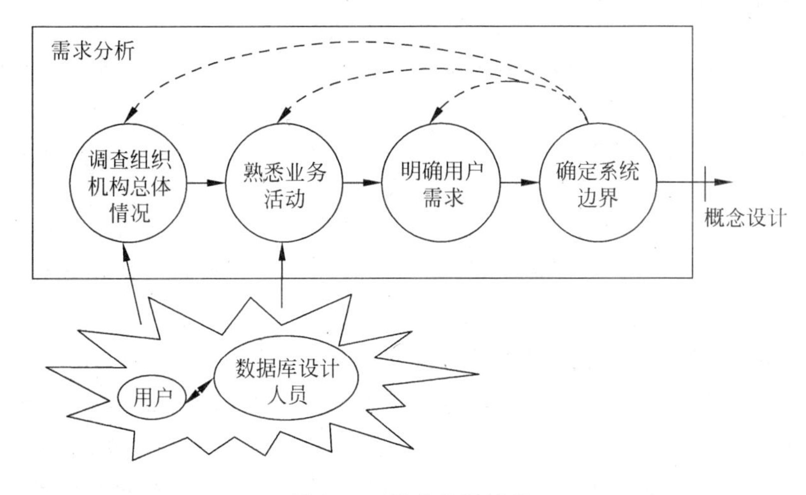

图10-3　需求分析过程

10.2.2　数据流图

数据流图(Data Flow Diagram,DFD)是一种图形化技术,它描绘信息流和数据从输入移动到输出的过程中所经受的变换。在数据流图中没有任何具体的物理部件,它只是描绘数据在软件中流动和被处理的逻辑过程。数据流图是系统逻辑功能的图形表示,即使不是专业的计算机技术人员也容易理解它,因此是分析员与用户之间极好的通信工具。此外,设计数据流图时只需考虑系统必须完成的基本逻辑功能,完全不需要考虑怎样具体地实现这些功能,所以它也是进行软件设计的很好的出发点。

1. 数据流符号介绍

如图10-4所示,数据流图由四种基本符号组成。

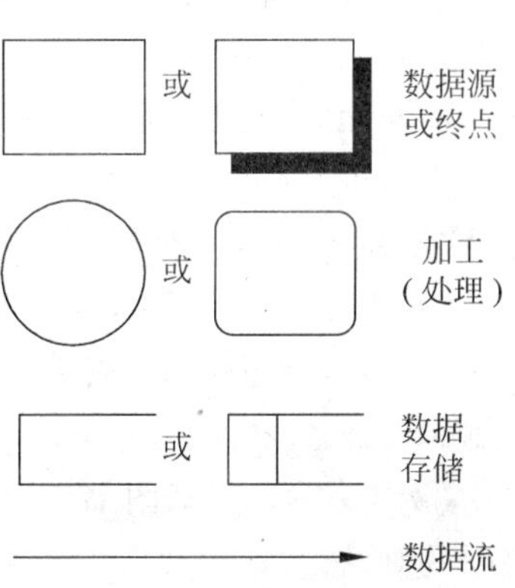

图10-4　数据流图基本符号

(1) 数据流。数据流是数据在系统内传播的路径,因此由一组成分固定的数据组成。例如订票单由旅客姓名、年龄、单位、身份证号、日期、目的地等数据项组成。由于数据流是流动中的数据,所以必须有流向,除了与数据存储之间的数据流不用命名外,数据流应该用名词或名词短语命名。

(2) 加工(处理)。加工是对数据进行处理的单元,它接收一定的数据输入，对其进行处理，并产生输出。每个加工应该取一个名字表示其含义，并规定一个编号来标识该加工在层次分解的位置，名字中必须包含处理动作的动词，如“计算”、“打印”、“统计”等。

(3) 数据存储(文件)。表示信息的静态存储，可以代表文件、文件的一部分、数据库的元素等。

(4) 数据源(终点)。代表系统之外的实体，可以是人、物或其他软件系统，不受系统控制，亦称外部项。

2. 数据流图的画法

对于不同的问题，数据流图可以有不同的画法。一般情况下，应该遵守“由外向里”的原则。即先确定系统的边界或范围，再考虑系统的内部，先画加工的输入和输出，再画加工内部。具体实行时可按以下步骤进行。

1) 识别系统的输入和输出，画出顶层图

即确定系统的边界。在系统分析初期，系统的功能需求等还不很明确，为了防止遗漏，不妨先将范围定得大一些。系统边界确定后，那么越过边界的数据流就是系统的输入或输出，将输入与输出用加工符号连接起来，并加上输入数据来源和输出数据去向就形成了顶层图。

2) 画系统内部的数据流、加工与文件，画出一级细化图

从系统输入端到输出端(也可反之)，逐步用数据流和加工连接起来，当数据流的组成或值发生变化时，就在该处画一个“加工”符号。画数据流图时还应同时画上文件，以反映各种数据的存储处，并表明数据流是流入还是流出文件。最后，再回过头来检查系统的边界，补上遗漏但有用的输入输出数据流，删去那些没被系统使用的数据流。

3) 加工的进一步分解，画出二级细化图

同样运用“由外向里”方式对每个加工进行分析，如果在该加工内部还有数据流，则可将该加工分成若干个子加工，并用一些数据流把子加工连接起来，即可画出二级细化图。二级细化图可在一级细化图的基础上画出，也可单独画出该加工的二级细化图，二级细化图也称为该加工的子图。

4) 其他注意事项

一般应先给数据流命名，再根据输入输出数据流名的含义为加工命名。名字含义要确切，要能反映相应的整体。若碰到难以命名的情况，则很可能是分解不恰当造成的。应考虑重新分解。

从左至右画数据流图。通常左侧、右侧分别是数据源和终点，中间是一系列加工和文件。正式的数据流图应尽量避免线条交叉，必要时可用重复的数据源、终点和文件符号。此外，数据流图中各种符号布置要合理，分布应均匀。

图 10-5 是一个简单的数据流图，它表示数据 X 从源 S 流出，经过 P_1 加工转换成 Y，接着经 P_2 加工转换为 Z，在 P_2 加工过程中从文件 F 中读取数据 M。

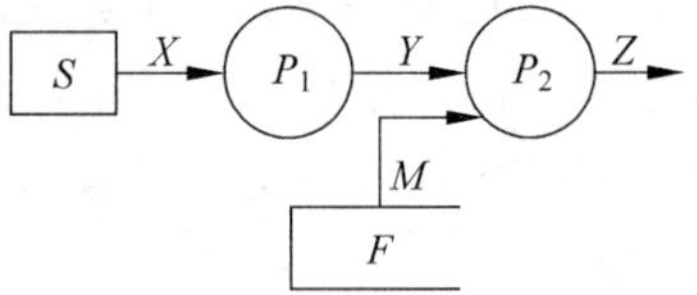

图 10-5 数据流图举例

【例 10-1】 以某图书馆管理系统为例，介绍一下数据流图的画法。

某图书馆管理系统的主要功能是读者管理、图书管理

和信息查询三类功能。

读者管理功能：主要是办理读者档案，系统按规则生成读者证号，并与读者基本信息如姓名、性别、部门、出生日期等写入读者文件。

图书馆管理功能分为四个方面：购入新书、读者借书、读者还书以及图书注销。

（1）购入新书时需要为该书编制入库单。入库单内容包括图书索书号、书名、作者、价格、数量和购书日期，将这些信息写入图书目录文件并修改文件中的库存总量（表示到目前为止，购入此种图书的数量）。

（2）读者借书时需填写借书单。读者允许借书的数量与借期与读者的类别有关。借书单内容包括读者证号和索书号。系统首先检查该读者证号是否有效，若无效，则拒绝借书；若有效，则进一步检查该读者已借图书是否超过最大限制数，若已达到最大限制数，则拒绝借书；否则允许借书，同时将图书索书号、读者证号和借出日期等信息写入借书文件中。

（3）读者还书时需填写还书单。系统根据读者证号和索书号，从借书文件中读出与该图书相关的借阅记录，标明归还日期，再写回到借书文件中，若图书逾期，则处以相应的罚款。

（4）注销图书时，需填写注销单并修改图书目录文件中的库存总量。

信息查询功能：主要包括读者信息查询和图书信息查询。其中读者信息查询可得到读者的基本信息以及读者借阅图书的情况；图书信息查询可得到图书基本信息和图书的借出情况。

根据上述描述，首先进行业务归纳，画出顶层数据流图，然后，根据由外向内，逐步细化的原则，经扩充之后的第0层数据流图（见图10-6）。

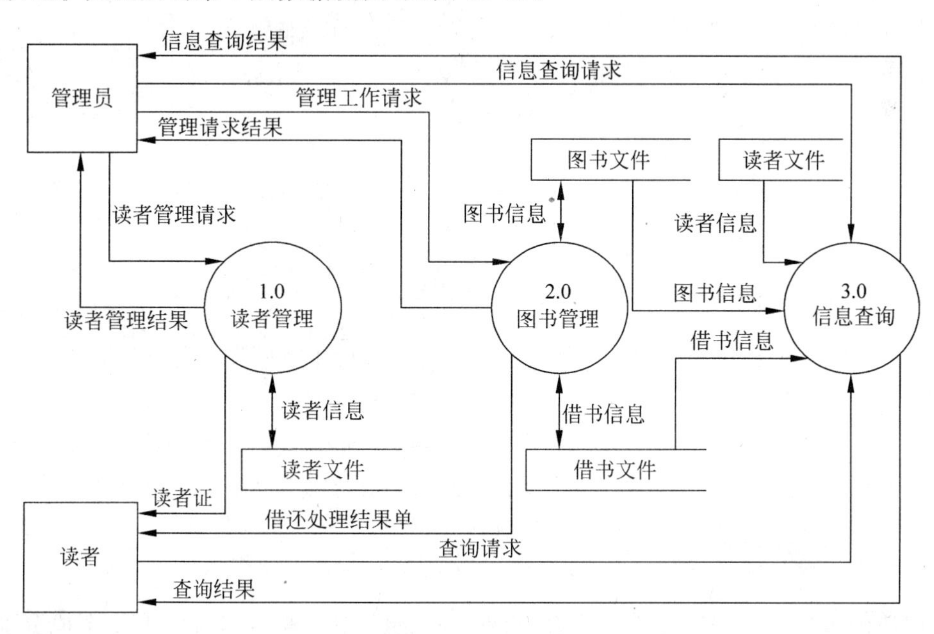

图10-6 图书馆管理系统0层DFD图

其中，加工2处理管理请求，根据业务可分为图书入库、借书管理、还书管理、罚款管理、图书注销五类，根据管理工作单不同，划分为不同的处理，得到如图10-7所示的数据流图。

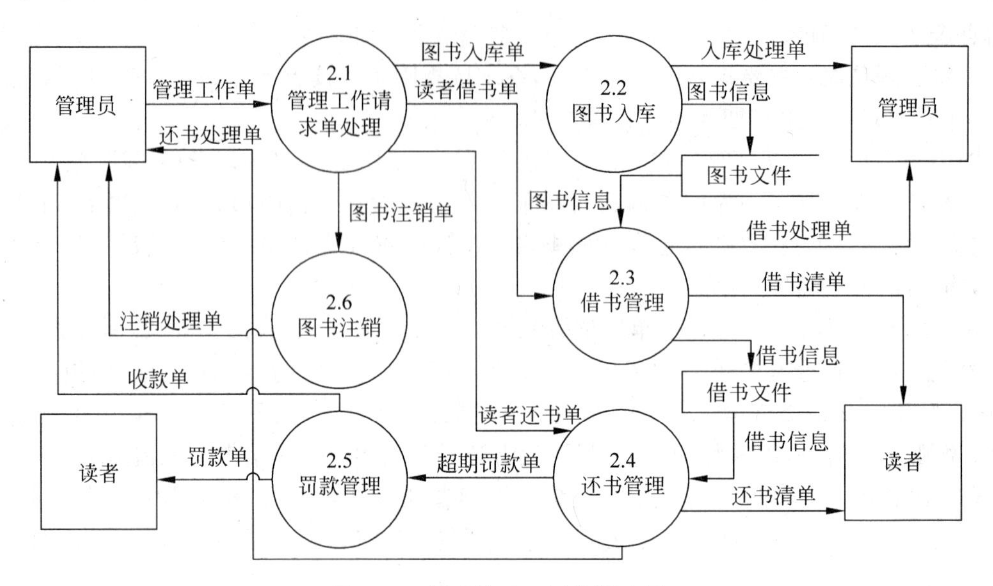

图 10-7 图书管理 1 层数据流图

在此基础上，再将借书管理处理进一步细化，得到如图 10-8 所示的该处理的二层 DFD 图。

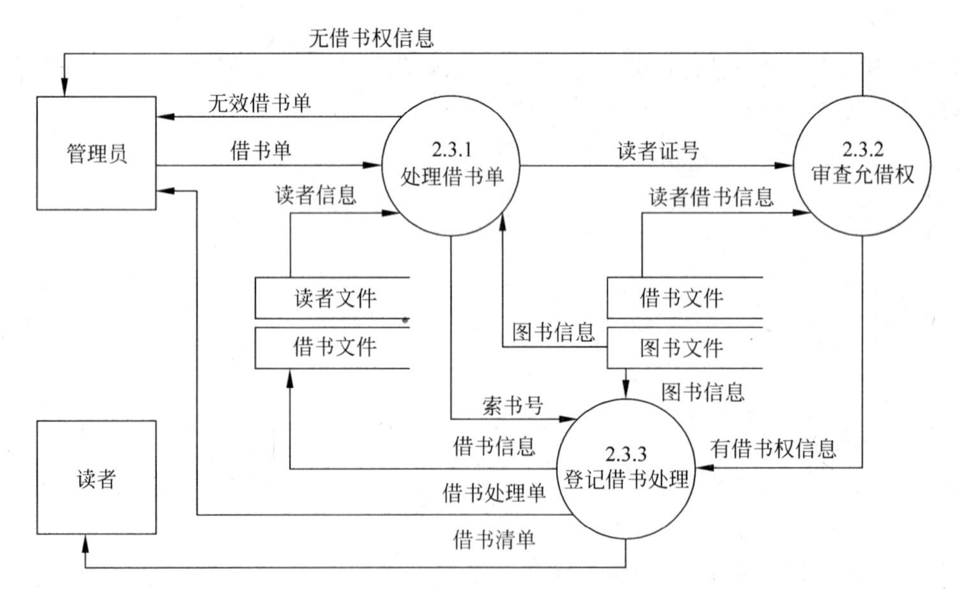

图 10-8 借书管理二层数据流图

10.2.3 数据字典

数据流图表达了数据与处理的关系，数据字典的作用是给数据流图上每个成分加以定义和说明。换句话说，数据流图上所有的成分的定义和解释的文字集合就是数据字典。数据字典是进行详细的数据收集与数据分析所获得的主要成果，使用户和开发人员对于输入输出、存储成分和中间计算有共同的理解，在数据库设计中占有很重要的地位。

数据字典通常包括数据项、数据结构、数据流、数据存储、处理过程五部分，数据项是最小单位，若干个数据项可组成一个数据结构，数据字典通过数据项和数据结构的定义来描述数据流及数据存储的逻辑内容。

1. 数据项

数据项是不可再分的最小单位，对数据项的描述通常包含以下内容：

数据项描述＝{数据项名，数据项含义说明，别名，数据类型，长度，取值范围，取值含义，与其他数据项的逻辑关系}

【例 10-2】 对“读者证号”的数据项说明。

数据项：读者证号。

含义：读者借阅证的唯一标识。

别名：借书证号，书卡号。

类型：字符型。

长度：20。

取值范围：任意字母、数字组合。

取值含义：可根据编码规则执行。

与其他数据项的逻辑关系：无。

2. 数据结构

数据结构反映了数据之间的组合关系。一个数据结构可以由若干数据项、若干数据结构混合组成。对数据结构的描述通常包含以下内容：

数据结构描述＝{数据结构名，含义说明，组成：{数据项或数据结构}}

【例 10-3】 对“读者”数据结构说明。

数据结构：读者。

含义说明：图书馆服务对象的数据结构，定义了一个读者的相关信息。

组成：学工号、姓名、性别、出生日期、部门、地址、电话、电子邮件、照片。

3. 数据流

数据流是数据结构在系统内传输的路径。对数据流的描述通常包含如下内容：

数据流描述＝{数据流名，说明，数据流来源，数据流去向，组成：{数据结构}，平均流量，高峰期流量}

【例 10-4】 对“读者证号”数据流说明。

数据流名：读者证号。

说明：通过借书单获取的读者证号。

数据流来源：处理借书单。

数据流去向：审查允借权。

组成：读者证号。

平均流量：……

高峰期流量：……

4. 数据存储

数据存储是数据结构停留或保存的地方，也是数据流来源和去向之一。它可以是手工文档或手工单据，也可以是计算机文档。对数据存储的描述如下：

数据存储描述＝{数据存储名，说明，编号，流入的数据流，流出的数据流，组成：{数据结构}，数据量，存取方式}

【例 10-5】 对“借书文件”的数据存储说明。

数据存储：借书文件。

说明：记录读者借书信息。

编号：……

流入数据流：借书信息、还书信息。

流出数据流：查询。

组成：读者证号、索书号、借出日期、限还日期、归还日期。

数据量：随读者借书册数而定。

存取方式：随机存取。

5. 处理过程

处理过程的具体处理逻辑一般用判定表和判定树来描述，在数据字典中只需要描述处理过程的说明性信息。处理过程描述如下：

处理过程描述＝{处理过程名，说明，输入：{数据流}，输出：{数据流}，处理：{简要说明}}

【例 10-6】 对“审查允借权”的处理过程说明。

处理过程：审查允借权。

说明：验证读者是否有权继续借书。

输入：读者证号。

输出：有借书权信息或无借书权信息。

处理：接收到读者证号之后，查询读者借书文件，看该读者未还的图书数量是否小于规定的册数，如果小于，则输出有借书权信息，否则输出无借书权信息。

10.3 概念结构设计

将需求分析得到的用户需求抽象为信息结构(即概念模型)的过程就是概念结构设计。它是整个数据库设计的关键。

10.3.1 概念结构设计方法

在需求分析阶段所得到的应用需求应该首先抽象为信息世界的结构，概念结构与具体的 DBMS 无关。

1. 概念结构的特点

要进行数据库的概念结构设计，首先要选择适当的数据模型，概念模型有如下特点。

(1) 能真实、充分地反映现实世界，包括事物和事物之间的联系，能满足用户对数据的处理要求。是对现实世界的一个真实模型。

(2) 易于理解，从而可以用它和不熟悉计算机的用户交换意见，用户的积极参与是数据库的设计成功的关键。

(3) 易于更改，当应用环境和应用要求改变时，容易对概念模型修改和扩充。

(4) 易于向关系、网状、层次等各种数据模型转换。

概念结构是各种数据模型的共同基础，它比数据模型更独立于机器、更抽象，从而更加稳定。描述概念模型的有力工具是E-R模型，下面将用E-R模型来描述概念结构。

2. 概念结构的设计方法

概念模型的设计方法主要有集中式模式设计法和视图集成法两类，所谓集中式模式设计法就是将需求说明综合一个统一的需求说明，然后在此基础上进行设计全局数据模式，再根据全局模式为各个用户组或应用定义数据库的逻辑设计模式，这种方法一般适合于小型的，不太复杂的系统。目前使用更多，更广泛的是视图集成法，这种方法不要求先综合成功一个总体的需求，而是以各部分需求说明为基础，分别设计各自的局部模式，这些局部模式相当于各部分的视图，然后以这些视图为基础，集成一个全局模式，在集成过程中，对冲突进行处理、进行合并、重构、优化之后形成新的视图。该视图可作为逻辑设计的基础。

使用视图集成法设计概念结构通常有四种方法，分别是：

(1) 自顶向下。即首先定义全局概念结构的框架，然后逐步细化。

(2) 自底向上。即首先定义各局部应用的概念结构，然后将它们集成起来，得到全局概念结构。

(3) 逐步扩张。首先定义最重要的核心概念结构，然后向外扩充，以滚雪球的方式逐步生成其他概念结构，直至总体概念结构。

(4) 混合策略。即将自顶向下和自底向上相结合，用自顶向下策略设计一个全局概念结构的框架，以它为骨架集成由自底向上策略中设计的各局部概念结构。

10.3.2　概念结构设计的步骤

目前最经常采用的策略是自底向上方法。即自顶向下地进行需求分析，然后再自底向上地设计概念结构。它通常分为两步：一是抽象数据并设计局部视图，二是集成局部视图，得到全局的概念结构，如图10-9所示。

在具体介绍设计概念结构之前，先了解一下三种数据抽象方式。

1. 三种抽象

概念结构是对现实世界的一种抽象。所谓抽象是对实际的人、物、事和概念进行人为处理，抽取所关心的共同特性，忽略非本质的细节，并把这些特性用各种概念精确地加以描述，这些概念组成了某种模型，一般有三种抽象。

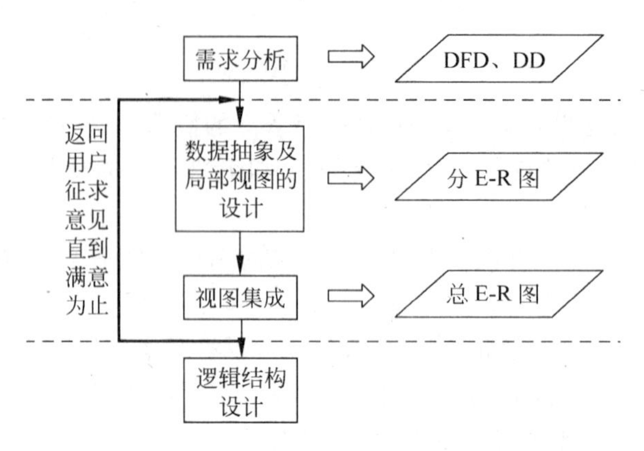

图 10-9　概念结构设计步骤

1）分类(Classification)

定义某一类概念作为现实世界中一组对象的类型。这些对象具有某些共同的特性和行为。它抽象了对象值和型之间的 is member of 的语义。在 E-R 模型中，实体型就属于这种抽象。例如在图书馆管理系统中，张三是读者(如图 10-10 所示)，表示张三是读者中的一员(is member of 读者)，具有读者共同的特性和行为：可以借阅图书馆的馆藏图书。

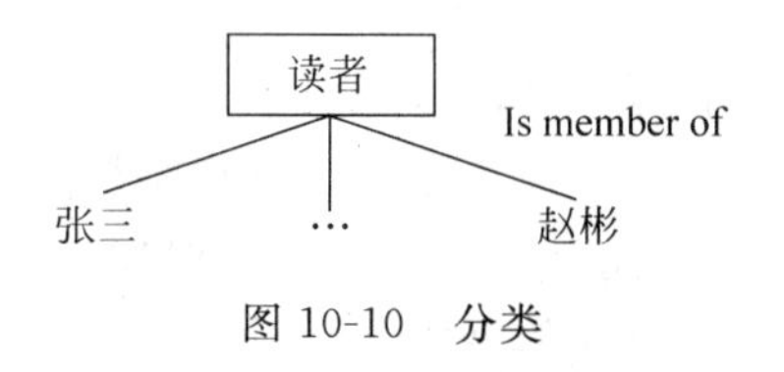

图 10-10　分类

2）聚集(Aggregation)

定义某一类型的组成成分。它抽象了对象内部类型和成分之间 is part of 的语义。在 E-R 模型中若干属性的聚集组成了实体型，就是这种抽象，如图 10-11 所示。

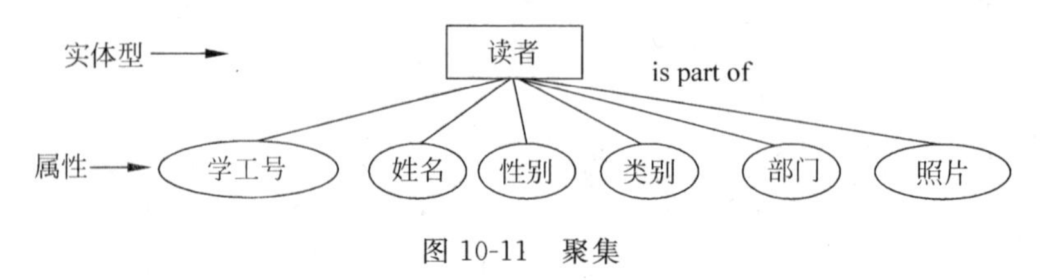

图 10-11　聚集

聚集中的某个成分也可以是一个聚集，构成更复杂的聚集。

3）概括(Generalization)

定义类型之间的一种子集联系。它抽象了类型之间的 is subset of 语义。例如图书馆管理系统中，文献是一个实体型，图书、期刊也是实体型。图书、期刊都是文献的子集，在这种关系中，把文献称为超类(Superclass)，图书、期刊称为文献的子类(Subclass)。概括有一个很重要的性质就是继承性。子类继承超类上定义的所有抽象。这样，图书、期刊都继承了文献类型的属性。当然，子类可以增加自己的某些特殊属性。

数据抽象的用途就是对需求分析阶段收集到的数据进行分类和聚集，形成实体、实体的属性、标识实体的键、确定实体之间的联系类型(1∶1、1∶n、m∶n)，然后再设计分 E-R 图。

2. 局部视图设计

在需求分析阶段，已经用多层数据流图和数据字典描述了整个系统，各个局部视图设计主要分以下两步。

1) 选择局部应用

根据某个系统的具体情况，在多个系统的局部应用中选择一个适当的局部应用，作为设计分 E-R 图的出发点。一般来说，可以按组织机构或者提供的服务进行归纳划分。

2) 逐一设计分 E-R 图

选择好局部应用之后，就要对每个局部应用逐一设计分 E-R 图，亦称局部 E-R 图。

对于前面选好的某一局部应用，根据需求分析的结果，标定局部应用中的实体、实体的属性、标识实体的键，确定实体之间的联系及其类型。

事实上，在现实世界中具体的应用环境常常对实体和属性已经做了大体的自然划分。可以先从这些内容出发定义 E-R 图，然后再进行必要的调整。在调整中遵循的一条原则是：为了简化 E-R 图的处置，现实世界的事物能作为属性对待的，尽量作为属性对待。

那么符合什么条件的事物可以作为属性对待呢？本来，实体与属性之间并没有形式上可以截然划分的界限，但可以给出两条准则：

(1) 作为"属性"，不能再具有需要描述的性质。"属性"必须是不可分的数据项，不能包含其他属性。

(2) "属性"不能与其他实体具有联系，即 E-R 图中所表示的联系是实体之间的联系。

凡满足上述两条准则的事物，一般均可作为属性对待。

例如，读者是一个实体，学工号、姓名、部门、类别是读者的属性，类别如果没有与借阅权限挂钩，换句话说，没有需要进一步描述的特性，则根据准则(1)可以作为读者实体的属性。但如果不同的类别有不同的借阅权限，如允借数、允借期、罚款单价等，则类别作为实体看待就更恰当，如图 10-12 所示。

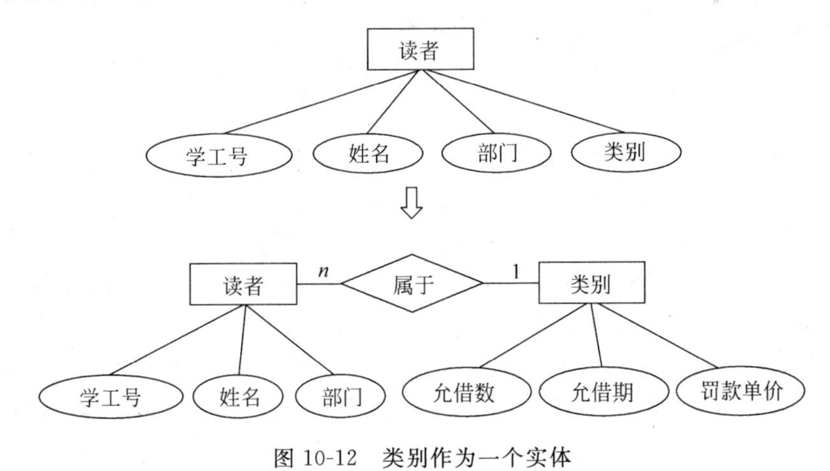

图 10-12 类别作为一个实体

3. 集成局部视图，得到全局概念结构

各子系统的分 E-R 图设计好以后，接下来就是要将所有的分 E-R 图整理综合成一个系统的总 E-R 图。一般说来，视图集成可以有两种方式，一种方式是一次性地将多个分 E-R 图同时集成在一起，另一种方式是首先集成两个关键的分 E-R 图，然后每次加入一个新的局部 E-R 图进行集成。第一种方式比较复杂，做起来难度较大，一般适用于较简单的局部视图。第二种方式由于每次只集成两个分 E-R 图，可以降低复杂度，应用较多。

无论采用哪种方式，每次集成局部 E-R 图时都需要分两步走(见图 10-13)：

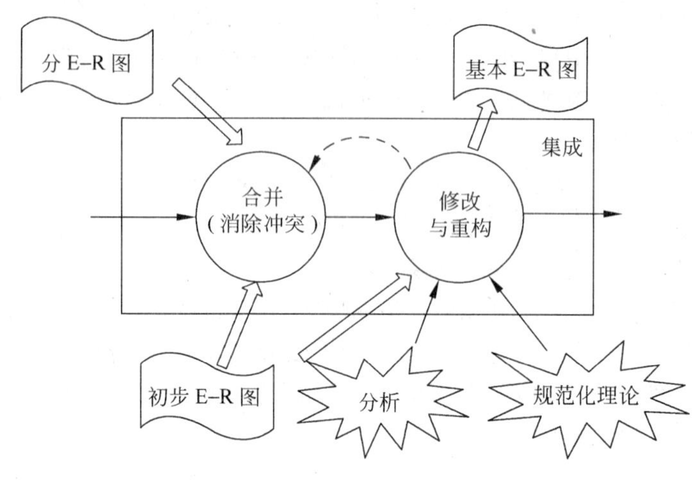

图 10-13 视图集成

(1) 合并。解决各分 E-R 图之间的冲突，将各分 E-R 图合并起来生成初步 E-R 图。

(2) 修改和重构。消除不必要的冗余，生成基本 E-R 图。

下面详细说明一下局部视图集成为全局概念结构的步骤。

1) 合并分 E-R 图，生成初步 E-R 图

由于各个局部应用所面向的问题不同，而且局部视图通常是由不同的设计人员进行设计，这就导致各个分 E-R 图之间必定会存在许多不一致的地方，称之为冲突。因此合并分 E-R 图时并不能简单地将各个分 E-R 图画到一起，而是必须消除各个分 E-R 图中的不一致，以形成一个能为全系统中所有用户共同理解和接受的统一的概念模型。各分 E-R 图之间的冲突主要有三类：属性冲突、命名冲突和结构冲突。

(1) 属性冲突。属性冲突分为属性域冲突及属性取值单位冲突两类，属性域冲突是指属性值的类型、取值范围或取值集合不同。例如读者证号，有的部门把它定义为整数，有的部门把它定义为字符型。又如年龄，某些部门以出生日期形式表示职工的年龄，而另一些部门用整数表示职工的年龄。属性取值单位冲突是指不同部门对属性的单位不一致造成的冲突，如图书尺寸，有的使用厘米表示，有的使用开本表示，属性冲突主要借助行政手段解决。

(2) 命名冲突。命名冲突主要有同名异义和异名同义(一义多名)两类，所谓同名异义是指不同意义的对象在不同的局部应用中具有相同的名字，而异名同义是指同一意义的对象在不同的局部应用中具有不同的名字。如图书的书名在流通部称为书名，而在编目部称为题名。命名冲突可能发生在实体、联系一级上，也可能发生在属性一级上。其中属性的命名冲突更为常见。处理命名冲突通常也像处理属性冲突一样，通过讨论、协商等行政手段加以解决，如果有相应的规范如行业标准或国家国际标准，建议以标准化命名为准。

(3) 结构冲突。在不同的局部应用中，同一对象的不同抽象或同一实体包含的属性不完全相同。主要存在三类结构冲突：

① 同一对象在不同应用中具有不同的抽象。例如同一对象在一个应用中被抽象为属性，而在另一个局部应用中抽象为实体。解决方法通常是把属性变换为实体或把实体变换为属性，使同一对象具有相同的抽象。

② 同一实体在不同分 E-R 图中所包含的属性个数不完全相同，或者属性排列次序不完全相同。这类冲突原因是不同的局部应用关心的是该实体的不同侧面。解决方法是使该实体的属性取各分 E-R 图中属性的并集，再适当调整属性的次序。

③ 实体间的联系在不同的局部 E-R 图中呈现为不同的类型，如实体 E_1 与 E_2 在一个分 E-R 图中是多对多联系，在另一个分 E-R 图中是一对多联系；又如在一个分 E-R 图中 E_1 与 E_2 发生联系，而在另一个分 E-R 图中，E_1、E_2、E_3 三者之间有联系。解决方法是根据应用的语义对实体联系的类型进行综合或调整。

2）消除不必要的冗余，设计基本 E-R 图

在初步 E-R 图中，可能存在一些冗余的数据和实体间冗余的联系。所谓冗余的数据是指可由基本数据导出的数据，冗余的联系是指可由其他联系导出的联系。冗余数据和冗余联系容易破坏数据库的完整性，给数据库的维护增加困难，应当予以消除。消除了冗余后的初步 E-R 图称为基本 E-R 图。

消除冗余主要采用分析方法，即以需求分析中得来的数据字典和数据流图中各数据项之间的逻辑关系为依据消除冗余。一般来说，如果非键属性出现在几个实体模型中，或者一个属性值可以从其他属性值中导出，就应该把冗余的属性从全局 E-R 图中去掉。

考虑图 10-14 的 E-R 图，图书中的复本数，库存数两个属性，其中库存数可以通过复本数减去借阅文档中该索书号的图书数量来得到，因此库存数属于冗余属性，可以去掉。

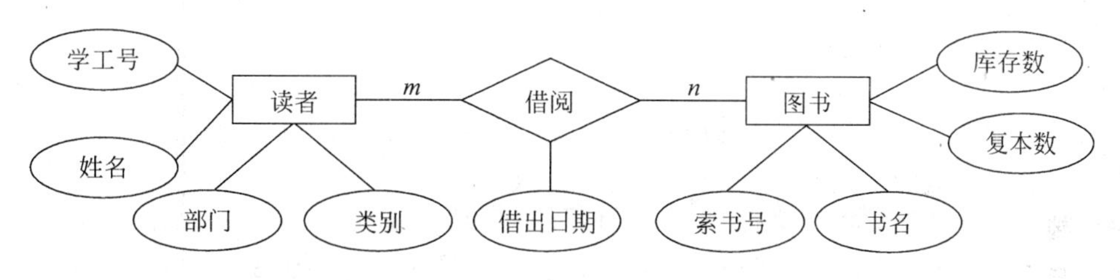

图 10-14　借书 E-R 图

但并不是所有的冗余数据与冗余联系都必须加以消除，有时为了提高效率，不得不以冗余信息作为代价。同样是上面的例子，如果在系统中频繁使用库存数属性，如果每次都要进行计算则效率太低，因此也可以保留该属性，每当借书或者还书的时候触发例程对该属性的值进行修改，这样虽然属性是冗余的，但提高了查询效率。尤其是对系统的时间响应要求较高的时候，可以允许属性冗余。因此在设计数据库概念结构时，哪些冗余信息必须消除，哪些冗余信息允许存在，需要根据用户的整体需求来确定。

此外，除了分析方法外，还可以用规范化理论来消除冗余。

【例 10-7】 以图书管理系统的流通系统为实例，介绍概念结构的设计方法。

在进行概念结构设计前，已经在需求分析阶段得到了数据流图及数据字典，这是进行概念结构设计的基础，然后按照下列步骤进行概念结构的设计。

(1) 划分局部结构范围。该图书馆流通管理按提供的基本服务来看大致分为如下三类：读者办证、图书借还及违章管理，因此可以按照这三类进行局部 E-R 图设计。

(2) 设计分 E-R 图。参照数据流图及数据字典，标定各局部应用中的实体、属性以及实体的键，确定实体间联系及类型图。

① 读者办证主要是进行读者信息注册，并打印读者证给读者作为文献借还的唯一标

识。根据数据字典描述，可以确定三个实体，其一为读者，该实体包含学工号、姓名、性别、出生日期、部门、电话、电子邮件等基本属性，其二为读者证，该实体包含读者证号、办证日期、终止日期、状态等属性，读者与读者证二实体之间存在 1∶n 联系，即一个读者只有一个有效的读者证，可能有多个失效的读者证，一个读者证仅对应一个读者。其三是读者类别，用于控制借阅权限，与读者实体是 1∶n 联系，其 E-R 图，如图 10-15 所示。

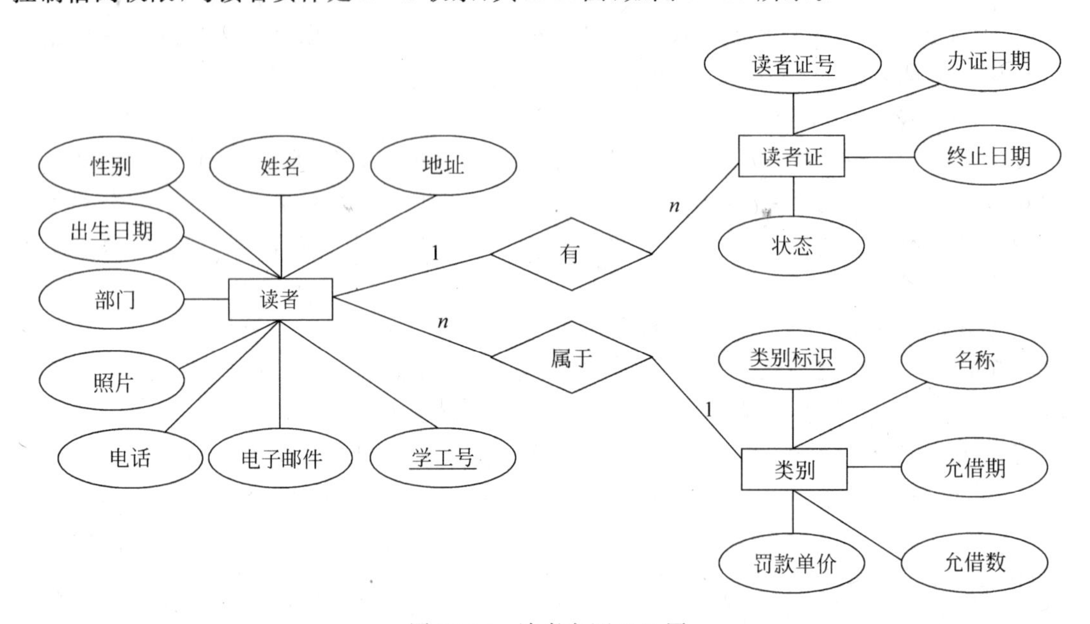

图 10-15　读者办证 E-R 图

② 文献借还业务主要是文献的借出与归还，借还书实际上是读者持读者证借还的过程，与图书之间是 m∶n 联系，即一个读者可以借多本图书，一本图书可以被多个读者借阅。由于每个读者证对应一个读者，系统只需记录读者证和图书的联系，如图 10-16 所示。

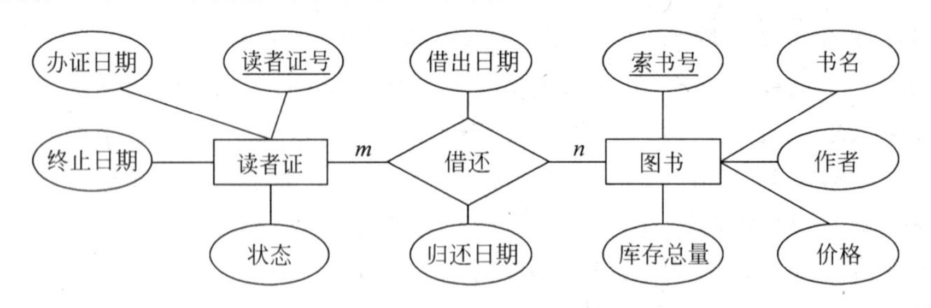

图 10-16　图书借还 E-R 图

③ 当读者所借的图书归还时超期，需要对读者进行违章处理，即如果某本图书超期应进行超期罚款并进行违章记录。一个读者(读者证)和每种图书都可能有多个违章记录，违章记录可以用读者证和图书之间的 m∶n 联系描述，其 E-R 图如图 10-17 所示。

(3) 集成局部视图，得到全局概念结构。

将上述三个分 E-R 图进行组合，解决冲突，消除冗余，得到如图 10-18 所示的图书流通系统基本 E-R 图。

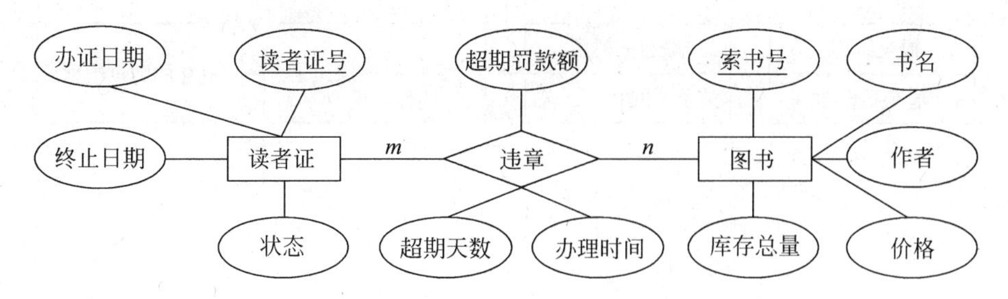

图 10-17 违章管理 E-R 图

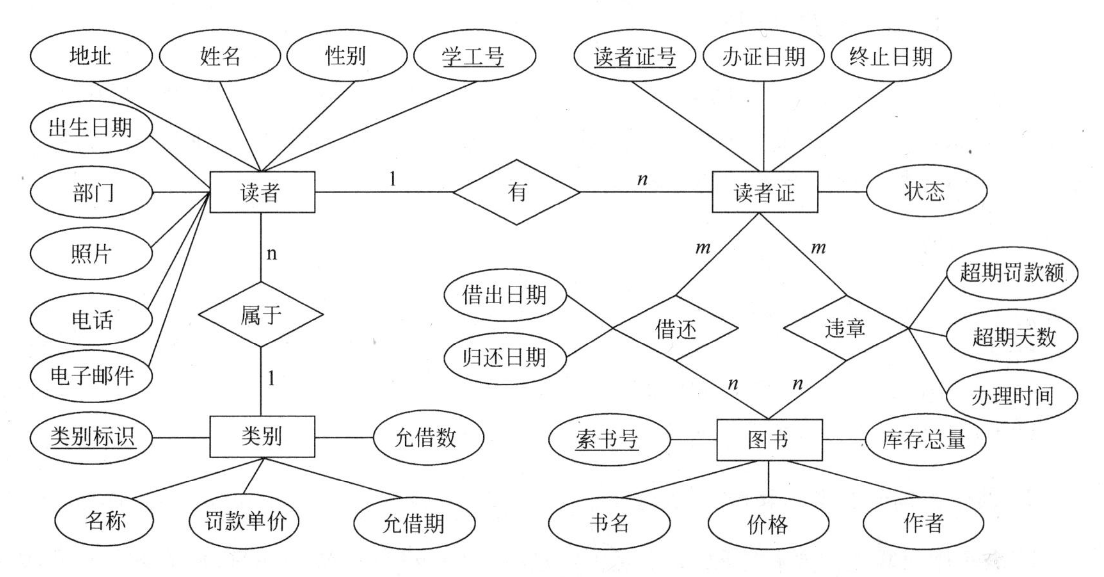

图 10-18 流通系统全局 E-R 图

10.4 逻辑结构设计

概念结构是独立于任何一种数据模型的信息结构，是各种数据模型的共同基础。逻辑结构设计的任务就是把概念结构设计阶段设计好的基本 E-R 图转换为与选用 DBMS 产品所支持的数据模型相符合的逻辑结构。

设计逻辑结构应该选择最适于相应概念结构的数据模型，然后对支持这种数据模型的各种 DBMS 进行比较，从中选出最合适的 DBMS，目前 DBMS 产品一般支持关系、网状、层次三种模型中的某一种，对某一种数据模型，各个机器系统又有许多不同的限制，提供不同的环境与工具。所以设计逻辑结构时一般要分三步进行（如图 10-19 所示）：

（1）将概念结构转换为一般的关系、网状、层次模型。

（2）将转换来的关系、网状、层次模型向特定 DBMS 支持下的数据模型转换。

（3）对数据模型进行优化。

某些早期设计的应用系统中还在使用网状或层次数据模型，目前，新设计的数据库应用系统大都采用支持关系数据模型的 RDBMS，所以这里介绍 E-R 图向关系数据模型的转换原则与方法。

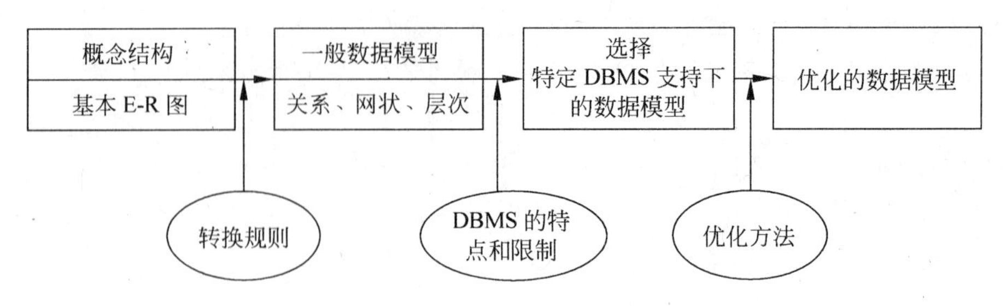

图 10-19 逻辑结构设计时的三个步骤

10.4.1 E-R 模型向关系模型转换

关系模型是一组关系模式的集合，而 E-R 图则是由实体、属性以及实体间联系三个要素组成的，所以把 E-R 模型向关系模型转换实际上就是将实体、属性及实体间的联系转化为关系模式，这种转换一般遵循如下原则：

1. 实体转换

一个实体转换为一个关系模式，就是将实体的属性对应关系模式的属性，实体的键就是关系的键。

例如学生的实体，可转换为具有如下基本结构的关系模式：

学生(学号，姓名，性别，出生年月，政治面貌，家庭住址)

2. 两个实体间联系的转换

两个实体间联系主要有三种，分别是 1∶1 联系、1∶n 联系和 m∶n 联系，在转换时需要根据不同情况进行处理。在联系的转换过程中，通常还要确定关系模式的主键和外键。本书约定：带有下划直线的属性(属性组)为主键，带有下划波浪线的属性(属性组)为外键。

(1) 一个 1∶1 联系一般不单独转换为关系模式，而是与所联系的两个实体任一实体对应关系模式合并，即在这一关系模式中加入另一实体对应关系模式的键和联系本身属性。通过加入参加联系的两个实体的键和联系的属性，也可以转换为一个独立的关系模式。

在转换 1∶1 联系时，在参加联系的两个实体分别转换后，要决定在哪个关系模式中增加外键，一般的规律是在基数更小的关系模式中，增加另一个关系模式的主键属性作为外键。例如经理与公司两个实体是 1∶1 联系，可转换为如下关系模式：

经理(工号，姓名，民族，地址，电话，出生日期)

公司(名称，注册地，类型，电话，工号)

其中工号和名称分别是“经理”和“公司”两个关系模式的关键字，在公司关系模式中，增加一个工号作为外键。

(2) 一个 1∶n 联系一般也不单独转换为关系模式，而是与 n 端实体对应的关系模式合并，即在 n 端对应关系模式增加 1 端实体对应关系模式的键和联系本身的属性。

例如班级与学生一对多关系，也就是说，一个班级有多个学生，转换时应在学生对应的关系模式中增加“班号”属性作为外键。因此可以转换为具有如下基本结构的关系模式：

班级(班号，班级名称，专业，入学年份，学生数)

学生(学号,姓名,性别,出生年月,政治面貌,家庭住址,班号)

(3) 一个 $m:n$ 联系需要单独转换为一个关系模式。其属性由联系两端实体的键和联系本身的属性组成,该关系模式的键通常由联系两端实体的键组合而成,而每个键分别都是此关系模式的外键。

例如学生与课程的联系是 $m:n$ 联系,即一个学生可以选修多门课程,一门课程可以被多个学生选修,则该联系可以转换成如下关系模式:

学生(学号,姓名,性别,出生年月,政治面貌,家庭住址)

课程(课程号,课程名,性质,学分,学时)

学习(学号,课程号,成绩)

其中,"学习"是新生成的关系模式,其中学号和课程号分别是关系模式"学生"与"课程"的主键,而(学号,课程号)组合成关系模式"学习"的键,另外学号和课程号分别是关系模式"学习"的外键。

3. 多个实体间的多元联系的转换

对于三个或三个以上实体间的一个多元联系可以转换为一个关系模式。与该多元联系相连的各实体的键以及联系本身的属性均转换为关系的属性。通常把各实体键的组合组成该关系模式的键或键的一部分;这些键分别作为该关系模式的外键。

例如图 1-15 中,学生、课程、教师三者存在选修的多元联系,因此可以新生成一个选修的关系模式:

选修(学号,课程号,教师号,成绩)

其中,学号、课程号与教师号分别是关系模式"学生","课程"与"教师"的主键,相组合而成为关系模式"选修"的键;而学号、课程号和教师分别是关系模式"选修"的外键。

4. 自联系到关系模型的转换

所谓自联系是指同一个实体类中实体间的联系,如图 1-14 所示的 E-R 图,教师中存在着领导与被领导的联系,只要分清两部分实体在联系中的身份,其余情况与一般二元关系相同。可以转换为如下关系模式:

教师(教工号,姓名,民族,职务,领导教工号)

可以看到,在上述关系模式中属性"领导教工号"被加入到关系模式"教师"中,其取值是教师关系中的某个职工号,是一个引用自身的外键。

上述转换规则是一个基本原则,实际中还应该注意以下两个问题:

(1) 转换后,如果多个关系模式具有相同键,则这些关系模式可合并。

(2) 对于多对多联系的转换,通常由参加联系的键的组合作为新关系模式的键,但有时要根据实际的语义进行分析确定。例如,当存在与时间相关的属性作为联系的属性时,往往这个属性很可能也是键的一部分。

按照上述原则,将 E-R 图转换为关系模型,下一步就是向特定的 RDBMS 的模型转换。设计人员必须熟悉所用 RDBMS 的功能与限制,这种转换通常都比较简单,不会有太多的困难。

10.4.2 关系模型的优化

不同的设计人员可能会得到不同的逻辑设计结果，为了进一步提高数据库应用系统的性能，满足实际需要，还应该根据应用需要适当地修改、调整数据模型的结构，这就是数据模型的优化。一般说来，关系数据模型的优化通常以规范化理论为指导，具体方法如下。

1. 确定数据依赖

即按需求分析阶段所得到的语义，分别写出每个关系模式内部各属性之间的数据依赖以及不同关系模式属性之间的数据依赖。

2. 消除冗余

对于各个关系模式之间的数据依赖进行极小化处理，消除冗余的联系。

3. 确定关系模式范式

按照数据依赖的理论对关系模式逐一进行分析，考察是否存在部分函数依赖、传递函数依赖、多值依赖等，确定各关系模式分别属于第几范式。

4. 对关系模式进行合并或分解处理

按照需求分析阶段得到的处理要求，分析这些模式在实际的应用环境是否合适，确定是否要对某些模式进行合并或分解。

在实际应用中，并不是规范化程度越高的关系就越优，一般来说，三范式就可以了。但是这不是绝对的，需要结合具体情况进行处理。例如查询经常涉及两个或多个关系模式的属性时，系统经常进行连接运算。连接运算消耗的资源很大，这时可以考虑将这几个关系合并为一个关系。因此在这种情况下，第二范式甚至第一范式比第三范式更合适。

5. 对关系模式进行必要的分解

为了提高数据操作的效率和存储空间的利用率，有时需要对关系模式进行分解，常用的两种分解方法是水平分解和垂直分解。

水平分解是把(基本)关系的元组分为若干子集合，定义每个子集合为一个子关系，以提高系统的效率。根据“80/20 原则”，一个大关系中，经常被使用的数据只是关系的一部分，约 20%，可以把经常使用的数据分解出来，形成一个子关系。如果关系 R 上具有 n 个事务，而且多数事务存取的数据不相交，则 R 可分解为少于或等于 n 个子关系，使每个事务存取的数据对应一个关系。

垂直分解是把关系模式 R 的属性分解为若干子集合，形成若干子关系模式。垂直分解的原则是，经常在一起使用的属性从 R 中分解出来形成一个子关系模式。垂直分解可以提高某些事务的效率，但也可能使另一些事务不得不执行连接操作，从而降低了效率。因此是否进行垂直分解取决于分解后 R 上的所有事务的总效率是否得到了提高。

规范化理论为数据库设计人员判断关系模式的优劣提供了理论标准，可用来预测模式可能出现的问题，使数据库设计工作有了严格的理论基础。

【**例 10-8**】 将例 10-7 完成的概念模型转换成关系模型。

(1) 读者类别与读者是 1∶n 联系，因此需要在读者关系模式中增加“类别标识”属性，转换关系模式如下：

读者类别(类别标识，名称，允借数，允借期，罚款单价)

读者(学工号，姓名，性别，出生日期，部门，地址，电话，电子邮件，照片，类别标识)

(2) 读者与读者证是 1∶n 联系，需要在读者证关系模式中增加“学工号”属性

读者证(读者证号，办证日期，终止日期，状态，学工号)

(3) 读者借还图书是一个 m∶n 联系，读者关系已经转换完毕，因此另外两个关系可以转换如下：

图书(索书号，书名，作者，价格，库存总量)

借还(读者证号，索书号，借出日期，归还日期)

注意，在借还关系中，由于每个读者可以借阅同一种图书多次，因此该模式的键是(读者证号，索取号，借出日期)；另外读者证号和索书号分别是外键。

(4) 读者证与图书之间是 m∶n 联系，需要单独转换违章联系，转换得到的关系模式如下：

违章(读者证号，索书号，办理时间，超期天数，超期罚款额)

其中，违章关系的键为(读者证号，索书号，办理时间)，读者证号和索书号分别为该模式的外键。

本例只是一个基本的业务框架，目的在于讨论数据库设计的基本过程。实际上，图书馆实际使用中的流通业务远比本例复杂，有兴趣的读者可以参见第 12 章。

10.4.3　外模式的设计

所谓外模式是面向最终用户的局部逻辑视图，它体现了各个用户对数据库的不同观点，也提供了某种程度上的安全控制，在同一系统中，不同用户可以有不同的外模式，外模式来自逻辑模式，但在结构和形式上不同于逻辑模式。目前 DBMS 一般都提供了视图(View)概念，可以利用该功能设计更加符合局部用户需要的视图，再加上与局部用户有关的基本表，就构成了用户的外模式。

在定义外模式的时候要着重用户的习惯与方便，外模式的设计主要考虑以下几点：

(1) 使用更符合用户习惯的别名。在设计用户视图的时候可以根据需要重新定义属性名称，使其与用户习惯一致，方便用户使用。

(2) 可以对不同级别的用户定义不同的视图，满足安全性要求。

(3) 简化用户的使用。如果频繁使用某些复杂的查询，可以将这些复杂的查询定义为视图，用户使用视图查询即可。例如在借书查询中，需要关联图书、复本与借书三个关系模式，因此可以将结束查询定义为一个借书信息视图。

10.5　物理结构设计

数据库最终是要存储在物理设备上的。为一个给定的逻辑数据模型选取一个最适合应用环境的物理结构(存储结构与存取方法)的过程，就是数据库的物理设计。物理结构依赖

于给定的DBMS和硬件系统，因此设计人员必须充分了解所用DBMS的内部特征，特别是存储结构和存取方法；充分了解应用环境，特别是应用的处理频率和响应时间要求；以及充分了解外存设备的特性。

数据库在物理设备上的存储结构与存取方法称为数据库的物理结构，也称为内模式，内模式与逻辑模式不同，它不直接面向用户，对用户是透明的。为一个给定的逻辑数据模型选取最适合应用要求的物理结构的过程，就是数据库的物理结构设计。物理结构的设计目标主要有两个，一是提高数据库的性能，二是有效利用存储空间。

数据库的物理设计通常分为两步：

(1) 确定数据库的物理结构，在关系数据库中主要指存取方法和存储结构；

(2) 对物理结构进行评价，评价的重点是时间和空间效率。

如果评价结果满足原设计要求，则可进入到物理实施阶段，否则，就需要重新设计或修改物理结构，有时甚至要返回逻辑设计阶段修改数据模型。

10.5.1 确定数据库的物理结构

1. 确定数据的存储结构

确定数据库存储结构时要综合考虑存取时间、存储空间利用率和维护代价三方面的因素。这三个方面常常是相互矛盾的，例如消除一切冗余数据虽然能够节约存储空间，但往往会导致检索代价的增加，因此必须进行权衡，选择一个折中方案。

许多关系型DBMS都提供了聚簇功能，即为了提高某个属性(或属性组)的查询速度，把在这个或这些属性上有相同值的元组集中存放在一个物理块中，如果存放不下，可以存放到预留的空白区或链接多个物理块。聚簇功能可以大大提高了聚簇字段进行查询的效率。

2. 设计数据的存取方法

数据库是多用户系统，对同一关系要建立多条存取路径才能满足多用户的多种需求。目前数据库管理系统中常用的存取方法有三类：是索引、聚簇和HASH方法。

1) 索引存取方法的选择

索引存取方法实际上就是根据应用要求对关系的哪些属性列建立索引，哪些属性列建立组合索引，哪些索引要设计唯一索引等，索引的使用一般遵循如下原则：

(1) 如果一个(组)属性经常在查询条件中出现，则考虑在该(组)属性上建立索引。

(2) 如果一个(组)属性经常作为最大值和最小值等聚集函数的参数，则考虑在这个(组)属性上建立索引。

(3) 一个(组)属性经常在连接操作的连接条件中出现，则考虑在这个(组)属性上建立索引。

(4) 如果一个(组)属性经常作为分组依据列，则考虑在这个(组)属性上建立索引。

2) 聚簇存取方式的选择

为了提高某个属性(组)查询速度，可以把这个属性或这组属性上具有相同值的元组集中存放在连续的物理块上，称为聚簇，这些属性称为聚簇码(cluster key)。

因为聚簇的属性数据的存储是基于物理块排序的，因此使用聚簇可以显著减少表的物理存取操作，大大地提高按聚簇码查询的效率。聚簇功能不但适合单个关系，也适用于经常进行连接操作的多个关系，一个数据库可以建立多个聚簇，但一个关系只能加入一个聚簇。一般情况下，满足下列条件时可考虑建立聚簇：

（1）通过聚簇码进行访问或连接是该关系的主要应用，与聚簇码无关的其他访问很少或是次要的，尤其是SQL语句中包含于聚簇码有关的排序、分组、联合等操作时，聚簇非常有利。

（2）对每个聚簇码的平均元组数要适中，太少了则聚簇效益不明显，太多要采用多个链接块，对提高性能不利。

（3）聚簇码的值要相对稳定，以减少修改聚簇码所引起的维护开销。

关系上定义的索引或者聚簇的目的主要是提高查询效率，但并不是越多越好。索引或聚簇越多，系统为维护它们就要消耗更多的代价，而且它们本身也要占据一定的存储空间。因此要建立索引或聚簇时，要权衡数据库的操作。不建议在属性取值很少的属性列上或更新较多的列上建立索引。

3）HASH存取方式的选择

有些数据库系统提供了HASH存取方法，所谓HASH存取，是指利用HASH表原理，通过某种转换关系，将属性值内容适度地分散到指定大小的顺序结构中，是一种以空间换时间的方法。HASH存取法适用于如果一个关系的属性主要出现在等值连接条件中或相等比较选择条件中，且满足下列两个条件之一，则此关系可以使用HASH存取方法：

（1）该关系的大小可预知且不变。

（2）如果关系大小是动态可变的，但DBMS提供了动态HASH存取方法。

3. 确定数据的存放位置

为了提高系统性能，数据应该根据应用情况将易变部分与稳定部分、经常存取部分和存取频率较低部分分开存放。

例如，数据库数据备份、日志文件备份等由于只在故障恢复时才使用，而且数据量很大，可以考虑将备份存放在磁带上。目前许多计算机都有多个磁盘，因此进行物理设计时可以考虑将表和索引分别放在不同的磁盘上，在查询时，由于两个磁盘驱动器分别在工作，因而可以保证物理读写速度比较快。也可以将比较大的表分别放在两个磁盘上，以加快存取速度，这在多用户环境下特别有效。此外，还可以将日志文件与数据库对象（表、索引等）放在不同的磁盘以改进系统的性能。

4. 确定系统配置

DBMS产品一般都提供了一些存储分配参数，供设计人员和DBA对数据库进行物理优化。初始情况下，系统都为这些变量赋予了合理的默认值。但是这些值不一定适合每一种应用环境，在进行物理设计时，需要重新对这些变量赋值以改善系统的性能。通常情况下，这些配置变量包括：同时使用数据库的用户数，同时打开的数据库对象数，使用的缓冲区长度、个数，时间片大小、数据库的大小，装填因子，锁的数目等，这些参数值影响存取时间和存储空间的分配，在物理设计时就要根据应用环境确定这些参数值，以使系统性能最优。

在物理设计时对系统配置变量的调整只是初步的，在系统运行时还要根据系统实际运行情况做进一步的调整，以期切实改进系统性能。

10.5.2 物理结构评价

数据库物理设计过程中需要对时间效率、空间效率、维护代价和各种用户要求进行权衡，其结果可以产生多种方案，数据库设计人员必须对这些方案进行细致的评价，从中选择一个较优的方案作为数据库的物理结构。

评价物理数据库的方法完全依赖于所选用的DBMS，主要是从定量估算各种方案的存储空间、存取时间和维护代价入手，对估算结果进行权衡、比较，选择出一个较优的合理的物理结构。如果该结构不符合用户需求，则需要修改设计。

10.6 数据库的实施

数据库的物理设计完成之后，设计人员需要用RDBMS提供的数据定义语言和其他实用程序将数据库逻辑设计和物理设计结果严格描述出来，成为DBMS可以接受的源代码，再经过运行形成相应的库文件、表结构及索引、视图等内模式及外模式。然后就可以组织数据入库，这就是数据库实施阶段。

10.6.1 数据的载入与应用程序调试

数据库系统的核心资产就是数据，因此数据库实施阶段包括两项重要的工作，一项是数据的载入，另一项是应用程序的编码和调试。

数据库结构建立之后，需要向数据库装载数据，组织数据入库是数据库实施阶段最主要的工作。数据装载可以是测试数据，也可以是真实数据。数据装载方式需要根据实际情况进行特别处理。如果该业务以前是手工数据处理，为提高数据输入工作的效率和质量，应该针对具体的业务开发一个数据录入模块，将目前及历史数据信息快速录入进数据库系统；如果该业务以前有数据库系统在应用，需要对原有的数据进行数据转换。

在设计数据输入子系统时还要注意原有系统的特点，对原有系统是人工数据处理系统的情况，尽管新系统的数据结构可能与原系统有很大差别，在设计数据输入子系统时，尽量让输入格式与原系统结构相近，这不仅使处理手工文件比较方便，更重要的是减少用户出错的可能性，保证数据输入的质量。

现有的DBMS一般都提供不同DBMS之间数据转换的工具，若原来是数据库系统，就可以利用新系统的数据转换工具，先将原系统中的表转换成新系统中相同结构的临时表，再将这些表中的数据分类、转换、综合成符合新系统的数据模式，插入相应的表中，也可以用程序设计语言编写数据转换程序，使数据转换更灵活、更有针对性。

有的时候为了测试性能，还要进行压力测试，即编写专用的数据载入测试程序，以便测试在大规模数据量条件下测试数据库的响应速度。

数据库应用程序的设计应该与数据库设计同时进行，因此在组织数据入库的同时还要调试应用程序。应用程序的设计、编码和调试的方法、步骤在软件工程等课程中有详细讲解，在此不再赘述。

10.6.2 数据库试运行

当数据库数据装载完成后，就可以开始对数据库系统进行联合调试，这又称为数据库的试运行。

试运行主要测试以下几方面。

1. 功能测试

实际运行数据库应用程序，执行对数据库的各种操作，测试应用程序的功能是否满足设计要求。如果不满足要求，则需要对应用程序部分进行修改、调整，直到达到设计要求为止。

2. 运行性能测试

在数据库试运行时，还要测试系统的性能指标，分析其是否达到设计目标。

在对数据库进行物理设计时已经初步确定了系统的物理参数值，但一般情况下，设计时的考虑在许多方面只是近似的估计，和实际系统运行总有一定的差距，因此必须在试运行阶段实际测量和评价系统性能指标。在实际工作中，有些参数的最佳值往往是经过运行调试后找到的。如果测试的结果与设计目标不符，则要返回物理设计阶段，重新调整物理结构，修改系统参数，某些情况下甚至要返回逻辑设计阶段，修改逻辑结构。

在数据库试运行阶段，组织数据入库是十分费时费力的事，如果试运行后对结果不满意，还要修改数据库的设计，还要重新组织数据入库。因此应分期分批地组织数据入库，先输入小批量数据做调试用，待试运行基本合格后，再大批量输入数据，逐步增加数据量，逐步完成运行评价。

另外，在此阶段，由于系统还不稳定，软硬件故障随时都可能发生。而系统的操作人员对新系统还不熟悉，误操作也不可避免，因此必须做好数据库的备份和恢复工作。一旦故障发生，能使数据库尽快恢复，尽量减少对数据库的破坏。

10.7 数据库的运行与维护

数据库试运行合格后，数据库开发工作就基本结束，即可投入正式运行，数据库的生命周期进入运行维护阶段。

在数据库运行阶段，对数据库经常性的维护工作主要是由 DBA 完成的，它包括：

1. 数据库的备份和恢复

数据库的备份和恢复是系统正式运行后最重要的维护工作。DBA 要针对不同的应用要求制定不同的备份策略，以保证一旦发生故障能尽快将数据库恢复到某种一致的状态，并尽可能减少对数据库的破坏。

2. 数据库的安全性、完整性控制

在数据库运行过程中，由于应用环境的变化，对安全性的要求也会发生变化，比如有的

数据原来是机密的,现在是可以公开查询的,而新加入的数据又可能是机密的。系统中用户的密级也会改变。这些都需要 DBA 根据实际情况修改原有的安全性控制。同样,数据库的完整性约束条件也会变化,也需要 DBA 不断修正,以满足用户要求。

3. 数据库性能的监督、分析和改造

在数据库运行过程中,监督系统运行,对监测数据进行分析,找出改进系统性能的方法是 DBA 的又一重要任务。目前有些 DBMS 产品提供了监测系统性能参数的工具,DBA 可以利用这些工具方便地得到系统运行过程中一系列性能参数的值。DBA 应仔细分析这些数据,判断当前系统运行状况是否是最佳,应当做哪些改进。例如调整系统物理参数,或对数据库进行重组织或重构造等。

4. 数据库的重组织与重构造

数据库运行一段时间后,由于记录不断增、删、改,会使数据库的物理存储情况变坏,降低了数据的存取效率,数据库性能下降,这时 DBA 就要对数据库进行重组织,或部分重组织(只对频繁增、删的表进行重组织)。DBMS 一般都提供数据重组织用的实用程序。在重组织的过程中,按原设计要求重新安排存储位置、回收垃圾、减少指针链等,提高系统性能。

数据库的重组织,并不修改原设计的逻辑和物理结构,而数据库的重构造则不同,它是指部分修改数据库的模式和内模式。

由于数据库应用环境发生变化,增加了新的应用或新的实体,取消了某些应用,有的实体与实体间的联系也发生了变化等,使原有的数据库设计不能满足新的需求,需要调整数据库的模式和内模式。例如,在表中增加或删除某些数据项,改变数据项的类型,增加或删除某个表,改变数据库的容量,增加或删除某些索引等。当然数据库的重构也是有限的,只能做部分修改。如果应用变化太大,重构也无济于事,说明此数据库应用系统的生命周期已经结束,应该设计新的数据库应用系统了。

10.8 本章小结

本章介绍了数据库设计的任务、过程及方法。

数据库设计一般包括数据库的结构设计和行为设计两方面内容,在数据库设计时,要把数据库结构设计与应用系统设计有机地结合起来。

数据库设计一般分为需求分析、概念结构设计、逻辑结构设计、物理设计及数据库的实施、数据库运行与维护六个阶段,每个阶段都有其阶段的目标、方法及注意事项。数据库的设计过程是一个不断修改,不断反复的过程。

数据库设计重点是概念结构的设计及逻辑结构的设计,常用 E-R 图作为概念模型的设计工具,按一定规则从 E-R 图转换为关系模型。

为达到最佳性能,数据库物理设计要综合考虑索引、聚簇结构、表的横向分割及纵向分割、文件存放路径、运行环境及参数配置等多种因素进行调优。实施及维护阶段要注意数据的载入方法,保障数据的安全。

习题 10

1．简述数据库的设计内容。

2．简述数据库设计过程各阶段的任务。

3．简述数据流图的画法。

4．数据字典的内容和作用是什么？

5．简述概念结构的设计步骤。

6．简述将 E-R 图转换为关系模型的一般规则。

7．简述物理结构设计的主要内容。

8．数据库日常维护工作是什么？

9．一个简单的科研项目管理数据库设计如下数据。

科研人员：工号、姓名、性别、专业、技术职务。

科研项目：项目编号、项目名称、经费、立项时间、结题时间。

主持人：主持人编号、领域、主持项目数。

一个科研人员可以参加多个科研项目，每个科研项目可以由多个科研人员参加；一个主持人可以主持多个项目，每个项目只有一个主持人；每个主持人对应一个科研人员(即每个主持人也是一名科研人员)。

(1) 设计该科研项目管理系统的 E-R 图。

(2) 转换成关系模型(标明主、外键)。

(3) 基于 SQL Server 2008 设计成相应的表，写出建表的 SQL 语句。

(4) 创建一个视图，用于显示某主持人主持项目的信息，字段包括主持人编号、姓名、项目编号、项目名称、经费、参加项目的科研人员人数。

第11章 数据库编程

在应用系统开发过程中，可以把 SQL 语句嵌入到程序设计语言中，既实现数据库操作，又可对数据进行处理，即嵌入式 SQL。也可以使用标准的数据库编程接口进行开发。微软平台中有多种数据库编程接口可供使用，最通用的是 ODBC 和 JDBC。在 Windows 平台的数据库编程接口中，传统的是 ODBC，流行的则是 ADO 和 ADO. NET。用户可以根据自己不同的平台和需要，做出合适的选择。

本章主要讨论嵌入式 SQL 和数据库与应用程序接口。

11.1 嵌入式 SQL

在前面的讨论中，都是直接使用 SQL 语句，独立完成语句的功能，这种 SQL 语言的使用方法称为交互式 SQL(Interactive SQL)，但是这种操作方式大多在交互环境下使用，通常仅限于数据库操作，数据处理能力较弱。

在实际中，可把 SQL 语句嵌入到程序设计语言中，既实现数据库操作，又可对数据进行处理。能嵌入 SQL 语句的程序设计语言称为宿主语言，如 C 语言就是一种常用的宿主语言。对数据的处理功能由宿主语言完成，对数据库数据操纵由 SQL 语句完成。这样使用的 SQL 称为嵌入式 SQL(Embedded SQL)。所以，嵌入式 SQL 语言就是将 SQL 语句直接嵌入到程序的源代码中，与其他程序设计语言语句混合。专用的 SQL 预编译程序将嵌入的 SQL 语句转换为能被程序设计语言(如 C 语言)的编译器识别的函数调用。然后，C 编译器编译源代码为可执行程序。

11.1.1 嵌入式 SQL 的一般形式

对于嵌入式 SQL，DBMS 可采用两种方法处理，一种是预编译，另一种是修改和扩充主语言使之能处理 SQL 语句。目前采用较多的是预编译的方法。即由 DBMS 的预处理程序对源程序进行扫描，识别出 SQL 语句。把它们转换成主语言调用语句，以使主语言编译程序能识别它，最后由主语言的编译程序将整个源程序编译成目标码。

在嵌入式 SQL 中，为了能够区分 SQL 语句与主语言语句，所有 SQL 语句都必须加前缀 EXEC SQL。SQL 语句的结束标志则随主语言的不同而不同。

例如，在 PL/1 和 C 中以分号(;)结束，其语句格式为如下形式：

```
EXEC SQL < SQL 语句>;
```

在 COBOL 中以 END-EXEC 结束，其语句格式为如下形式：

```
EXEC SQL < SQL 语句> END - EXEC
```

例如，一条交互形式的 SQL 语句："DROP TABLE Book"，嵌入到 C 程序中，应该写成如下形式：

```
EXEC SQL DROP TABLE Book;
```

嵌入 SQL 语句根据其作用的不同，可分为可执行语句和说明性语句两种。可执行语句又分为数据定义、数据控制和数据操纵三种。

在宿主程序中，任何允许出现可执行的高级语言语句的地方，都可以写可执行 SQL 语句；任何允许出现说明型高级语言语句的地方，都可以写说明性 SQL 语句。

11.1.2 嵌入式 SQL 语句与主语言之间的通信

将 SQL 嵌入到高级语言中混合编程，SQL 语句负责操纵数据库，高级语言语句负责控制程序流程。这时程序中会含有两种不同计算模型的语句，一种是描述性的面向集合的 SQL 语句，一种是过程性的高级语言语句，它们之间应该如何通信呢？

数据库工作单元与源程序工作单元之间的通信主要包括：

- 向主语言传递 SQL 语句的执行状态信息，使主语言能够据此信息控制程序流程，主要用 SQL 通信区(SQL Communication Area，SQLCA)实现。
- 主语言向 SQL 语句提供参数，主要用主变量实现。
- 将 SQL 语句查询数据库的结果交主语言进一步处理，主要用主变量和游标(Cursor)实现。

1. SQL 通信区

SQL 语句执行后，系统要反馈给应用程序若干信息，主要包括描述系统当前工作状态和运行环境的各种数据。这些信息将送到 SQL 通信区 SQLCA 中。应用程序从 SQLCA 中取出这些状态信息，据此决定接下来执行的语句。

SQLCA 是一个数据结构，在应用程序中用 EXEC SQL INCLUDE SQLCA 加以定义。SQLCA 中有一个存放每次执行 SQL 语句后返回代码的变量 SQLCODE。应用程序每执行完一条 SQL 语句之后都应该测试一下 SQLCODE 的值，以了解 SQL 语句执行情况并作相应处理。如果 SQLCODE 等于预定义的常量 SUCCESS(通常为常量 0)，则表示 SQL 语句成功，否则在 SQLCODE 中存放错误代码。

例如，在执行删除语句 DELETE 后，不同的执行情况 SQLCA 中有下列不同的信息：

- 成功删除，并有删除的行数(SQLCODE = SUCCESS)；
- 无条件删除警告信息；
- 违反数据保护规则，拒绝操作；
- 没有满足条件的行，一行也没有删除；
- 由于各种原因，执行出错。

2. 主变量

嵌入式 SQL 语句中可以使用主语言的程序变量来输入或输出数据。把 SQL 语句中使用的主语言程序变量简称为主变量。

主变量根据其作用的不同,分为输入主变量和输出主变量。输入主变量由应用程序对其赋值,SQL 语句引用;输出主变量由 SQL 语句对其赋值或设置状态信息,返回给应用程序。一个主变量有可能既是输入主变量又是输出主变量。利用输入主变量,可以指定向数据库中插入的数据,可以将数据库中的数据修改为指定值,可以指定执行的操作,可以指定 WHERE 子句或 HAVING 子句中的条件。利用输出主变量,可以得到 SQL 语句的结果数据和状态。

所有主变量和指示变量(指示变量是一个整型变量,用来指示所指主变量的值或条件)必须在 SQL 语句 BEGIN DECLARE SECTION 与 END DECLARESECTION 之间进行说明。说明之后,主变量可以在 SQL 语句中任何一个能够使用表达式的地方出现,为了与数据库对象名(表名、视图名、列名等)区别,SQL 语句中的主变量名前要加冒号(:)作为标志。同样,SQL 语句中的指示变量前也必须加冒号,并且要紧跟在所指主变量之后。而在 SQL 语句之外,主变量和指示变量均可以直接引用,不必加冒号。

3. 游标

SQL 语言与主语言具有不同的数据处理方式。SQL 语言是面向集合的,一条 SQL 语句原则上可以产生或处理多条记录。而主语言是面向记录的,一组主变量一次只能存放一条记录。所以仅使用主变量并不能完全满足 SQL 语句向应用程序输出数据的要求,为此嵌入式 SQL 引入了游标的概念,用游标来协调这两种不同的处理方式。游标是系统为用户设的一个数据缓冲区,存放 SQL 语句的执行结果,每个游标区都有一个名字。用户可以通过游标逐一获取记录。并赋给主变量,交由主语言进一步处理。

为了便于理解,下面给出带有嵌入式 SQL 的一段程序。

```
EXEC SQL INCLUDE SQLCA;                                //(1)定义 SQL 通信区
EXEC SQL BEGIN DECLARE SECTION;                        //(2)主变量说明开始
   CHAR CallNo(20);
   VARCHAR Title(50);
   CHAR Author(10);
EXEC SQL END DECLARE SECTION;                          //(2)主变量说明结束
main ()
{
   EXEC SQL DECLARE C1 CURSOR FOR                      //(3)游标操作(定义游标)
        SELECT CallNo, Title, Author
        FROM Book;
   EXEC SQL OPEN C1;                                   //(4)游标操作(打开游标)
   for(; ; )
   {
     EXEC SQL FETCH C1 INTO :CallNo,: Title,: Author;  //(5)推进游标指针并将当前
                                                       //数据放入主变量
```

```
 if(SQLCA.SQLCODE!= 0)                    //(6)利用 SQLCA 中的状态信息决定何时退出循环
   break;
  //打印查询结果
   printf("CallNo: % s, Title: % s, Author: % s",CallNo,Title,Author);
  }
  EXEC SQL CLOSE C1;                      //(7)游标操作(关闭游标)
}
```

4. 嵌入式 SQL 的数据库访问过程

嵌入式 SQL 访问数据库大致分为以下几步：

(1) 与数据库建立连接。

(2) 向 DBMS 发出用户操作命令。

(3) 处理从 DBMS 返回的结果。

(4) 断开与数据库的连接。

关于第(2)和第(3)步，将在后面具体介绍嵌入式 SQL 语句的使用过程中加以说明。下面首先介绍一下第(1)和第(4)步的实现。

1) 建立与数据库的连接

在 SQL Server 中嵌入式 SQL 应用程序可以使用 CONNECT TO 语句建立与数据库的连接。通常使用的语法格式为：

```
EXEC SQL CONNECT TO <[服务器名].数据库名> [AS 连接名] USER <用户>[.口令]
```

其中，服务器名是要登录的 SQL Server 服务器名称。如果应用程序只有一个数据库连接就不用为连接命名；否则，为了加以区分，必须为连接起不同的名字。下面几条语句具有相同的功能，都是以 sa 的身份连接到 KUMA 服务器的 TSG 数据库(密码为空)。这里假定主变量 ser 和 user 的内容分别是“KUMA. TSG”和“sa”。

```
EXEC SQL CONNECT TO :ser USER :user;
EXEC SQL CONNECT TO "KUMA.TSG" USER "sa";
EXEC SQL CONNECT TO KUMA.TSG USER sa.;
```

另外，还可以为新建的数据库连接命名。例如：

```
EXEC SQL CONNECT TO KUMA.TSG USER sa AS ConTSG;
```

在数据库应用程序中使用的是当前连接，如果有多个数据库连接存在，就要将某个连接设置为当前连接。SQL Server 设置当前连接的语句为：

```
EXEC SQL SET CONNECT <连接名>;
```

例如，使用如下语句可以将前面建立的连接 ConTSG 设置为当前连接。

```
EXEC SQL SET CONNECT ConTSG;
```

2) 断开与数据库的连接

处理完数据库的事务后，应用程序应该关闭与数据库的连接。SQL Server 断开数据库连接的语句为：

```
EXEC SQL DISCONNECT [<连接名>|ALL|CURRENT];
```

其中，ALL表示要关闭所有连接，CURRENT表示要关闭当前连接。一般，在应用程序推出之前要关闭所有数据库连接，以释放所占资源。例如，如下语句将数据库连接ConTSG断开。

```
EXEC SQL DISCONNECT ConTSG;
```

11.1.3 不用游标的SQL语句

不用游标的SQL语句有：

- 说明性语句；
- 数据定义语句；
- 数据控制语句；
- 查询结果为单记录的SELECT语句；
- 非CURRENT形式的UPDATE语句；
- 非CURRENT形式的DELETE语句；
- INSERT语句。

所有的说明性语句及数据定义与控制语句都不需要使用游标。它们是嵌入式SQL中最简单的一类语句，不需要返回结果数据，也不需要使用主变量。在主语言中嵌入说明性语句及数据定义与控制语句，只要给语句加上前缀EXEC SQL和语句结束符即可。

INSERT语句也不需要使用游标，但通常需要使用主变量。SELECT语句、UPDATE语句、DELETE语句则要复杂些。

1. 说明性语句

说明性语句是专为在嵌入SQL中说明主变量等而设置的，主要有两条语句：

```
EXEC SQL BEGIN DECLARE SECTION;
EXEC SQL END DECLARE SECTION;
```

上述两条语句必须配对出现，相当于一个括号，两条语句中间是主变量的说明。例如：

```
EXEC SQL BEGIN DECLARE SECTION;
    char PatronID[11];
    char Name[10];
    char Gender[2];
    int Age;
EXEC SQL END DECLARE SECTION;
```

2. 数据定义语句

【例11-1】 使用嵌入式SQL建立一个“读者”表Patron。

```
EXEC SQL CREATE TABLE Patron (
        PatronID CHAR(20) NOT NULL UNIQUE,
        Name VARCHAR(30),
```

```
        Gender CHAR(2),
        BirthDate DATE,
        Type VARCHAR (20),
        Department VARCHAR(40));
EXEC SQL DROP TABLE Parton;
```

注意,数据定义语句中不允许使用主变量。例如下列语句是错误的。

```
EXEC SQL DROP TABLE :table_name;
```

3. 数据控制语句

【例 11-2】 把查询 Patron 表权限授给用户 U1。

```
EXEC SQL GRANT SELECT ON TABLE Patron TO U1;
```

4. 查询结果为单记录的 SELECT 语句

在嵌入式 SQL 中,查询结果为单记录的 SELECT 语句需要用 INTO 子句指定查询结果的存放地点。该语句的一般格式为:

```
EXEC SQL SELECT [ALL|DISTINCT]<目标列表达式>[,<目标列表达式>]……
        INTO <主变量>[<指示变量>][,<主变量>[<指示变量>]]……
        FROM <表名或视图名> [,<表名或视图名>]……
        [WHERE <条件表达式>]
        [GROUP BY <列名 1> [HAVING<条件表达式>]]
        [ORDER BY <列名 2> [ASC|DESC]];
```

该语句对交互式 SELECT 语句的扩充就是多了一个 INTO 子句。把从数据库中找到的符合条件的记录,放到 INTO 子句指出的主变量中去。其他子句的含义不变。使用该语句需要注意以下几点:

(1) INTO 子句、WHERE 子句的条件表达式和 HAVING 短语的条件表达式中均可以使用主变量。

(2) 查询返回的记录中,可能某些列为空值 NULL。如果 INTO 子句中主变量后面跟有指示变量,则当查询得出的某个数据项为空值时,系统会自动将相应主变量后面的指示变量置为负值,而不再向该主变量赋值,即主变量值仍为执行 SQL 语句之前的值。所以当指示变量值为负值时,不管主变量为何值,均应认为主变量值为 NULL。指示变量只能用于 INTO 子句中。

(3) 如果数据库中没有满足条件的记录,则 DBMS 将 SQLCODE 值置为 100。

(4) 如果查询结果实际上并不是单条记录,而是多条记录,则程序出错,DBMS 会在 SQLCA 中返回错误信息。

【例 11-3】 根据读者证号查询学生信息(读者信息表为 Patron)。假设已将要查询的读者证号赋值给了主变量 givePatronID。

```
EXEC SQL SELECT PatronID,Name,Gender,BirthDate,Type,Department
INTO :HCard_no,:HReader_name,:HGender,:HBirth,:HReader_type,:HDepartment
FROM Patron
```

```
WHERE PatronID = :givePatronID;
```

5. 非 CURRENT 形式的 UPDATE 语句

在 UPDATE 语句中,SET 子句和 WHERE 子句中均可以使用主变量,其中 SET 子句中还可以使用指示变量。

【例 11-4】 将索书号为 F121/L612 的图书数量增加若干册(图书表为 Book)。假设增加的数量已赋给主变量 Raise。

```
EXEC SQL UPDATE Book
SET Number = Number + :Raise
WHERE CallNo = 'F121/L612';
```

6. 非 CURRENT 形式的 DELETE 语句

DELETE 语句的 WHERE 子句中可以使用主变量指定删除条件。

【例 11-5】 假设某个学生退学了,现同时将有关他的所有图书借阅记录一并删除(图书借阅表为 Lend)。假设该学生的姓名已赋给主变量 stdname。

```
EXEC SQL DELETE FROM Lend
WHERE PatronID IN (SELECT PatronID FROM Patron WHERE Name = :stdname);
```

另一种等价实现方法为:

```
EXEC SQL DELETE FROM Lend
WHERE:stdname = (SELECT Name FROM Patron WHERE Patron.PatronID = Lend.PatronID);
```

第 1 种方法更直接,从而也更高效些。

7. INSERT 语句

INSERT 语句的 VALUES 子句中可以使用主变量和指示变量。

【例 11-6】 某个读者借阅了某本图书,将有关记录插入到 Lend 表中。假设读者证号已赋值给 cardno,索书号已赋值给 bookno,借阅日期已赋值给 lendtime。

```
EXEC SQL INSERT
INTO Lend(PatronID,CallNo,Lendtime)
VALUES(:cardno,:bookno,:lendtime);
```

11.1.4 使用游标的 SQL 语句

必须使用游标的 SQL 语句有:

- 查询结果为多条记录的 SELECT 语句;
- CURRENT 形式的 UPDATE 语句;
- CURRENT 形式的 DELETE 语句。

1. 查询结果为多条记录的 SELECT 语句

一般情况下,SELECT 语句查询结果都是多条记录的,而高级语言一次只能处理一条记录。因此需要用游标机制,将多条记录一次一条送至宿主程序处理,从而把对集合的操作转换为对单个记录的处理。有关游标的相关知识在第 6 章已经介绍,本节只简要介绍嵌入式 SQL 中使用游标的大致步骤和基本语句。

(1) 说明游标。用 DECLARE 语句为一条 SELECT 语句定义游标。DECLARE 语句的一般形式为:

```
EXEC SQL DECLARE <游标名> CURSOR FOR < SELECT 语句>;
```

其中,SELECT 语句可以是简单查询,也可以是复杂的连接查询和嵌套查询。定义游标仅仅是一条说明性的语句,这时 DBMS 并不执行 SELECT 语句。

(2) 打开游标。用 OPEN 语句将定义的游标打开。OPEN 语句的一般形式为:

```
EXEC SQL OPEN <游标名>;
```

打开游标实际上是执行相应的 SELECT 语句,把查询结果取到缓冲区中。这时游标处于活动状态,指针指向查询结果集中第一条记录。

(3) 推进游标指针并取当前记录。用 FETCH 语句把游标指针向前推进一条记录,同时将缓冲区中的当前记录取出来送至主变量供主语言进一步处理。FETCH 语句的一般形式为:

```
EXEC SQL FETCH <游标名> INTO <主变量>[<指示变量>][,<主变量>[<指示变量>]] …… ;
```

其中,主变量必须与 SELECT 语句中的目标列表达式具有一一对应关系。

FETCH 语句通常用在一个循环结构中,通过循环执行 FETCH 语句逐条取出结果集中的行进行处理。

(4) 关闭游标。用 CLOSE 语句关闭游标,释放结果集占用的缓冲区及其他资源。CLOSE 语句的一般形式为:

```
EXEC SQL CLOSE <游标名>;
```

游标关闭后,就不再和原来的查询结果集相联系。但被关闭的游标可以再次被打开,与新的查询结果相联系。

【例 11-7】 查询某个部门所有读者的信息,要查询的部门名由用户在程序运行过程中指定,放在主变量 deptname 中。

```
⋮
EXEC SQL BEGIN DECLARE SECTION;
⋮
/* 说明主变量 deptname,HCard_no,HReader_name,HGender,HBirth 等 */
⋮
EXEC SQL END DECLARE SECTION;
⋮
gets(deptname);                          //为主变量 deptname 赋值
⋮
```

```
EXEC SQL DECLARE C1 CURSOR FOR                    //说明游标 C1,将其与查询结果相联系
        SECLECT PatronID,Name,Gender,BirthDate,Type,Department
        FROM Patron
        WHERE Department = :deptname;
EXEC SQL OPEN C1                                  //打开游标
while (1)                                         //用循环结构逐条处理结果集中的记录
{
   /* 游标向前推进一行,从结果中取当前行,送相应主变量 */
 EXEC SQL FETCH C1 INTO :HCard_no, :HReader_name, :HGender, :HBirth,
                                              :HReader_type, :HDepartment
 if(SQLCA.SQLCODE!= 0)                            //若所有查询结果均以处理完或出错,退出循环
    break;
      ⋮                                           //主语句进行进一步处理
}
EXEC SQL CLOSE C1;                                //关闭游标
```

2. CURRENT 形式的 UPDATE 语句和 DELETE 语句

UPDATE 语句和 DELETE 语句都是集合操作,如果只想修改或删除其中某个记录,则需要用带游标的 SELECT 语句查出所有满足条件的记录,从中进一步找出要修改或删除的记录,然后用 CURRENT 形式的 UPDATE 语句和 DELETE 语句修改或删除之。具体步骤是:

(1) 用 DECLARE 语句说明游标。如果是为 CURRENT 形式的 UPDATE 语句做准备,则 SELECT 语句中要用:

```
FOR UPDATE OF <列名>
```

用来指明检索出的数据在指定列是可修改的。如果是为 CURRENT 形式的 DELETE 语句做准备,则不必使用上述子句。

(2) 用 OPEN 语句打开游标,把所有满足查询条件的记录从指定表取到缓冲区中。

(3) 用 FETCH 语句推进游标指针,并把当前记录从缓冲区中取出来送至主变量。

(4) 检查该记录是否是要修改或删除的记录。如果是,则用 UPDATE 语句或 DELETE 语句修改或删除该记录。这时 UPDATE 语句和 DELETE 语句中要用子句

```
WHERE CURRENT OF <游标名>
```

来表示修改或删除的是最后一次取出的记录,即游标指针指向的记录。

第(3)、第(4)步通常用在一个循环结构中,通过循环执行 FETCH 语句,逐条取出结果集中的行进行判断和处理。

(5) 处理完毕用 CLOSE 语句关闭游标,释放结果集占用的缓冲区和其他资源。

【例 11-8】 查询某个部门所有读者信息(要查询的部门名由主变量 deptname 指定),然后根据用户的要求修改其中某些记录的姓名字段。

```
⋮
EXEC SQL BEGIN DECLARE SECTION;
⋮
/* 说明主变量 deptname,HCard_no,HReader_name,HGender,HBirth 等 */
```

```
 ⋮
EXEC SQL END DECLARE SECTION;
 ⋮
gets(deptname);                              //为主变量 deptname 赋值
 ⋮
/*说明游标 C1,为 CURRENT UPDATE 做准备*/
EXEC SQL DECLARE C1 CURSOR FOR
        SECLECT PatronID,Name,Gender,BirthDate,Type,Department
        FROM Patron
        WHERE Department = :deptname
        FOR UPDATE OF Name;
EXEC SQL OPEN C1;                            //打开游标
while (1)                                    //用循环结构逐条处理结果集中的记录
{
  /*游标向前推进一行,从结果中取当前行,送相应主变量*/
EXEC SQL FETCH C1 INTO :HCard_no,:HReader_name,:HGender,:HBirth,
                     :HReader_type,:HDepartment
  if(SQLCA.SQLCODE!= 0)
    break;                                   //若所有查询结果均已处理完或出错,退出循环
  printf("%s, %s",PatronID,Name);
  printf("UPDATE Name?");                    //询问用户是否需要修改
  scanf("%c",&yn);
  if(yn = 'y' or yn = 'Y')                   //需要修改
  {
    printf("INPUT NEW NAME:");
    scanf("%s", &Newname);                   //输入新的姓名
    EXEC SQL UPDATE Patron
            SET Name = :Newname
            WHERE CURRENT OF C1;             //修改当前记录的姓名字段
  }
  ⋮
}
EXEC SQL CLOSE C1;                           //关闭游标
 ⋮
```

【例 11-9】 查询某个部门所有读者信息(要查询的部门名由主变量 deptname 指定),根据用户需要删除其中某些记录。

```
 ⋮
EXEC SQL BEGIN DECLARE SECTION
 ⋮
/*说明主变量 deptname,HCard_no,HReader_name,HGender,HBirth 等*/
 ⋮
EXEC SQL END DECLARE SECTION;
 ⋮
gets(deptname);                              //为主变量 deptname 赋值
 ⋮
EXEC SQL DECLARE C1 CURSOR FOR
        SECLECT PatronID,Name,Gender,BirthDate,Type,Department
        FROM Patron
        WHERE Department = :deptname         //说明游标 C1
```

```
EXEC SQL OPEN C1                                     //打开游标
while (1)                                            //用循环结构逐条处理结果集中的记录
{
  /* 游标向前推进一行,从结果中取当前行,送相应主变量 */
  EXEC SQL FETCH C1 INTO :HCard_no, :HReader_name, :HGender, :HBirth,
                         :HReader_type, :HDepartment
  if(SQLCA.SQLCODE!= 0)
    break;                                           //若所有查询结果均已处理完或出错,退出循环
  printf("%s,%s,",PatronID,Name);
  printf("DELETE?");                                 //询问用户是否需要删除
  scanf("%c",&yn);
  if(yn = 'y'or yn = 'Y')                            //需要删除
  {
    EXEC SQL DELETE
             FROM Patron
             WHERE CURRENT OF C1;                    //删除当前记录
  }
  ⋮
}
EXEC SQL CLOSE C1;                                   //关闭游标
⋮
```

11.1.5 嵌入式 SQL 的处理过程

嵌入式 SQL 的处理过程中,最关键的一步是将嵌有 SQL 的宿主语言源程序通过预编译程序转换成纯宿主语言源程序,如图 11-1 所示。

DBMS 除了提供 SQL 语言接口外,一般还提供一批用宿主语言编写的函数,供应用程序调用。例如,建立于 DBMS 的连接及其连接的环境、传送 SQL 语句、执行 SQL 语句并建立游标、返回执行结果、返回执行状态及各种异常情况等。这些函数组成函数库,实际上是向应用程序提供一个接口,称为调用级接口。

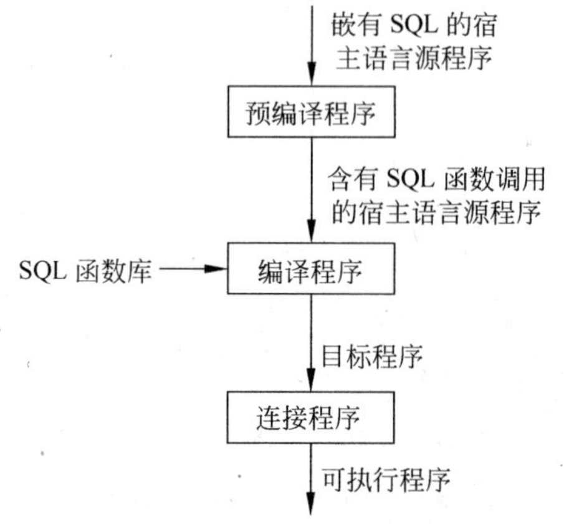

图 11-1　嵌入式 SQL 的处理过程

预编译程序将前缀为 EXEC SQL 的语句编译成宿主语言对函数的调用,从而把嵌有 SQL 的宿主语言源程序转换成纯宿主语言源程序,可以在编译连接后执行。

11.1.6 动态 SQL 简介

嵌入式 SQL 语句为编程提供了一定的灵活性,使用户可以在程序运行过程中根据实际需要输入 WHERE 子句或 HAVING 子句中某些变量的值。这些 SQL 语句的共同特点是,语句中主变量的个数与数据类型在预编译时都是确定的,只有主变量的值是程序运行过程中动态输入的,称这类嵌入式 SQL 语句为静态 SQL 语句。

静态 SQL 语言,就是在编译时已经确定了引用的表和列。宿主变量不改变表和列信

息。可以使用主变量改变查询参数值,但是不能用主变量代替表名或列名。

动态 SQL 语言是不在编译时确定 SQL 的表和列,而是让程序在运行时提供,并将 SQL 语句文本传给 DBMS 执行。静态 SQL 语句在编译时已经生成执行计划。而动态 SQL 语句,只有在执行时才产生执行计划。动态 SQL 语句首先执行 PREPARE 语句要求 DBMS 分析、确认和优化语句,并为其生成执行计划。DBMS 还设置 SQLCODE 以表明语句中发现的错误。当程序执行完 PREPARE 语句后,就可以用 EXECUTE 语句执行计划,并设置 SQLCODE,以表明完成状态。

静态 SQL 语句的另一个优点是它的性能。简单地说,对于要求运行时间较短的 SQL 程序,静态 SQL 语句比动态处理要快,因为准备一个语句的可执行形式的工作负载在预编译的时候就完成的。

动态 SQL 方法允许在程序运行过程中临时"组装"SQL 语句,主要有三种形式:

(1) 语句可变。允许用户在程序运行时临时输入完整的 SQL 语句。

(2) 条件可变。对于非查询语句,条件具有一定的可变性。对于查询语句,SELECT 子句是确定的,即语句的输出是确定的,其他子句(如 WHERE 子句、HAVING 短语)有一定的可变性,例如查询学生人数,可以是查询某个系的学生总人数,查询某个年龄段的学生人数等,这时 SELECT 子句的目标列表达式是确定的(COUNT(*)),但 WHERE 子句的条件是不确定的。

(3) 数据库对象,查询条件均可变。对于查询语句,SELECT 子句中的列名,FROM 子句中的表名或视图名,WHERE 子句和 HAVING 短语中的条件等均可由用户临时构造,即语句的输入和输出可能都是不确定的。

这几种动态形式几乎可覆盖所有的可变要求。为了实现上述三种可变形式,SQL 提供了相应的语句,例如 EXECUTE IMMEDIATE、PREPARE、EXECUTE、DESCRIBE 等。使用动态 SQL 技术更多的是涉及程序设计方面的知识,而不是 SQL 语言本身。

1. 直接执行的动态 SQL

直接执行的动态 SQL 只适合于非查询类的 SQL 语句的执行。应用程序定义一个存放要执行的 SQL 语句的字符串变量;对于 SQL 语句动态的部分,在程序过程中由用户输入,然后通过如下形式的语句来执行主变量中的 SQL 语句。

```
EXEC SQL EXECUTE IMMEDIATE <存放 SQL 语句的主变量>;
```

下面给出一个立即执行的动态 SQL 语句的例子。

```
EXEC SQL BEGIN DECLARE SECTION;                  //主变量说明开始部分
   char sqlstring[200];                          //主变量说明
EXEC SQL END DECLARE SECTION;                    //主变量说明结束部分
char cmd[100];                                   //用于存放查询条件的字符串
strcpy(sqlstring, "DELETE FROM Book WHERE");//填入 SQL 语句的固定部分
printf("输入查询条件: ");                        //提示用户输入查询条件
scanf("s%",cmd);                                 //输入查询条件至 cmd 中
strcat(sqlstring,cmd);                           //将查询条件连接到 sqlstring 中
EXEC SQL EXECUTE IMMEDIATE :sqlstring;           //立即执行 SQL
```

2. 准备执行的动态 SQL

准备执行的动态 SQL 语句中可以含有占位符，在程序运行中由用户输入的参数来取代这些占位符。在 SQL Server 中占位符使用“?”。准备执行的动态 SQL 主要涉及两个命令：PREPARE 和 EXECUTE。首先要用 PREPARE 准备要执行的 SQL 语句，用 EXECUTE 执行准备好的 SQL 语句。下面简要介绍一下这两个语句的格式。

PREPARE 语句格式为：

```
EXEC SQL PREPARE <语句名称> FROM <:主变量>;
```

其中，语句名称是为准备执行的 SQL 语句所起的名字，以便在执行时使用；主变量中存放要执行的 SQL 语句的字符串。

EXECUTE 语句格式为：

```
EXEC SQL EXECUTE <语句名称> USING <:主变量>;
```

其语句含义为：使用主变量的值作为参数，执行由 PREPARE 语句准备好的 SQL 语句。

准备执行的动态 SQL 分为两大类：一类用于执行非查询 SQL 语句，另一类用于执行查询类 SQL 语句。

1) 准备执行的非查询动态 SQL 语句

下面是一个删除单价高于某个值的图书的例子，通过该例子读者可以从中了解准备执行的非查询动态 SQL 语句的使用方法。

```
EXEC SQL BEGIN DECLARE SECTION;
  char sqlstring[200];
  float price;
EXEC SQL END DECLARE SECTION;
strcpy(sqlstring,"DELETE FROM Book WHERE Price>?");//复制带 ?的 SQL 语句
printf("输入要删除图书单价高于的值: ");      //提示用户输入删除条件
scanf("f%",&price);                          //输入删除条件
EXEC SQL PREPARE Del_Book FROM :sqlstring;   //准备由 sqlstring 指定的 SQL 语句 Del_Book
EXEC SQL EXECUTE Del_Book USING :price;      //以 price 的值为参数执行准备好的 SQL 语句
```

2) 准备执行的查询动态 SQL 语句

由于往往在编写程序的时候不能确定查询结果是单行还是多行，因此对于动态的查询 SQL 都使用游标。下面是准备执行的查询动态 SQL 的一个例子。这个例子要求在程序运行期间，由用户输入读者所在部门，然后根据用户输入的部门查询读者信息，并对查询结果一一处理。

```
EXEC SQL BEGIN DECLARE SECTION;
   char sqlstring[200];
   char PatronID[11];
   char Name[10];
   char Gender[2];
   char Type[20];
   char Dep[40];
```

```
EXEC SQL END DECLARE SECTION;
strcpy(sqlstring,"SELECT PatronID,Name,Gender,Type FROM Patron
                 WHERE Department = ?");
printf("输入部门名称: ");                    //提示用户输入查询条件
scanf("s%",Dep);                             //输入查询条件
EXEC SQL PREPARE Sel_Patron FROM :sqlstring; //准备 SQL 语句
EXEC SQL DECLARE Dep_Cursor CURSOR FOR Sel_Patron;//利用准备好的语句定义游标
EXEC SQL OPEN Dep_Cursor USING :Dep;         //通过打开游标执行 SQL 语句
while(1)
{
  EXEC SQL FETCH Dep_Cursor INTO :PatronID,:Name,:Gender,:Type;
  if (SQLCA.SQLCODE!= 0)
    break;
   //执行需要的处理
}
EXEC SQL CLOSE Dep_Cursor;
```

从提高性能的角度,知道什么情况下使用静态 SQL 或动态 SQL,对于开发人员是非常有用的。选择时需要考虑实际的情况,例如从安全方面考虑可使用静态 SQL,从环境考虑可使用动态 SQL。一般情况下,使用动态 SQL 的应用具有更高的启动成本,需要在使用它们之前先编译。

11.2 数据库与应用程序接口

在一个应用程序中可能会需要从不同的 DBMS 合并数据的方法,这需要一种方法来编写不依赖于任何一个 DBMS 的应用程序。因此,人们需要一种机制来实现与不同的 DBMS 或数据源的接口。这个接口对应用程序开发人员来说,其使用方式不依赖于任何特定的 DBMS,是一种开放的结构。

为了方便应用程序访问 DBMS,同时提高应用程序的可维护性,目前已经出现了多种数据库编程接口,常见有开放式数据库互连(Open Database Connectivity,ODBC)、数据库链接和嵌入对象(Object Linking and Embedding DataBase,OLE DB)、ActiveX 数据对象(ActiveX Data Object, ADO/ADO.NET)和 Java 数据库连接(Java Database Connectivity, JDBC)等。用户可以根据不同的平台和自己的需要,做出合适的选择。

如图 11-2 所示,在进行接口选择时,如果使用 Java 编程,不论使用何种操作系统,JDBC 都是唯一的数据库接口选择。如果使用 MFC 进行非.NET 编程,可有多种数据库接口供选择:标准的 ODBC 最通用,数据库访问对象(Database Access Object,DAO)只适合于微软的 Access 数据库,OLE DB 功能强大但是编写麻烦,ADO 则不仅功能强大而且使用方便。如果编写.NET 的数据库应用程序,唯一的选择是 ADO.NET 接口,但是可以使用任何支持.NET 的编程语言,如 C++/CLI、C#、VB、JScript、J# 等。不过,如果在 VS2008 中使用 C# 和 VB 编程,则还可以选择 LINQ 功能来访问数据库。

本节将重点介绍 ODBC、OLE DB、ADO/ADO.NET 和 JDBC 这几种接口的特点、结构、创建过程等。

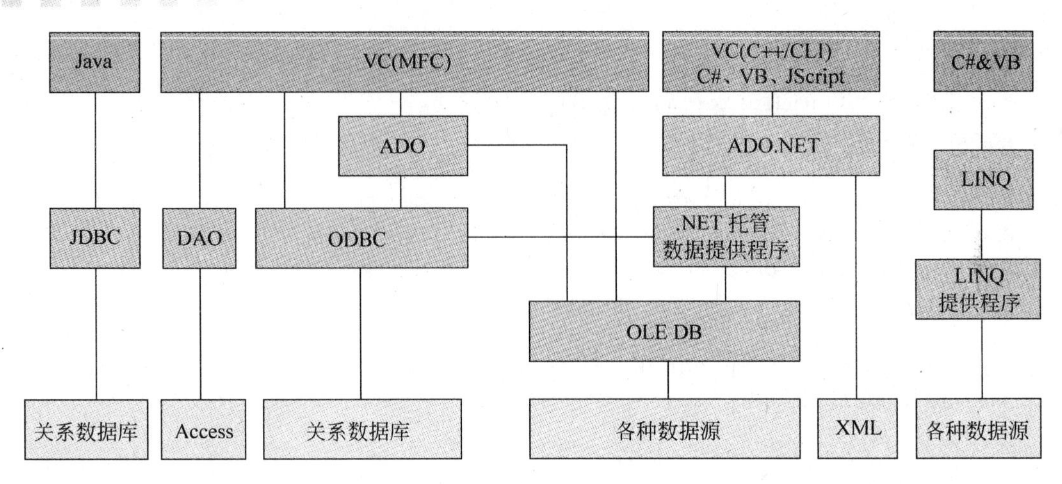

图 11-2 编程语言与数据库的接口

11.2.1 ODBC

开放数据库互连(Open Database Connectivity,ODBC)是微软公司开放服务结构(Windows Open Services Architecture,WOSA)中有关数据库的一个组成部分,它提供了一组规范和一组对不同类型的数据库进行访问的标准应用程序编程接口(Application Programming Interface,API)函数。这些 API 利用 SQL 来完成其大部分任务。

一个基于 ODBC 的应用程序对数据库的操作不依赖任何 DBMS,所有的数据库操作由对应的 DBMS 的 ODBC 驱动程序完成。即不论是 FoxPro、Access、SQL Server 还是 Oracle 数据库,均可用 ODBC API 进行访问。由此可见,ODBC 的最大优点是能以统一的方式处理所有的数据库。

1. ODBC 的体系结构

一个完整的 ODBC 从体系结构分由下列几部件组成。

1) ODBC 应用程序(Application)

ODBC 应用程序是用一般程序设计语言(如 C 语言等)编写的一个程序。

2) ODBC API 函数

执行 ODBC 函数调用,向 ODBC 发送 SQL 语句并获得检索结果。

3) ODBC 管理器(Administrator)

该程序位于 Windows 操作系统控制面板(Control Panel)的 32 位 ODBC 内,其主要任务是管理安装的 ODBC 驱动程序和管理数据源。

4) ODBC 驱动程序管理器(Driver Manager)

驱动程序管理器包含在 ODBC32. DLL 中,对用户是透明的。应用程序不能直接调用 ODBC 驱动程序,只可调用 ODBC 驱动程序管理器提供的 ODBC API 函数,再由 ODBC 驱动程序管理器负责把相应的 ODBC 驱动程序加载到内存中,同时把应用程序访问数据的请求传送给 ODBC 驱动程序。

5) ODBC 驱动程序

执行 ODBC 函数调用,ODBC 驱动程序具体负责把 SQL 请求传送到数据源的 DBMS

中,再把操作结果返回到 ODBC 驱动程序管理器。后者再把结果传送至客户端的应用程序。每种支持 ODBC 的数据库都拥有自己的驱动程序,一种驱动程序只能固定地与对应的数据库通信,不能访问其他数据库。

6) 数据源

数据源就是需要访问的数据库。应用程序若要通过 ODBC 访问一个数据库,则首先要创建一个数据源,主要工作是指定数据源名(Data Source Name,DSN),使其关联一个目标数据库以及相应的 ODBC 驱动程序。所以说,数据源实际上是一种数据连接的抽象,指定了数据库位置和数据库类型等信息。数据源分为以下三类:

(1) 系统数据源(System DSN)。是面向系统全部用户的数据源,系统中的所有用户都可以使用。

(2) 用户数据源(User DSN)。是仅面向某些特定用户的数据源,只有通过身份验证才能连接。

(3) 文件数据源(File DSN)。是用于从文本文件中获取数据,提供多用户访问。

ODBC 各部件之间的关系如图 11-3 所示。

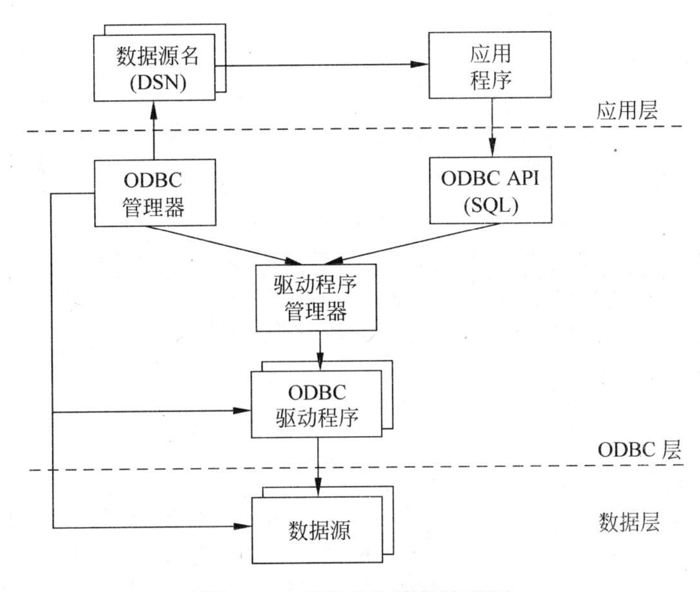

图 11-3 ODBC 的部件关系图

2. 工作流程

应用程序要访问一个数据库,首先必须用 ODBC 管理器注册一个数据源。ODBC 管理器根据数据源提供的数据库位置、数据库类型及 ODBC 驱动程序等信息,建立起 ODBC 与具体数据库的联系。应用程序将已创建好的数据源名提供给 ODBC,ODBC 就能建立起与相应数据库的连接,为访问数据库做好准备。

在 ODBC 中,ODBC API 函数不能直接访问数据库的,必须通过 ODBC 驱动程序管理器与数据库交换信息。ODBC 驱动程序管理器在应用程序和数据源之间起转换与管理作用。

3. 创建 ODBC 数据源

在 Windows XP 系统中建立一个 ODBC 数据源可以按照以下步骤进行。

第一步：打开控制面板，如图 11-4 所示，选择【管理工具】，双击【数据源(ODBC)】。在 ODBC 中可以创建三种数据源(DSN)，即用户数据源(User DSN)、系统数据源(System DSN)和文件数据源(File DSN)。用户数据源(User DSN)只能被系统中的当前用户使用，系统数据源(System DSN)可供系统当前用户或授权用户使用，文件数据源(File DSN)只有安装了相同驱动程序的用户才能使用。ODBC 的控制面板如图 11-5 所示。

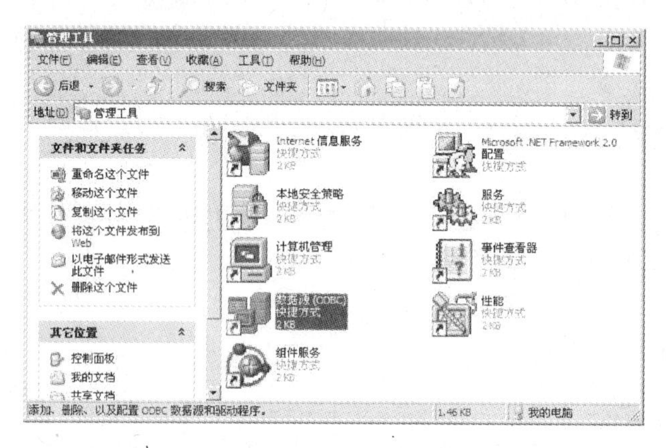

图 11-4　配置 ODBC

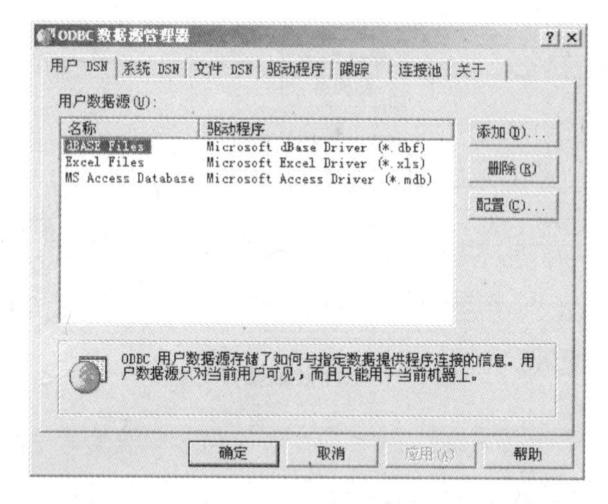

图 11-5　ODBC 面板

第二步：选择 ODBC 面板中的【系统 DSN】，然后单击【添加】按钮，打开如图 11-6 所示对话框。在该对话框的列表中列出了系统中已经安装的数据库驱动程序的名称、版本号以及提供驱动程序的公司名称。选择需要的驱动程序。这里，要创建一个连接到 SQL Server 数据库的数据源，则需要在此选择 SQL Server Native Client 10.0。然后单击【完成】按钮，打开如图 11-7 所示的对话框。

第三步：设置数据源。在图 11-7 所示对话框中需要设置新建数据源的相关数据。输

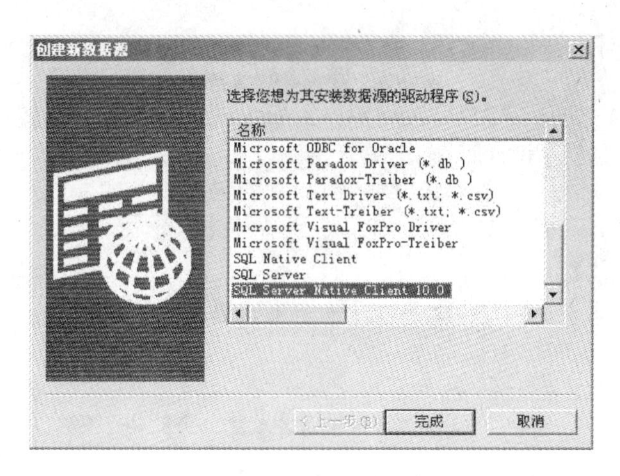

图 11-6　选择驱动程序

入数据源名称、数据源描述和 SQL Server 所在的服务器名称或者 IP 地址。服务器名称可以是 SQL Server 所在的机器名称，也可以是 IP 地址。若要指定 SQL Server 的命名实例，则将服务器名称指定为服务器名\实例名(如 KUMA-PC\YCL_SQL)。单击【下一步】按钮，出现如图 11-8 所示的窗口。

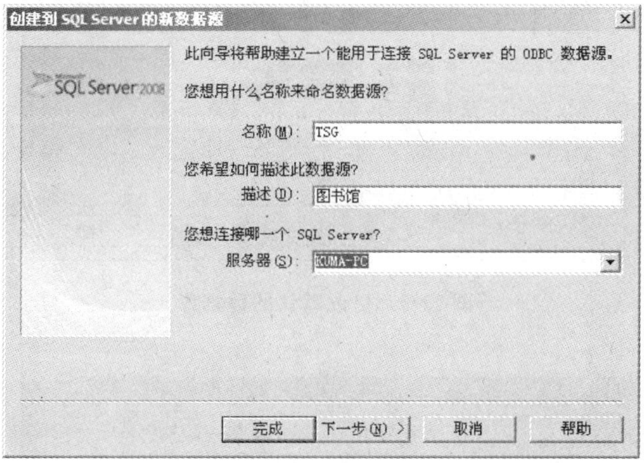

图 11-7　设置数据源

第四步：在如图 11-8 所示的窗口中，选择登录 SQL Server 时的身份验证方式。并输入登录 SQL Server 时所用到的用户名和密码。然后单击【下一步】按钮，进入如图 11-9 所示的窗口。在该窗口中，一定要选择【更改默认的数据库为】复选项，否则默认数据库是 master。然后选择想要连接的数据库。其余的按默认设置。然后单击【下一步】按钮，将出现如图 11-10 所示的窗口。

第五步：在图 11-10 所示的窗口中使用默认设置，单击【完成】按钮，将会出现如图 11-11 所示的窗口，该窗口给出了数据库连接的摘要信息。如果想测试一下是否能够连接到数据库，可以单击【测试数据源】按钮，会出现如图 11-12 所示的测试结果，单击【确定】按钮完成数据源创建。

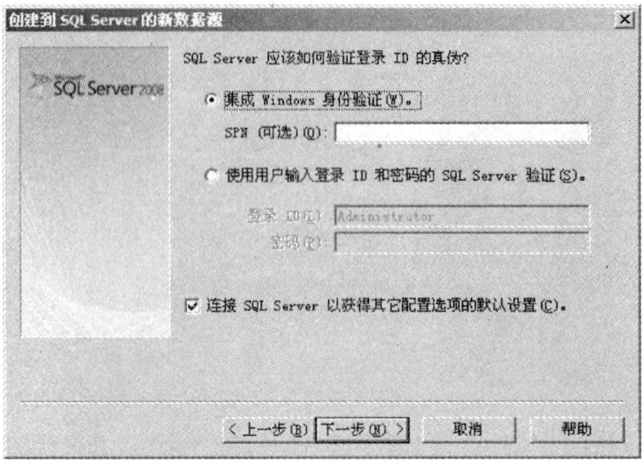

图 11-8 验证登录 ID

图 11-9 更改默认的数据库

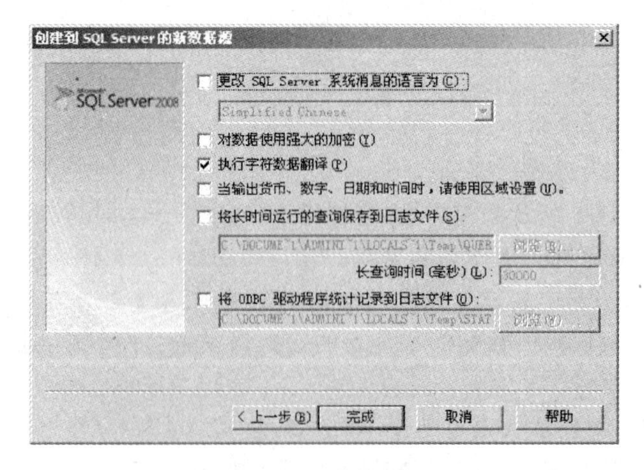

图 11-10 默认设置

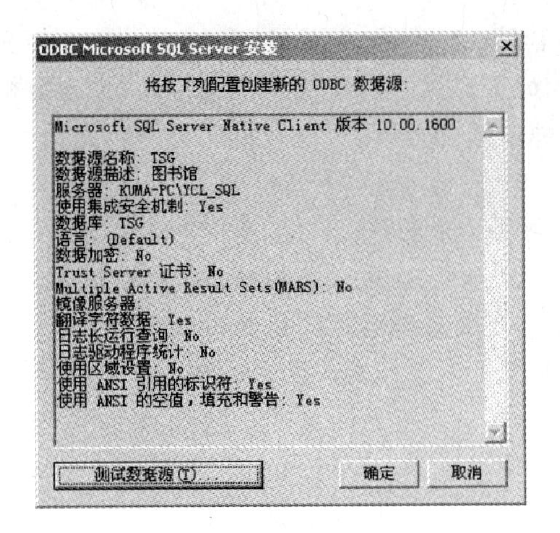

图 11-11 测试数据源

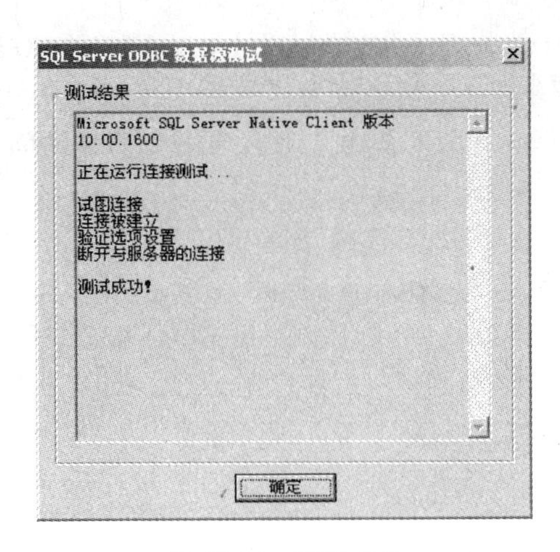

图 11-12 测试成功

11.2.2 OLE DB/ADO

OLE DB 和 ADO 是 UDA(Universal Data Access,统一数据访问)技术的两层标准接口。图 11-13 展示了统一数据访问 UDA 的软件层次模型。

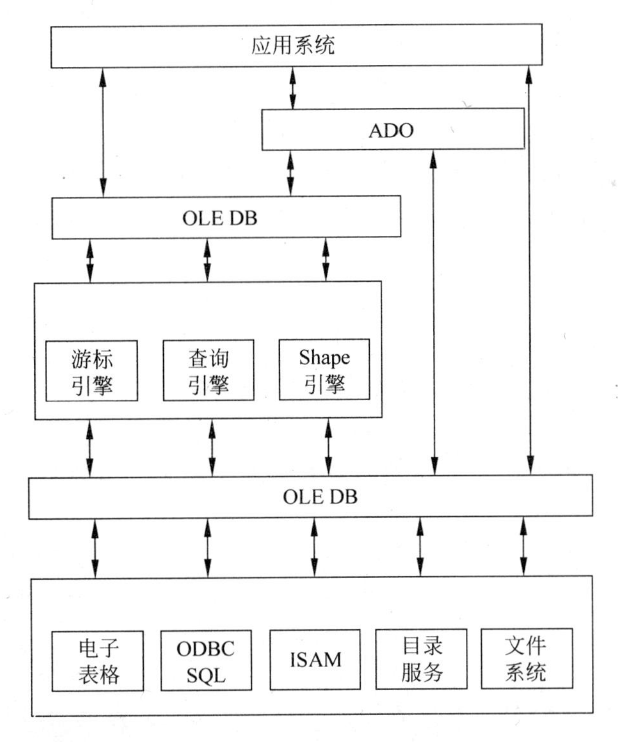

图 11-13 统一数据访问 UDA 的软件层次模型

1. OLE DB

OLE DB 是一种技术标准,目的是提供一种统一的数据访问接口,这里所说的“数据”,除了标准的关系型数据库中的数据之外,还包括邮件数据、Web 上的文本或图形、目录服务

(Directory Services),以及主机系统中的IMS和VSAM数据。OLE DB标准的核心内容就是要求以上这些各种各样的数据存储(Data Store)都提供一种相同的访问接口,使得数据的使用者(应用程序)可以使用同样的方法访问各种数据,而不用考虑数据的具体存储地点、格式或类型。

OLE DB标准的具体实现是一组C++ API函数,就像ODBC标准中的ODBC API一样。不同的是,OLE DB的API是符合COM标准、基于对象的(ODBC API则是简单的C API)。OLE DB定义了一组COM接口,这组接口封装各种数据库系统的访问操作,为数据处理方和数据提供方建立了标准。OLE DB还提供了一组标准的服务组件,用于提供查询、缓存、数据更新、事务处理等操作。因此,数据提供方只需进行一些简单的数据操作,数据处理方就可获得全部的数据控制能力。

OLE DB标准的API是C++ API,只能供C++语言调用(这也是OLE DB没有改名为ActiveX DB的原因,ActiveX是与语言无关的组件技术)。为了使流行的各种编程语言都可以编写符合OLE DB标准的应用程序,微软在OLE DB API之上,提供了一种面向对象、与语言无关的(Language-Neutral)应用编程接口,这就是ActiveX Data Objects,简称ADO。

ADO是应用层级的编程接口。它利用OLE DB提供的COM接口来访问数据,因此它适合于C/S(客户-服务器)系统和基于Web的应用,尤其在一些脚本语言中进行数据库访问操作是ADO主要优势。

应用程序既可以通过ADO访问数据,也可以直接通过OLE DB访问数据,而ADO也是通过OLE DB访问底层数据的。

可以说UDA(统一数据访问)技术的核心是OLE DB。OLE DB建立了数据访问的标准接口,它把所有的数据源经过抽象而形成行集(RowSet)的概念。OLE DB模型主要包括如下一些COM对象:

(1) 数据源(Data Source)对象。它对应于一个数据提供者,它负责管理用户权限、建立与数据源的连接等初始操作。

(2) 会话(Session)对象。在数据源连接的基础上建立会话对象,会话对象提供了事务控制机制。

(3) 命令(Command)对象。数据使用者利用命令对象执行各种数据操作,如查询、修改命令等。

(4) 行集(RowSet)对象。提供了数据的抽象表示,它可以是命令执行的结果,也可以有会话对象产生,它是应用程序主要的操作对象。

2. ADO

ActiveX Data Object(ADO)是继ODBC之后功能强大的数据访问技术,是OLE DB的消费者,与OLE DB提供者一起协同工作。它利用低层OLE DB为应用程序提供简单高效的数据库访问接口,ADO封装了OLE DB中使用的大量COM接口,对数据库的操作更加方便简单。

ADO实际上是OLE DB的应用层接口,这种结构也为统一的数据访问接口提供了很好的扩展性,而不再局限于特定的数据源,因此,ADO可以处理各种OLE DB支持的数据源。

使用 ADO 控件和 ADO 对象均可访问 SQL Server 数据库。使用 ADO 控件主要设置 ConnectionString 和 RecordSource 属性。使用 ADO 对象访问 SQL Server 数据库时，要在程序中声明或新建 ADO 对象，然后调用 ADO 对象的属性和方法即可。图 11-14 为 ADO 对象模型。

1）ADO 对象的主要属性

ADO Data 控件使用 ActiveX 数据对象来快速建立数据绑定的控件和数据提供者之间的连接。合理使用 ADO Data 控件会使编程工作事半功倍。ADO 控件中 ConnectionString 属性和 RecordSource 属性是两个非常重要的属性。

（1）ConnectionString 属性。ConnectionString 属性值是一个字符串，可以包含进行一个连接所需的所有设置值。在该字符串中所传递的参数是与驱动程序相关的。例如，ODBC 驱动程序允许该字符串包含驱动程序、提供者、默认的数据库、服务器、用户名以及密码等。类似下面的字符串。

```
"Driver = {SQL Server};server = KUMA;uid = sa;pwd = aa;database = TSG"
```

（2）RecordSource 属性。RecordSource 属性包含一条语句或一个表格名称，用于决定从数据库检索什么信息。

2）主要的 ADO 对象

在应用程序中通过 ADO 对象访问 SQL Server，ADO 的主要对象包括 Connection 对象、Command 对象和 Recordset 对象等。

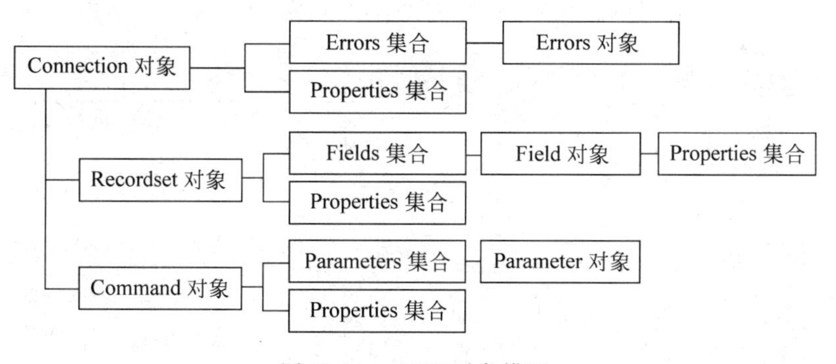

图 11-14 ADO 对象模型

（1）Connection 对象。提供与数据库的连接，可以理解为前端应用程序访问数据库服务器而建立的一个通道。

（2）Recordset 对象。返回对当前数据库操作的结果集，可以理解为容纳从数据库中查询到数据的容器。

（3）Command 对象。Command 对象定义了一个可以在数据源上执行的 SQL 命令。

在数据库的访问过程中，首先通过设置连接的服务器的名字、数据库名字、用户名和密码建立同数据库的连接(Connection)；然后，通过连接发送一个查询命令(Command)到数据库服务器上；最后，数据库服务器执行查询，把查询到的数据存储到 Recordset 中返回给用户。

11.2.3 ADO.NET

ADO使用OLE DB接口并基于微软的COM技术，而ADO.NET拥有自己的ADO.NET接口并且基于微软的.NET体系架构。因.NET体系结构不同于COM体系结构，ADO.NET接口也就完全不同于ADO和OLE DB接口，这也就是说ADO.NET和ADO是两种数据访问方式。

ADO.NET(ActiveX Data Object for .NET，针对.NET的ActiveX数据对象)是一组向.NET程序员公开数据访问服务的类。ADO.NET为创建分布式数据共享应用程序提供了一组丰富的组件。它提供了对关系数据、XML和应用程序数据的访问，因此是.NET框架中不可缺少的一部分。ADO.NET支持多种开发需求，包括创建由应用程序、工具、语言或因特网浏览器使用的前端数据库客户端和中间层业务对象。

ADO.NET提供对诸如SQL Server和XML这样的数据源以及通过OLE DB和ODBC公开的数据源的一致访问。共享数据的使用方应用程序可以使用ADO.NET连接到这些数据源，并可以检索、处理和更新其中包含的数据。

用户可以使用ADO.NET的两个组件来访问和处理数据：

- .NET Framework数据提供程序；
- DataSet。

图11-15说明了.NET Framework数据提供程序与DataSet之间的关系。其中，数据提供程序专用于某一种类型的数据源，完成数据源中实际的读取和写入工作；DataSet对象则将数据库中的数据读入到内存中的某个对象中，通过该内存对象实现数据的访问和操纵。

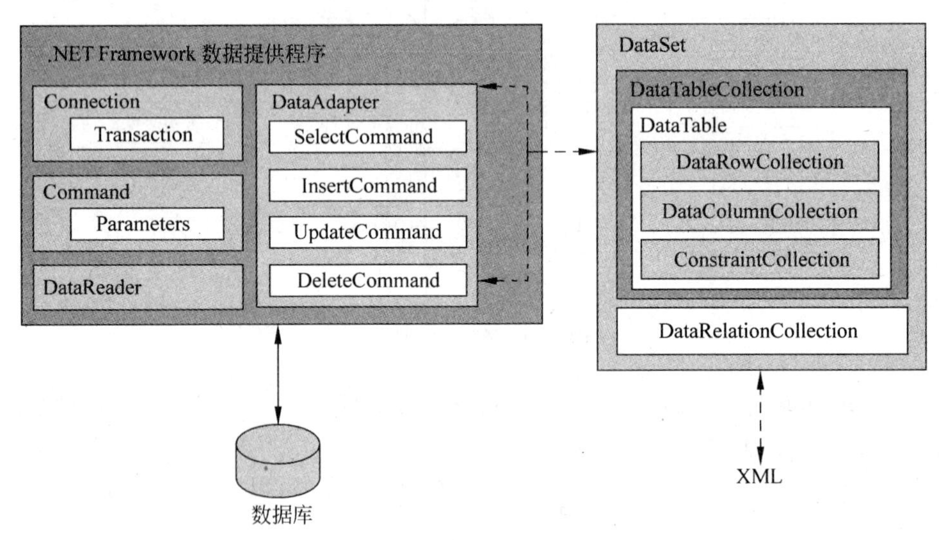

图11-15 ADO.NET结构

1. .NET Framework数据提供程序

.NET Framework数据提供程序是专门为数据处理以及快速地访问数据而设计的组件。

1) 数据提供程序的类型

ADO.NET提供四种类型的.NET数据提供程序。

(1) SQL Server .NET Provider。提供了对 SQL Server 数据库的高效访问能力；访问 SQL Server 7.0 及更高版本的数据库，能提供更好的性能。

(2) OLEDB .NET Provider。提供了对具有 OLE DB 驱动程序的任何数据源的访问能力；访问 SQL Server 6.5 或更早版本的数据库，Oracle 数据库或 Microsoft Access 数据库。

(3) ODBC .NET Provider。提供了对具有 ODBC 驱动程序的任何数据源的访问能力。

(4) Oracle .NET Provider。提供了对 Oracle 数据库的高效访问能力，支持 Oracle 8.1.7 或更高版。

2) 核心元素

.NET Framework 数据提供程序模型的核心元素是 Connection、Command、DataReader 和 DataAdapter 四个对象。

(1) Connection 对象。提供与数据源的连接。

(2) Command 对象。访问用于返回数据、修改数据、运行存储过程以及发送或检索参数信息的数据库命令。

(3) DataReader 对象。用于从数据源中读取只进且只读的数据流，主要用在有连接的数据应用场合。

(4) DataAdapter 对象。用于非连接的数据应用场合，提供连接 DataSet 对象和数据源的桥梁。DataAdapter 使用 Command 对象在数据源中执行 SQL 命令，以便将数据加载到 DataSet 中，并使对 DataSet 中数据的更改与数据源保持一致。

2. DataSet

ADO.NET DataSet 专门为独立于任何数据源的数据访问而设计。因此，它可以用于多种不同的数据源。如用于 XML 数据，或用于管理应用程序本地的数据。DataSet 包含一个或多个 DataTable 对象的集合，这些对象由数据行和数据列以及有关 DataTable 对象中数据的主键、外键、约束和关系信息组成。

3. ADO.NET 开发数据库应用程序的一般步骤

在 ADO.NET 中，对数据库的操作是通过 DataSet 和.NET 数据提供程序交互实现的，使用 ADO.NET 开发数据库应用程序的一般步骤：

(1) 根据使用的数据源，确定使用的.NET Framework 数据提供程序；

(2) 建立与数据源的连接，需要使用 Connection 对象；

(3) 执行对数据源的操作命令，通常是 SQL 命令，需要使用 Command 等对象；

(4) 使用数据集对获得的数据进行操作，需要使用 DataReader、DataSet 等对象；

(5) 向用户显示数据，通常可以使用数据控件。

4. DataSet 访问数据库

因为直接和数据源交互的对象是 Connection 对象，所以首先要通过 Connection 对象建立数据库连接，然后通过 DataAdapter 对象的 Fill 方法把数据填充到 DataSet 对象中。将该 DataSet 对象作为 GridView 控件(一种以表格形式显示数据的控件)的数据源显示出来。

下面给出一个用 C＃语言描述的使用 ADO. NET 访问数据库的代码示例(关于 ADO. NET 本书的第 12 章会有进一步的介绍)。

```
Using System.Data.sqlClient                                     //引入命名空间
⋮
//确定连接字符串,包括服务器、数据库、用户名和密码等
String Constr = "server = localhost;database = TSG;UID = sa;Password = 123456";
SqlConnection Conn = New SqlConnection(Constr);                 //建立与数据源的连接
String sqlstr = "select * from Book";
try
{ Conn.Open();                                                  //打开连接
  SqlDataAdapter da = New SqlDataAdapter(sqlstr,conn);          //创建 DataAdapter 对象
  DataSet ds = New DataSet();                                   //创建 DataSet 对象
   Da.Fill(ds);                                                 //把数据填充到 ds
  //设置 GridView1 控件的数据源为 ds.Table[0].DefaultView,可以表格形式显示查询结果
  GridView1.DataSource = ds.Tables[0].DefaultView;
}
catch(Exception ex){
  MessageBox.Show (ex.ToString());                              //输出错误信息
}
finally{
  Conn.Close();                                                 //关闭连接
}
```

11.2.4 JDBC

为支持 Java 程序的数据库操作功能,Java 语言采用了专门的 Java 数据库连接(Java Database Connectivity,JDBC)。JDBC 与 ODBC 相类似,都通过编程接口将数据库的功能以标准的形式呈现给应用程序开发人员。JDBC 是一系列 Java 类与接口的集合,Java 程序利用它就可以对数据库进行访问。JDBC 类和接口是 java. sql 包的一部分。JDBC API 通过 JDBC 驱动程序与特定的数据库通信。

1. JDBC 工作原理

JDBC 通过定义一组 API 对象和方法用于同数据库进行交互,即 JDBC API 接口通过 java. sql 包中的 java. sql. DriverManager 接口来处理驱动的调入并且对产生新的数据库连接提供支持,然后通过底层的 JDBC 驱动程序来驱动具体的数据库。JDBC 工作原理如图 11-16 所示。

目前比较常见的 JDBC 驱动程序类型有以下四种。

1) 类型 1(JDBC-ODBC 桥驱动)

JDBC-ODBC 桥是 SUN 公司提供的,是 Java JDK 提供的标准 API。这种类型的驱动实际是把所有 JDBC 的调用传递给 ODBC,再由 ODBC 调用本地数据库驱动代码(本地数据库驱动代码是指由数据库厂商提供的数据库操作的二进制代码库,例如在 Oracle for Windows 中就是 oci. dll 文件)。

只要本地机装有相关的 ODBC 驱动,那么采用 JDBC-ODBC 桥几乎可以访问所有的数

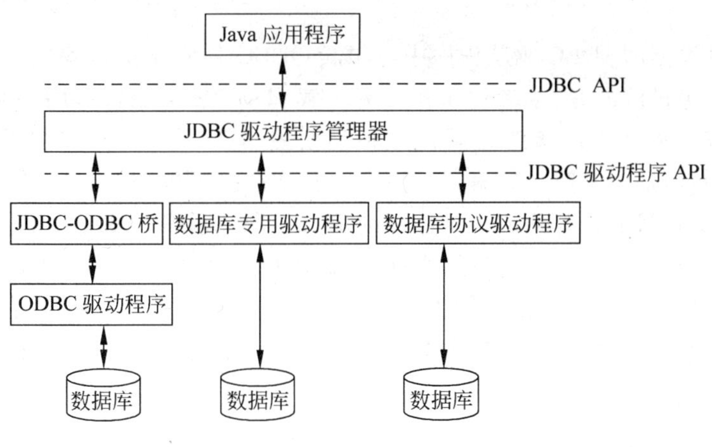

图 11-16 JDBC 工作原理

据库,JDBC-ODBC 方法对于客户端已经具备 ODBC driver 的应用还是可行的。

但是,由于 JDBC-ODBC 先调用 ODBC 再由 ODBC 去调用本地数据库接口访问数据库,所以执行效率比较低。对于那些大数据量存取的应用是不适合的。而且,这种方法要求客户端必须安装 ODBC 驱动,所以对于基于 Internet 和 Intranet 的应用也是不合适的。因为不可能要求所有客户都能找到 ODBC driver。

2) 类型 2(本地 API 驱动)

本地 API 驱动直接把 JDBC 调用转变为数据库的标准调用再去访问数据库。这种方法需要本地数据库驱动代码,这种驱动比起 JDBC-ODBC 桥执行效率大大提高了。但是,它仍然需要在客户端加载数据库厂商提供的代码库。这样就不适合基于 Internet 的应用。并且它的执行效率比起下面要介绍的两种类型的 JDBC 驱动还是不够高。

3) 类型 3(网络协议驱动)

这种驱动实际上是根据我们熟悉的三层结构建立的。JDBC 先把数据库的访问请求传递给网络上的中间件服务器。中间件服务器再把请求翻译为符合数据库规范的调用,再把这种调用传给数据库服务器。如果中间件服务器也是用 Java 开发的,那么在中间层也可以使用 JDBC-ODBC 桥和本地 API 驱动的 JDBC 驱动程序作为访问数据库的方法。

由于这种驱动是基于服务器(Server)的,所以它不需要在客户端加载数据库厂商提供的代码库。而且它在执行效率和可升级性方面是比较好的。因为大部分功能实现都在服务器端,所以这种驱动可以设计得很小,可以非常快速地加载到内存中。但是,这种驱动在中间件层仍然需要配置其他数据库驱动程序,并且由于多了一个中间层传递数据,它的执行效率还不是最好。

4) 类型 4(本地协议驱动)

这种驱动直接把 JDBC 调用转换为符合相关数据库系统规范的请求。由于这种驱动编写的应用可以直接和数据库服务器通信。这种类型的驱动完全由 Java 实现,因此实现了平台独立性。

由于这种驱动不需要先把 JDBC 调用传给 ODBC、本地数据库接口或者是中间层服务器,所以它的执行效率是非常高的。而且,它根本不需要在客户端或服务器端装载任何的软件或驱动。这种驱动程序可以动态的被下载。但是对于不同的数据库需要下载不同的驱动程序。

以上对四种类型的JDBC驱动程序中,JDBC-ODBC桥由于执行效率不高,更适合作为开发应用时的一种过渡方案,或者对于初学者了解JDBC编程也较适用。对于那些需要大数据量操作的应用程序则应该考虑其他三种类型的驱动。Intranet的应用可以考虑2型(本地API)驱动,但是由于第3和第4种类型的驱动在执行效率上比第2种类型的驱动有着明显的优势,而且目前开发的趋势是使用纯Java。所以后两种驱动类型也可以作为考虑对象。至于基于Internet方面的应用就只有考虑3和4型的驱动了。因为3型(网络协议)驱动可以把多种数据库驱动都配置在中间层服务器。所以此类型驱动最适合那种需要同时连接多个不同种类的数据库,并且对并发连接要求高的应用。4型(本地协议)驱动则适合那些连接单一数据库的工作组应用。

2. JDBC API 组成部分

JDBC API共分为两个不同的层:应用程序层是前端开发人员用来编写应用程序的;驱动程序层是由数据库厂商或专门的驱动程序生产厂商开发的。前端开发人员可以不必了解其细节信息,但是在运行使用应用程序层的JDBC程序之前,必须保证已经正确地安装了这些驱动程序。具体来说,如图11-17所示,JDBC API包括五个组成部分。

(1) 驱动程序(Driver);

(2) 驱动程序管理器(Driver Manager);

(3) 连接(Connection);

(4) 语句(Statement);

(5) 结果(ResultSet)。

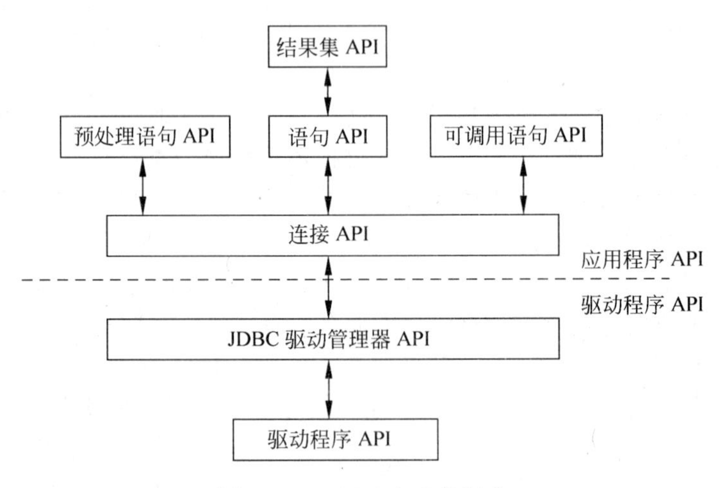

图11-17 JDBC API的组成

3. 查询数据库的一般步骤

1) 装入JDBC驱动程序

为了与数据库建立连接,可以通过Class类的forName()方法来装入数据库特定的驱动程序。以下分别是Oracle、SQL Server和MySQL的驱动程序装入代码。

Oracle：

```
Class.forName("oracle.jdbc.driver.OracleDriver");
```

SQL Server：

```
Class.forName("com.microsoft.jdbc.sqlserver.SQLServerDriver");
```

MySQL：

```
Class.forName("com.mysql.jdbc.Driver");
```

2) 定义 URL

URL 指定数据库服务器的主机名、端口以及希望与之连接的数据库名。下面代码分别是关于 Oracle、SQL Server 和 MySQL 的 URL 示例。

Oracle：

```
URL = "jdbc:oracle:thin:@localhost:1521:TSG";
//主机名: 本地主机,端口: 1521,数据库: TSG
```

SQL Server：

```
URL = "jdbc:microsoft:sqlserver://127.0.0.1:1433;DatabaseName = TSG";
//主机 IP: 127.0.0.1,端口: 1433,数据库: TSG
```

MySql：

```
URL = "jdbc:mysql://localhost:3306/TSG";
//主机名: 本地主机,端口: 3306,数据库: TSG
```

3) 建立数据库连接

Connection(Java.sql.Connection)对象表示与数据库的连接。只有连接成功后才能执行发送给数据库的 SQL 语句并返回结果。例如,如下代码将建立一个连接对象 Conn。

```
Connection Conn = DriverManager.getConnection(url,user,pwd);
//需传递 URL、用户名和密码
```

4) 查询数据库

Statement(java.sql.Statement)对象可以把简单查询发送到数据库,它由 Connection 的 createStatement()方法创建。例如,如下语句将创建一个 Statement 对象 stmt。

```
Statement stmt = Conn.createStatement();                //Conn 是连接对象
```

执行查询功能的是 executeQuery()方法,能以 ResultSet 结果集的形式返回查询结果。ResultSet(java.sql.ResultSet)对象包含 SQL 语句执行后的结果集。例如,如下语句将执行查询,并返回结果集 rs。

```
String sql = "select * from Book";
ResultSet rs = stmt.executeQuery(sql);
```

5) 处理结果

处理结果可以使用 ResultSet 的 Next()方法在表中每次移动一行。ResultSet 的 Next()方法返回一个布尔值 TRUE,表示下面还有数据。在每一行结果中可以使用 ResultSet 对象的 getXXX(“字段名”)获取该行中字段的数据,如 getString()和 getInt()等。也可以使用 getXXX(索引号)获取数据,这里索引号从 1 开始。例如,下面的程序可以访问结果集 rs 的每个索书号。

```
while(rs.Next())                          //调用 ResultSet 的 Next()方法获取下一行,直到结束
{
    String a = rs.getString("CallNo");              //获取当前行的索书号
    System.out.println(a);                          //输出获取的索书号
}
```

6) 关闭连接

使用 Connection 对象的 Close()方法可关闭数据库连接。关闭连接会关闭对应的 Statement 和 ResultSet 对象。例如,关闭前面建立的连接 Conn,可以使用如下语句。

```
Conn.Close();
```

11.2.5 Java 数据库访问代码示例

为了理解 JDBC 的使用,下面给出一个数据库访问的例子代码。这些代码主要实现的功能是:对于 TSG 数据库,利用 JDBC 作为数据库访问接口,查询 Book 表中的图书信息。程序代码(SetBook.java)如下:

```
 import java.sql.*;                                         //导入包
public class SetBook {
  public static void main(String[] args) {
  try{
    Class.forName("sun.jdbc.odbc.JdbcOdbcDriver");        //加载数据库驱动程序
    Connection Conn = DriverManager.getConnection("jdbc:odbc:TSG");
    //连接数据库
    Statement stmt = Conn.createStatement() ;              //创建一个 SQL 语句
    //查询 book 表,并将结果集放在结果集对象中
    ResultSet rs = stmt.executeQuery("select * from book");
    //下面的语句为输出查询结果
    System.out.println("图书查询结果: ");
    System.out.println("\t 图书号\t\t 图书名\t\t\作者\t 价格\t 出版社\t\t 数量");
    while(rs.next()){
       System.out.print("\t" + rs.getString(1));
       System.out.print("\t" + rs.getString(2));
       System.out.print("\t" + rs.getString(3));
       System.out.print(" " + rs.getDouble(4));
       System.out.print("\t" + rs.getString(5));
       System.out.print("\t" + rs.getInt(6));
       System.out.println();
     }
     Conn.Close();
   }catch(Exception e){e.printStackTrace();}               //输出错误信息
  }
}
```

11.3 本章小结

本章主要介绍嵌入式 SQL 和数据库访问接口等数据库编程和访问技术。这些内容是数据库应用程序开发的重要知识。

嵌入式 SQL 语言就是将 SQL 语句直接嵌入到程序的源代码中，与其他程序设计语言语句混合。在嵌入式 SQL 中，SQL 语句用来与数据库打交道，完成各种数据库操作；主语言语句主要用来控制流程以及对从数据库中获取的数据进一步加工和处理。

数据库与应用程序接口可以让用户的应用程序不依赖于特定的 DBMS。常用的数据库与应用程序的接口包括 ODBC、ADO、ADO. NET 和 JDBC 等。其中，ADO. NET 和 JDBC 分别是在. NET 平台和 Java 平台下开发数据库应用程序使用的数据库访问接口。

习题 11

1. 在嵌入式 SQL 中是如何区分 SQL 语句和主语言语句的？
2. 在嵌入式 SQL 中是如何解决数据库工作单元与源程序工作单元之间通信的？
3. 在嵌入式 SQL 中，如何协调 SQL 语言的集合处理方式和主语言的单记录处理方式？
4. 静态 SQL 与动态 SQL 有何区别？
5. 编程语言与数据库的接口都有哪些？
6. ODBC 的体系结构组成包括哪些内容？
7. 简要说明一下什么是 ADO. NET？
8. JDBC 驱动程序类型有哪几种？
9. 上机验证 11.2.5 节例子。

实验 11 应用程序访问数据库

【实验目的】

(1) 掌握配置 ODBC 数据源的方法。
(2) 掌握 ADO. NET 实现对数据库的访问。

【实验要求】

(1) 熟练掌握在 Windows 操作系统下配置 ODBC 数据源的方法和过程。
(2) 熟练使用 ADO. NET 实现对数据库的访问。
(3) 完成应用程序访问数据库实验报告。

【实验准备】

(1) 已完成实验 2,成功创建了数据库 studb。

(2) 已完成实验 3,成功建 student、course 和 student_course 表,且表中已输入数据。

(3) 已成功搭建好.NET 开发环境(已安装 Visual Studio 2005 或 Visual Studio2008 等集成开发平台)。

【实验内容】

(1) 参照本章的 11.2.1 节,利用 Windows 控制面板提供的管理工具新建一个 ODBC 系统数据源,要求该数据源连接到本地 SQL Server 服务器上的数据库 studb,并且要测试与数据库的连接。

(2) 使用 ADO.NET 进行数据库的访问。在.NET 集成开发平台上,新建一个 C# 应用程序,实现一个利用 ADO.NET 访问数据库的程序(可参考本章 11.2.3 节中的示例代码)。要求能够将 studb 数据库中的每个学生及其选修课程的情况(应包括学号、姓名、课程名称、成绩等信息)利用 GridView 控件显示出来。

第12章 数据库开发实例

SQL Server 2008 数据库系统提供了功能强大的管理界面，用户可以通过管理界面进行数据库表的创建与维护工作，但实际生产业务实际中，很难要求用户去使用数据库管理系统进行相关业务的管理，而且有一些复杂的业务处理必须用专门开发的软件来实现。所以，目前绝大部分的数据库应用系统都必须使用专门的开发工具来完成。

数据库应用系统的开发有很多成熟的开发工具，SQL Server 2008 是微软公司最新的数据库版本，为了更好发挥该数据库的优点，微软还推出了 VS2010 开发平台，该平台支持多种程序设计语言，而且与 SQL Server 紧密集成。本章采用 Visual C# 语言，以 SQL Server 2008 数据库为例，结合笔者开发的图书馆管理系统的实际业务，介绍数据库应用系统开发的一般过程。

12.1 数据库应用系统开发过程

所谓数据库应用系统(DBAS)，就是为了完成某一个特定的任务，把与该任务相关的数据以某种数据模型进行存储，并围绕这一目标开发的应用程序。通常把这些数据、数据模型以及应用程序整体称为一个数据库应用系统。用户通过应用程序，可以对业务数据进行有效的管理和加工。

一般来说，一个数据库应用系统都能完成一定的业务逻辑，比如图书馆管理系统，要满足用户对图书馆的工作需要，能够进行图书采购、编目、典藏、流通等业务操作，同时为读者提供检索功能，为图书馆的自动化管理提供完整的解决方案。

实践中，数据库应用系统的开发过程一般分为以下六个阶段，如图 12-1 所示。

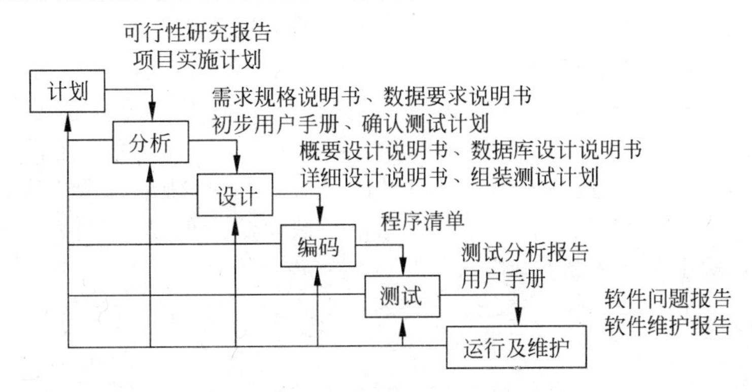

图 12-1 数据库应用系统的开发过程

1. 计划

凡事预则立，软件开发也不例外，所谓计划就是对所要解决的问题进行总体定义，在计划阶段，主要完成以下任务：了解用户的要求及现实环境，从技术、经济和法律及社会因素等三个方面研究并论证本软件项目的可行性，编写可行性研究报告，探讨解决问题的方案，并对可供使用的资源（如计算机硬件、系统软件、人力等）成本，可取得的效益和开发进度做出估计。制订完成开发任务的实施计划。

2. 分析

软件需求分析就是回答做什么的问题。它是一个对用户的需求进行去粗取精、去伪存真、正确理解，最后形成需求规格说明书的过程。本阶段的基本任务是和用户一起确定要解决的问题，建立软件的逻辑模型，编写需求规格说明书文档并最终得到用户的认可。目前需求分析的主要方法有结构化分析方法及面向对象的分析方法。

3. 设计

本阶段的工作是根据需求说明书的要求，设计建立相应的软件系统的体系结构，并将整个系统分解成若干个子系统或模块，定义子系统或模块间的接口关系，对各子系统进行具体设计定义，最后形成软件概要设计和详细设计说明书，数据库或数据结构设计说明书，组装测试计划。软件设计可以分为概要设计和详细设计两个阶段。概要设计就是结构设计，其主要目标就是给出软件的模块结构，用软件结构图表示。详细设计的首要任务就是设计模块的程序流程、算法和数据结构，次要任务就是设计数据库，常用方法还是结构化程序设计方法。

4. 编码

软件编码是指把软件设计转换成计算机可以接受的程序，即写成以某一程序设计语言表示的“源程序清单”。目前，数据库应用系统设计语言主要采用面向对象的开发语言，如 Java，.NET 系列语言等，充分了解软件开发语言、工具的特性和编程风格，有助于开发工具的选择以及保证软件产品的开发质量。

5. 测试

软件测试的目的是以较小的代价发现尽可能多的错误。要实现这个目标的关键在于设计一套出色的测试用例（测试数据和预期的输出结果组成了测试用例）。如何才能设计出一套出色的测试用例，关键在于理解测试方法。不同的测试方法有不同的测试用例设计方法。两种常用的测试方法是白盒法和黑盒法。白盒法测试对象是源程序，依据的是程序内部的逻辑结构来发现软件的编程错误、结构错误和数据错误。结构错误包括逻辑、数据流、初始化等错误。用例设计的关键是以较少的用例覆盖尽可能多的内部程序逻辑结果。黑盒法依据的是软件的功能或软件行为描述，发现软件的接口、功能和结构错误。其中接口错误包括内部/外部接口、资源管理、集成化以及系统错误。黑盒法用例设计的关键同样也是以较少的用例覆盖模块输出和输入接口。

6. 运行及维护

软件编写好之后，要从开发环境到实际运行环境的转移，一般都是以安装包形式提供，在用户使用现场进行软件交付。

维护是指在已完成对软件的研制(分析、设计、编码和测试)工作并交付使用以后,对软件产品所进行的一些软件工程的活动。即根据软件运行的情况,对软件进行适当修改,以适应新的要求,以及纠正运行中发现的错误。编写软件问题报告、软件维护报告。

一般来说,一个中等规模的软件,如果研制阶段需要一年至二年的时间,在它投入使用以后,其运行或工作时间可能持续五年至十年。那么它的维护阶段也是运行的这五年至十年期间。在这段时间,人们几乎需要着手解决研制阶段所遇到的各种问题,同时还要解决某些维护工作本身特有的问题。做好软件维护工作,不仅能排除障碍,使软件能正常工作,而且还可以使它扩展功能,提高性能,为用户带来明显的经济效益。然而遗憾的是,对软件维护工作的重视往往远不如对软件研制工作的重视。而事实上,和软件研制工作相比,软件维护的工作量和成本都要大得多。

在实际开发过程中,软件开发并不是从第一步进行到最后一步,而是在任何阶段,在进入下一阶段前一般都有一步或几步的回溯。在测试过程中发现的问题可能要求修改设计,用户可能会提出一些需要来修改需求说明书等。

12.2 使用C#开发数据库应用系统

作为微软主推的.NET框架语言之一,C#在数据库应用程序编写方面功能十分强大,通过ADO.NET访问接口及控件数据绑定功能,可以快速高效地进行应用程序开发。

第11章介绍了访问数据库的各类接口,目前,ADO.NET是微软公司推出的最新的数据访问技术,也是.NET框架的一部分,目前ORACLE、DB2、SYBASE等主流商用数据库都开发了适合ADO.NET访问的驱动程序,都可以使用ADO.NET进行数据访问。

12.2.1 C#简介

C#是微软公司推出的一种面向对象的程序设计语言,最初是作为.NET的一部分而开发的,是微软.NET平台的核心语言之一。C#采用了C++语言的面向过程和对象的语法,同时吸收了另外几种程序设计语言的特征(其中最显著的是Delphi、Visual Basic和Java),该语言一推出,就以其简单、现代、通用、面向对象、支持分布式环境中的软件组件开发、国际化支持、多平台编程等强大功能受到了广大程序员的认可,并且成为国际标准(ISO/IEC 23270:2006 Information technology-C# Language Specification),目前版本是C#4.0。

C#语言主要具有如下特点:

(1) 简单。相对于复杂的C++,C#的语言简单,开发高效。C#没有指针,不许直接存取内存。使用统一的类型系统,抛弃了C++的多变类型系统(如int的字节数、0/1转布尔值等)。

(2) 现代。通过.NET框架,支持组件编程、泛型编程、分布式计算、XML处理和B/S应用等。

(3) 面向对象。C#全面支持面向对象的功能。与C++相比,C#去掉了全局变量和全局函数等,所有的代码都必须封装在类中(甚至包括入口函数[方法]Main)、禁止重写非虚拟的方法、增加了访问修饰符internal、禁止持多重类继承。

(4) 类型安全。C#实施严格类型安全,取消了不安全的类型转换,禁止使用未初始化的变量,进行边界检查。

有关开发工具的使用方法及C#语言的知识请读者参考有关书籍。

12.2.2 ADO.NET 对象的使用

第11章介绍了ADO.NET的对象模型，在此将ADO.NET的主要组件属性、方法做一下详细介绍。

ADO的对象模型中有五个主要的数据库访问和操作对象，分别是Connection（连接）、Command（控制）、DataReader（数据读取）、DataAdapter（数据修改）和DataSet对象：

其中，Connection对象主要负责连接数据库，Command对象主要负责生成并执行SQL语句，DataReader对象主要负责读取数据库中的数据，DataAdapter对象主要负责在Command对象执行完SQL语句后生成并填充DataSet和DataTable，而DataSet对象主要负责存取和更新数据。由于本教材以MS SQLServer 2008为例，所以下面以SQL.NET数据提供者为例，介绍一下各个对象的使用方法。

1. SQLConnection 对象

所有的数据访问操作都必须使用该对象进行数据连接，连接对象是数据库访问的最基本对象。

1）SQLConnection常用属性

（1）ConnectionString。该属性用来获取或设置用于打开SQL Server数据库的字符串，典型连接字符串如下：

```
Data Source = LONGDRAGONNOTE; Initial Catalog = TSG; Integrated Security = True 或
Data Source = LONGDRAGONNOTE; Initial Catalog = TSG; User ID = sa; Password = 1
```

其中，Data Source表示数据库服务器的名称或数据库实例，可以用计算机名称、IP等表示；Initial Catalog指明要连接的数据库名称；Integrated Security＝True表示启用Windows方式验证，也可以使用SQLServer数据库方式验证，在第二种方式验证中，User ID表示数据库用户登录名称，Password表示该用户的访问密码。连接字符串的方式取决于数据库的安全性验证方式设置。一般来说，使用集成安全验证的登录方式比较安全，因为这种方式不会暴露用户名和密码。

（2）State。是一个枚举类型的值，用来表示当前数据库的连接状态。该属性的取值情况和含义如表12-1所示。

表12-1 连接状态属性值

属性值	对应含义
Broken	该连接对象与数据源的连接处于中断状态。只有当连接打开后再与数据库失去连接才会导致这种情况。可以关闭处于这种状态的连接，然后重新打开（该值是为此产品的未来版本保留的）
Closed	该连接处于关闭状态
Connecting	该连接对象正在与数据源连接（该值是为此产品的未来版本保留的）
Executing	该连接对象正在执行数据库操作的命令
Fetching	该连接对象正在检索数据
Open	该连接处于打开状态

2）SQLConnection 常用方法

（1）构造函数。SQLConnection 支持两种构造函数，分别是不带参数的构造函数和带连接字符串的构造函数。

（2）Open 方法。该方法主要用来打开一个连接。

（3）Close 方法。该方法主要用来关闭一个打开的连接。

（4）CreateCommand 方法。在该连接上创建一个命令。

下面代码说明如何使用连接来访问数据，注意要在项目中引入 System. Data. SqlClient 命名空间。

```
SqlConnection conn = new SqlConnection();
conn.ConnectionString = "Data Source = LONGDRAGONNOTE;
                   Initial Catalog = TSG;Integrated Security = True";
if(conn.State == ConnectionState.Closed)
  conn.Open();
if(conn.State == ConnectionState.Open)
  conn.Close();                                        //使用结束后关闭数据源连接
```

注意：每个数据库连接都要占用一定的系统资源，如内存和网络带宽，因此对数据库的连接必须小心使用，要在最晚的时候建立连接（调用 Open 方法），在最早的时候关闭连接（调用 Close 方法）。也就是说在开发应用程序时，不再需要数据连接时应该立刻关闭数据连接。

2. SQLCommand 对象

建立了数据库连接之后，就可以执行数据访问操作和数据操纵操作了。一般对数据库的操作被概括为 CRUD——Create、Read、Update 和 Delete。ADO. NET 中定义了 Command 类去执行这些操作。

SQLCommand 对象主要用来执行 SQL 语句。利用 Command 对象，可以查询数据和修改数据，SQLCommand 对象是由 Connection 对象创建的，其连接的数据源也将由 Connection 来管理。而使用 Command 对象的 SQL 属性获得的数据对象，将由 SQLDataReader 和 SQLDataAdapter 对象填充到 DataSet 里，从而完成对数据库数据操作的工作。

1）SQLCommand 常用的属性

（1）Connection。用来获得或设置该 Command 对象的连接数据源。

（2）ConnectionString。用来获得或设置连接数据库时用到的连接字符串。

（3）CommandType。用来获得或设置 CommandText 属性中的语句是 SQL 语句、数据表名还是存储过程。该属性的取值有三个，即 StoredProcedure（存储过程）、TableDirect（表）和 Text（文本），默认为 Text。

（4）CommandText。根据 CommandType 属性的不同取值，可以使用 CommandText 属性获取或设置 SQL 语句、数据表名或存储过程。

2）SQLCommand 常用方法

（1）ExecuteNonQUery 方法。ExecuteNonQuery 方法用来执行 Insert、Update、Delete 等非查询语句和其他没有返回结果集的 SQL 语句，并返回执行命令后影响的行数。如果

Update 和 Delete 命令所对应的目标记录不存在,返回 0;如果出错,返回－1。

(2) ExecuteScalar 方法。在许多情况下,需要从 SQL 语句返回一个值结果,例如客户表中记录的个数,当前数据库服务器的时间等。ExecuteScalar()方法就适用于这种情况。

ExecuteScalar 方法执行一个 SQL 命令,并返回结果集中的首行首列(执行返回单个值的命令)。如果结果集大于一行一列,则忽略其他部分。根据该特性,这个方法通常用来执行包含 Count、Sum 等聚合函数的 SQL 语句。ExecuteScalar()方法的返回值类型是 Object,根据具体需要,可以将它转换为合适的类型。

(3) ExecuteReader 方法。ExecuteReader()方法执行命令,并使用结果集填充 DataReader 对象。

(4) ExecuteXmlReader 方法。SqlCommand 特有的方法,该方法执行返回 XML 字符串的命令。它将返回一个包含所返回的 XML 的 System. Xml. XmlReader 对象。

3. SQLDataReader 对象

SQLDataReader 翻译为数据读取器或阅读器,是从一个数据源中选择某些数据的最简单的方法,但也是功能较弱的一个方法。SQLDataReader 类没有构造函数,所以不能直接实例化它,需要从 SQLCommand 对象中返回一个 SQLDataReader 实例,具体做法是通过调用它们的 ExecuteReader 方法。

SQLDataReader 类最常见的用法就是检索 SQL 查询或存储过程返回记录。另外 SQLDataReader 是一个连接的、只向前的和只读的结果集。也就是说,当使用数据阅读器时,必须保持连接处于打开状态。除此之外,可以从头到尾遍历记录集,而且也只能以这样的次序遍历,即只能沿着一个方向向前的方式遍历所有的记录,并且在此过程中数据库连接要一直保持打开状态,否则将不能通过 SQLDataReader 读取数据。这就意味着,不能在某条记录处停下来向回移动。记录是只读的,因此数据阅读器类不提供任何修改数据库记录的方法。

1) SQLDataReader 常用属性

(1) FieldCount。返回查询结果的字段个数。

(2) HasRows。该值指示 SqlDataReader 是否包含一行或多行。

(3) Item。此属性返回由字段索引或字段名指定的字段值 SQLDataReader 类有一个索引符,可以使用常见的数组语法访问任何字段。使用这种方法,既可以通过指定数据列的名称,也可以通过指定数据列的编号来访问特定列的值。第一列的编号是 0,第二列编号是 1,依次类推。例如:

```
Object value1 = reader["学号"];
Object value2 = reader[0];
```

2) SQLDataReader 常用方法

(1) Read 方法。当 ExecuteReader 方法返回 SQLDataReader 对象时,当前光标的位置在第一条记录的前面。必须调用阅读器的 Read 方法把光标移动到第一条记录,然后,第一条记录将变成当前记录。如果数据阅读器所包含的记录不止一条,Read 方法就返回一个

Boolean 值 true。想要移到下一条记录，需要再次调用 Read 方法。重复上述过程，直到最后一条记录，那时 Read 方法将返回 false。经常使用 while 循环来遍历记录：

```
while(reader.Read())
{
    //读取数据
}
```

只要 Read 方法返回的值为 true，就可以访问当前记录中包含的字段。

(2) Get 类方法。除了通过索引访问数据外，SQLDataReader 类还有一组类型安全的访问方法可以用于读取指定列的值。这些方法是以 Get 开头的，并且它们的名称具有自我解释性。例如 GetInt32()、GetString()等。这些方法都带有一个整数型参数，用于指定要读取列的编号。

每一个 SQLDataReader 类都定义了一组 Get 方法，那些方法将返回适当类型的值。例如，GetInt32 方法把返回的字段值作为 32 位整数。每一个 Get 方法都接受字段的索引，例如在上面的例子中，使用以下的代码可以检索 ID 字段和 cName 字段的值：

```
int ID = reader. Getint32 (0);
string cName = reader. GetString(1);
```

(3) Close 方法。Close 方法不带参数，无返回值，用来关闭 DataReader 对象。由于 DataReader 在执行 SQL 命令时一直要保持同数据库的连接，所以在 DataReader 对象开启的状态下，该对象所对应的 Connection 连接对象不能用来执行其他操作。所以，在使用完 DataReader 对象时，一定要使用 Close 方法关闭该 DataReader 对象，否则不仅会影响到数据库连接的效率，更会阻止其他对象使用 Connection 连接对象来访问数据库。

下面代码片段描述了遍历 TSG 数据库中教师类别读者的读者标识、读者姓名、性别、部门的过程。

```
SqlConnection conn = new SqlConnection();
conn.ConnectionString = "Data Source = (local);Initial Catalog = TSG;
                                    Integrated Security = SSPI";
//命令字符串
string selectQuery = "SELECT PatronID,Name,Gender,Department FROM
                     Patron WHERE Type = '教师'";
//新建命令对象
SqlCommand  cmd = new SqlCommand(selectQuery,conn);
conn.Open( );
 //关闭阅读器时将自动关闭数据库连接
SqlDataReader reader;
reader = cmd.ExecuteReader(CommandBehavior.CloseConnection);
 //循环读取信息
while (reader.Read())
{
    message + = "读者标识:" + reader[0].ToString() + " ";
    message + = "姓名:" + reader["Name"].ToString() + " ";
    message + = "性别:" + reader.GetString(2) +  " ";
    message + = "部门:" + reader.GetString(3) + " ";
    message + = "\n";
```

```
}
reader.Close();                                    //关闭数据阅读器
//无须关闭连接,它将自动被关闭
```

4. SQLDataAdapter 对象

SQLDataAdapter 对象主要用来承接 SQLConnection 和 DataSet 对象。DataSet 对象只关心访问操作数据,而不关心自身包含的数据信息来自哪个 SQLConnection 连接到的数据源,而 SQLConnection 对象只负责数据库连接而不关心结果集的表示。所以,在 ADO.NET 的架构中使用 DataAdapter 对象来连接 SQLConnection 和 DataSet 对象,另外,SQLDataAdapter 对象能根据数据库里的表的字段结构,动态地塑造 DataSet 对象的数据结构。

SQLDataAdapter 对象的工作步骤一般有两种,一种是通过 SQLCommand 对象执行 SQL 语句,将获得的结果集填充到 DataSet 对象中;另一种是将 DataSet 里更新数据的结果返回到数据库中。

SQLDataAdapter 对象的常用属性形式为 XXXCommand,用于描述和设置操作数据库。使用 SQLDataAdapter 对象,可以读取、添加、更新和删除数据源中的记录。对于每种操作的执行方式,适配器支持以下四个属性,类型都是 Command,分别用来管理数据操作的"查"、"增"、"删"、"改"动作。

1) SQLDataAdapter 常用属性

(1) SelectCommand 属性。该属性用来从数据库中检索数据。

(2) InsertCommand 属性。该属性用来向数据库中插入数据。

(3) DeleteCommand 属性。该属性用来删除数据库里的数据。

(4) UpdateCommand 属性。该属性用来更新数据库里的数据。

2) SQLDataAdapter 常用方法

(1) Fill 方法。该方法主要用来执行 SelectCommand 语句,将执行结果填充或刷新 DataSet 或 DataSet 的表,返回值是影响 DataSet 的行数。

(2) Update 方法。当程序调用 Update 方法时,DataAdapter 将检查参数 DataSet 每一行的 RowState 属性,根据 RowState 属性来检查 DataSet 里的每行是否改变和改变的类型,并依次执行所需的 INSERT、UPDATE 或 DELETE 语句,将改变提交到数据库中。这个方法返回影响 DataSet 的行数。

5. DataSet 对象

DataSet 是 ADO.NET 中用来访问数据库的对象。由于其在访问数据库前不知道数据库里表的结构,所以在其内部,用动态 XML 的格式来存放数据。这种设计使 DataSet 能访问不同数据源的数据。

DataSet 对象本身不同数据库发生关系,而是通过 DataAdapter 对象从数据库里获取数据并把修改后的数据更新到数据库。在 DataAdapter 的讲述里,就已经可以看出,在同数据库建立连接后,程序员可以通过 DataApater 对象填充(Fill)或更新(Update)DataSet 对象。

由于 DataSet 独立于数据源,DataSet 可以包含应用程序本地的数据,也可以包含来自多个数据源的数据。与现有数据源的交互通过 DataAdapter 来控制。

1）向 DataSet 中填充数据的过程

DataSet 对象常和 DataAdapter 对象配合使用。通过 DataAdapter 对象，向 DataSet 中填充数据的一般过程是：

(1) 创建 DataAdapter 和 DataSet 对象。

(2) 使用 DataAdapter 对象，为 DataSet 产生一个或多个 DataTable 对象。

(3) DataAdapter 对象将从数据源中取出的数据填充到 DataTable 中的 DataRow 对象里，然后将该 DataRow 对象追加到 DataTable 对象的 Rows 集合中。

(4) 重复第(2)步，直到数据源中所有数据都已填充到 DataTable 里。

(5) 将第(2)步产生的 DataTable 对象加入 DataSet 里。

2）使用 DataSet 更新数据

使用 DataSet 将程序里修改后的数据更新到数据源的过程是：

(1) 创建待操作 DataSet 对象的副本，以免因误操作而造成数据损坏。

(2) 对 DataSet 的数据行(如 DataTable 里的 DataRow 对象)进行插入、删除或更改操作，此时的操作不能影响到数据库中。

(3) 调用 DataAdapter 的 Update 方法，把 DataSet 中修改的数据更新到数据源中。

DataSet 对象模型如图 12-2 所示。DataSet 对象主要用来存储从数据库得到的数据结果集，为了更好地对应数据库里数据表和表之间的联系，DataSet 对象包含了 DataTable 和 DataRelation 类型的对象。

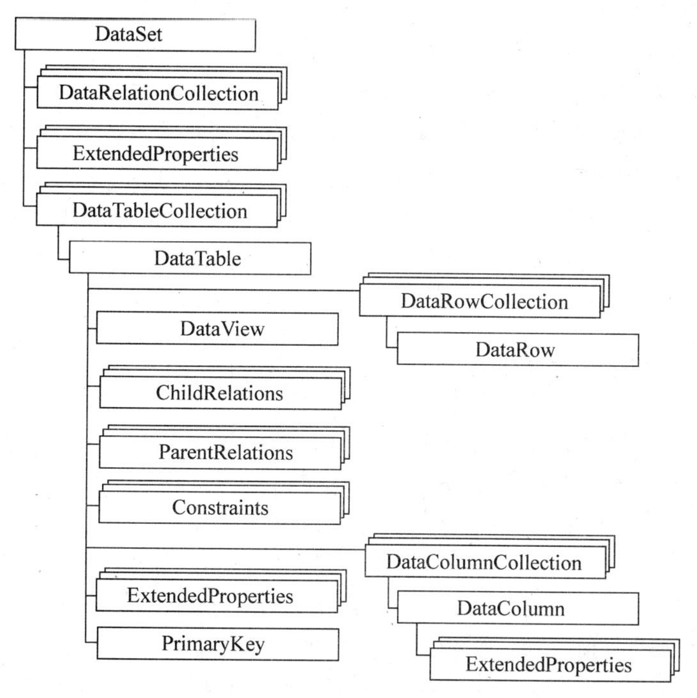

图 12-2 DateSet 对象模型

其中，DataTable 用来存储一张表里的数据，其中的 DataRows 对象就用来表示表的字段结构以及表里的一条数据。另外，DataTable 中的 DataView 对象用来产生和对应数据视图。而 DataRelation 类型的对象则用来存储 DataTable 之间的约束关系。DataTable 和 DataRelation 对象都可以用对象的集合(Collection)对象类管理。

```
//省略获得连接对象的代码
⋮
//创建 DataAdapter
string sql = "SELECT * FROM Patron";
SqlDataAdapter sda = new SqlDataAdapter(sql,conn);
//创建并填充 Dataset
DataSet ds = new DataSet();
sda.Fill(ds,"Patron");
//给 Dataset 创建一个副本,操作对副本进行,以免因误操作而破坏数据
DataSet dsCopy = ds.Copy();
DataTable dt = ds.Table["Patron"];
//对 DataTable 中的 DataRow 和 DataColumn 对象进行操作
⋮
//最后将更新提交到数据库中
sda.Update(ds,"Patron");
```

12.3 数据库系统开发案例——图书馆自动化管理系统

在第 11 章,曾经以图书馆管理系统为例,介绍了该系统从系统分析、概念结构设计到逻辑结构设计的一般过程,实际上,一个实际应用的图书馆管理系统所涉及的业务要比该例子复杂得多。下面以某大学图书馆为背景,介绍一下实际系统的开发过程,由于篇幅所限,无法将该系统开发的全部过程一一列举出来,因此仅选取了开发过程中一些代表性的步骤进行介绍,希望读者能够举一反三,认真思考,学有所得。

某图书馆是一所大学的图书馆,馆藏各类图书 200 万册,期刊 3000 余种。读者对象主要是本校教师及学生,读者数约 3 万人,图书馆工作人员约 100 人,目前已经购买了计算机若干台,但尚未建立统一的集成管理系统,大部分业务工作仍靠手工完成。为了提高图书馆的工作效率和水平,更好地为读者服务,决定开发图书馆自动化系统。

12.3.1 系统需求分析

为了该项目的实施,开发组的系统分析人员对图书馆工作环境进行了实地调查。同主要领导、管理人员和工作人员进行了交流,对当前手工工作情况、工作流程、所完成的任务及目前存在的问题、新系统要解决的主要问题等进行了认真的调查,形成了需求分析报告。

目前图书馆主要分为采购部、编目部、典藏部、流通部及期刊部五个业务部门及办公室、技术部管理部门。采购部、编目部、典藏部主要负责图书的采购、加工以及分配等工作;期刊部负责期刊的订购、划到、编目、装订等管理工作;流通部负责图书以及期刊的外借,以及读者的管理工作,办公室及技术部不在本次软件开发业务范围内。

根据调研,图书从采购到被借出,在图书馆需要经过以下的流程:

首先是进行文献查重工作,即确定该种图书是否已经被购买过,然后根据查重情况确定是否购买,如果该种图书被确定购买,就要发送该书的订单到书商进行预订,一般来说,这种

发送订单的操作是按批来进行的。订单发送之后，书商会按照订单为图书馆进行图书配送，当这批图书送到图书馆之后，采购人员会根据以前发送的订单进行验收工作，核对图书的复本数，价格以及图书是否破损，有无文献缺到或者加塞现象。核对无误之后，会盖馆藏章，打印财产号（登录号），并形成本批的工作传票，送给编目部。

编目部接收本批图书之后，接下来要对这批图书进行编目工作，编目是一个专业性很强的工作，首先要按照中国图书分类法对图书进行分类，给索取号，然后按照国际标准对图书进行著录。当这批书都加工完之后，会形成工作传票，交送典藏部门。

典藏部门接收到本批图书之后，会按照本馆制定的图书分配原则进行每本书的馆藏地（书库）分批，比如有的分配到流通书库，有的分配到教师阅览室，并形成分配清单及典藏传票。各个馆藏地的图书会随着传票一起移交到流通部。

流通部接收到传票之后，会核对图书的册数及种类是否正确，然后就投入流通外借工作。流通部还有一项业务，就是办理读者证，只有办理过读者证的读者才可以外借图书，借书时，在读者证后面写上图书的登录号以及归还时间。等读者归还时，在盖章消除。教师和学生可以借出的册数及借期是不同的。

期刊的流程和图书类似，但由于期刊是一种连续出版物，所以其管理与图书不完全一致，有其特殊性，因此期刊基本上是一条龙管理，都由期刊部负责，主要业务有预订、划到、催缺、下架、装订等。

经过调研及归纳，图书馆分为内务管理及读者服务两大核心业务。图书以及期刊都要进行订购、编目、典藏等业务之后方可进入读者服务环节。为了实现自动化管理，需要在原有流程的基础上进行流程的优化及再造，同时引入条形码技术，提高文献流通工作效率。

12.3.2　系统设计

根据需求分析得到的需求规格说明书及相关文档，整理业务需求，进行系统的概要设计及详细设计。

1. 概要设计

概要设计是在需求分析的基础上，对系统进行基本设计，设计系统的运行环境，基本概念及处理流程，解决实现该系统的程序模块设计问题，包括如何把系统分为若干模块，决定各模块之间的接口，数据结构、运行控制、出错处理等。

根据需求分析，该图书馆自动化系统可分成图书采购子系统、图书编目子系统、文献流通子系统、连续出版物管理子系统、公共查询子系统等子系统组成（如图 12-3 所示），各子系统要实现的功能如下：

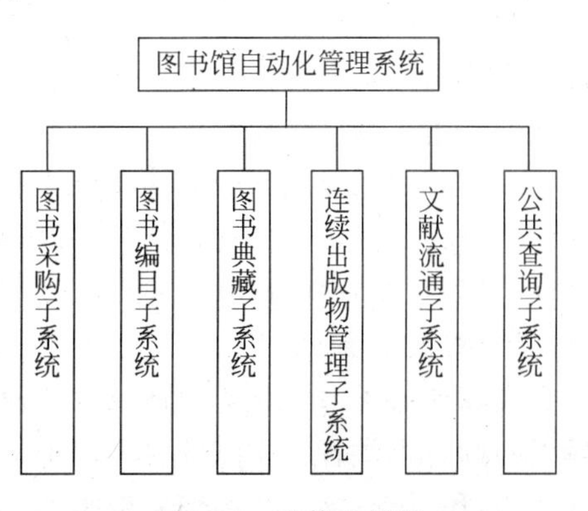

图 12-3　总体功能图

1）图书采购子系统

该子系统完成对图书馆图书资料采购工作的管理。其工作流程涵盖从订单录入、查重、书目验收、财产登记、票据打印、采购分析等一系列工作，采购系统不仅仅是简单地模拟传统采购方式，还要充分发挥计算机的计算和分析能力，提供了更为丰富的采购信息，最大限度地减轻劳动强度，提高工作效率。

其组成部分主要包括图书的图书预订、订单导入、图书验收、图书催询、辅助采购决策、总扩账打印、新书通报、数据检索，数据统计和报表、出版商数据管理等几个模块。

2）图书编目子系统

该子系统完成对图书馆文献资料编目工作的管理。我国图书馆行业编目工作执行的是CNMARC国家标准，所谓CNMARC是中国机读目录(China Machine-Readable Catalogue)的缩写，用于中国国家书目机构同其他国家书目机构以及中国国内图书馆与情报部门之间，以标准的计算机可读形式交换书目信息，该标准遵循ISO2709格式，为我国机读目录实现标准化、与国际接轨，从数据结构方面提供了保障。因此系统需提供基于智能MARC编辑器的分类编目，及对图书目录体系的组织和新书通报、书标和目录卡片的加工打印等功能。实现编目工作的标准化、规范化。

其主要功能包括编目查重、编目著录、套录标准数据、数据校验、打印款目卡片、打印书标、数据输出、数据维护等。

3）图书典藏子系统

该子系统完成典藏工作的管理。典藏部是进行文献地址的调配、排架、清点、剔旧以及藏书财产的安全保管和防护工作的部门，在完善图书馆文献收藏质量方面起着关键作用。典藏管理系统主要协助工作人员完成核查和验证文献的种数、册数、金额；调拨与分配图书；馆藏剔除和账目统计等功能，使图书馆的文献典藏和账目统计实现规范化和科学化的管理。

其主要功能有分配管理(包括自动分配、批量分配等功能)、调拨管理、图书清点、明细账打印、统计查询等功能。

4）连续出版物子系统

在图书馆工作中，连续出版物管理是一项独立的、自成体系的工作，它包括了采购、编目、流通和查询等各个环节。

图书馆自动化系统中连续出版物子系统完成对图书馆有关连续出版物的管理工作，主要有订购管理、连续出版物著录、现刊和过刊管理、产品输出、查询和系统维护等几个模块。

订购管理模块主要完成订购查重、订购数据录入、订购决策(如根据历史订购情况确定订购数据、停订或补订等)、编辑订购数据、打印订单、验收、记到与登记、催询、财产与账目管理、订购统计等。

连续出版物著录模块按照标准CNMARC格式完成数据的建立工作，产生以后各个工作环节的数据基础。

现刊和过刊管理模块完成条码生成、确定馆藏分配、整理馆藏数据、装订管理等。

产品输出模块主要是根据多种途径和限定条件输出著录卡片、馆藏卡片、书本式目录、书标、书袋片及各种打印输出产品。

5）文献流通子系统

文献流通子系统完成对图书馆文献资料流通工作的管理。其目标就是用最短的时间为最多的读者提供各种文献的流通服务。文献流通子系统除了为工作人员提供高质量读者服务功能，还要提供对读者管理、数据查询和统计众多功能。

它主要由读者服务、读者管理、统计查询、系统管理等模块组成。

- 读者服务模块主要包括办理文献外借、归还、预约、续借、罚款、赔书退赔等功能；
- 读者管理模块主要包括读者注册、读者注销、状态管理、证件打印等；
- 统计查询模块主要包括文献查询、借还查询、读者查询、违章查询、流通情况统计、读者综合统计、借阅排行榜等；
- 系统管理主要包括参数设置、流通政策管理、字典管理等。

6）公共查询子系统

该子系统是读者提供图书馆利用的窗口。其主要模块包括图书馆介绍、公告通知、最新文献、馆藏检索、我的图书馆等功能，该模块以 B/S 模式运行，读者只需要启动浏览器即可访问图书馆网站。

- 图书馆介绍包括图书馆介绍、规章制度、楼层布局、服务指南等。
- 公告通知包括图书馆通知、催还通知、预约通知等。
- 最新文献包括最新图书及最新到馆期刊。
- 馆藏检索可以通过题名、作者、出版者、分类等多个检索条件组合检索图书、连续出版物以及其他载体类型的馆藏文献。
- 我的图书馆主要有登录、借还查询、账目查询、我的收藏夹、我的订阅等。

2. 数据库设计

1）数据库概念结构设计

概念结构设计是在需求分析阶段获得的数据流图及数据字典基础上进行实体关系图的设计，最终得到流通系统的 E-R 图（见图 12-4），为了节省篇幅，实体的属性图中没有给出，但在下面的说明中可以看到，其中实体的主键用下横线标出。

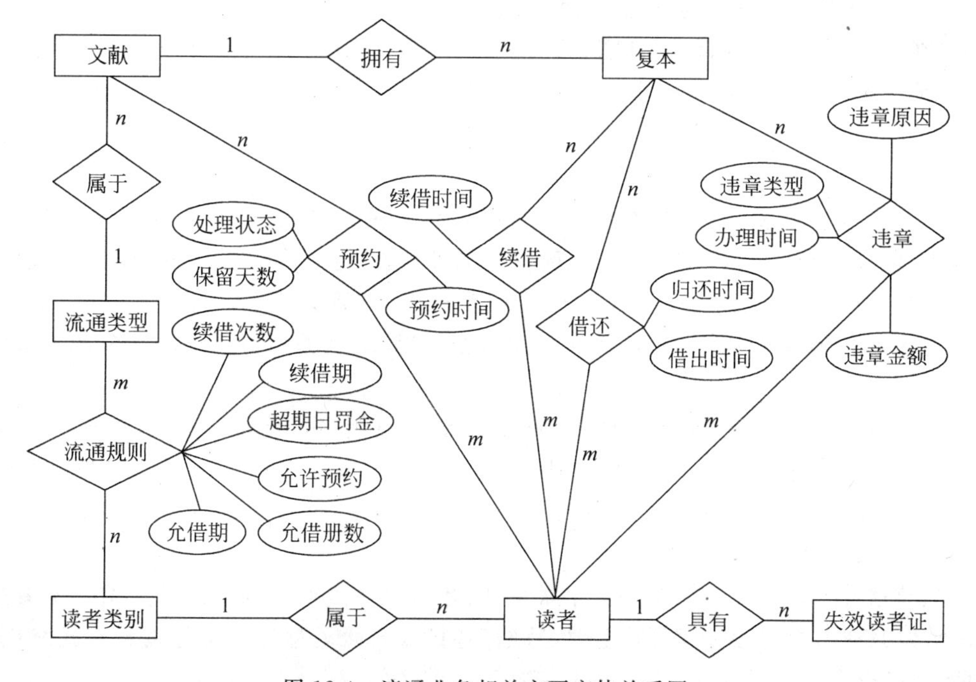

图 12-4 流通业务相关主要实体关系图

文献：{索取号，文献类型，正题名，责任者，版本，出版者，页卷数，尺寸，标准编号，获得方式，MARC}

复本：{条形码，登录号，所在书库}

读者：{读者标识，条形码，读者姓名，读者单位，性别，出生日期，状态，照片，口令，电子邮件，创建时间，地址，邮编，开始日期，终止日期，预约权限}

失效读者证：{失效条码，办证日期，终止日期，失效日期，失效原因}

读者类别：{类别号，类别名}

流通类型：{流通类型号，类型名}

2）逻辑结构设计

逻辑结构设计主要是把概念结构设计的 E-R 图转换成关系模式，然后进行优化。并设计外模式。

（1）E-R 图向关系模型的转化。

① 先将实体转换为关系模式。

文献（索取号，文献类型，正题名，责任者，版本，出版者，页卷数，尺寸，标准编号，获得方式，MARC）

复本（条形码，登录号，所在书库）

读者（读者标识，条形码，读者姓名，读者单位，性别，出生日期，状态，照片，口令，电子邮件，创建时间，地址，邮编，开始日期，终止日期，预约权限）

失效读者证：{读者条码，办证日期，终止日期，失效日期，失效原因}

读者类别（类别号，类别名）

流通类型（流通类型号，类型名）

② 对文献和复本进行关系模式的转换（本书约定：带有下划直线的属性（属性组）为主键，带有下划波浪线的属性（属性组）为外键）。

文献和复本是 1 ∶ n 联系，因此需要在复本关系模式中增加文献的键“索取号”。

文献（索取号，文献类型，正题名，责任者，版本，出版者，页卷数，尺寸，标准编号，获得方式，MARC）

复本（条形码，登录号，所在书库，索取号）

③ 读者类别与读者为 1 ∶ n 联系，因此需要在读者关系模式增加“类别号”属性。

读者（读者标识，条形码，读者姓名，读者单位，性别，出生日期，状态，照片，口令，电子邮件，创建时间，地址，邮编，开始日期，终止日期，预约权限，类别号）

④ 读者与失效读者证为 1 ∶ n 联系，需要在失效读者证关系模式中加入读者关系模式的键。

失效读者证（失效条码，办证日期，终止日期，失效日期，失效原因，读者标识）

⑤ 流通类型与文献为 1 ∶ n 联系，因此需要在文献关系模式增加“流通类型号”属性。

文献（索取号，文献类型，正题名，责任者，版本，出版者，页卷数，尺寸，标准编号，获得方式，MARC，流通类型号）

⑥ 读者类别与流通类型存在 m ∶ n 联系，因此需要在流通规则关系模式增加两者的主键组合作为关系模式“流通规则”的主键，另外类别号，流通类型号分别是关系模式“流通规则”的外键。

流通规则(类别号,流通类型号,允借册数,允借期,续借次数,续借期,超期日罚金,允许预约)

⑦ 借还业务中读者与复本是 $m:n$ 联系,需要在“借还”关系模式增加两个实体的主键,其中,条形码及读者标识分别是关系模式“借还”的外键:

借还(条形码,读者标识,借出时间,归还时间)

⑧ 续借业务中读者与复本存在 $m:n$ 联系,因此“续借”关系模式转换如下,另外条形码及读者标识分别是关系模式“续借”的外键:

续借(条形码,读者标识,续借时间)

⑨ 预约业务,读者与文献为 $m:n$ 联系,将“预约”关系模式的转换如下,另外索取号及读者标识分别是关系模式“预约”的外键:

预约(读者标识,索取号,预约时间,保留天数,处理状态)

⑩ 违章业务,读者与复本存在 $m:n$ 联系,因此“违章”关系模式转换如下,另外条形码及读者标识分别是关系模式“违章”的外键:

违章(条形码,读者标识,办理时间,违章类型,违章原因,违章金额)

最后集中处理,将属性信息归一化,消除冲突与冗余,得到如下关系模式:

文献(索取号,文献类型,正题名,责任者,版本,出版者,页卷数,尺寸,标准编号,获得方式,MARC,流通类型号)

复本(条形码,登录号,所在书库,索取号)

读者(读者标识,条形码,读者姓名,读者单位,性别,出生日期,状态,照片,口令,电子邮件,创建时间,地址,邮编,开始日期,终止日期,预约权限,类别号)

失效读者证(失效条码,办证日期,终止日期,失效日期,失效原因,读者标识)

读者类别(类别号,类别名)

流通类型(流通类型号,类型名)

流通规则(类别号,流通类型号,允借册数,允借期,续借次数,续借期,超期日罚金,允许预约)

借还(条形码,读者标识,借出时间,归还时间)

续借(条形码,读者标识,续借时间)

预约(读者标识,索取号,预约时间,保留天数,处理状态)

违章(条形码,读者标识,办理时间,违章类型,违章原因,违章金额)

(2) 关系模型的调整及优化。

从上面的关系模式来看,结合图书馆业务的实际情况,进行如下优化:

① 理论上,索取号作为图书馆中一种书的标识,但在实际工作中发现,由于以前手工处理,有相当数量的“同书异号”或“异书同号”现象,如果还用索取号作为文献的主键,会导致部分数据无法录入或必须修改现有索取号,工作量太大,不可行。因此不用索取号做主键,而改成用系统生成的控制号作为主键,文献及复本关系模式优化如下:

文献(文献标识号,索取号,文献类型,正题名,责任者,版本,出版者,页卷数,尺寸,标准编号,获得方式,MARC,流通类型号)

复本(条形码,登录号,所在书库,文献标识号)

② 流通系统对系统的响应速度要求甚高,因此尽量减少重复数据查询及计算,例如还书业务中,需要计算是否超期,按照目前的设计需要经过如下步骤:

a. 根据条形码获取到对应的文献；

b. 通过文献再获取到该文献的流通类型；

c. 通过读者标识获取到该读者的类别；

d. 根据得到的流通类型及读者类别组合查询获取到对应的允借期(允借天数)；

e. 根据该复本的借出时间加上得到的允借期与当前日期比较，计算出是否超期。

可以看出，这样的处理需要进行四次数据库查询操作及一次数学运算，我们知道数据库查询操作是非常耗时的，在对速度要求很高的应用中应尽可能减少与数据库的交互操作。目前的设计可能无法满足大数据量下对快速响应的要求，因此必须进行优化，可以采用以空间换时间的方法。经过分析得知，在借书的时候需要查询流通规则进行允借册数的计算，可以在此同时把该规则的允借期取出，计算该复本的应还日期之后写入借阅记录中，在归还时，可以取出计算好的应还日期进行是否超期的计算。按照这个思路，可以把续借、违章等规则信息都计算好并加入借阅记录中，这样就需要在借还关系模式中增加"类别号"、"流通类型号"及"应还日期"三个属性。

借还(条形码，读者标识，借出时间，归还时间，应还日期，类别号，流通类型号)

进一步分析，为了减少数据存储量，可将流通规则关系模式进行改造，增加一个属性"流通规则号"作为该关系模式的主键，在借还关系模式中也增加这个冗余的属性，为违章、续借等业务节省查询及计算时间。这样，流通规则及借还的关系模式就优化为：

流通规则(流通规则号，类别号，流通类型号，允借册数，允借期，续借次数，续借期，超期日罚金，允许预约)

借还(条形码，读者标识，借出时间，归还时间，应还日期，流通规则号)

在上述的"借还"关系模式中，在归还或查询等业务中，会经常涉及查询借还文献题名的操作，如果想获得借出或归还文献的书名，必须通过复本再找到文献，会导致三表连接关系，虽然节省空间但导致查询效率低下，因此在"借还"关系模式中增加文献的主键作为属性，借阅关系模式优化如下：

借还(条形码，读者标识，借出时间，归还时间，应还日期，流通规则号，文献标识号)

借还操作是流通系统最频繁的操作，前面介绍，本图书馆 200 万册藏书，读者为 3 万人，按此估算，年流通量约为 50～60 万册，文献借出未还量大约在 5 万册左右。随着时间的推移，借还关系模式保存的记录会越来越多，按 5 年计算会达到 250 万条记录，会严重影响系统性能，因此考虑将该关系模式按借还业务进行水平分解，分解为"借阅"与"归还"两个关系模式。这样 "借阅"关系模式保存的记录数在 5 万左右，可以做到快速响应。

借阅(条形码，读者标识，借出时间，应还日期，流通规则号，文献标识号)

归还(条形码，读者标识，借出时间，归还时间，应还日期，流通规则号，文献标识号)

③ 经过综合分析，续借是在借阅的基础上进行操作，为了减少续借时表间关联及续借次数的计算次数，将最后一次续借记录合并借还中，同时增加续借历史，这样读者借书查询就避免了原设计的借阅表与续借表关联的操作，既满足续借记录的多次性存储又提高了系统的性能。

借阅(借阅记录号，条形码，读者标识，借出时间，应还日期，流通规则号，文献标识号，续借时间，续借次数)

续借历史(借阅记录号，续借时间)

同样的方法，对预约、续借、违章等关系模式进行优化，得到最终的关系模式。

④ 对系统中部分字典类如部门、类别、馆藏地址等可以考虑做一个字典表，减少冗余，方便维护。

⑤ 操作员及操作时间作为每个业务关系的必备属性，用来查询及统计工作量使用。

(3) 外模式设计

由于频繁查询借阅信息及借阅历史信息，可以将这两类查询建成视图。

3) 物理结构设计

经过调整，结合流通系统业务，建立数据表。在建立数据表的时候，按照命名规则，所有的业务表都以 tb_开头，字典表以 dict_开头，这样根据名字就可以清楚地表示每个表的用途。为提高性能还要考虑如下两点：

(1) 聚簇设计。如 tb_doc_info 的 docid 列经常用于查询与关联，因此可以在该列建立聚簇。

(2) 索引设计。在数据量大的表中，频繁查询、关联的列如文献表的索取号、题名、责任者，复本表的条形码、文献标识号，借阅信息表、借阅历史表的读者标识、条形码、借出时间、归还时间等字段都需要建立索引。

下面具体介绍每个表的含义。

- 文献信息表(见表 12-2)，该表主要保存图书馆入中央库的文献信息，包括图书、期刊、音像资料等资料类型。其中主键是 docid，为系统自动生成的标识列，circtypeid 流通类型字段是用来标识该种文献的流通方式的，marc 字段存放着该种文献的 ISO2709 格式的编目数据，这个表与单册信息表构成了流通系统的资源信息。

表 12-2　tb_doc_info 文献信息表

列　名	数据类型	可否为空	说　明
docid	BIGINT	否	文献标识号
circtypeid	NCHAR(2)	否	流通类型
callno	NCHAR(40)	否	索取号
title	NVARCHAR(128)	否	正题名
author	NVARCHAR(128)	否	责任者
edition	NVARCHAR(64)	是	版本
publisher	NVARCHAR(128)	是	出版者
extent	NVARCHAR(64)	是	页卷数
dimension	VARCHAR(64)	是	尺寸
ISNO	NVARCHAR(20)	是	标准编号
price	NVARCHAR(64)	否	获得方式
marc	TEXT	否	MARC
createtime	DATETIME	否	创建时间
modifytime	DATETIME	否	更新时间

- 单册信息表(见表 12-3)，该表主要存放每种文献的复本信息，流通时以单册为最小单位，每本单册上会贴一枚条形码作为该单册的标识，流通状态字段用于标识该单册的各种状态，具体含义如下：O-借出，R-修补，I-已还，H-被预约，U-不可用。

表 12-3　tb_item_info 单册信息表

列　　名	数 据 类 型	可否为空	说　　明
barcode	NCHAR(20)	否	条形码
assetsno	NCHAR(10)	否	财产号
docid	BIGINT	否	文献标识号
locationid	NCHAR(10)	否	馆藏地址
circulatestate	NCHAR(1)	否	流通状态
circulatetimes	INT	否	流通次数
createtime	DATETIME	否	入库时间

- 流通规则表(见表 12-4),保存流通借出规则的相关参数。流通规则在流通系统中非常重要,为了增强程序的灵活性,对读者类别及流通类型进行布尔组合,将对应的允借数量、允借期、超期日罚金、续借权限等都放在该表中保存。这样当流通政策进行调整时,可以通过修改该表的数据来实现,而不必修改程序源代码。这样的设计是商品化软件设计的必备常识。

表 12-4　tb_circ_rule 流通规则表

列　　名	数 据 类 型	可否为空	说　　明
ruleid	NCHAR(10)	否	规则号
circtypeid	NCHAR(2)	否	流通类型
patrontypeid	NCHAR(3)	否	读者类别
itemcounts	INT	否	允借册数
itemslimitdays	INT	否	借期
fine	MONEY	否	超期日罚金
renewtimes	INT	否	续借次数
renewdays	INT	否	续借天数
holdright	BIT	否	预约资格

(3) 读者信息表(见表 12-5),该表用来存放读者的相关信息,其中 patronid 是该表的主键,state 表示读者的状态,如“正常”、“停借”、“挂失登记”、“挂失”等。Password 为读者口令,以 MD5 加密方式存放。

表 12-5　tb_patron_info 读者信息表

列　　名	数 据 类 型	可否为空	说　　明
patronid	NCHAR(20)	否	读者标识
barcode	NCHAR(20)	否	条形码
name	NVARCHAR(32)	否	读者姓名
deptid	NCHAR(10)	否	读者单位
typeid	NCHAR(3)	否	读者类别
gender	BIT	是	性别
birthday	NCHAR(10)	是	出生日期
state	NCHAR(10)	否	状态
photo	IMAGE	是	照片

续表

列　名	数据类型	可否为空	说　明
password	NCHAR(64)	否	口令
email	NVARCHAR(50)	是	电子邮件
createtime	DATETIME	是	创建时间
Address	NVARCHAR(50)	是	地址
postcode	NCHAR(10)	是	邮编
effectdate	DATE	是	开始日期
expiredate	DATE	是	终止日期
holdright	BIT	否	预约权限

(4) 借阅信息表(见表 12-6),保存文献借出信息,其主键为 lendid,同时是续借信息表 tb_renew_hist 的外键。

表 12-6　tb_lend 借阅信息表

列　名	数据类型	可否为空	说　明
lendid	BIGINT	否	借阅 ID
patronid	NCHAR(20)	否	读者标识
lendtime	DATETIME	否	借出时间
duetime	DATETIME	否	到期时间
opttime	DATETIME	否	操作时间
operatorid	NCHAR(10)	否	操作员
renewtimes	INT	否	续借次数
barcode	NCHAR(20)	否	条形码
Docid	BIGINT	否	文献标识号
ruleid	NCHAR(10)	否	规则号

(5) 预约信息表(见表 12-7),保存读者的预约信息,state 为处理状态,具体含义如下:Y-预约中,D-到书未取,S-取书 成功,C-取消。

表 12-7　tb_hold 预约信息表

列　名	数据类型	可否为空	说　明
holdid	INT	否	预约标识
docid	BIGINT	否	文献标识号
patronid	NCHAR(20)	否	读者标识
holddate	DATETIME	否	预约时间
validdate	DATE	否	有效日期
state	NCHAR(1)	否	处理状态
barcode	NCHAR(20)	是	条形码
itemreturndate	DATE	是	到馆日期
getitemdate	DATE	是	获得日期

（6）违章信息表（见表 12-8），保存读者的违章信息及账目，其中 subjiecttype 为违章类型，具体含义如下：1-超期违章、2-损坏罚款、3-赔书罚款、4-退赔手续。

表 12-8 tb_patron_violation 违章信息表

列　名	数据类型	可否为空	说　明
id	BIGINT	否	违章 ID
patronid	NCHAR(20)	否	读者标识
docid	BIGINT	否	文献标识号
barcode	NCHAR(20)	否	条形码
subjecttype	CHAR(1)	否	科目类型
description	NVARCHAR(50)	否	描述
oughtfine	MONEY	否	应罚金额
realfine	MONEY	否	实罚金额
operatorid	NCHAR(10)	否	操作员
opttime	DATETIME	否	操作时间

（7）失效证件表（见表 12-9），用于保存失效的读者证的历史信息。

表 12-9 tb_invalid_cert 操作员信息表

列　名	数据类型	可否为空	说　明
certificateid	int	否	ID
barcode	nchar(20)	否	失效条码
effectdate	date	是	办证日期
expiredate	date	是	终止日期
dealdate	date	是	失效日期
reason	nvarchar(50)	是	失效原因
patronid	nchar(20)	否	读者标识

（8）借阅历史表（见表 12-10），保存已归还文献信息，其主键是 lendhistid，标识列。

表 12-10 tb_lend_hist 借阅历史表

列名	数据类型	可否为空	说明
lendhistid	BIGINT	否	归还 ID
patronid	NCHAR(20)	否	读者标识
docid	BIGINT	否	文献标识号
barcode	NCHAR(20)	否	条形码
lendtime	DATETIME	否	借出时间
duetime	DATETIME	否	限还时间
opttime	DATETIME	否	实还时间
lendoperatorid	NCHAR(10)	否	借操作员
operatorid	NCHAR(10)	否	还操作员
ruleid	NCHAR(10)	否	规则号

(9) 续借历史表(见表 12-11),保存读者的续借历史信息,主键是 renewid,标识列。

表 12-11 tb_renew_hist 续借历史表

列名	数据类型	可否为空	说明
renewid	BIGINT	否	续借标识
lendid	BIGINT	否	借阅 ID
patronid	NCHAR(20)	否	读者标识
docid	BIGINT	否	文献标识号
barcode	NCHAR(20)	否	条形码
lendtime	DATETIME	否	借出时间
duetime	DATETIME	否	到期时间
opttime	DATETIME	否	操作时间
operatorid	NCHAR(10)	否	操作员

(10) 操作员表(见表 12-12),用来存放流通系统的工作人员的账户信息,其中角色标识需要关联另一个表,用来判断是否有操作权限的,由于篇幅所限,未列入此。

表 12-12 tb_operator_info 操作员信息表

列名	数据类型	可否为空	说明
id	NCHAR(10)	否	操作员编号
loginname	NCHAR(30)	否	登录名
name	NVARCHAR(30)	否	姓名
password	NCHAR(64)	否	口令
createtime	DATETIME	否	创建时间
lastlogintime	DATETIME	否	最后登录时间
roleid	INT	否	角色标识

(11) 读者类别字典(见表 12-13)。字典类表主要是为读者类别提供一个选择的菜单,有利于数据一致性。

表 12-13 dict_patron_type 读者类别字典

列 名	数 据 类 型	可否为空	说 明
id	NCHAR(3)	否	代码
item	NVARCHAR(50)	否	读者类别
description	NVARCHAR(50)	是	描述
flag	BIT	否	使用标识

(12) 读者部门字典(见表 12-14),部门代码支持多级结构,按 3-3-4 结构分层,最多分 3 级部门。

表 12-14 dict_patron_dept 读者部门字典

列 名	数 据 类 型	可否为空	说 明
id	NCHAR(10)	否	代码 3-3-4 结构
item	NVARCHAR(50)	否	部门
description	NVARCHAR(50)	是	描述
flag	BIT	否	使用标识

(13) 流通类型字典(见表 12-15)。标识文献的流通类型,如图书、期刊、音像资料等。

表 12-15 dict_circtypet 流通类型字典

列　名	数据类型	可否为空	说　明
id	NCHAR(2)	否	代码
circtype	NVARCHAR(50)	否	流通类型
description	NVARCHAR(50)	是	描述
flag	BIT	否	使用标志

(14) 分配地址字典(见表 12-16)。标识存放文献的馆藏地,支持多级结构,按 3-3-4 结构分层,最多分 3 级分馆。

表 12-16 dict_location 分配地址字典

列　名	数据类型	可否为空	说　明
id	NCHAR(10)	否	代码 3-3-4 结构
Location	NVARCHAR(50)	否	馆藏地址
description	NVARCHAR(50)	是	描述
flag	BIT	否	使用标识

除了上述表外,由于经常对借阅情况以及归还情况进行查询操作,所以创建了两个视图 v_lend_info 和 v_lendlist_info。

3. 详细设计

详细设计是根据概要设计说明书进行细化,包括运行环境、各子模块的功能、界面设计、性能要求、输入项、输出项、流程逻辑、算法、接口等。篇幅所限,在此省略。

12.3.3 系统实现

1. 系统功能

流通子系统主要是读者借还、违章处理、预约登记、读者管理、统计查询等功能,文献流通系统的系统菜单结构图如图 12-5 所示。

2. 系统构架

本系统运行于图书馆局域网内,因此采用 C/S 模式,使用 Windows Form 方式实现,具有良好的用户体验。

3. 开发工具及语言

本系统采用微软最新的 Visual Studio. Net 2010 作为开发工具,采用 C# 语言,基于. NET Framework 4.0 环境开发。

4. 公用类库

目前项目的开发大都采取团队形式,一个项目必须设置编程规约供开发者共同遵守,一

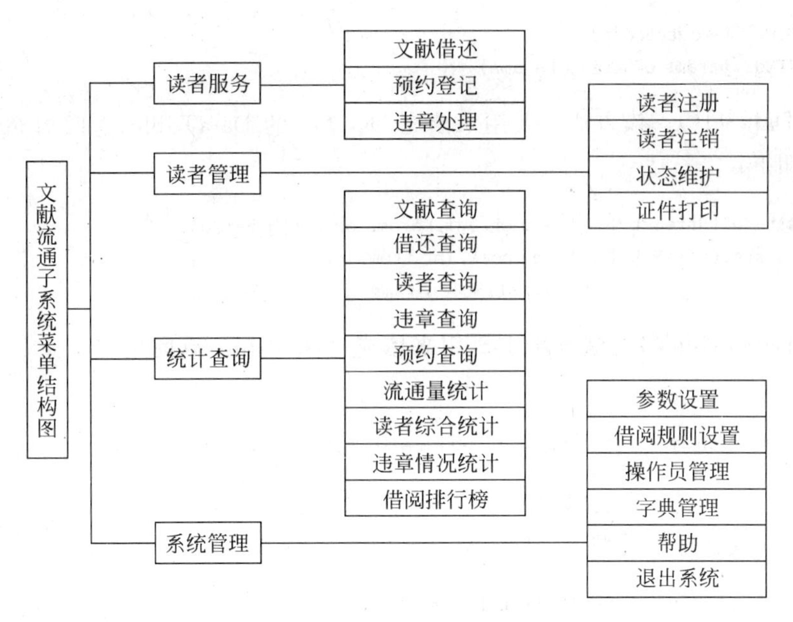

图 12-5 文献流通子系统菜单结构图

般来说,每个项目开发团队都会配备技术负责人编写本项目使用的公共类库供成员调用,一方面避免重复劳动,有利于软件后续的可维护性,另一方面也可以降低团队技术要求,加快开发进度,减少开发成本。

本项目的公共类库分为基础公共类库和项目公共类库两部分,其中基础公共类库包含通用的数据访问及处理类,可以用在任何开发项目中调用,项目公共类库包含着本项目中较难的业务逻辑实现或者频繁使用的操作,将其封装为类。

1) 基础公共类

基础公共类 MuseCommon. cs 主要提供了数据库操作相关方法(见图 12-6)。其中 Connection 属性用于获取或设置连接。下面介绍一下主要方法:

(1) ExecuteNoQuery()。该方法用来执行无返回结果集的 SQL 语句,如 Update、Delete 或存储过程。参数按位置自动对应。完整函数签名为:

```
public void ExecuteNoQuery(string strSql, params object[ ]
Params)
```

(2) ExecuteReader()。该方法主要用来执行查询,返回类型为 DataReade,参数按位置自动对应。完整函数签名为:

```
public SqlDataReader ExecuteReader(
string strSql,pparams object[ ] Params)
```

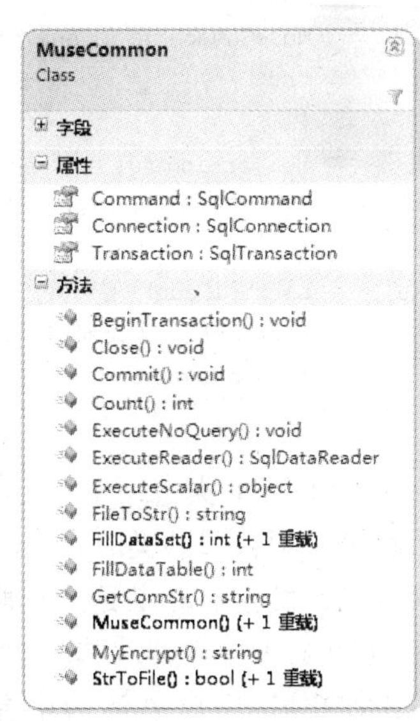

图 12-6 MuseCommon 类图

(3) ExecuteReader()。该方法主要用来获取标量值的操作,如查询某个读者的借书数量,查询某个图书的索取号等。完整函数签名为:

```
public object ExecuteScalar(
string strSql,params object[] Params)
```

(4) FillDataSet()。该方法主要用来填充 DataSet 的 DataTable,返回填充记录数。完整函数签名如下:

```
int FillDataSet(DataSet ds,string strSql,params object[] Params)
int FillDataSet(DataSet ds,string name,int from,int size,
                        string strSql,params object[] Params)
```

(5) FillDataTable ()。该方法主要用来填充 DataTable,返回填充记录数。完整函数签名如下:

```
public int FillDataTable(DataTable dt,string strSql,params object[] Params)
```

(6) Count ()。该方法主要用来返回统计个数的操作。执行的 SQL 语句的第一列必须是 Count(*)或者整型类型的字段。完整函数签名为:

```
public int Count(string strSql,params object[] Params)
```

使用上述基础公用类库提供的方法,可以很方便地进行项目公共类库的开发,比如,在借书模块中,每次新借一个单册之前,都需要对当前读者已经借出未还的单册数量进行计算,以便确定是否可以借下一册,可以用如下语句来实现。

```
public int GetLendItemCount(string patronid)
{
    string connStr = MuseCommon.GetConnStr();        //获取连接字符串
    int iCount = 0;
    MuseCommon mc = new MuseCommon(connstr);
    try
    {
        string sql = " select count(*) from tb_lend where patronid = @p1";
        iCount = mc.Count(sql,patronid);
    }
    catch{ iCount = -1;}
    finally{ mc.Close();}
    return iCount;
}
```

2) 项目公共类

在设计项目公共类时,应首先对系统常用功能进行分析,然后根据项目功能要求、性能要求以及开发人员对工具的掌握程度等因素综合考虑业务逻辑的实现方式,决定采用存储过程、触发器等服务器端编程实现还是在客户端编程实现。

比如在 tb_item_info 表中有一个 circulatetimes 字段,记载着该复本被借出的次数,解决方案有两个,一是在流通借、续借操作时要对该字段的值进行加 1 操作,二是设计触发器,当 tb_lend 表或者 tb_renew_hist 表在新增记录的时候触发操作,对 tb_item_info 表进行更新。经过权衡,决定使用触发器来实现。以便减轻前端程序编写的复杂性。创建触发器的代码如下:

```
CREATE TRIGGER Tri_tb_lend_I
   ON  tb_lend
   AFTER  INSERT
AS
BEGIN
  SET NOCOUNT ON;
  UPDATE tb_item_info
  SET circulatetimes = circulatetimes +
   (SELECT count( * )
     FROM inserted  WHERE tb_item_info.barcode = inserted.barcode
   )
   WHERE
   (tb_item_info.barcode IN (select barcode from inserted))
END
```

项目公共类主要提供业务相关操作,在项目编写过程中,可以渐进式加入法,定期召开小组会议,将常用的方法加入到项目中,在本项目中,项目公共类类名为 MuseLIMS,其主要的一些方法包括 OperatorLogin()(操作员登录)、CheckOut()(借出)、CheckIn()(归还)、ReNewItem()(续借)、HoldItem()(预约登记)、GetCircRule()(获取流通规则)、Dealviolation()(处理违章信息)、GetParonPictur()(获取读者照片)和 SaveParonPictur()(保存读者照片)等。

5. 主窗体

主窗体是指程序进入之后运行主要界面,一般应用程序开发可分为 SDI(单文档界面)和 MDI(多文档界面)两类,这里采用 MDI(多文档界面),每个子功能都在主窗体内部显示,可以使程序更美观、整齐。

1) 创建主窗体

进入 VS2010 开发环境,新建工程之后,系统会自动生成一个名字为 Form1 的默认窗体,将该窗体改名为 MainForm,并且将其 IsMdiContainer 的属性设置为 true,设置 Text 为【文献流通系统】,通过设置 BackGroundImage 属性,把背景图片加入到主窗体中,同时把 WindowsState 属性设置成 Maximized 以便主窗体启动后最大化显示。

2) 创建主窗体菜单

在设计状态下将工具栏 MenuStrip 控件拖入主窗体,按照图 12-6 所示的菜单结构,输入菜单名称,并在每个菜单项的 Click 事件中挂入相关的逻辑处理,注意为了使子窗体在 MDI 主窗体中运行,在调用子窗体时,需要把子窗体实例的 MdiParent 属性设置成主窗体的实例,下面是读者注册菜单的 Click 事件代码。

```
private void 读者注册 ToolStripMenuItem_Click(object sender,EventArgs e){
    frmIptPatron p = new frmIptPatron();
    p.MdiParent = this;
    p.Show();
}
```

3）创建主窗口的状态栏

在设计状态下将工具栏 ToolStrip 控件拖入主窗体，增加一个两个 toolStrip StatusLabel 控件，分别用来显示当前日期和当前操作员名称。

设置完之后，可以单击【运行】按钮查看效果，如图 12-7 所示。

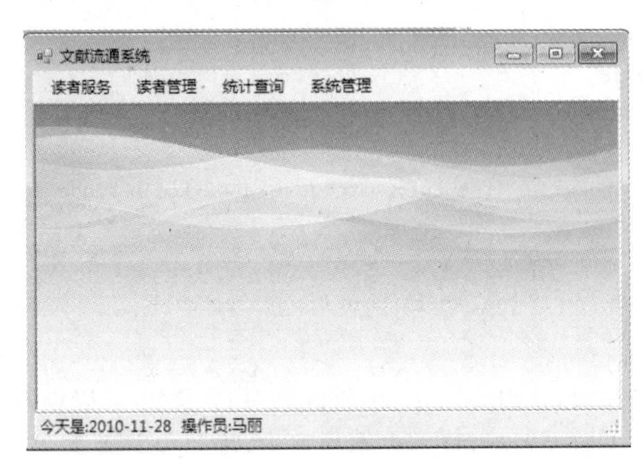

图 12-7　系统主窗口

6. 具体功能实现

由于本系统功能较多，本书篇幅有限，仅以“读者注册”模块为例做一下介绍。

系统功能：读者注册模块主要用来登记读者信息到读者库，具体要求如下：

(1) 注册窗口将读者相关信息录入，在保存时对相关字段进行有效性检查。

(2) 读者单位、读者类别、性别、状态等使用下拉列表选择，方便录入。

(3) 出生日期、开始日期、终止日期输入使用日期控件。

(4) 具有自动生成读者标识功能。

(5) 可选择读者照片文件，预览之后保存到数据库。

根据上述要求，设计界面如图 12-8 所示。在本窗体中，供设置了六个文本框、三个日期输入控件、四个组合框、一个检查框、四个按钮、一个图像显示控件和若干个标签，用来提示文本框的内容，这些控件的属性如表 12-17 所示。

首先为本窗体增加一个属性 MuseLIMS m = new MuseLIMS()，以便在本窗体都可以调用公共类库的方法，在窗体销毁时，在 FormClosing 事件处理调用 m. Dispose() 方法，释放其所占用的连接等资源。

为了使用下拉列表控件实现字典选择输入读者部门、读者类别等信息，需要在表单加载时执行字典数据加载及数据绑定程序，以读者部门录入为例，通过调用 MuseLIMS 类的 Get_dict_patron_dept()方法，实现读取 tb_patron_dept 表数据到一个 DateTable 的功能，实现代码如下：

```
public DataTable Get_dict_patron_dept()
{
    DataTable dt = new DataTable();
    mc.FillDataTable(dt,"select id,item from dict_patron_dept where flag = 1 ");
    return dt;
}
```

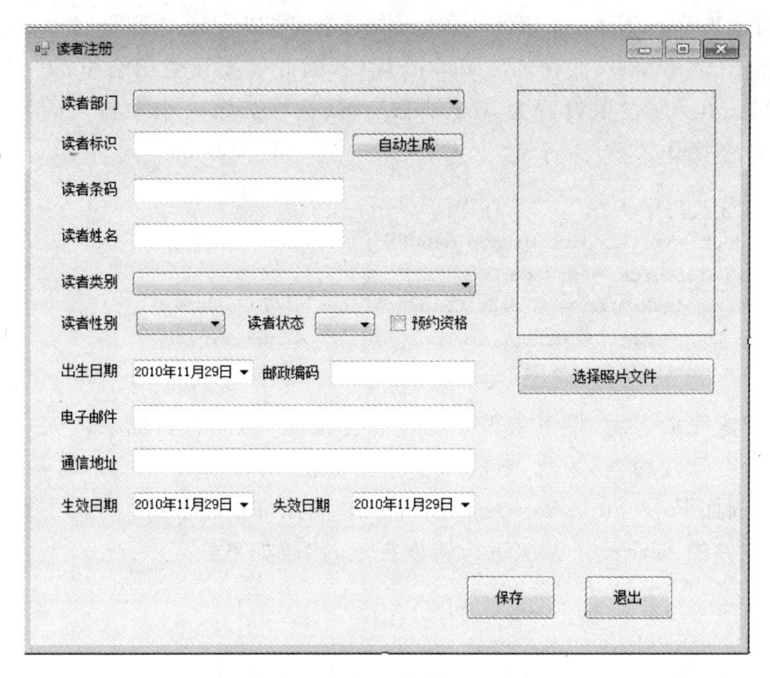

图 12-8 读者注册窗体设计

表 12-17 “用户注册”窗体各控件属性设置

控件名称	类型	说明
frmIptPatron	表单	读者注册表单容器
txtPatronid	TextBox	读者标识输入框
txtName	TextBox	读者姓名输入框
txtBarcode	TextBox	读者条码输入框
txtPostcode	TextBox	邮政编码输入框
txtEmail	TextBox	电子邮件输入框
txtAddress	TextBox	通信地址输入框
cboDept	ComboBox	读者部门选择框
cboGender	ComboBox	读者性别选择框，默认为“男”
cboType	ComboBox	读者类别选择框
cboState	ComboBox	读者状态选择框，默认“正常”状态
chkHold	CheckBox	预约资格检查框，默认不选中
dtpBirthDay	DateTimePicker	出生日期日期选择控件，默认 1980-1-1
dtpStartDate	DateTimePicker	生效日期日期选择控件，默认当天
dtpEndDte	DateTimePicker	失效日期日期选择控件，默认当天＋365
picPatron	PictureBox	读者照片用
errorProvider1	ErrorProvider	错误提示
btnNewId	Button	自动生成新读者标识按钮
btnSelectPic	Button	选择照片
btnSave	Button	保存按钮
btnReturn	Button	退出按钮
Label…	Label	提示标签，略

在表单的frmIptPatron_Load事件中，加入如下代码，以实现对组合框cboDept的数据绑定，注意在tb_patron_info中，保存的是deptid代码，因此需要设置组合框的valueMember为id，而DisplayMember属性值设置为item，同时默认选项为第一个项目。同样的道理，将其他组合框进行类似操作。

```
//读者部门绑定代码片段
DataTable dtdept = m.Get_dict_patron_dept();
this.cboDept.DataSource = dtdept;
this.cboDept.DisplayMember = dtdept.Columns["item"].ColumnName;
this.cboDept.ValueMember = dtdept.Columns["id"].ColumnName;
this.cboDept.SelectedIndex = 0;
```

当组合框绑定完成之后，接下来需要处理保存按钮，当读者数据录入完之后，需要对所录入的数据进行有效性检查，为此，专门写了一个方法CheckIptDate()，对各项录入数据进行有效性检查，例如Patronid、Barcode在读者库中不允许重复，当检测到重复，可以是调用errorProvider控件的SetError方法进行错误提示，代码如下：

```
string pId = this.txtPatronid.Text.Trim();
if (m.PatronidIsExist(pId) == true)
  this.errorProvider1.SetError(txtPatronid, "该读者标识已经被使用!");
```

另外还有一个需要处理的是读者照片，在按钮btnSelectPic的Click事件中，添加如下代码，选择照片文件并显示在屏幕上。

```
OpenFileDialog of = new OpenFileDialog();
of.Filter = "图像文件(JPG)|*.jpg|位图文件(BMP)|*.bmp|GIF 文件|*.gif|所有文件(*.*)|
*.*";
of.Title = "请选择一个图像格式文件";
of.RestoreDirectory = true;
if (of.ShowDialog() == DialogResult.OK)
{
    this.picPatron.Image = Image.FromFile(of.FileName);
    //将文件名记在 tag 属性中,以便以后调用
    this.picPatron.Tag = of.FileName;
}
```

由于照片是以二进制格式保存在数据库中，因此在公共类库中设置了保存图片的方法，具体代码如下：

```
public bool SavePatronPicture(string patronid,string filename,out string  message)
{
  //将文件内容变成字节数组
  message = "";
  FileInfo file  = new FileInfo(filename);
  if (!file.Exists)
  {
      message = "文件不存在!";
      return false;
  }
  FileStream fs = file.OpenRead();
```

```
    byte[] content = new byte[fs.Length];
    fs.Read(content,0,content.Length);
    fs.Close();
    //保存到数据库
    string sql = "update tb_patron_info set photo = @p1
                  where patronid = @p2";
    try
    {
       mc.ExecuteNoQuery(sql,content,patronid);
       return true;
    }
    catch (Exception ex)
    {
       message = ex.Message;
       return false;
    }
}
```

数据检查通过后,将录入的数据保存到数据库中即可。

```
//获取输入值
string pBarcode = this.txtBarcode.Text.Trim();
string pName = this.txtName.Text.Trim();
string pDept = this.cboDept.SelectedValue.ToString();
string pType = this.cboType.SelectedValue.ToString();
int pGender = this.cboGender.SelectedValue.ToString() == "0" ? 1:0;
DateTime pBirthDay = this.dtpBirthDay.Value;
string pState = this.cboState.SelectedValue.ToString();
string pEmail = this.txtEmail.Text.Trim();
string pAddress = this.txtAddress.Text.Trim();
string pPostCode = this.txtPostcode.Text.Trim();
DateTime pEffectDay = this.dtpStartDate.Value;
DateTime pExpireDay = this.dtpEndDte.Value;
bool pHoldRight = this.chkHold.Checked;
//构造 SQL 语句
string sql = "insert into tb_patron_info";
sql + = "(patronid,barcode,name,deptid,typeid,gender, ";
sql + = " birthday,state,email,Address,postcode,";
sql + = "effectdate,expiredate,holdright)";
sql + = " values ";
sql + = "(@p1,@p2,@p3,@p4,@p5,@p6,@p7,@p8,@p9,";
sql + = "@p10,@p11,@p12,@p13,@p14)";
try{
   m.mc.ExecuteNoQuery(sql,pId,pBarcode,pName,pDept,pType,
                       pGender,pBirthDay,pState,pEmail,pAddress,
                       pPostCode,pEffectDay,pExpireDay,pHoldRight);
   //更新图片
   string picFileName = this.picPatron.Tag.ToString();
   if (File.Exists(picFileName))
      if(m.SavePatronPicture(pId,picFileName,out message) == false)
         MessageBox.Show(message, "出错了", MessageBoxButtons.OK,
```

```
                            MessageBoxIcon.Error);
}
catch (Exception ex)
{
  MessageBox.Show(ex.Message,"出错了!",MessageBoxButtons.OK,MessageBoxIcon.Error);
}
```

当单击【退出】按钮，执行以下代码关闭窗体。

```
private void btnReturn_Click(object sender, EventArgs e)
{
    this.Close();
}
```

12.4 本章小结

本章介绍了数据库应用系统的开发步骤，ADO. NET 对象模型，最后以图书馆管理系统为例，详细介绍了系统的需求分析、概要设计、数据库设计到系统功能的实现。

数据库应用系统的开发一般包括计划、分析、设计、编码、测试、运行及维护等阶段。每个阶段有不同的任务，可以采用不同的工具及方法。数据库系统开发根据实际情况可以采用 C/S 模式、B/S 模式或者混合模式。

ADO. NET 是微软在. NET 平台上使用的数据访问对象模型，支持在线及离线模式，使用 Connection、Command、DataReader、DataAdapter、DataSet 及 DataTable 等对象可以方便高效地进行数据访问。本章提供的图书馆管理系统的流通系统开发实例，读者可以参照自行完成系统开发。

习题 12

1. 简述数据库应用系统的开发步骤？

2. 思考为本章系统的关系模式设计与第 10 章的图书馆管理模型的关系模式相比各有什么优缺点？

3. ADO. NET 数据对象模型中的常见对象的用途及使用方法？

4. 完成图书馆检索系统的设计及实现。

参考文献

1 教育部高等学校计算机科学与技术教学指导委员会.高等学校计算机科学与技术专业核心课程教学实施方案.北京:高等教育出版社,2009.

2 王珊,萨师煊.数据库系统概论(第四版).北京:高等教育出版社,2006.

3 Silberschatz A,Korth H F,Sudarshan S.杨冬青,唐世渭译.数据库系统概念(第四版).北京:机械工业出版社,2003.

4 麦中凡,何玉洁.数据库原理及应用.北京:人民邮电出版社,2005.

5 Date C J.孟晓峰,王珊译.数据库系统导论.北京:机械工业出版社,2000.

6 陈漫红,赵瑛,朱淑琴.数据库系统原理与应用技术.北京:机械工业出版社,2010.

7 郭郑州,陈军红.SQL Server 2008 完全学习手册.北京:清华大学出版社,2010.

8 刘卫国,熊拥军.数据库技术与应用——SQL Server 2005.北京:清华大学出版社,2010.

9 姚春龙,丁春欣,姜翠霞.数据库系统基础教程.北京:北京航空航天大学出版社,2003.

10 廖瑞华,洪伟,杨梅等.数据库原理与应用(SQL Server 2005).北京:机械工业出版社,2010.

11 何玉洁.数据库原理与应用.北京:机械工业出版社,2007.

12 郑阿奇.SQL Server 2008 应用实践教程.北京:电子工业出版社,2010.

13 刘启芬,顾韵华,郑阿奇.SQL Server 实用教程(第 3 版)(SQL Server 2008 版).北京:电子工业出版社,2009.

14 闪四清.SQL Server 2008 基础教程.北京:清华大学出版社,2010.

15 孟彩霞.数据库系统原理与应用.北京:人民邮电出版社,2008.

16 王浩.零基础学 SQL Server 2008.北京:机械工业出版社,2010.

17 徐少波.C#程序设计实例教程.北京:人民邮电出版社,2010.

18 范丰龙等.妙思文献管理集成系统 V6.5 用户手册.大连网信软件有限公司,2010.

19 http://www.oracle.com/technetwork/java/overview-141217.html.

20 刘卫国,严晖.数据库技术与应用——SQL Server.北京:清华大学出版社,2007.

相关课程教材推荐

ISBN	书　　名	定价(元)
9787302183013	IT 行业英语	32.00
9787302239659	计算机专业英语(学术能力培养)	35.00
9787302130161	大学计算机网络公共基础教程	27.50
9787302215837	计算机网络	29.00
9787302235989	数据结构(C 语言版)第 3 版 (另配套实训教材)	25.00
9787302243236	数据结构——Java 语言描述	33.00
9787302246138	计算机组成与汇编语言	29.00
9787302218555	Linux 应用与开发典型实例精讲	35.00
9787302225836	软件测试方法和技术(第二版)	39.50
9787302249177	实用软件测试教程	29.50
9787302221487	软件工程初级教程	29.00
9787302194064	ARM 嵌入式系统结构与编程	35.00
9787302202530	嵌入式系统程序设计	32.00
9787302219668	路由交换技术	29.50
9787302249559	Web 程序设计：ASP. NET	29.50
9787302227151	Web 应用程序设计实用教程	32.00
9787302237556	Java 程序设计实践教程	36.00
9787302244653	C++面向对象程序设计	35.00
9787302247487	C＃语言程序设计	23.00
9787302241171	J2EE 应用开发实例精解(WAS＋RAD)	25.00
9787302228196	数据仓库与数据挖掘原理及应用	32.00
9787302245384	多媒体技术与应用	32.00
9787302241720	商务智能(第 2 版)	29.50
9787302238195	电子政务概论	36.00
9787302213567	管理信息系统	36.00

以上教材样书可以免费赠送给授课教师，如果需要，请发电子邮件与我们联系。

教学资源支持

敬爱的教师：

感谢您一直以来对清华版计算机教材的支持和爱护。为了配合本课程的教学需要，本教材配有配套的电子教案(素材)，有需求的教师可以与我们联系，我们将向使用本教材进行教学的教师免费赠送电子教案(素材)，希望有助于教学活动的开展。

相关信息请拨打电话 010-62770175-4505 或发送电子邮件至 liangying@tup. tsinghua. edu. cn 咨询，也可以到清华大学出版社主页(http://www. tup. com. cn 或 http://www. tup. tsinghua. edu. cn)上查询和下载。

如果您在使用本教材的过程中遇到了什么问题，或者有相关教材出版计划，也请您发邮件或来信告诉我们，以便我们更好为您服务。

地址：北京市海淀区双清路学研大厦 A-707　　计算机与信息分社 梁颖　收
邮编：100084　　电子邮件：liangying@tup. tsinghua. edu. cn
电话：010-62770175-4505　　邮购电话：010-62786544